정부희 곤충기 I

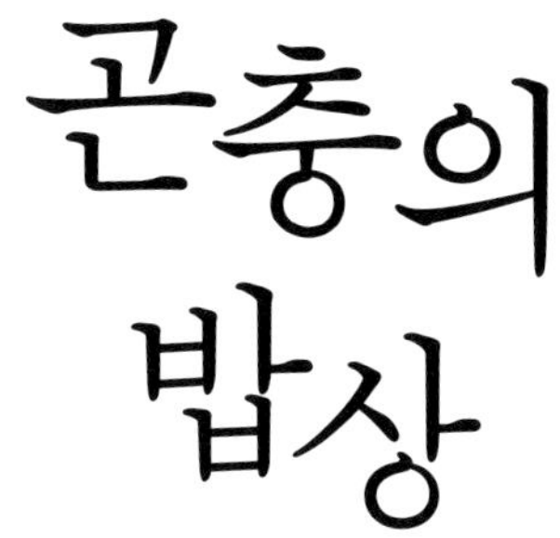

먹이 그물로 얽힌 곤충의 세계

정부희
글과 사진

보리

곤충의 식생활을 보면
곤충의 삶 전체가 보인다

최재천 (이화여대 에코과학부 석좌교수, 생명다양성재단 대표)

이 책의 저자 정부희 박사는 대학 시절 영문학을 전공한 인문학도였다. 그러나 어린 시절 시골에서 자라며 늘 부대꼈던 자연이 못내 그리워 퍽 늦은 나이에 대학원에 돌아가 곤충학으로 박사 학위를 받은 과학자다. 내가 15년 전 우리 사회에 화두로 던진 '통섭(統攝)'의 개념에 비춰 볼 때 그는 훌륭한 통섭형 학자인 셈이다.

대학에서 영문학을 전공한 덕택일까, 그의 글솜씨가 예사롭지 않다. 이 책은 분명히 과학책으로 분류되겠지만 대부분의 과학책들이 갖고 있는 낯설고 어려운 찌푸림이 전혀 없다. 곳곳에 감칠맛 나는 표현이 넘쳐 난다. 배추흰나비 애벌레 몸을 파먹고 기어 나오는 기생벌 애벌레들 모습을 '옆구리 터진 김밥에서 밥알이 흘러나오듯'이라고 그린다. 다른 곤충 몸에서 고물고물 기어 나와 바닥으로 툭툭 떨어지는 작은 애벌레들을 한 번이라도 본 적이 있는 사람이라면 이 표현에 무릎을 칠 것이다. '물구나무선 채로 해처럼 동그란 똥 덩어리를 굴리고 다니는 쇠똥구리'는 또 어떤가? 책의 처음부터 끝까지 어느 곳 하나 막힘이 없이 그저 술술 읽힌다.

예사롭지 않기는 그의 예리한 관찰력도 마찬가지다. 중국청람색잎벌레에 대해 설명하는 글에 보면 "제가 드나드는 연구실에는 입구가 두 개 있습니다."라고 쓰여 있는데, 그 연구실은 아마도 이화여대 내 연구실을 말하는 것이리라. 정부희 박사는 10여 년 전 한동안 내 연구실에서 연구원으로 일했다. 그 글에서 그는 언제부터인지 늘 뒷문으로 다닌다며 뒷문으로 들어가는 길에 피어 있는 박주가리 잎에서 중국청람색잎벌레를 발견하여 관찰 일지를 쓴 것이다. 나도 종종 뒷문으로 드나드는데, 그것도 훨씬 더 오래 드나들었는데 왜 내 눈에는 그들이 보이지 않았을까? 이 책을 읽다 보면 곤충학 교과서에서는 찾아볼 수 없는 그만의 독특한 관찰 결과들이 무수히 많다. 정부희 박사는 딱정벌레, 그중에서도 거저리를 주로 연구하는 곤충학자다. 그래서 그는 버섯을 찾아 전국을 누빈다. 하지만 버섯과 거저리를 찾아다니는 산모퉁이와 길목에서 부딪히는 온갖 다른 곤충들에게 늘 한눈을 판 결과가 바로 이 책에 고스란히 담겨 있다.

나도 평생 곤충을 연구했지만 이 책을 읽으며 참 많은 새로운 지식을 얻었다. 나는 미국에 유학하여 석사 과정을 밟던 1981년 펜실베이니아 주립대학교 생물학과 피어슨(David Pearson) 교수의 조수가 되어 여름 내내 애리조나 치리카와 산기슭의 사막에서 길앞잡이를 관찰한 경험을 갖고 있다. 하지만 이 책에는 내가 미처 알지 못한 길앞잡이 습성들이 흥미롭게 적혀 있다. 귀국한 이래 나는 학생들과 함께 적지 않은 숫자의 우리나라 곤충들 행동과 생태를 연구했는데, 그중에서도 도토리거위벌레에 대해서는 국제 학술지에 논문까지 발표한 바 있다. 때죽나무에 바나나 모양의 충영을 만들게 하는 진딧물을 연구하여 내 연구실에서 석사를 받은 학생도 있었다. 그 진딧물은 개미나 벌 같은 사회성 곤충에서 흔히 발견되는 병정 계급을 거느리고 있는 이른바 병정진딧물로서 매우 독특한 생활사를 가지고 있는 곤충이다. 퍽 깊이 있는 연구 프로젝트를 진행한 경험이 있는 나이지만 정부희 박사만의 예리한 관찰은 남다른 감흥을 불러일으킨다.

이런 수많은 관찰 결과들이 술술 읽힌다고 해서 그저 쉬운 내용만 나열한 책이라고 생각하면 큰 오산이다. 구렁이 담 넘어가듯 쉽게 읽히지만 가끔씩 꼭 설명을 들었으면 싶은 과학 용어 및 개념들도 심심찮게 나타난다. 그런데 그런 생각이 난다 싶으면 어김없이 그 글 끝에 친절한 설명이 붙어 있다. 곤충들의 통신 수단 페로몬에 대한 설명이 있는가 하면, 갖춘탈바꿈과 안갖춘탈바꿈의 진화적 이득을 비교하는 설명이 뒤따른다. 휴면과 휴지가 무엇이 같고 또 무엇이 다른지를 알려준 다음, 곤충이 식물에게 어떻게 충영을 만들도록 유도하는지를 설명한다. 이 책을 다 읽고 나면 큰 고통 없이 곤충학 개론 또는 일반곤충학 과목을 들은 것 같을 것이다. 내가 늘 하는 얘기지만 배우는 줄 모르며 배우는 것만큼 훌륭한 교육은 없다. 정부희 박사가 우리를 그렇게 은근슬쩍 가르친다.

나는 곤충학을 미국에서 배운 탓에 곤충의 영어 이름이 훨씬 더 익숙하다. 지금도 어떤 곤충들은 우리말 이름이 헷갈린다. 인문학을 했던 까닭인지 저자는 자주 우리말 곤충 이름의 어원에 대해서도 친절하게 설명한다. 특히 길앞잡이를 북한에서는 '길당나귀'라고 부른다는 대목에서는 나도 모르게 고개를 끄덕였다. 가까이 다가가면 저만치 앞서 날아간다고 하여 길앞잡이라고 부르는 우리 이름도 정겹지만, 길 위에서 긴 다리로 껑충껑충 뛴다고 하여 길당나귀라 부르는 북한 사람들의 상상력도 남다르다. 우리는 무엇이든 일단 이름을 알고 나면 퍽 많이 안다고 느낀다. 하물며 그런 이름의 뜻풀이를 알고 나면 그 맛이 또 얼마나 다른가.

이 책을 읽는 독자들은 또한 저자의 자연에 대한 따뜻한 사랑을 놓칠 수 없을 것이다. 곤충학을 하러 대학원에 돌아가기 전 아들과 함께 아파트 베란다에서 기르던 사마귀 이야기가 나온다. 때 아니게 한겨울에 낳은 알에서 애벌레들이 줄줄이 나왔다가 먹이가 없어 굶어 죽는 걸 지켜보며 가슴 아파

했던 일로부터 우리 인간의 반행으로 무너져 내리는, 자연의 변방에서 속절없이 죽음을 맞이하는 곤충 이야기들이 책 곳곳에 흥건하게 묻어난다. 이른 봄 앉은부채를 찾는 곤충들에 대해 저자는 다음과 같이 쓰고 있다.

어느 때인가부터 숲의 깊은 골짜기에도 개발 바람이 불어 전국에 쓸 만한 숲들이 본디 모습을 잃어 가고 있습니다. 숲 구석구석에 건물을 짓고 산책로를 만들어 앉은부채 꽃의 보금자리를 야금야금 빼앗고 있습니다. 덩달아 이른 봄에 앉은부채 꽃을 찾는 곤충들도 영문을 모른 채 먹이를 찾아 우왕좌왕합니다.

도심 한복판에 있는 공원에서 용케도 살충제 비를 피해 살아남은 개나리잎벌을 보며 저자는 또 이런 생각을 한다.

개나리만 살리겠다고 개나리 안주인 노릇 하는 개나리잎벌을 죽여야 할까요? 살충제를 뿌리지 않고 그냥 놔두면 어떨까요? 개나리가 다 죽어 간다고 반박하시겠지요? 어차피 개나리는 암꽃이 드물어 열매로 번식하기는 하늘의 별 따기입니다. 길가에 심은 개나리는 모두 나뭇가지를 꺾어 땅에 심은 뒤 기른 것입니다. 혹시나 애벌레가 극성을 부려 개나리가 죽어 없어질 정도면 나뭇가지를 꺾어 더 많이 심으면 어떨까요? 하지만 애벌레가 개나리를 죽이는 이런 최악의 시나리오는 절대로 일어나지 않습니다. 자연 세계에는 그들만의 법칙이 존재합니다. 사람이 인위적으로 끼어들지 않으면 더 잘 돌아갑니다.

정부희 박사의 지도 교수님이신 성신여자대학교 고(故) 김진일 명예교수님이 무려 7년간의 노력 끝에 《파브르 곤충기》 전 10권을 모두 우리말로 완역하여 내놓았다. 프랑스어 원전을 번역한 것이라 그 가치가 더욱 빛난다.

《파브르 곤충기》는 파브르가 56세 때 1권을 낸 다음 무려 30년이 걸려 그의 나이 86세에 제10권을 출간하여 완성된 책이다.《파브르 곤충기》를 재미있게 읽은 독자라면 분명히 '정부희 곤충기'도 재미있게 읽을 것이라 확신한다.《파브르 곤충기》가 곤충의 삶 모든 면에 대해 쓴 글이라면 이 책은 곤충의 식생활에 초점을 맞추고 쓴 글이다.

우리 연구실의 영장류팀은 2007년부터 인도네시아 구눙 할리문 살락 국립공원(Gunung Halimun-Salak National Park)에서 자바긴팔원숭이(Javan gibbon)을 연구하고 있다. 당연히 장기 연구가 될 터이니 무엇부터 조사할까 논의하는 데 너무도 쉽게 그들이 도대체 뭘 먹고 사는지 그 식단부터 파악해야겠다고 의견을 모았다. 우리는 곧바로 연구에 착수했고 2011년에는 드디어 첫 논문을 미국 영장류학회지(American Journal of Primatology)에 게재했다.

'다 먹자고 하는 일'이라 했던가? 이 책은 풀, 나무, 버섯, 똥이나 시체, 그리고 다른 곤충을 먹고 사는 곤충의 행동과 생태에 대해 보고한다. 곤충들의 식생활을 들여다보면 결국 그들의 삶 전체가 보인다. 그러고 나면 대충 그 엄청난 곤충 다양성이 한 손에 들어온다. 이 책을 시작으로 정부희 박사와 함께 곤충과 식물의 공생, 곤충의 방어 전략 같은 흥미진진한 곤충 세계 여행을 떠나기 바란다.

잘 차려진 훌륭한 밥상

서른 살 넘은 무렵 수년간 우리나라 유적지와 유물의 아름다움에 푹 빠져 전국 곳곳을 찾아다닌 적이 있습니다. 손수 화강암을 깎아 탑이며 부도며 장승이며 아름다운 돌 작품을 만들어 낸 이름 모를 석공의 숨결을 느끼면서 말이지요. 대부분의 유적지가 산속 오지에 있다 보니 자연스럽게 자연과 대화하는 호사를 누렸습니다. 산들바람에 살랑거리는 야생화, 도란도란 지저귀는 맑은 새소리, 땅속에서 불쑥 솟아오른 매혹적인 버섯들이 어느덧 제 속에 들어와 저와 하나가 되어 갔지요.

그러고 보니 귀밑머리 희끗한 나이까지 살아오면서 다리가 후들거릴 만큼 감동스러웠던 적이 딱 세 번 있습니다. 첫 번째는 설악산 자락에서 만난 '진전사지삼층석탑'의 기품에 매료되었을 때였고, 두 번째는 이른 봄 얼음 흙을 뚫고 고고하게 핀 '처녀치마' 꽃과 맞닥뜨렸을 때, 세 번째는 광택 나는 노란색과 녹색 빛이 눈부신 '노랑가슴녹색잎벌레'를 카메라 렌즈를 통해 만났을 때였습니다. 5밀리미터 남짓한 자그마한 곤충은 현란한 몸 색깔에다 여러 마디가 구슬 꿰듯 이어진 더듬이, 외계인 같은 겹눈, 입, 미세한 털이 달린 다리, 옴폭옴폭 파인 수많은 점들로 멋을 부린 딱지날개까지 오밀조밀 있을 게 다 있었습니다. 대학 시절 전공 시간에 탐독했던 셰익스피어의 풍성하고 맛깔스러운 은유로도 표현할 수 없는 그런 느낌이었지요. 이후로 곤충만 보면 호기심이 발동해 시간 날 때마다 들과 산을 쏘다니며 곤충들과 데이트를 했습니다. 당시만 해도 곤충 도감이나 곤충 관련 책들이 많지 않은 터라 곤충에 대한 궁금증은 날로 더해 갔습니다. 덩달아 보면 볼수록 귀엽고, 신비하고, 앙증맞은 곤충들의 속내와 몸짓을 어찌 알 수 있을까 하면서 고민도 늘어 갔지요. 그런 시간들 속에서 로버트 프로스트의 '가지 않은 길'이란 시가 머릿속에서 뱅뱅 돌았습니다. 마침내 불혹의 나이에 몹시 험난하지만 행복한 길인 곤충과 인연을 맺었습니다.

훗날에 훗날에 나는 어디선가
한숨을 쉬며 이야기할 것입니다.
숲속에 두 갈래 길이 있었다고,
나는 사람이 적게 간 길을 택하였다고,
그리고 그것 때문에 모든 것이 달라졌다고.

실은 은은한 별빛이 내리는 여름밤, 저는 집 앞뜰에 서서 밤이슬이 옷에 촉촉이 스며들 때까지 냇가와 논둑을 날아다니는 반딧불이 수를 세며 어린 시절을 보냈습니다. 깜박깜박 불빛을 내며 휙휙 지나가는 반딧불이가 참으로 신기했습니다. 별도 아닌 곤충이 왜 별똥을 쌀까? 낮에는 어디서 지내다 밤에만 모습을 보이는 걸까? 불빛이 몸 어느 부분에서 새어 나올까? 불빛에 연한 몸이 화상을 입지나 않을까? 도대체 불빛을 왜 낼까? 불빛을 만들어 내는 연료는 뭘까? 그 연료가 다 닳아 없어지면 죽을까? 1센티미터도 안 되는 반딧불이끼리는 그들만의 언어인 불빛으로 대화를 하는데, 저에게 그들의 언어가 호기심 가득한 수수께끼였습니다. 그리고 수십 년이 지난 지금,

호기심 많던 코흘리개 시절의 마음으로 곤충들과 벅찬 대화를 나눕니다.

지구에 터전을 삼고 사는 수많은 동물 중에서 곤충의 수는 3분의 2나 됩니다. 알려진 곤충의 종 수만 해도 100만 종에 육박하니 수로만 봐도 그들은 지구의 주인이 되기에 손색이 없습니다. 몸집도 작은 곤충이 달랑 네 장의 날개와 여섯 개의 다리로 추운 곳에서부터 더운 곳까지, 땅속부터 공중까지, 물에서부터 육지까지 지구 곳곳을 누비며 살아가고 있다니 놀라울 뿐입니다. 이렇게 곤충들이 왕성한 생명력을 자랑하는 이유 중 하나는 곤충의 밥이 여기저기에 널려 있기 때문입니다.

모든 동물이 다 그렇듯이 곤충도 먹어야 삽니다. 곤충은 밥이 될 만한 먹을거리를 각자의 식성에 맞게 선택해 먹습니다. 식물, 동물, 버섯 같은 균, 똥, 미생물, 심지어 시체까지도 마다 않고 주식으로 삼습니다. 이렇게 먹을거리가 다르다 보니 당연히 사는 곳도 달라지겠지요. 식물 둘레에 사는 녀석들, 땅 위에서 사는 녀석들, 썩은 나무속이나 그 둘레에서 사는 녀석들, 버섯 속에서 사는 녀석들, 똥이나 시체 속에서 사는 녀석들, 또 다른 곤충을 잡아먹고 사는 녀석들처럼 참 다양합니다.

바쁜 일상생활에 잠시 쉼표를 찍고 숲길이나 들길을 걸어 봅니다. 뜀박질하면 나 자신만 보이고, 뛰다가 걸으면 나무와 숲이 보이고, 걷다가 서면 자연의 대합창 소리가 들리고, 서 있다가 앉으면 작은 우주가 보입니다. 풀 한 포기, 나무 한 그루, 쓰러진 나무, 죽은 두꺼비 곁에 앉으면 작은 우주가 들려주는 소곤거림에 벅찬 감동이 밀려옵니다.

혹시 숲길이나 빈 텃밭에서 버젓이 자라나는 풀 한 포기를 살살 들여다본 적이 있나요? 자연에서는 풀 한 포기조차 생명의 원천입니다. 많은 생명들이 뒤엉켜 살아가고 있으니까요. 식물은 따사로운 햇빛과 공기 중에 떠다니는 이산화탄소를 먹이 삼아 몸속에서 자신을 키울 영양물질을 만들고, 초식 곤충은 그 식물 영양밥을 먹으러 찾아옵니다. 곤충에게 식물은 잘 차려진 훌륭한 밥상이지요. '머리끝부터 발끝까지' 버릴 데가 하나도 없습니다. 잎사귀, 줄기, 열매, 꽃잎, 꽃꿀, 꽃가루, 뿌리, 그리고 죽은 식물질까지 모두 밥으로 이용합니다. 곤충은 풀에서 푸짐한 식사를 하고, 알을 낳고, 또 알에서 깨어난 새끼들은 그 풀을 먹으며 자라나 어른이 됩니다.

식물을 먹고 사는 곤충은 얼마나 많을까요? 전체 곤충 중에서 30퍼센트나 차지할 만큼 어마어마하게 많습니다. 그런데 열심히 먹어 대는 곤충이 이렇게 많은데도 식물은 죽지 않고 오히려 곤충(동물)들과 긴밀히 협조하며 번성하고 있습니다. 식물은 곤충들이 자기를 먹지 못하도록 몸속에 독성 물질(방어 물질)을 만들어 저장하고 있습니다. 하지만 곤충들은 식물이 내뿜는 독 물질에 적응하고 극복하면서 생존을 위한 주식으로 삼았습니다. 거기에다 곤충들은 식물을 몽땅 먹어 치워 죽이지 않습니다. 서로 살아남기 위해 곤충과 식물이 맺은 연합은 드라마틱합니다.

먼저 곤충들을 볼까요? 녀석들은 아무 식물이나 마구 먹지 않습니다. 대부분은 좋아하는 식물만 골라 먹는 식성이 까다로운 편식가지요. 사람들이야 그때그때 입맛에 따라 일식당, 한식당, 중식당을 골라 찾아가지만, 많은 곤충은 평생 동안 특정 식물을 찾아 먹습니다. 거기에다 잎살만 먹는 녀석, 즙만 먹는 녀석, 썩은 나무만 먹는 녀석, 꽃가루나 꿀을 먹는 녀석 등 제각기 좋아하는 부위만 먹습니다. 만일 모든 종류의 곤충이 모든 식물을 닥치는 대로 먹어 치운다면, 식물은 사라질 수도 있고 식물을 먹는 곤충 또한 먹이가 바닥나 연쇄적으로 사라질지도 모릅니다. 하지만 현명하게도 곤충들은 먹이식물을 정해 놓고 각자의 입맛에 맞게 부위를 달리해 식사하기 때문에 식물도 살고, 곤충도 식량을 충분히 확보할 수 있습니다. 그런 곤충들의 지혜가 위대할 뿐입니다.

식물들은 어떨까요? 비록 독 물질을 저장하고 있다 해도 곤충에게 달콤한 꽃 밥상을 차려 주는 데는 인색하지 않습니다. 에너지를 상당히 투자해 피워 낸 꽃은 꽃가루, 꿀, 매혹적인 향기까지 곁들인 영양 만점 밥상입니다. 식물은 호화로운 꽃 만찬에 곤충들을 초대하고, 곤충은 열심히 먹고는 밥값으로 다른 꽃으로 날아가 중매쟁이 노릇을 자처합니다. 식물은 곤충 도움을 받아 자기 대를 이을 수 있고, 곤충 또한 식물이 아낌없이 내주는 꽃 밥을 먹으며 대대손손 살아남을 수 있습니다.

숲이나 길가에서 똥이나 시체를 보면 얼른 피하시나요? 사람 눈에는 똥이 더러워 보이고, 죽은 동물이 썩고 있으면 역하게 느낄 수 있습니다. 하지만 시체와 똥이 있으면 기다렸다는 듯이 쏜살같이 달려오는 곤충들이 있습니다. 부식성 곤충들에게 시체와 똥은 최고의 영양밥입니다. 녀석들은 질겨서 소화되지 않고 배설된 셀룰로오스나 리그닌 같은 화합물이 들어 있는 똥을 먹으며 똥과 더불어 한평생을 삽니다. 또 어떤 곤충들은 동물과 식물의 시체 밥상에 날아와 밥도 먹고, 짝짓기도 하고, 알도 낳습니다. 알에서 깨어난 애벌레는 시체 밥을 야금야금 맛나게 먹으며 시체를 잘게 분해합니다. 시체는 곤충에게는 배부른 밥을 제공해 주고, 곤충은 시체를 작은 유기물이나 무기물로 분해해 식물이 다시 먹도록 땅으로 되돌립니다. 생태계의 먹이 순환에 일조를 하는 것이지요. 만일 똥과 시체를 좋아하는 곤충들이 없었다면 지구는 온통 시체밭, 똥밭이 되었을지도 모릅니다.

자연의 분해자는 또 있습니다. 천의 얼굴이란 별명을 가진 버섯과 버섯을 먹고 사는 버섯살이 곤충. 버섯살이 곤충은 땅이나 나무에서 나는 버섯을 맛있게 먹으며 평생을 버섯에서 살다 죽습니다. 버섯은 죽은 나무에서 영양분을 취하면서 나무를 자잘하게 분해합니다. 버섯과 버섯살이 곤충들이 분해한 잔해는 또 미생물이나 다른 균에 의해 더 잘게 분해되어 결국은 땅으로 돌아갑니다. 버섯살이 곤충을 비롯해 분해자들은 건강한 숲 생태계를 책임지는 지킴이인 셈이지요.

포식성 곤충은 또 어떤가요? 자기보다 힘없는 곤충을 잡아먹어야 하니 힘이 셉니다. 식물, 똥, 버섯이나 썩은 물질 등에는 생명 유지에 절대적으로 필요한 질소 같은 단백질원이 적은 편입니다. 그러다 보니 이것을 주식으로 삼는 곤충들은 많이 먹는 수밖에 없습니다. 반면에 포식성 곤충은 식물을 주식으로 삼기보다 자신의 몸 구성 성분과 비슷한 다른 곤충을 잡아먹고 영양물질을 얻습니다. 거기에다 자기 새끼에게 먹이려고 힘없는 곤충 새끼를 잡아가기도 합니다. 하지만 힘센 포식 곤충도 자기보다 더 강한 동물의 먹이가 됩니다. 새, 양서류, 파충류 등의 영양밥이 되는 것이지요.

여러 생명들이 오랜 세월 지구에서 살아올 수 있었던 것은 먹이망이 이렇게 얽히고설켜 먹이를 계속 공급해 주었기 때문입니다. 생태계의 순환이 균형 있게 돌아간다는 것은 먹이망이 안정되어 있다는 것이지요. 센 자가 약한 자를 잡아먹는 것은 물이 위에서 아래로 흐르는 것과 같은 자연의 이치입니다. 어느 누구 편도 들지 않는 것이 자연입니다. 먹고 먹히며 톱니바퀴 돌듯 돌아가는 생태계의 먹이망은 다른 누구도 아닌 생명들 스스로가 만들어 낸 빈틈없는 생존 전략의 결과입니다.

곤충들이 먹는 주식이 저마다 다르니 서식 공간도 다르고 먹이 종류에 따라 입과 몸의 생김새도 다릅니다. 잎이나 곤충을 잡아먹는 녀석들은 씹어 먹는 입을, 꽃꿀을 빨아 먹고 사는 녀석들은 주둥이가 길쭉한 입을, 곤충의 속살을 죽처럼 만들어 먹는 녀석들은 소화 효소나 마취제를 주입하기에 알맞은 입을 가졌습니다. 또 먹이를 찾아가야 하니 더듬이나 털 같은 감각 기관 등이 곤충마다 개성 있게 발달했습니다.

떼려야 뗄 수 없는 곤충들의 삶, 풀 한 포기에서 일어나는 곤충의 '인생 역정'은 사람의 그것과 다를 바 없습니다. 대를 잇기 위해 배우자를 만나 사랑을 나누고, 성장하기 위해 억척스럽게 먹고, 거친 환경을 헤쳐 나가기 위해 생존 전략을 세우는 등 그들의 한살이는 드라마틱합니다. 수많은 생명들의 맥박을 쉼 없이 뛰게 하는 먹이망을 중심으로 풀 한 포기에서 펼쳐지는 기막힌 곤충의 인생사는 경이로움 그 자체이지요. 이제 길옆에 있는 풀 하나, 나무 한 그루, 썩은 통나무, 버섯 한 송이를 예사로 볼 일이 아닙니다.

이제 책을 마무리하려니 그동안의 여러 감정들이 복잡하게 교차합니다. 곤충들과 눈으로 대화하면서 가슴 떨리는 감동이 일었고, 곤충들의 긴박하고 역동적인 모습에 절로 겸손해져 고개를 숙였고, 의문을 내려놓기보다 더 많은 수수께끼를 잔뜩 짊어진 채 걸어왔습니다. 어느 날인가는 곤충들이 식사를 한 뒤 입과 앞다리로 더듬이를 깨끗이 씻고 다듬는 모습을 보면서 고양이나 강아지가 앞다리에 침을 발라 세수하는 모습이 떠올랐고, 그 위로 사람이 세수하는 모습이 겹쳤습니다. 또 어느 날에는 곤충이 자연색을 닮은 몸 색을 이용해 적을 피하는 모습을 보고는 전쟁터 군인이 얼굴에 진흙을 바르고 자연색과 닮은 군복을 입은 모습이 떠올랐습니다. 곤충들의 짝짓기 과정에서 보이는 다양한 행동들, 먹잇감을 놓치지 않고 사냥하기 위해 취하는 행동들 같은 수많은 궁금증이 꼬리에 꼬리를 물고 퍼져 나가고, 알 수 없는 의문점이 너무도 많지만, 그런 가운데서도 "우리가 남이가?" 하고 말 던지는 곤충들, 그들의 행동과 습성을 이해하고 알아 가다 보면 우리 인간 행동의 근원이 찾아질까요?

곤충들과 나눈 진한 감동은 실험실에서도, 강의실에서도, 도서관에서도, 친한 동료들로부터도 얻어지지 않습니다. 다만 그들이 사는 야외에 나가 그들과 마주 보고 관찰할 때 비로소 얻어집니다. 거기에다 사람의 눈과 생각으로 곤충을 해석하지 않고 곤충 눈높이에 맞춰 그들을 바라볼 때 감동은 배가 됩니다. 문득 곤충들에게 겸손해져야겠다는 생각이 새삼 또 듭니다. 야외에서 그들과 만났을 때 사람의 시선이 앞을 가려 미처 알아채지 못한 그들의 모습과 행동에도 세세한 애정과 관심을 가져야겠다는 생각 말입니다. 풀리지 않은 수많은 수수께끼들은 평생을 곤충과 함께하다 보면 다 풀릴까요? 곤충에게 기대어 그들의 행동과 모습을 살피다 보면 하나씩 풀어질 거란 희망이 앞섭니다.

광장동 연구실에서

정부희

개정판을 내며

제 나이 마흔 여덟에 내 인생의 첫 책인《곤충의 밥상》이 세상에 나왔습니다. 세월은 속절없이 흘러 낼모레면 육십 줄에 접어드니《곤충의 밥상》이 나온 지 얼추 10년이 넘어갑니다. 그간 내 자식 같은 책인《곤충의 밥상》에 나온 여러 가지 곤충 주인공들은 곤충을 마냥 좋아하는 사람, 어린 자녀를 곤충학자 키우고 싶은 사람, 곤충에 대한 생경한 정서를 맛보려는 사람, 곤충 말만 들어도 징그러워 진저리 치는 사람, 곤충은 모두 해충으로 여기는 사람, 곤충 산업에 관심을 갖는 사람, 곤충이 인류 삶에 어떤 영향을 주는지 묻는 사람 들 마음속을 파고들며 작고 하찮은 벌레도 사람들과 똑같은 인생살이를 겪으며 살아가는 소중한 생명이라는 소중한 메시지를 전해 주었습니다. 저 대신 곤충 전도사 역할을 훌륭하게 해 준 녀석들에게 감사하고 또 감사할 뿐입니다.

많은 고민 끝에 절판되어 생명력을 잃은《곤충의 밥상》 주인공들에게 재출간이라는 선물을 주기로 마음먹었습니다. 강산이 바뀔 만큼 세월이 흘렀으니 새 단장할 필요성도 절실히 느끼던 차였습니다. 첫 출간 원고에 그 동안 꾸준히 관찰하고 연구한 내용을 덧붙이고, 본문 중에 언뜻언뜻 보이는 몇몇 오탈자와 사진의 오동정을 찾아 바로잡았습니다. 무엇보다 이 기회에 알게 모르게 나를 피 마르게 만들었던 과학적 진실에 대한 소소한 오류를 바로잡을 수 있어 밀린 숙제를 말끔히 한 기분입니다.

며칠 전 출판사에서 인쇄 직전의 최종 교열본을 보내 왔습니다. 800쪽 가까운 원고를 받고 독자가 되어 며칠 동안 독서 삼매경에 푹 빠졌습니다. 실은 2010년에 《곤충의 밥상》 출간 작업할 때는 옛날 어렸을 적 부모님과 함께 살던 시절이 생각나 눈물을 많이 쏟았습니다. 하지만 10여 년이 지난 지금은 원고를 읽으면서 입가에 미소가 지어집니다. 수채화 같았던 어린 시절이 눈앞에 어른거려서입니다. 《곤충의 밥상》 이야기 중 50퍼센트 이상은 내 어렸을 적 정서가 깊이 배어 있어 참 애틋합니다. 그래서 나에게 《곤충의 밥상》은 늘 원픽인 책입니다.

2020년 12월 끝자락 즈음에

정부희

차례

3장

버섯을 먹는 곤충

4장

똥, 시체, 썩은 물질을 먹는 곤충

5장

곤충을 먹는 곤충

1장

풀을 먹는 곤충

족도리풀 찾아
삼만 리

애호랑나비

족도리풀 잎에 알을 낳고 있는 애호랑나비

애호랑나비 암컷은
족도리풀 꽃꿀을 먹지 않지만
알을 낳기 위해 족도리풀을 찾아옵니다.
애호랑나비 애벌레들이
족도리풀 잎만 먹고 자라기 때문입니다.

누구나 수채화와도 같은 어린 시절 기억이 있습니다.
꽃 피는 산골에서 자랐기에 눈만 감으면 떠오르는 추억이 있습니다.
꽁꽁 얼었던 시냇물이 풀려 돌돌 소리 내어 흐를 즈음,
앞산은 진달래꽃이 가득 피어 온통 분홍빛으로 물듭니다.
그야말로 꽃 대궐이었습니다.
어렸지만 그 모습에 홀딱 반해 심장이 쿵쾅거렸지요.
어느새 어린 꼬마는 시냇물을 건너고 논길을 가로질러
단숨에 앞산에 올라 진달래꽃을 따 먹기 시작합니다.
입술이 보라색으로 물들 때까지 따 먹었죠.
진달래꽃들에는 나비들이 파르르 날아올라 살포시 내려앉고는 했지요.
그때는 날개가 알록달록 화려해 호랑나비인 줄 알았는데,
지금 생각하니 애호랑나비였습니다.

진달래

이른 봄에 깜짝 출현하는 애호랑나비

애호랑나비는 진달래꽃이 필 때쯤에만 볼 수 있습니다. 진달래꽃이 남쪽에서 피기 시작해 북쪽으로 올라오면서 애호랑나비도 같이 따라 올라옵니다. 다시 말하면 진달래꽃이 피어 위쪽 지방으로 올라오는 때와 애호랑나비 어른벌레가 나오는 때가 비슷한 것이지요. 이른 봄에 깜짝 출현하는 애호랑나비에게는 많은 사연이 있습니다.

이른 봄, 산길에서 애호랑나비를 만났습니다. 일 년 중 고작해야 열흘쯤 볼 수 있는 어른벌레가 진달래, 얼레지, 제비꽃, 현호색 같은 여러 봄꽃에 찾아와 꿀을 빨아 먹는 모습은 매우 아름답습니다. 어른벌레 몸 색깔은 검은색과 노란빛 줄무늬가 뚜렷한데다가 빨간색까지 곁들어지니 영락없는 호랑이 무늬지요. 그래서 북녘에서는 '애기범나비'라고 부릅니다. 석주명 선생님은 이른 봄에 나타나니 '이른봄호랑나비'라고 불렀지만, 지금은 호랑나비보다 몸집이 작아 '애(아기)호랑나비'라고 합니다.

어른 애호랑나비가 할 일은 부지런히 꽃을 찾아다니며 꿀을 빨아 먹고 영양을 보충해 알을 낳는 일입니다. 녀석은 꽃 종류를 가리지 않고 꽃이라는 꽃은 모두 찾아다니며 꽃 속에 들어 있는 꿀로 배를 채웁니다. 다른 모든 어른 나비들처럼 어른 애호랑나비도 긴 빨대 같은 주둥이를 가지고 있습니다. 녀석은 철사처럼 가늘고 기다란 빨대 주둥이로 꽃의 가장 깊은 곳에 있는 꿀을 마음껏 빨아 먹습니다. 꿀을 빨지 않고 쉴 때나 날아다닐 때는 긴 주둥이를 용

수철처럼 돌돌 말아 머리 아래쪽에 둡니다. 이 주둥이로는 씹을 수도 핥아 먹을 수도 없으니 어른 애호랑나비가 즐겨 먹는 밥은 곳곳에 핀 꽃의 꿀입니다. 가끔은 과일즙이나 무기질이 들어 있는 동물의 사체즙 같은 액체성 먹이도 빨아 먹습니다.

애호랑나비 암컷과 수컷은 이 꽃 저 꽃으로 꿀을 찾아 날아다니며 마음에 드는 짝을 찾습니다. 암컷은 꿀 식사를 하면서 성페로몬(sex pheromone: 성 유인 물질)을 내뿜으며 수컷을 부릅니다. 암컷이 내뿜은 오묘한 냄새 물질인 성페로몬은 바람을 타고 멀리 퍼져나갑니다. 그러면 페로몬을 맡은 수컷은 페로몬 향기에 이끌려 냄새를 풍긴 암컷을 정확히 찾아 날아옵니다. 수컷은 암컷 둘레를 돌며 구애를 합니다. 한동안 더듬이를 부딪치며 서로 얼싸안듯이 빙그르르 돌며 상대방을 탐색합니다. 드디어 암컷은 수컷이 마음에 들었는지 짝짓기를 받아들입니다.

재미있게도 녀석들은 배 꽁무니를 마주 대고 서로 반대쪽을 바라보며 사랑을 나눕니다. 그런데 갑자기 한바탕 일이 벌어졌습니다. 다른 수컷이 사랑을 나누는 애호랑나비 부부에게 달려들어 딴지를 놓으며 신부를 빼앗으려 발버둥 칩니다. 이에 밀릴세라 신랑은 날개를 거세게 퍼덕거리며 맞섭니다. 아마도 훼방꾼은 암컷이 앞서 내뿜은 성페로몬에 이끌려 뒤늦게 찾아온 모양입니다. 하지만 암컷은 훼방꾼이 아무리 딴지를 걸어도 아랑곳하지 않고 묵묵히 짝짓기를 진행합니다. 머쓱해진 훼방꾼은 다른 곳으로 날아가고, 이제 부부는 풀잎 아래서 느긋하게 사랑을 나눕니다.

수컷은 짝짓기하며 정자를 암컷에게 넘겨줍니다. 그런데 수컷은 짝짓기를 마쳤는데 암컷을 순순히 놓아주지 않고 마지막 작업을

모시나비 암컷은 짝짓기를 마치면 꽁무니에 수태낭을 달고 다닌다.

합니다. 마지막 작업이란 신부 생식기에 일종의 정조대를 채우는 일입니다. 사람 눈으로 보면 성범죄에 해당하겠지요. 수컷은 십자군 전쟁을 치를 것도 아닌데, 왜 암컷에게 정조대를 채울까요? 자신과 짝짓기 한 암컷이 다른 수컷과 또 짝짓기 하는 것을 막기 위해서지요. 말하자면 '정자 전쟁' 또는 '정자 경쟁'인 셈입니다.

그럼 수컷 애호랑나비는 암컷 생식기에 어떻게 정조대를 채울까요? 수컷은 정자를 넘겨준 다음 암컷 생식기에 허연 점액 물질을 쓱쓱 바릅니다. 이것을 '교미낭', '수태낭' 또는 '교미 마개'라고 합니다. 점액 물질은 수컷의 수정관과 사정관이 만나는 곳에 있는 보조 분비샘에서 나옵니다. 수정관(vas deference)은 정자를 만드는 정소에서부터 사정관까지 이어진 관이고, 사정관(ejaculatory duct)은 양쪽 정소와 이어진 수정관이 하나로 합쳐진 관입니다. 사정관

끝은 음경과 이어져 정자를 내보냅니다.

점액 물질 속에는 수컷이 만든 정자 가운데 기형인 정자도 들어 있습니다. 때때로 정자 머리가 두 개 이상이거나, 정자 꼬리가 여러 개이거나, 아예 운동성이 없는 기형 정자들이 수태낭을 만드는 재료로 쓰입니다. 수컷이 이 분비물로 암컷의 외부 생식기를 막아 버리면 암컷은 더는 짝짓기를 할 수 없어 다른 수컷 정자를 자기 몸속으로 받아들일 수 없습니다. 자기 유전자만 넘겨서 자기 새끼를 번식시키려는 수컷의 본능이지요. 그래서 짝짓기를 마친 애호랑나비 암컷은 기혼녀의 상징인 수태낭을 힘겹게 달고 다닙니다. 수태낭은 처음 만들어질 때는 점액질이어서 말랑말랑하고 부드럽지만, 시간이 지나면서 굳어져 단단해집니다. 아쉽게도 애호랑나비 암컷 수태낭은 잘 볼 수가 없습니다. 수태낭이 작고, 생식기 안쪽에 달려 있어서 웬만해서는 눈에 잘 띄지 않습니다. 애호랑나비 외에도 수태낭을 달고 다니는 암컷 나비들이 있습니다. 호랑나비과에 속하는 모시나비, 붉은점모시나비, 사향제비나비 같은 나비들입니다.

어른 애호랑나비에게 삶의 목표는 오직 종족 번식입니다. 다시 말하면 수컷은 여러 암컷과 짝짓기를 하며 자기 정자를 넘겨주고, 암컷은 넘겨받은 정자와 자기 난자를 수정시켜 안전하게 알을 낳는 일입니다. 다행히 열흘쯤 살면서 목표를 이룬 수컷은 몸에 힘이 빠지면서 서서히 죽어 갑니다. 암컷도 알을 낳은 뒤 이삼일 내에 몸이 쇠약해져 서서히 고된 삶을 마감합니다.

곤충들의 통신 수단
페로몬

곤충은 여러 가지 화학 물질을 이용해 정보를 주고받으며 대화를 합니다. 이 화학 물질은 곤충 몸속에서 만들어진 뒤 몸 밖으로 분비되어 같은 종끼리 통신을 하는 중요한 역할을 합니다. 이때 사용하는 화학 물질을 모두 페로몬(Pheromone)이라고 합니다. 보통 페로몬은 페로몬 자극에 따른 곤충의 반응 방법에 따라 행동유기페로몬(releaser pheromone)과 생리변화페로몬(primer pheromone)으로 크게 나눌 수 있습니다.

행동유기페로몬

곤충이 이 페로몬 냄새를 맡으면 즉각 행동에 변화가 일어납니다. 행동유기페로몬에는 성페로몬, 집합페로몬, 경보페로몬, 길잡이페로몬 등이 있습니다.

1) 성페로몬

짝짓기 할 때 같은 종을 알아차리게 하는 페로몬입니다. 종마다 페로몬 성분의 혼합 비율이 다릅니다. 성페로몬은 페로몬 중에서도 종류가 가장 많고 연구가 잘 이뤄져 있습니다. 성페로몬은 멀리 혹은 가까이 떨어져 있는 암컷과 수컷을 만날 수 있도록 해 줍니다. 그래서 성 유인제라고 할 수 있습니다. 거의 모든 곤충은 암컷이 페로몬을 내뿜어 수컷을 유인하지만, 몇몇 종은 수컷이 내뿜어 암컷을 유인합니다. 성페로몬으로 상대방을 유인하는 종류는 나비

목과 딱정벌레목에서 많이 보고되는데 바퀴목, 벌목, 파리목, 매미목 등에서도 관찰됩니다.

2) 집합페로몬

집합페로몬은 곤충이 집단을 이뤄 번식과 방어를 하는 데 유용하게 쓰입니다. 나무좀, 저장 해충류 같은 곤충들이 먹이를 찾았거나 톡토기 같은 곤충이 좋은 서식지를 발견했을 때 집합페로몬을 분비하여 다른 개체들을 불러 모읍니다. 그렇게 집단을 이루면 번식과 방어에 유리합니다. 예를 들면 어떤 나무좀(*Dendroctonus brevicomis*) 암컷은 숙주나무인 폰데로사 소나무(*Pinus ponderosa*)에서 나는 냄새를 맡고 찾아가 나무껍질 속에 구멍을 파고선 집합페로몬을 내뿜어 자기 동료들을 불러 모읍니다. 그러면 집합페로몬과 숙주나무 냄새에 많은 개체들이 모여들고 함께 생활하면서 성공적인 번식을 할 수 있습니다. 또한 바퀴벌레도 혼자 사는 것보다 집단을 이루고 사는 게 성장 발육에 도움이 되는데, 이때 집합페로몬이 관여합니다. 어떤 홍반디(*Lycus loripes*) 수컷은 집합페로몬을 내뿜어 먹이인 꽃에 자기 동료들을 불러 모읍니다. 이 곤충의 몸 색깔은 화려한 노란색인데, 녀석들이 집단을 이루면 경고색 효과가 극대화되어 새 같은 천적 공격으로부터 자신들을 보호할 수 있습니다. 참고로 이 홍반디들은 꽃 위에서 짝짓기도 하는데, 이때는 집합페로몬이 성페로몬 기능을 합니다.

3) 경보페로몬

주로 집단생활을 하는 곤충들이 적에게 공격을 당하거나 위험에 처하면 내뿜는 페로몬입니다. 경보페로몬이 분비되면 집단의 곤충들은 분산, 집합, 방어, 공격 같은 여러 가지 반응을 보입니다. 종에 따라 차이는 있지만, 보통 경보페로몬을 접한 곤충들은 머리를 들고, 큰턱을 벌리는 공격 자세를 취합니다. 진딧물의 경우 위험에 처한 개체가 경보페로몬을 내면, 이 냄새를 접한 다른 개체들은 식물 잎이나 줄기에서 떨어지거나 흩어집니다. 이렇게 경보페로몬은 꿀벌, 개미, 흰개미 같은 사회성 곤충과 어느 정도 집단생활을 하는 가루응애류와 진딧물류에서 사용됩니다.

그리고 노린재목 가운데서 빈대과와 노린재과 같은 몇몇 과 곤충들도 경보페로몬을 사용합니다. 이들 노린재목 곤충들은 사회성 곤충은 아니지만 모여서 삽니다. 경보페로몬을 내뿜으면 어른벌레들은 대개 흩어지는데, 일부 노린재목 뿔노린재과의 경우 알과 유충을 돌보는 일을 하던 어른벌레들이 알과 유충을 보호하기 위해 오히려 공격 자세를 취하기도 합니다.

4) 길잡이페로몬

개미나 흰개미 같은 사회성 곤충이 먹이 장소를 자기 동료들에게 알리기 위해 통로에 내뿜는 페로몬입니다. 즉, 먹이를 찾아가는 길에 길잡이페로몬을 분비하여 다른 동료들이 쉽게 먹이를 찾고 길을 잃어버리지 않도록 해 줍니다. 개미가 집과 먹이 사이를 줄지어 걸어가는 것을 흔히 볼 수 있는데, 이것은 이 분비물 냄새를 맡고 행동하는 것입니다. 일반적으로 길잡이페로몬 성분은 휘발성이 비교적 약합니다. 그래서 한번 내뿜은 길잡이페로몬 냄새는 오래 지속되는 편입니다. 물론 오가는 통로에 얼마나 많은 개체가 오가며 길잡이페로몬을 내뿜었느냐에 따라 지속성도 달라집니다. 우리나라에 사는 천막벌레나방(텐트나방 *Malacosoma neustria testacea*) 애벌레는 먹이식물 잎이나 가지 사이에 쳐 놓은 실에 길잡이페로몬을 내뿜어 더 많은 애벌레를 끌어 모읍니다.

생리변화페로몬

생리변화페로몬은 페로몬 냄새를 맡은 개체에게 생리적 변화를 일으켜 형태나 행동을 변화시킵니다. 대표적으로 계급 분화에 관여하는 벌의 여왕 물질이 있습니다. 꿀벌의 경우, 여왕벌은 벌집에서 여왕 물질을 줄곧 내뿜는데, 이 여왕 물질은 일벌들 입을 통해 무리 전체로 전달됩니다. 여왕 물질은 암컷인 일벌들의 난소 발육을 억제하는 생리변화페로몬으로 작용합니다. 또한 흰개미 경우도 마찬가지입니다. 여왕이 분비한 여왕 물질이 다른 미성숙 암컷의 난소 발육을 억제해 일개미들의 생식 활동을 통제합니다.

애벌레 밥을 찾아 삼만 리

짝짓기를 마친 암컷 애호랑나비는 수태낭을 달고서 알 낳을 풀을 찾아 나섭니다. 바둑돌부전나비 애벌레처럼 진딧물을 먹고 사는 녀석도 있지만, 거의 모든 나비 애벌레는 식물을 먹고 자랍니다. 하지만 종에 따라 애벌레 먹이식물이 다릅니다. 그래서 특정

식물이 줄어들거나 사라지면 그 식물을 먹이로 하는 종이 줄어들거나 사라질 뿐 다른 식물을 먹는 종들은 영향을 거의 받지 않습니다. 모든 나비 애벌레들이 같은 종류의 식물을 먹는다면 먹이 경쟁이 일어날 수도 있고, 먹이식물이 모자라기라도 하면 나비 애벌레가 살아남는 데 큰 어려움이 생길 지도 모릅니다.

그렇기 때문에 어미나 애벌레 모두 먹이식물을 고르는 능력이 빼어납니다. 애호랑나비 애벌레에게도 먹는 식물이 정해져 있습니다. 바로 족도리풀속(*Asarum* Linne)에 속한 식물입니다. 우리나라에 자라는 족도리풀속에는 8종이 있는데 흔히 볼 수 있는 종은 족도리풀과 개족도리풀입니다. 애호랑나비 애벌레는 족도리풀 종류가 아닌 다른 식물 잎사귀는 절대 먹지 않습니다. 그러니 어미 애호랑나비는 '족도리풀 찾아 숲속 삼만 리'라도 헤매야 할 판이죠.

애호랑나비가 알을 낳으러 족도리풀을 찾아왔다.

어미 애호랑나비는 눈, 더듬이, 몸에 난 털 같은 여러 감각 기관을 모두 동원해 아기에게 줄 족도리풀 밥상을 찾아다닙니다. 그 과정에서 애호랑나비의 코인 더듬이와 털 감각기 같은 냄새 감각 기관이 빛을 발합니다. 족도리풀은 자신을 뜯어 먹는 초식 곤충들을 물리치려고 방어 물질을 내기 때문입니다.

족도리풀을 살짝 뜯어 맛을 보면 매운맛이 납니다. 이 매운맛이 바로 족도리풀의 방어 물질인데, 페놀성 물질 같은 여러 물질이 섞

애호랑나비가 족도리풀 잎 뒤에 풀빛 알을 낳고 있다.

여 있는 독성 물질입니다. 물론 사람은 그 독성 물질로 병을 고치는 약으로 쓰니 잘만 이용하면 해롭지 않습니다. 족도리풀은 햇빛 에너지를 이용해 광합성을 하면서 영양분을 만들고, 그 영양분으로 자신을 먹여 살립니다. 그런데 난데없이 곤충들이 나타나 자기를 먹어 영양분을 뺏으려고 하니, 족도리풀은 자신을 지킬 대책이 필요합니다. 그래서 자신을 먹으려는 초식 곤충이나 초식 동물을 쫓아내기 위해 독성 물질을 만들어 몸속에 저장합니다. 더구나 이 독성 물질은 휘발성이 강해 먹으려고 가까이 오는 곤충들에게 "나 독 있으니 먹지 마." 하며 사전에 경고까지 합니다. 식물의 독성 물질을 먹게 되면 소화도 안 되고, 맛도 없고, 냄새도 역겹고, 심지어 죽을 수도 있습니다. 멋모르고 한번 먹어 본 곤충이 있다면 다시는 입에도 안 댈 것입니다.

식물 입장에서는 방어 물질을 만들기 위해 많은 에너지를 투자해야 하지만, 곤충 퇴치에는 효과 만점이니 방어 물질 개발에 열을 올립니다. 그렇다면 모든 곤충이 식물이 내는 방어 물질에 항복하고 도망갈까요? 그렇지 않습니다. 애호랑나비 애벌레는 아주 오랜 시간에 걸쳐 족도리풀 독성에 적응해 왔습니다. 녀석들이 이 독성 물질을 몸속에서 어떻게 해독시키는지, 어떤 과정을 거쳐 내성을 키워 왔는지는 아직 밝혀지지 않았지만, 애호랑나비 애벌레는 번데기가 될 때까지 독성 물질을 아랑곳하지 않고 족도리풀을 먹으며 무럭무럭 자랍니다.

또한 족도리풀이 내뿜는 방어 물질은 족도리풀의 의도와 달리 애호랑나비 애벌레에게 밥맛을 돋우는 '섭식 자극제'가 됩니다. 그래서 어미 애호랑나비는 족도리풀의 방어 물질 냄새에 이끌려 찾아옵니다. 어미는 알을 낳은 뒤 죽어 애벌레를 돌볼 수 없기 때문에 태어날 애벌레가 먹을 밥상에 알을 낳아야 합니다. 족도리풀에 도착한 어미는 다리 발목마디나 배 끝으로 방어 물질을 내뿜는 잎사귀를 더듬더듬 만지며 족도리풀이 맞는지 확인한 뒤 알을 낳습니다.

곤충의 먹이 활동을 자극하는 물질, 즉 섭식 자극제에 대한 연구는 활발한 편입니다. 곤충 입맛을 돋우는 섭식 자극제는 식물에도 있고, 똥에도 있고, 버섯에도 있습니다. 그 가운데 인간의 식생활과 밀접한 경작 식물에 대한 연구가 특히 많습니다. 예를 들면 양배추가루진딧물의 섭식 자극제는 십자화과 식물의 겨자유 배당체인 시니그린(sinigrin)입니다. 또한 쓴맛 나는 오이과 식물의 쿠쿠르비타신 C(cucurbitacin C)는 오이를 먹는 잎벌레류 입맛을 돋울 뿐만 아니라, 이 물질을 몸속에 모아 두었다가 자기 몸을 지키는 방어 물질로도 쓴다는 연구 결과도 있습니다.

애호랑나비 애벌레의 밥상

애호랑나비는 한 번에 알을 10~17개 낳는데, 여러 번에 걸쳐 족도리풀 잎 뒷면에 붙여 낳습니다. 알 지름은 2밀리미터쯤 될 만큼 제법 커서 맨눈으로도 잘 볼 수 있습니다. 일정한 간격을 두고 가지런히 줄 맞춰 알을 낳는 데다 에메랄드빛 진주처럼 찬란하게 빛나서 마치 잎사귀에 보석이 박힌 것 같습니다. 어미가 알을 낳을 때 보조샘에서 아교 물질(아교질)이 나와 알들이 서로 멀리 떨어지지 않게, 또 잎사귀에서 떨어지지 않게 잘 붙여 놓습니다.

알에서 깨어난 애벌레들은 처음에는(약 2령까지) 족도리풀 잎사귀에 함께 모여 잎을 갉아 먹습니다. 따로 흩어져 사는 것보다 함께 사는 것이 천적으로부터 자신을 지키는 데 더 유리하기 때문입니다. 여러 마리 애벌레가 모여 있으면 천적은 애벌레 몸집이 크다고 착각하고 공격을 꺼리기도 합니다.

그러다 허물을 두 번 벗은 뒤로는 저마다 흩어져 혼자 삽니다. 애벌레는 열심히 족도리풀 잎을 먹으면서 무럭무럭 커 갑니다. 애벌레 시절 동안 모두 허물을 4번 벗으며 자라는데, 몸집이 커질수록 먹어야 할 식사량이 많아집니다. 그러니 잎사귀 하나에 수십 마

에메랄드빛 진주 같은 애호랑나비 알

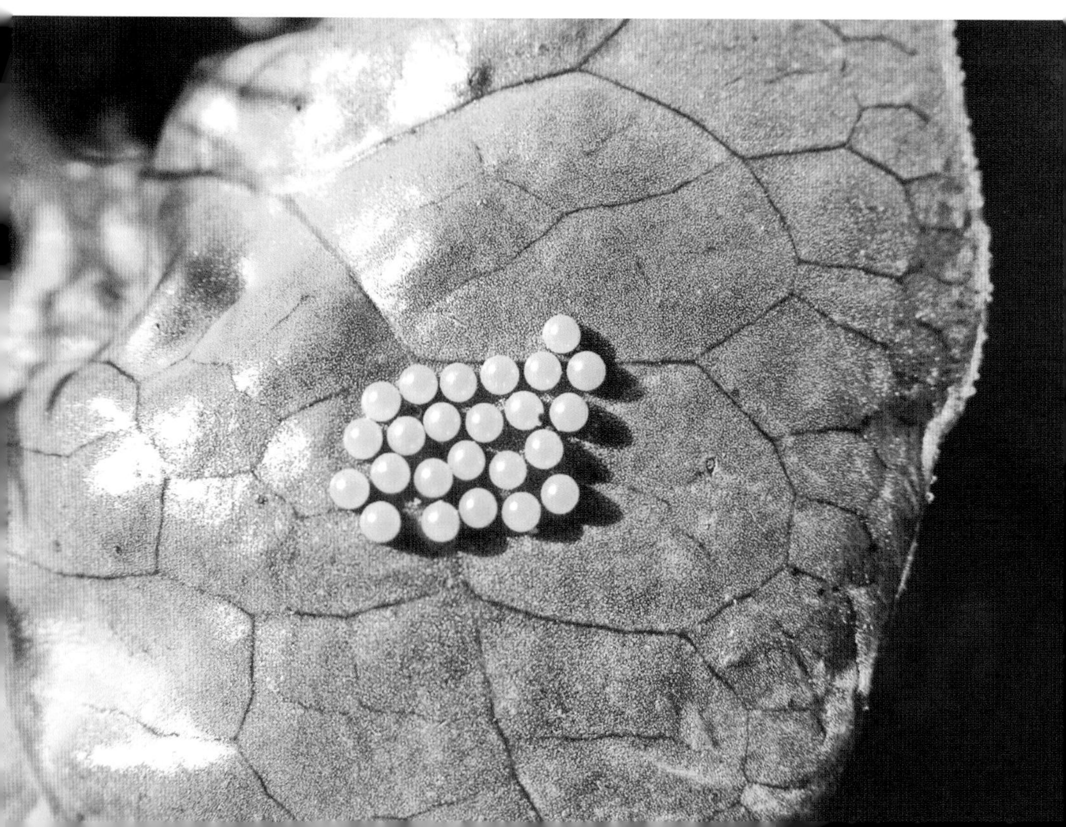

애벌레가 나가고 남은 알 껍질

리가 모여 밥을 먹으면 잎이 금방 동나니 저마다 흩어져 둘레에 있는 족도리풀 잎에서 왕성한 식욕을 해결합니다. 잎사귀 하나를 다 먹어 치우면 녀석들은 가슴에 붙은 다리 3쌍과 배 쪽에 붙은 다리 5쌍으로 꿈틀꿈틀 기어서 다른 잎사귀로 이사를 갑니다. 그러고는 또 맛있게 잎사귀를 먹습니다. 다행히도 애벌레가 독립생활을 시작할 때쯤이면 봄이 무르익어 어린 족도리풀도 쑥쑥 자라 애호랑나비 애벌레들에게 풍성한 만찬을 제공합니다.

애벌레 모습은 어떻게 생겼을까요? 진주 같은 아름다운 알과 달리 조금 무섭게 생겼습니다. 몸 색깔이 까맣고 온몸에 길고 짧은 털까지 북슬북슬 나 있어서 꿈틀대거나 기어 다닐 때는 조금 징그럽습니다. 털 때문에 징그러워 보이는 것은 우리네 사람들 눈에만 그럴 뿐 녀석들에게는 살아가기 위한, 어찌 보면 처절하기조차 한 무기입니다. 즉 털은 힘없는 녀석들에게 정보 수집 장치입니다. 온도계 역할(온도 감지), 습도계 역할(습도 감지), 풍량계 역할(바람 감지), 냄새 감각 역할(냄새 감지), 촉각 역할, 심지어 빛까지도 감지할 수 있어 초대형 안테나나 마찬가지입니다. 털은 피부 깊숙이 박혀 있어 바깥세상의 온갖 정보를 신경으로 전달합니다. 뿐만 아닙니다. 무섭게 생긴 털은 녀석들에게 달려드는 천적을 겁먹게도 합니다. 보통 새 같은 포식자는 먹잇감에 돋은 털에는 독이 많다는 것을 기억하고 있습니다.

또한 호랑나비과에 속한 다른 나비 애벌레들처럼 녀석들도 냄새뿔을 가지고 있습니다. 냄새뿔을 '취각(吹角)'이라고 하는데 호랑나비과 애벌레 머리와 앞가슴 사이에 있는 뿔처럼 생긴 자루입니다. 아무 일 없을 때에는 몸속에 숨어 있다가 자극을 받으면 몸 밖

알에서 갓 깨어난 애호랑나비 애벌레

으로 튀어나와 냄새를 풍깁니다. 위험에 처하거나 천적으로부터 공격을 받으면 바로 머리와 앞가슴 사이에서 주홍색 냄새뿔을 불쑥 내밀어 위협합니다. 놀랍게도 냄새뿔에서 독특한 냄새가 풍겨 나와 천적을 역겹게 만듭니다. 물론 그 냄새의 원료는 녀석들이 먹는 밥인 족도리풀에서 얻습니다.

애호랑나비 4령 애벌레

애호랑나비 애벌레가 족도리풀 잎사귀를 먹는 모습을 볼까요? 아시다시피 애호랑나비 어른벌레와 애벌레는 주둥이(입틀) 생김새가 다릅니다. 어른벌레는 빨대처럼 생긴 주둥이인데, 애벌레는 씹는 주둥이를 가졌지요. 주둥이 생김새가 다르니 어른과 애벌레가 먹는 밥이 당연히 다르겠지요. 앞서 말했듯이 어른 애호랑나비가 먹는 밥은 꽃꿀이고, 애벌레가 먹는 밥은 씹어 먹기에 알맞은 잎사귀입니다. 애벌레 주둥이에는 잘 발달한 큰턱이 있는데, 큰턱은 굉장히 튼튼해서 족도리풀 잎을 사각사각 베어 씹어 먹습니다. 가슴다리 3쌍, 배다리 4쌍, 꼬리다리 1쌍 이렇게 다리 8쌍으로 잎사귀 뒷면에 매달려 큰턱을 좌우로 폈다 오므렸다 하면서 잎 가장자리에서 안쪽으로 차례차례 한 입씩 베어 씹어 먹습니다. 녀석들은 주로 낮에 활동하고 밤에는 쉽니다. 밤을 빼고는 오로지 먹는 일에만 온 정신을 쏟기 때문에 밥 먹는 것이 애벌레의 일생이라 해도 틀린 말은 아닙니다.

알에서 갓 깨어나 번데기가 되기까지 애벌레로 사는 기간은 사는 곳에 따라 다릅니다. 기온과 먹이 상태 같은 환경 조건이 다르기 때문입니다. 중부 지방의 경우, 5월 중순까지 족도리풀에서 애벌레를 볼 수 있는 것으로 보아 야생에서는 5월이 끝나 갈 즈음 번데기가 되는 것으로 짐작됩니다.

불그스름한 냄새뿔이 머리 쪽에 살짝 나와 있다.

번데기 보금자리는 숲 바닥

애벌레는 이렇게 풍성하게 차려진 족도리풀 밥상에서 게걸스럽게 식사를 하며 5령까지 무럭무럭 자랍니다. 그러다 번데기가 되기 위해 8쌍의 다리로 족도리풀 줄기를 타고 스멀스멀 기어 내려와 땅에 떨어진 나뭇잎 사이로 들어갑니다. 이맘때가 되면 잎사귀가 많이 뜯어 먹혀 줄기만 남은 족도리풀을 종종 볼 수 있습니다. 만일 줄기만 남은 족도리풀을 보게 되면 둘레에 쌓인 가랑잎을 들춰 보세요. 운 좋으면 깊은 잠에 빠진 애호랑나비 번데기를 만날지도 모릅니다.

번데기가 되기 위해 족도리풀을 떠나는 까닭은 번데기로 지내기에 족도리풀 상태가 너무 취약하기 때문입니다. 족도리풀은 6월 이후가 되면 말라 버리고 시들어 버려 번데기 몸을 숨길 수가 없습니다. 그래서 번데기로 탈바꿈을 앞둔 애벌레는 자신이 먹던 족도리풀 밥상에서 그리 멀지 않은 곳에 새 보금자리를 마련합니다. 몸을 숨길 나뭇잎이나 풀잎만 있으면 되니 애벌레의 더딘 걸음으로 굳이 멀리 갈 필요가 없지요. 또 몸을 보호할 수 있으면 잎이 어떤 종류이든 상관하지 않고 가랑잎들 사이에서 기나긴 번데기 시대로 접어듭니다. 번데기는 이듬해 봄까지 가랑잎 아래에서 꼼짝 않고 잠만 잡니다. 몸속에서 물질대사의 대혁명이 일어나는 꿈을 꾸면서 말입니다. 일 년 중 열 달 넘게 번데기로 지내기 때문에 애호랑나비 한살이 중에서 우리가 어른 애호랑나비를 볼 수 있는 시기는 이른 봄 열흘 정도뿐입니다. 이렇게 애호랑나비처럼 이른 봄에 번데기에서 어른벌레로 태어나는 것은 다른 곤충들이 활발히 활동하는 때를 피해 미리미리 자손을 키우려는 나름의 생존 전략입니다.

족도리풀의 놀라운 생존 전략

어른 애호랑나비는 족도리풀 꽃에서 꿀을 먹을까요? 어차피 알을 낳을 식물이니 이리저리 꽃을 찾아 돌아다니는 것보다 족도리풀에서 꿀도 먹고 짝짓기도 하면 아주 경제적일 텐데 말이지요. 하지만 안타깝게도 어른 애호랑나비는 족도리풀에서 꽃꿀 식사를 포기했습니다. 그 까닭은 족도리풀에서 피는 꽃 위치 때문입니다. 족도리풀은 큰키나무 그늘 밑에서 잘 자랍니다. 기다란 잎줄기 끝에 매달린 잎사귀는 하트 모양이고 꽃이 족두리 모양이어서 한눈에 금방 알아볼 수 있습니다. 눈치채셨겠지만 족도리풀은 꽃 생김새가 예전 여인들이 머리에 썼던 '족두리'처럼 생겨 붙여진 이름입니다. 족도리는 족두리의 옛말입니다.

족도리풀은 풀치고는 키가 큰 편이라 아무리 작아도 15센티미터가 넘습니다. 그런데 재미있게도 족도리풀 꽃은 땅에 붙다시피 핍니다. 거기에다 검은 자주색이라 땅에 떨어진 나뭇잎 색깔과 아주 비슷해서 눈에 잘 띄지도 않습니다. 더구나 꽃에서는 좋지 않은 냄새까지 납니다. 꽃이 땅에 붙다시피 피니 애호랑나비가 편하게 앉아서 긴 빨대 주둥이로 꿀을 빨아 먹는 것이 물리적으로 어렵습니다. 그래서 어른 애호랑나비는 족도리풀 꽃을 포기하고 다른 꽃을 찾아 헤매는 것이지요.

그럼 족도리풀 꽃은 누가 중매를 해 줄까요? 족도리풀의 번식 전략은 기막힙니다. 꽃이 땅에 붙다시피 피고 냄새까지 안 좋으니 아예 나비같이 하늘을 날아다니는 곤충을 불러들이는 것을 포기했습니다. 대신에 땅 위를 걸어 다니거나 썩은 물질을 좋아하는 곤충을 불러들입니다. 족도리풀 꽃에 오는 단골손님은 버섯에 많이 몰리는 버섯파리류와 시체나 똥에 잘 꼬이는 파리들입니다.

일본에서 자라는 다마족도리풀 꽃을 관찰한 재미있는 예가 있습니다. 이 꽃은 버섯 냄새를 풍기는데, 버섯으로 착각한 버섯파리류가 꽃 속으로 들어와서는 꽃잎 무늬를 버섯의 주름살로 여기고 꽃잎에다 알을 낳는다고 합니다. 물론 다마족도리풀 꽃은 버섯이 아니니 알에서 애벌레가 깨어나지 못하고, 애벌레가 깨어난다 해도 먹이가 없으니 살아남지 못하는 건 당연한 이치겠지요. 실제로 알에서는 애벌레가 한 마리도 못 깨어 나오고, 알은 곰팡이가 슬었다고 합니다.

더 신기한 것은 족도리풀은 씨앗을 맺은 뒤 씨앗을 멀리 퍼뜨려 줄 '씨앗 배달부'인 개미를 불러들입니다. 족도리풀 씨앗에 달착지근한 물질이 발라져 있는데, 개미는 그걸 먹으러 찾아옵니다. 개미는 씨앗을 자기가 사는 굴속으로 가져가 달착지근한 물질만 취하고 씨앗은 굴 둘레에 버립니다. 개미의 침이 묻은 씨앗은 발아도 훨씬 잘 된다고 하니 말 없는 족도리풀의 생존 전략이 놀라울 뿐입니다.

이렇게 족도리풀은 자선 사업 하듯이 잎사귀는 애호랑나비 애벌레에게 펴 주고, 꽃은 버섯파리 같은 탁월한 중매자에게, 씨앗은 개미에게 아낌없이 내줍니다.

앞으로 귀하신 몸?

애호랑나비 애벌레는 족도리풀류만 먹고 자라는 단식성 곤충입니다. 단식성 곤충이 살아가는 데 좋은 점은 먹잇감을 놓고 다른 종과 경쟁을 벌이지 않아도 된다는 것입니다. 하지만 먹이식물이 어떤 이유에서든 부족하거나, 심지어 사라지게 되면 심각한 영향

족도리풀 꽃은 땅바닥에 붙다시피 핀다.

을 받기도 합니다. 만일 족도리풀이 없어지기라도 한다면 애호랑나비도 살길이 막막해집니다. 이렇듯 곤충들은 저마다 먹이를 달리함으로써 먹이 경쟁을 피하고 평화롭게 공존할 수 있는 전략을 발전시킨 것이지요.

족도리풀은 햇빛이 나뭇잎 틈새로 간간이 비추는 그늘진 숲 바닥에서 자랍니다. 그 숲 바닥은 습기가 적당히 있고 비옥한 땅인데, 그 땅이 자꾸 사라지고 있습니다. 우리가 자주 찾는 숲을 보십시오. 해마다 숲의 모습이 바뀝니다. 특히 지방 자치 시대가 열리면서 더욱 심해지고 있습니다. 가는 곳마다 자연 휴양림이다, 삼림욕장이다, 둘레길이다, 야생화 관찰로라고 해서 숲에 마구 길을 냅니다. 심지어는 멀쩡한 숲 바닥을 뒤집어엎어 그곳에 야생화 관찰 밭을 만들기도 합니다. 숲 바닥 자체가 야생화 밭인데 말입니다.

꽃잎의 안쪽이 버섯의 주름살과 닮았다.

이렇게 파헤치고 길을 내니 숲은 조각이 나고 또 조각이 납니다. 또한 그늘진 응달이 어느새 햇빛이 내리비치는 양달로 변해 있기 일쑤입니다. 생물들이 사는 서식지 환경이 갑자기 바뀌어 버리는 것이지요. 당연히 식물들이 사는 서식지도 조각이 납니다. 동물과 달리 식물은 움직일 수 없어 그저 앉아서 묵묵히 당하기만 합니다. 애호랑나비 먹잇감인 족도리풀도 그런 위험에 늘 노출되어 있습니다. 그늘진 곳에서 사는 식물은 아무래도 햇빛에 드러난 식물보다 환경 변화에 더 예민하게 반응하기 때문입니다. 그늘진 땅은 습기가 적절히 있는데, 그 땅에 햇빛이 내리쬐면 금방 메말라 족도리풀에게는 커다란 스트레스로 작용합니다. 조상 대대로 그늘에 적응해 온 족도리풀이 하루아침에 양달에 적응하는 것은 아무래도 큰 무리입니다.

생물들은 자연재해로 파괴된 환경 속에서는 스스로 회복할 능력을 갖추고 있습니다. 하지만 인간의 간섭으로 파괴된 환경을 치유하기에는 역부족입니다. 왜냐하면 생물 스스로 가지고 있는 치유 능력을 발휘하는 속도보다 인간 간섭으로 파괴되는 속도가 훨씬 더 빠르기 때문입니다. 족도리풀이 사라지면 애호랑나비도 어쩌면 사라질지도 모를 일입니다. 더구나 애호랑나비는 일 년에 한 번 번식할 뿐 아니라, 열 달 넘게 번데기로 지내기 때문에 환경 변화에 매우 민감할 수 있습니다. 있을 때 잘하고, 잘 지키자는 말이 허튼 말이 아닙니다.

소리쟁이 풀을 먹는
곤충 대표 선수

좀남색잎벌레

소리쟁이

소리쟁이는 어디서나
쉽게 볼 수 있는 풀입니다.

봄볕이 짙어지면 겨우내 움츠렸던 풀들이 여기저기 기지개를 켭니다.
전국 어디서나 지천으로 널려 지나치기 쉬운 풀, 소리쟁이도
3월 중순부터 물기가 많은 곳 어디서든 무성하게 자랍니다.
기다랗고 볼품없는 잎사귀에 키만 훌쩍 커서
이렇다 할 예쁜 구석을 찾아볼 수 없지만,
따스한 봄볕을 쬐고 있는 소리쟁이 앞에 발을 멈추면
풀 한 포기에서 벌어지는 곤충들의 인생 역정을 구경할 수 있습니다.
일 년 중 소리쟁이를 가장 먼저 찾아오는 곤충은 좀남색잎벌레입니다.
소리쟁이는 좀남색잎벌레를 반갑게 맞이하며 밥도 먹여 주고,
새끼도 키워 주고, 집도 빌려줍니다.

돌소리쟁이

보석처럼 빛나는 좀남색잎벌레

이른 봄 소리쟁이 잎이 땅 위로 삐쭉삐쭉 올라오기 시작하면 어김없이 좀남색잎벌레도 '짠' 하고 모습을 드러냅니다. 도시 한복판이든, 깊은 산골짜기든, 소리쟁이 풀만 있으면 전국 방방곡곡 어디서나 사는 곤충입니다. 커 봤자 팥알 크기만 하고, 몸은 짙은 남색을 띱니다. 게다가 햇볕이 내려앉으면 얼마나 반짝거리는지 풀잎에 사파이어 보석이 떨어진 것 같은 착각이 들 정도입니다.

소리쟁이 가까운 땅속에서 겨울을 난 좀남색잎벌레가 땅 위로 기어 올라와 보니 둘레에 소리쟁이가 새싹을 내고 있습니다. 녀석은 소리쟁이를 보자 걸음걸이가 바빠집니다. 새싹에는 먼저 나온 친구들이 도착해 있습니다. 잎 가장자리에 매달려 절벽 등산가처럼 밥 먹는 녀석, 잎 구석구석을 휘젓고 다니며 먹는 녀석들 모두 겨우내 빈속을 채우느라 정신없습니다.

식사 중에 미안하지만, 한 마리를 잡으려고 손을 가까이 대니 소리쟁이 식당에 모여 있던 좀남색잎벌레들이 한꺼번에 땅으로 후드득 떨어집니다. 소리쟁이 잎이 낙화암인 줄 아는지 더듬이와 다리를 배 쪽에 오그려 붙이고 땅에 떨어집니다. 그런데 녀석들은 땅에 떨어진 채 그대로 '가짜 죽음' 상태에 빠져 버렸습니다. 살아 있지만 혼수상태에 빠져 있어 이때는 건드려도 '날 잡아 잡숴.' 하고 꼼짝달싹 안 합니다. 이렇게 땅에 떨어지면 천적 눈에 잘 띄지 않고, 가짜로라도 죽어 있으면 살아 있는 곤충을 먹는 천적은 허탕 치고 가 버립니다. 녀석들은 몇 분 지나야 비로소 깨어나기 시작합니다.

바닥에 발라당 뒤집혀 누운 녀석들이 웅크렸던 더듬이를 꿈틀거리고, 오그렸던 다리 3쌍을 꾸물꾸물 펼칩니다. 버둥거리는 것도 잠시, 순식간에 몸을 뒤집고는 숨을 곳을 찾아 도망칩니다. 시간이 흘러 배가 고프고 안전하다고 생각되면 소리쟁이에 다시 찾아오겠지요.

암컷은 배 속에 알이 될 난황 물질을 잔뜩 품어서 배가 아주 불룩하다.

좀남색잎벌레 짝짓기

한참 지나니 도망갔던 녀석들이 다시 소리쟁이 잎 위로 올라오기 시작합니다. 그들 속에는 암컷 좀남색잎벌레가 끼어 있습니다. 암컷은 금방이라도 터질 것 같이 부른 노란색 배를 질질 끌고 걷습니다. 얼마나 배가 부른지 보기만 해도 숨이 찹니다. 암컷 배 속에 있는 생식 기관(난소 소관)에는 알이 될 난황 물질이 가득 채워져 있습니다. 그래서 배가 부풀대로 부풀었습니다. 뒤뚱뒤뚱 힘겹게 걸어온 암컷은 잎 가운데에 자리 잡고는 소리쟁이 밥을 열심히 먹기 시작합니다. 짝짓기 준비가 다 된 암컷은 식사하면서도 성페로몬을 내뿜습니다. 바람을 타고 날아온 암컷의 성페로몬 냄새를 맡은 수컷들이 흥분 상태에 빠져 암컷을 찾을 채비를 합니다. 수컷은 멀리 있든 가까이 있든 서둘러 오묘한 냄새의 진원지로 찾아옵니다. 아무래도 암컷과 가까이 있던 수컷이 먼저 달려오겠지요.

수컷은 암컷과 달리 배가 부르지 않고 날씬하다.

드디어 수컷 한 마리가 밥을 먹고 있는 암컷에게 다가갑니다. 수

컷은 암컷보다 몸집이 작고 배가 불룩하지 않고 날씬합니다. 수컷 배가 날씬한 까닭은 배 속에 난황 물질을 가지고 있지 않기 때문입니다. 먼저 수컷은 더듬이를 암컷 더듬이에 여러 번 부딪칩니다. 그러기를 수차례 하더니 수컷은 과감히 암컷 머리 쪽으로 올라가 몸을 180도 돌린 뒤 짝짓기를 시도합니다. 암컷은 수컷이 마음에 들었는지 밀고 당기는 실랑이 없이 짝짓기를 허락합니다. 짝짓기 전에 벌어지는 요란한 이벤트는 과감히 생략하고 말입니다. 아무래도 암컷이 수컷을 보고 첫눈에 반했나 봅니다.

수컷은 암컷 등 위에서 다리 여섯 개로 부푼 암컷 배를 꼭 잡고 짝짓기 작업을 합니다. 그 모습이 마치 암컷이 수컷을 업은 것 같습니다. 특이하게도 짝짓기 중에 암컷은 줄곧 식사를 하고, 수컷은 암컷 식사를 방해하지 않으려는 듯 꼼짝도 안 합니다. 수많은 종류의 곤충 중에서 이렇게 얌전하게 짝짓기 하는 종은 처음 봅니다.

그런데 갑자기 긴급 상황 발생! 어디선가 수컷 한 놈이 나타나 짝짓기 중인 좀남색잎벌레 부부를 덮칩니다. 당황한 신랑, 꼼짝도 안 하던 신랑이 신부의 딱지날개를 더욱 세게 잡습니다. 훼방꾼 수컷은 신부 등에 올라탄 신랑을 사정없이 공격하기 시작합니다. 처음에는 더듬이로 신랑을 거칠게 후려치더니 아예 신랑 등에 올라탑니다. 그러고는 큰턱을 크게 벌려 신랑 더듬이며, 뒷목이며, 얼굴이며, 딱지날개며, 머리며, 멱살이며 온몸을 닥치는 대로 깨뭅니다.

1|2
3|4

1. 암컷이 짝짓기를 허락하자 수컷이 암컷 등에 오르려고 하고 있다.
2. 암컷 등에 올라간 수컷이 몸을 돌려 짝짓기 자세를 취하려고 한다.
3. 드디어 암컷과 수컷이 짝짓기를 하고 있다.
4. 다른 수컷 한 마리가 암컷 성페로몬 냄새를 맡고 늦게 왔다. 이미 짝짓기를 하고 있는 수컷을 암컷에게서 떼어 내려 하고 있다.

충격을 받은 신랑 몸이 뒤로 젖혀집니다. 아슬아슬한 순간이지만 그래도 신부 등에서 안 떨어지려고 사투를 벌입니다. 마치 격렬한 레슬링 중계방송을 보는 것 같습니다. 놀랍게도 신랑 생식기(교미기)는 신부 생식기에 꼭 끼워져 빠지지 않고 잘 버티고 있습니다. 짝짓기 작업에 성공했는데, 훼방꾼이 나타나 생식기가 빠지면 자기 유전자 전달식에 차질이 생깁니다. 그러니 신랑은 죽자 살자 생식기를 끼운 채로 버티려고 갖은 애를 씁니다.

하지만 신부는 자기 등 위에서 수컷들끼리 전쟁이 일어나는데도 아무런 관심이 없습니다. '싸우든 말든, 난 먹기만 하면 돼. 알을 낳으려면 영양분이 많이 필요하니까. 싸움 구경하느니 먹는 게 실속 있지.' 이윽고 격투를 벌인 수컷 훼방꾼이 온몸에 힘이 다 빠졌나 봅니다. 신랑 등에서 슬그머니 내려와 다른 곳으로 사라집니다. 그러자 신랑은 이제 느긋하게 암컷 등에 업혀 사랑을 계속 나눕니다. 어쩌면 암컷은 훼방꾼의 무차별 공격을 이겨 낸 신랑을 듬직하게 여길지도 모릅니다.

그런데 훼방꾼 수컷은 다른 암컷도 많은데 왜 하필이면 짝짓기 중인 신부를 탐냈을까요? 그 까닭은 바로 암컷이 풍기는 성페로몬 때문입니다. 훼방꾼 수컷도 이 사랑의 묘약 냄새를 맡은 거죠. 하지만 멀리 떨어져 있어 뒤늦게 도착했던 것입니다. 이미 페로몬 향수에 이끌려 성욕이 발동된 상태여서 짝짓기 중인 신랑을 쫓아내려고 막무가내로 달려든 것이지요.

우여곡절 속에 30분이 지났습니다. 드디어 꼼짝도 안 하던 수컷이 더듬이 청소를 시작합니다. 입과 앞다리 발목마디에 파인 홈에 더듬이를 끼워 쭉 훑으며 매만집니다. 여러 번 똑같은 행동을 되풀이하면서 양쪽 더듬이를 정성 들여 청소합니다. 짝짓기하고 나면 머지않아 죽을 텐데 그걸 알고나 몸단장을 하는 것일까요? 곤충들은 죽을 때 죽더라도 몸단장을 깨끗이 하는 일이 필수입니다. 감각기관이 늘 청결해야 둘레에서 벌어지는 환경 변화를 알아차릴 수 있으니까요.

드디어 암컷이 등 뒤에서 수컷이 딴짓하는 것을 눈치채고는 몸을 움직이기 시작합니다. 암컷은 열심히 먹던 식사를 멈추고 빠르게 앞으로 걸음을 옮깁니다. 당황한 수컷이 더듬이 청소를 하던 앞다리로 암컷의 딱지날개를 얼른 잡았지만 소용없습니다. 암컷이 몸을 비틀어 등 위에 있던 수컷을 떼어 내자 꼭 끼워져 있던 수컷 생식기도 빠집니다. 암컷은 뒤도 안 돌아보고 잎 뒤로 사라집니다.

짝짓기를 마친 수컷은 다른 암컷을 찾아 떠납니다. 힘이 닿는 한 여러 암컷과 짝짓기를 하면서 자기 유전자를 넘깁니다. 그러다 힘이 점점 더 빠지면서 잘 움직이지도, 잘 먹지도 않다가 서서히 다리를 배 쪽으로 오그리며 죽어 갑니다.

노란색 타원형 알을 낳는 엄마 좀남색잎벌레

짝짓기를 마친 암컷을 소리쟁이 잎에 싸서 연구실로 데려왔습니다. 페트리 디쉬(Petri dish)에 넣어 두고 관찰을 계속했습니다. 페트리 디쉬는 투명하고 두께가 얇고 뚜껑이 있는 둥근 유리 상자입

니다. 짝짓기 뒤에도 암컷은 줄곧 밥을 먹더니 짝짓기 한 날로부터 이틀 뒤에 알을 낳기 시작합니다. 암컷은 배 끝을 길게 늘이고 산란관을 몸속에서 밖으로 빼내 잎 표면에 댑니다. 그리고 천천히 움직이며 한 개씩, 한 개씩 알을 낳으면서 알들끼리 떨어지지 않게 붙입니다. 알은 노랗고 쌀처럼 타원형입니다. 분비물이 겉을 감싸고 있어 기름이 자르르 흐르듯 반들거립니다. 암컷은 알을 낳을 때 부속샘에서 끈적끈적한 아교질을 분비합니다. 이 분비물로 알들을 잎에도 붙이고, 알들끼리 떨어지지 않도록 합니다. 뭉쳐야 살고 흩어지면 죽는 법입니다. 알은 하나씩 뚝 떨어져 있는 것보다 한데 뭉쳐 있는 것이 살아날 확률이 더 높습니다. 또 알이 뭉쳐 있으면 갓 깨어난 어린 애벌레들도 한자리에 모여 있게 되어 더 안전할 수 있습니다. 왜냐하면 천적이 힘센 곤충으로 착각해 피해 가기도 하니까요.

좀남색잎벌레가 애벌레 먹이인 소리쟁이 잎에 노란 알을 낳았다.

어미 좀남색잎벌레는 산고를 치르며 알을 40~50개쯤 소리쟁이 잎 뒷면에 낳습니다. 알을 낳고 나니 질질 끌고 다니던 노란 배가 홀쭉해졌습니다. 알을 낳은 뒤라 배가 고픈지 또 소리쟁이 잎을 먹어 댑니다. 물론 알을 낳기 전처럼 식욕이 왕성하지 않습니다. 그리고 움직임 역시 민첩하지 못하고 굼뜨며 잎사귀 한쪽에서 자주 쉽니다. 보통 암컷은 알을 낳으면 죽는다고 알려져 있는데, 야외가 아니라 실내에서 지내는 탓인지 생각보다 오래 살아 알을 낳고도 5일을 더 살았습니다.

뭉치면 살고
흩어지면 죽는다

알을 낳은 지 4일째가 되자 드디어 알에서 애벌레가 깨어나기 시작합니다. 알에서 빠져나오는 속도는 조금씩 달랐지만, 이틀 지나니 애벌레들이 거의 다 나왔습니다. 좀남색잎벌레 애벌레가 빠져나간 알 껍질은 허옇게 변한 채 잎사귀 위에 그대로 남아 있습니다. 알에서 빠져나온 까만 애벌레가 가슴에 붙은 다리 3쌍을 꼬물꼬물 움직이며 기어 다니는 게 참 귀엽습니다. 갓 깨어난 어린 애벌레는 잠시 쉬는가 싶더니 이내 큰턱으로 소리쟁이 잎살을 군데군데 먹기 시작합니다. 녀석들은 씹어 먹는 주둥이를 가지고 있어 큰턱을 아주 쓸모 있게 사용합니다. 하지만 아직은 큰턱이 약해 큰턱을 가위질하듯이 좌우로 벌렸다 오므렸다 하면서 잎 표면만 갉아 먹습니다. 잎살에 구멍이 나지는 않았지만 먹은 자리는 곰보처럼 파였습니다. 또 잎사귀 앞면 표피층은 왁스로 단단히 덮여 있어 잎 뒷면을 먹습니다. 그러다 애벌레 몸집이 커지면 큰턱도 강해져 한 입 한 입 잎살을 뜯어 씹어 먹기 때문에 소리쟁이 잎에는 구멍이 숭숭 뚫립니다.

좀남색잎벌레 애벌레가 소리쟁이 잎을 갉아 먹고 있다.

애벌레들은 함께 모여 식사를 하면서 잎사귀 하나를 다 먹어 치우면 옆에 있는 다른 잎사귀로 집단 이주를 합니다. 이사 간 잎사귀에서도 다 같이 모여 식사를 합니다. 곤충 애벌레 중에는 먹이가 모자라면 동족 애벌레를 잡아먹는 녀석들도 있습니다. 하지만 이 녀석들은 동족을 잡아먹지 않습니다. 아무래도 초식성이라 육식을 할 만큼 큰턱이 잘 발달하지 못했기 때문인 걸로 짐작됩니다. 그러니 소리쟁이 잎이 부족하면 모두 죽고 맙니다.

애벌레들 식욕이 얼마나 왕성한지 소리쟁이 잎을 양파 망처럼 앙상한 잎맥만 남기고 다 먹어 치웁니다. 애벌레는 무럭무럭 자라 20일쯤 지나면 번데기가 되는데, 그동안 허물을 두 번 벗습니다. 깨어나 오로지 먹기만 하던 애벌레가 갑자기 아무것도 먹지를 않습니다. 땅으로 내려가 번데기로 탈바꿈할 때가 되었기 때문이지요. 이때에는 애벌레 시절 입었던 껍질을 벗고 번데기가 될 준비를 합니다. 먼저 겉껍질이 새로 자라날 새 표피와 분리가 됩니다. 이렇게 분리된 다음 새 표피가 자랄 때까지 기다립니다. 이때는 먹는 것도 멈추고, 움직임도 굉장히 둔해집니다.

번데기 전 단계 애벌레인 종령 애벌레는 서서히 풀 줄기를 타고 내려가 땅에 도착합니다. 녀석들은 소리쟁이 둘레 부드러운 땅속으로 기어 들어갑니다. 보통 풀들이 자라는 땅은 흙이 보슬보슬해

좀남색잎벌레 애벌레들은 서로 모여 잎을 갉아 먹는다.

땅속으로 들어가는 데 큰 문제가 없어 보입니다. 아쉽게도 애벌레가 파고 들어간 구멍은 풀로 덮여 있어 확인하기가 어렵습니다. 다만 연구실에서 페트리 디쉬에 휴지를 깔아 두고 관찰해 보면, 휴지 속을 파고 들어간 애벌레는 타원형으로 된 공간을 만들고 그 속에서 번데기가 됩니다.

이렇게 땅속으로 들어간 애벌레는 번데기로 탈바꿈합니다. 5월 중순부터 6월 초순쯤에 번데기에서 어른벌레로 날개돋이 해 다시 땅 위로 올라옵니다. 땅속을 벗어나 소리쟁이 잎을 찾아온 어른 좀남색잎벌레는 열심히 식사를 합니다. 그러다가 6월 말경부터는 자취도 없이 사라집니다. 이때부터 긴 휴면에 들어가기 때문에 눈에 띄지 않습니다. 이듬해 봄이 올 때까지 말입니다. 이처럼 좀남색잎벌레는 먹고, 짝짓기 하고, 알 낳고, 죽는 한살이 과정을 일 년에 딱 한 번 치릅니다.

개미가 좀남색잎벌레 애벌레를 잡아먹으려 노려보고 있다.

소리쟁이를 먹고 사는 또 다른 곤충들

집단 거주민, 소리쟁이진딧물

좀남색잎벌레가 땅속에서 번데기를 만들 즈음 소리쟁이 잎에는 진딧물이 활개를 칩니다. 소리쟁이 잎과 줄기에 거무튀튀한 진딧물이 다닥다닥 붙습니다. 그 모습을 보면 솔직히 몸이 스멀스멀할 만큼 징그럽지요. 이 진딧물이 바로 소리쟁이진딧물입니다. 녀석들 몸은 얼마나 연약한지 살짝만 만져도 물컹물컹 으깨집니다. 소리쟁이진딧물은 소리쟁이, 참소리쟁이, 수영 같은 소리쟁이 종류만 즐겨 먹습니다. 잎사귀 뒷면, 줄기와 꽃대에 주둥이를 꽂고 소리쟁이 영양즙을 빨아 먹고 살아갑니다. 우스꽝스럽게도 소리쟁이진딧물은 모두 배 끝을 높이 쳐들고 '엎드려뻗쳐' 자세로 식사를 합니다.

진딧물이 점거한 소리쟁이 잎이 뒤로 돌돌 말려 있습니다. 왜 그럴까요? 돌돌 말린 잎 속은 소리쟁이진딧물의 집단 거주지입니다. 잎 뒷면에 수백 마리가 떼 지어 달라붙어 영양즙을 빨고 있습니다. 그러니 잎 뒷면의 즙은 없어지고, 잎 앞면은 멀쩡하니 부피가 줄어든 잎 뒷면 쪽으로 잎이 도르르 말립니다. 즙을 빼앗긴 잎이나 줄기는 결국에는 누르스름한 색으로 바뀌며 말라 죽습니다.

아, 그런데 칠성무당벌레가 진딧물을 습격하기 시작했네요! 칠성무당벌레 몇 마리가 진딧물로 차려진 밥상에 도착했습니다. 진딧물 수백 마리가 밥상을 가득 채우고 있으니 칠성무당벌레는 안 먹어도 배가 부를 지경입니다. 이제 한 마리, 한 마리 잡아먹기만 하면 됩니다.

한참 지나자 진딧물을 지키는 수호천사 개미 출동! 개미 몇 마리가 몰려와 칠성무당벌레를 큰턱으로 깨물며 귀찮게 굽니다. 칠성무당벌레의 머리, 앞가슴등판과 딱지날개를 닥치는 대로 공격합니다. 그럴 때마다 칠성무당벌레는 진딧물 식사를 멈추고 더듬이와 다리를 오그려 배 쪽에 붙이고 가만히 있습니다. 다행히 몸과 딱지날개가 굉장히 딱딱하고 튼튼해서 개미가 물어뜯어도 상처가 생기지 않습니다. 하지만 개미가 자꾸 깨물어대니 귀찮았는지 소리쟁이진딧물 식당을 떠납니다. 이렇게 진딧물의 보디가드 역할을 자처하는 개미는 칠성무당벌레로부터 진딧물을 지킵니다. 물론 공짜는 없는 법입니다. 개미는 그 대가로 진딧물에게서 영양가 많은 꿀똥을 받아먹습니다.

이렇듯 소리쟁이 잎사귀 하나에서도 곤충들끼리 치열한 삶의 전쟁이 벌어지고 있습니다. 진딧물을 물리치려고 방어 물질을 만드는 소리쟁이, 그 방어 물질에 적응한 진딧물, 그 진딧물을 먹어 치우는 무당벌레, 그 무당벌레를 쫓아낸 대가로 진딧물의 꿀똥을 넙죽넙죽 받아먹는 보디가드 개미, 그리고 개미를 잡아먹는 포식자들. 그들의 밀고 당기는 먹이 전쟁이 소리쟁이 잎에서 벌어집니다.

다행히 이즈음이면 소리쟁이 잎을 먹던 좀남색잎벌레 애벌레는 거의 번데기가 되어 갑니다. 서로 활동하는 시기를 가능하면 빗겨나가 심각한 먹이 경쟁을 하지 않는 셈이지요. (진딧물의 한살이와 습성은 나무를 먹는 곤충 '딱총나무수염진딧물' 편에서 볼 수 있습니다.)

소리쟁이진딧물은 소리쟁이에 수백 마리가 다닥다닥 모여 즙을 빨아 먹는다.

큰주홍부전나비 수컷이 암컷에게 구애를 하고 있다.

너무도 매혹적인 큰주홍부전나비

나비 애벌레 가운데 소리쟁이 풀을 먹는 나비 애벌레는 강렬한 주홍색이 너무도 매혹적인 큰주홍부전나비 애벌레입니다. 큰주홍부전나비 애벌레는 소리쟁이 잎사귀만 먹습니다. 이 꽃 저 꽃 날아다니며 꽃꿀을 따 먹은 어미 큰주홍부전나비는 소리쟁이 풀이 풍기는 독특한 냄새에 이끌려 날아와 알을 낳습니다. 알에서 깨어난 애벌레는 소리쟁이 풀과 똑같은 녹색을 띠며, 밤에 쉬는 시간을 빼고는 질리지도 않는지 끊임없이 소리쟁이 잎을 먹어 댑니다. 그리고 애벌레 모습으로 땅속에서 겨울을 나고, 따뜻한 봄이 오면 다시 잎 위에 올라와 푸짐한 소리쟁이 밥을 먹습니다. 일교차가 심한 날에 밤 기온이 많이 내려가 추워지면 땅속으로 들어가 밤을 보냅니다. 해가 질 무렵이면 몸에 난 털 감각 기관이나 촉각 감각 기관 등으로 기온이 내려가는 걸 용케도 알아채지요. 낮에도 추우면 소리쟁이 잎들이 서로 겹친 곳을 찾아 들어가 꼼짝 안 합니다.

큰주홍부전나비는 색상이 화려하고 자태가 아름다워 사람들 손을 탑니다. 상업적으로 나비를 수집하는 사람들에게 타깃이 되어 무더기로 채집됩니다. 그리고 국내로, 해외로 나비 수집가들에게 팔려 나갑니다. 몇 년 전까지는 휴전선에서 가까운 경기도 몇몇 지역에서만 귀하게 관찰되었는데, 다행히도 최근 몇 년 동안 한강을 중심으로 많이 관찰되고 있습니다. 섬 지역인 덕적도에서도 서식하는 것이 확인되었습니다. 이렇게 큰주홍부전나비가 늘어나는 것은 먹이식물인 소리쟁이 풀의 왕성한 번식력 덕분입니다. 아무 데서나 잘 자라는 소리쟁이 풀이 있는 한 큰주홍부전나비는 점점 늘어나 우리 눈을 시원하게 해 주겠지요. 우리가 그들을 괴롭히지 않는 한 말입니다.

큰주홍부전나비 암컷은 짝짓기를 한 뒤 소리쟁이 잎 뒤에 알을 낳는다. 알에서 나온 애벌레는 소리쟁이 잎을 갉아 먹는다.

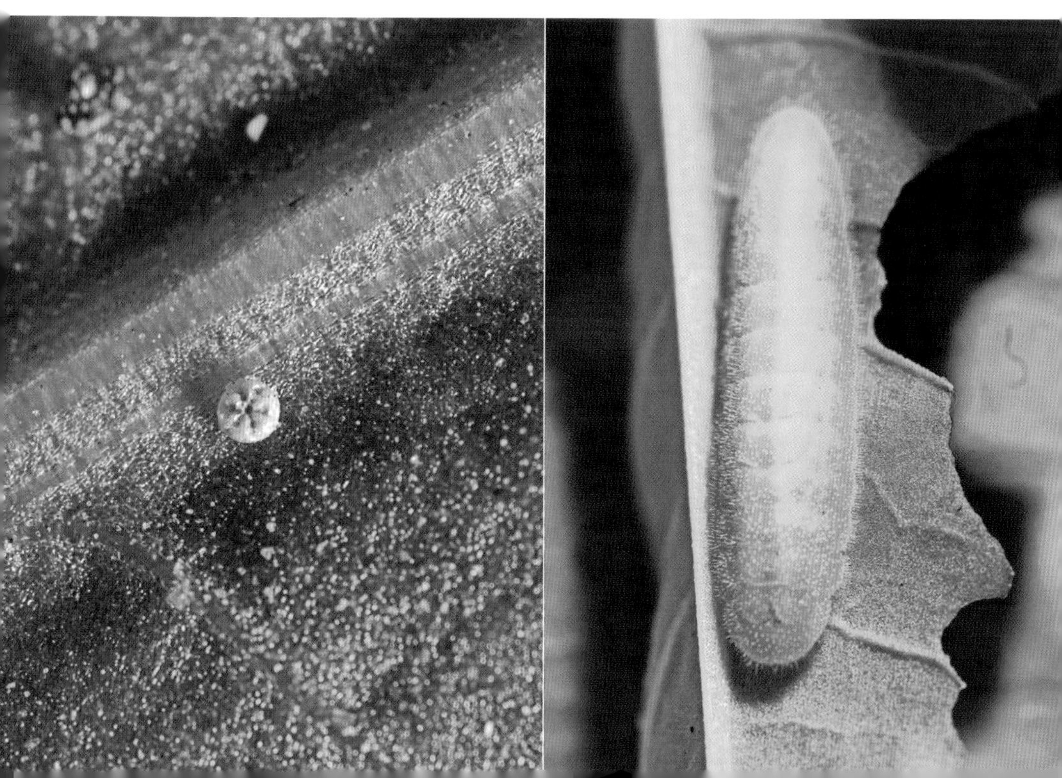

또 다른 잎벌레들

딱정벌레목 가문의 잎벌레과 집안에 속한 딸기잎벌레와 상아잎벌레도 소리쟁이 잎을 먹고 삽니다. 딸기잎벌레는 크기가 3~4밀리미터밖에 안 되는 작은 벌레인데, 좀남색잎벌레와 같은 시기에 활동합니다. 알에서 깨어난 애벌레도 역시 무리 지어 소리쟁이 잎을 갉아 먹습니다.

딸기잎벌레는 한살이가 일 년에 세 차례쯤 돌아가기 때문에 봄부터 가을까지 볼 수 있습니다. 소리쟁이 둘레 땅속에서 겨울을 난 어른벌레는 3월 말쯤에 나타나 잎 뒷면에 알을 10~30개쯤 뭉쳐 낳습니다. 알에서 깨어난 애벌레는 잎사귀를 먹으면서 두 번 허물을 벗고 무럭무럭 자랍니다. 다 자란 애벌레는 주로 잎 뒷면에 배 끝을 단단히 붙들어 매고 거꾸로 매달려 번데기가 됩니다. 알에서 어른벌레가 되기까지는 37일쯤 걸립니다. 날개돋이 한 어른벌레는 4월 말부터 11월까지 볼 수 있습니다. 녀석들은 물가를 좋아해서 주로 하천이나 논, 가까이에 물이 흐르는 들판에서 자주 볼 수 있습니다. 특히 오염에도 내성이 있어서 도시 하천과 도심에서도 볼 수 있습니다. 딸기잎벌레는 먹성이 좋아 소리쟁이류뿐만 아니라 고마리 같은 마디풀류나 딸기 같은 식물 잎을 먹기도 합니다.

상아잎벌레도 소리쟁이가 속한 마디과 식물을 먹고 사는데, 애벌레는 잎 뒷면을 갉아 먹고 어른벌레도 잎에 구멍을 불규칙적으로 숭숭 내면서 먹습니다. 또 녀석들은 일 년에 한살이를 한 번 치르는데, 어른으로 겨울을 난 상아잎벌레는 좀남색잎벌레보다 훨씬

딸기잎벌레도 소리쟁이에 알을 낳는다. 알에서 나온 애벌레는 소리쟁이 잎을 갉아 먹는다.

늦은 5월과 6월에 땅 위로 올라와 짝짓기를 하고 알을 낳습니다. 상아잎벌레 애벌레도 다 자라면 땅속으로 들어가 번데기가 됩니다. 그런 뒤 여름에서 가을 사이에 어른벌레로 날개돋이 해 한동안 잎을 먹고 살다가 다시 땅속으로 들어가 겨울을 납니다.

상아잎벌레 어른벌레와 애벌레 모두 소리쟁이 잎을 갉아 먹는다.

잡초 중의 잡초 소리쟁이

곤충들은 대부분 자기가 먹는 먹이식물이 정해져 있습니다. 먹이식물이 가진 독성 물질을 잘 극복하며 적응해 왔기 때문이지요. 좀남색잎벌레도 소리쟁이속 식물만 먹이로 선택했습니다. 그래서 소리쟁이속 풀에서 새싹이 나오는 이른 봄부터 먹이 활동을 시작합니다. 그리고 애벌레가 충분히 먹고 땅속으로 들어가면, 소리쟁이에 의지해 사는 다른 곤충들이 소리쟁이에 몰려듭니다. 좀남색잎벌레가 이른 봄에 모습을 드러내는 까닭은 다른 곤충들과 먹이 경쟁을 피하기 위한 것으로 추측됩니다.

좀남색잎벌레 주요 먹이인 소리쟁이속 풀들은 세계적으로도 잡초 중의 잡초로 취급 받고 있습니다. 물기만 있으면 잘 자라는 소리쟁이의 왕성한 번식력을 보면 그럴 만도 합니다. 특히 농작물을 기르는 농가에게 소리쟁이는 큰 골칫덩이입니다. 그러다 보니 좀남색잎벌레는 골칫거리 잡초인 소리쟁이 소탕 작전에 일등 공신입니다. 살아 있는 제초제이니 좀남색잎벌레에게 '특별 환경상'이라도 줘야 할 판입니다. 아직까지는 습기만 있는 냇가 언덕이면 어디에서든지 소리쟁이가 왕성하게 자라고 있지만, 지금 풍성하다고 영원히 풍성한 것은 아닙니다. 사람은 언제든 이들 터전을 파괴시킬 수도 있습니다. 또한 사람은 작은 생명들이 살아가는 터전을 고이 지킬 힘도 있습니다. 사람들이 편리함과 이익을 위한 개발만 생각 없이 진행한다면 지금 가장 흔히 볼 수 있는 좀남색잎벌레와 소리쟁이가 희귀 곤충과 희귀 식물 명단에 오를지도 모르는 일입니다.

이른 봄

앉은부채 꽃에 오는 곤충

앉은부채

이른 봄에 앉은부채 싹이
올라오고 있습니다.

겨울은 거의 모든 생물들이 휴면에 들어가서인지
다른 계절보다도 유난히 길게 느껴집니다.
차가운 칼바람 기운이 가시고 제법 온화한 바람이 불어오는 3월이 되면
몸도 마음도 들썩들썩합니다. 봄을 기다리는 조급증이 일어나
산으로 들로 향하는 발걸음이 바빠집니다.
응달진 산언저리에는 아직도 하얀 눈과 푸석푸석한 얼음이 남아 있고,
바람도 여전히 싸하게 차갑습니다.
아직은 추워서 꽃이 피기에는 이를 것 같지만,
이맘때면 숲 바닥 여기저기에서 차가운 땅을 뚫고
알록달록한 자주색 꽃을 피우는 풀이 있습니다.
찬바람도 아랑곳 않고 봄이 왔다고 가장 먼저 피는 꽃,
바로 앉은부채 꽃입니다. 이 꽃은 생김새가 특이합니다.
꽃이 커다란 우산 같은 꽃덮개(불염포)로 둘러싸여
한눈에 금방 띄는 꽃입니다. 우산 같은 꽃덮개 속에는
진짜 꽃이 도깨비방망이처럼 생긴 육수꽃차례로 피어 있습니다.
육수꽃차례는 다육질인 꽃대 둘레에 꽃자루가 없는
수많은 자잘한 꽃이 빽빽이 달린 꽃차례입니다.
꽃차례에는 노란 꽃잎이 4장인 아주 작은 꽃들이
다닥다닥 어여쁘게 피어 있습니다.

앉은부채 꽃

앉은부채를 찾는 반가운 곤충 손님 파리류

자줏빛 꽃덮개 속에 핀 앉은부채 꽃은 노란 색깔만으로도 곤충들을 유혹할 만큼 충분히 앙증맞고 매혹적입니다. 아직은 추워 곤충들이 옴짝달싹 못 하고 따뜻해지기만 기다릴 텐데 도대체 어떤 곤충들이 앉은부채 꽃을 찾아올까요? 꽃이 핀다는 건 곤충이 찾아온다는 얘기지요. 오랜 시간 앉은부채 꽃 앞에 죽치고 앉아 지켜보면 궁금증이 풀립니다.

정오가 가까워지면서 앉은부채 꽃에 곤충들이 하나 둘 모여들기 시작합니다. 곤충은 스스로 온도를 조절하지 못하는 변온 동물이어서 둘레 온도가 따뜻해져야만 활동을 시작합니다. 곤충은 자기 체온이 적어도 30도쯤까지 올라야 원활하게 활동할 수 있습니

앉은부채 꽃은 우산처럼 생긴 꽃덮개가 도깨비방망이처럼 생긴 꽃대를 둘러싸고 있다.

앉은부채 꽃을 찾아 오는 여러 가지 파리

다. 윙윙거리며 앉은부채 꽃에 날아든 쉬파리류 한 마리가 숲속의 정적을 깹니다. 쉬파리류는 추우면 가랑잎 더미 속이나 움푹 파인 굴 같은 곳에서 지냅니다. 그러다가 온도가 올라가면 먹이를 찾아 세상 구경을 나옵니다. 놀랍게도 녀석은 앉은부채 꽃이 가랑잎에 반쯤 묻혀 있는데도 정확하게 꽃덮개 속으로 휙 들어갑니다. 노란 방망이 같은 앉은부채 꽃에 주둥이를 처박고 배 꽁무니를 바깥쪽으로 빼고 앉아 꽃가루를 쓱쓱 핥아 먹습니다. 하도 경계심이 많아 꽃가루 밥을 먹으면서도 연신 머리를 좌우로 두리번거리며 둘레를 살피다가 안심이 되면 다시 꽃가루를 핥아 먹습니다. 쉬파리 몸집이 1센티미터 정도로 크니 앉은부채 꽃에 앉아 밥 먹는 모습이 제법 잘 보입니다. 1분이나 머물렀을까. 카메라를 들이대는 순간, 눈치 빠른 쉬파리 녀석은 꽃 밥상을 버리고 쌩하고 날아가 버립니다. 주둥이, 다리 등 몸에 난 털에 꽃가루를 묻히고 또 다른 앉은부채 꽃을 찾아가겠지요.

잠시 뒤에 기껏해야 몸 크기가 3밀리미터 남짓한 나방파리류 두 마리가 날아들었습니다. 한 마리는 꽃 속에 들어왔다 바로 날아가 버렸고, 나머지 한 마리는 노란 꽃 위에 앉아 꽃가루를 맛있게 먹습니다. 몸집이 하도 작아 꽃가루 속에 묻혀 버립니다. 살살 꽃덮개를 열어젖혔더니 꽃가루를 먹던 녀석이 화들짝 놀라 도망가려

합니다. 하지만 몸에 묻은 꽃가루 때문에 날개가 잘 펴지지 않아 이내 꽃 바닥으로 뚝 떨어졌습니다.

꽃덮개 밑바닥은 우물처럼 매우 깊고 넓은 데다 꽃가루까지 쌓여 있어 한 번 떨어진 파리가 꽃덮개를 탈출하기란 하늘의 별 따기만큼 어렵습니다. 더구나 꽃덮개 표면은 미끄럽기까지 해 웬만한 '절벽 타기 선수'가 아닌 이상 탈출하는 건 불가능해 보입니다. 그래도 녀석은 꽃덮개 바닥에 쌓인 꽃가루 속을 허우적거리며 필사적으로 탈출을 시도합니다. 미끄러운 꽃덮개 벽을 타고 오르다 바닥으로 데굴데굴 굴러떨어지고, 또 오르다가 또 떨어집니다. 한참을 기어오르더니 힘에 부쳤는지 바닥에 가만히 있습니다. 칠전팔기가 이 나방파리에게는 통하지 않는 모양입니다. 꽃가루로 뒤범벅이 된 나방파리는 영영 꽃 밖을 탈출하지 못했습니다. 가엾게도 녀석은 꽃가루 밥을 먹으러 왔다가 영영 꽃에 갇힌 신세가 되고 말

나방파리가 앉은부채 꽃덮개 바닥에 갇혀 탈출하려고 애쓰는 동안 꽃가루받이가 일어난다.

왔습니다. 이렇게 꽃가루 먹으러 왔다가 실수로 혹은 날개에 꽃가루가 많이 묻는 바람에 밑바닥에 떨어진 곤충들이 있는데, 탈출하려고 애쓰는 동안 꽃가루받이가 일어나 앉은부채 입장에서는 신이 납니다. 하지만 거의 모든 곤충은 앉은부채 꽃에 들어와 꽃가루를 먹고 다른 앉은부채 꽃을 찾아 나섭니다. 그러면서 꽃가루받이가 일어나지요.

거미가 앉은부채 꽃 속에 거미줄을 치고 곤충이 걸리기를 기다리고 있다.

기는 놈 위에 뛰는 놈 거미

앉은부채 꽃에 어떤 곤충들이 더 있는지 궁금해 꽃덮개를 완전히 열어젖혀 보았습니다. 아, 그런데 이게 웬일일까요? 꽃덮개 안쪽에 거미줄이 쳐져 있습니다. 정교하지는 않지만 제법 촘촘하게 친 수평 거미줄입니다. 거미줄에는 먹다 버린 곤충 찌꺼기가 붙어 있습니다. 안쪽 구석진 곳에 거미 한 마리가 낯선 방문객에 겁에 질려 숨어 있습니다. 거미 다리에는 검은 무늬가 있습니다. 이 무늬가 꽃덮개 색깔과 비슷해 눈에 잘 안 띕니다. 녀석은 숨어서 꽃에 날아온 벌레들이 거미줄에 걸려들기만을 기다립니다.

앉은부채 꽃 속에서는 이렇듯 먹이 전쟁이 늘 일어납니다. 중매 곤충을 끌어들이려 꽃 밥상을 차려 놓는 앉은부채 꽃, 그 꽃을 먹으러 온 곤충들, 그리고 그 곤충들을 잡아먹으려 숨어 있는 거미류. 겉보기에 평화로운 꽃이지만, 꽃 속 밥상머리에서 치열한 생존

앉은부채 꽃 속에 숨어 있던 거미가 도망가고 있다.

전쟁이 소리 없이 벌어지고 있습니다.

앉은부채는 얼음이 채 녹기도 전인 이른 봄에 꽃을 피우는 데다, 꽃 모양까지 이국적이고 독특해 '앉은부채를 찾는 동물'을 연구한 내용이 국내외에 알려져 있습니다. 특히 국내에서 연구된 결과를 보면, 앉은부채의 꽃가루받이를 도와주는 동물은 곤충, 거미와 새를 포함해 모두 18종류였습니다. 그 가운데 곤충이 15종류로 월등하게 많았는데, 특히 파리류가 11종이나 되어 이른 봄에 활동하는 곤충은 대부분 파리인 것으로 나타났습니다.

곤충이
앉은부채를 찾는 까닭은?

추운 날씨인데도 겨울잠에서 깨어난 곤충들이 왜 앉은부채 꽃을 찾는 것일까요? 거기에는 몇 가지 이유가 있습니다.

우선, 앉은부채 꽃은 정도는 약하지만 고약한 냄새를 풍깁니다. 꽃덮개와 꽃에서 좋지 않은 냄새가 나는데, 한참 동안 코를 들이대고 있으면 속이 좀 매스꺼워집니다. 오죽했으면 서양에서는 앉은부채 꽃을 스컹크 양배추(skunk cabbage)라고 불렀을까요? 하지만 인간에게 역겨운 이 냄새는 벌레들에게는 달콤한 향수입니다. 냄새의 주범은 휘발성 암모니아. 앉은부채 꽃이 고약한 암모니아 향기를 멀리 풍기면, 곤충들은 그 냄새가 썩은 시체나 썩어가는 버섯 냄새라 착각하고 달려옵니다. 그리고 꽃가루를 먹고서 다른 앉은부채 꽃으로 날아가 중매를 합니다. 거의 모든 파리들은 썩은 시체를 좋아합니다. 어떻게 그걸 앉은부채 꽃이 알아차리고 썩은 물질 냄새를 암모니아 냄새로 흉내 내 파리들을 불러들이는지 정말 신기할 뿐입니다.

또한 앉은부채 꽃은 곤충들에게 따뜻한 아랫목이 되어 주기도 합니다. 꽃 속에서 난로를 피워 꽃의 내부 온도를 높여 벌레들을 불러 모읍니다. 일교차가 심한 이른 봄에 꽃 속에다 난로를 피우니 추위를 타는 곤충들에게는 더없이 좋은 안식처이지요. 그러면 앉은부채는 어떻게 꽃 속에서 난로를 피울까요? 원리는 간단합니다. 앉은부채는 꽃덮개가 감싸고 있는 꽃대에 저장한 녹말을 분해해 호흡을 하는데, 이때 많은 열이 발생합니다. 더구나 손바닥 같은 꽃덮개가 꽃을 감싸 안으며 바깥에서 불어오는 바람을 막아 주니 꽃 속 온도가 올라갑니다. 신기하게도 이렇게 발생시킨 열은 역

겨울잠에서 깨어난 곤충들은 추운 날씨에 앉은부채 꽃을 찾는다. 꽃덮개가 난로 역할을 해서 꽃 속이 따뜻하기 때문이다.

겨운 냄새를 더욱 증폭시킵니다. 냄새는 꽃에 머물다가 꽃 안쪽에서 소용돌이 같은 와류가 발생하면, 꽃덮개 쪽으로 열린 입구를 통해 열과 함께 꽃 밖으로 나갑니다. 이렇게 퍼져 나간 냄새는 꽃 둘레를 돌아다니는 곤충들을 유혹하는 매혹적인 향수로 둔갑합니다. 그래서인지 나 홀로 피어 있는 앉은부채 꽃보다 집단으로 피어 있는 앉은부채 꽃들에 곤충들이 더 많이 모입니다. 암모니아 꽃 냄새가 더 강할 테니까요.

앉은부채 꽃의 열 발생 현상은 많은 호기심을 자아내어, 꽃의 온도를 조사한 연구 결과가 여럿 있습니다. 앉은부채 꽃이 열을 낼

—
애기앉은부채는 여름에 꽃이 핀다.

때는 주로 꽃이 필 때인데, 특히 암꽃이 피는 시기와 암꽃과 수꽃이 같이 피어 있는 시기입니다. 이 시기가 지나면 앉은부채 꽃은 더 이상 난로를 켜지 않습니다. 이때의 앉은부채 꽃 온도는 바깥 기온보다 적게는 3.1도, 많게는 14.7도 더 높으니 굉장히 따뜻한 거지요. 그리고 꽃을 감싸는 꽃덮개 온도는 기온이 내려가는 아침저녁으로는 바깥 기온보다 0.3도에서 0.8도 높고, 따뜻한 한낮에는 오히려 0.3도에서 4.5도까지 낮습니다. 이렇게 꽃덮개는 스스로 온도 변화 폭을 조절해 꽃 안의 온도를 따뜻하게 지속적으로 유지시켜 곤충들을 불러들이는 데 큰 몫을 합니다.

이렇게 앉은부채 꽃은 자신의 종족 번식을 위해 겨우내 굶주린 곤충 유치 작전을 적극적으로 펼칩니다. 꽃 안에 난로도 피워 놓고, 맛있는 밥상도 차려 놓고, 포근한 휴식 공간도 만들어 놓고 말입니다. 그러니 초대받은 곤충들은 앉은부채 꽃을 기꺼이 방문해 앉은부채의 따뜻한 꽃 방에서 훌륭한 식사 대접을 받습니다. 그리고 그 밥값은 꽃가루를 다른 꽃 암술에 옮겨 주는 걸로 대신합니다.

지구에 사는 대부분의 곤충들은 자신들에게 맞는 생활 방식에 적응해 왔습니다. 파리류는 생리적으로 추위에 내성이 강해서 비교적 낮은 온도에도 잘 적응하는 편입니다. 그래서 이른 봄에 피어 있는 앉은부채 꽃의 꽃가루를 먹으면서 중매쟁이를 자청합니다. 어느 때인가부터 숲의 깊은 골짜기에도 개발 바람이 불어 전국에 쓸 만한 숲들이 본디 모습을 잃어 가고 있습니다. 숲 구석구석에 건물을 짓고 산책로를 만들어 앉은부채 꽃의 보금자리를 야금야금 빼앗고 있습니다. 덩달아 이른 봄에 앉은부채 꽃을 찾는 곤충들도 영문을 모른 채 먹이를 찾아 우왕좌왕합니다.

톡 쏘는 맛이 좋아
십자화과 풀을 먹는

배추흰나비

배추흰나비 밥상

배추흰나비 애벌레는 배추 같은
십자화과 식물을 좋아합니다.

내가 어릴 적 자랐던 시골집 흙 마당에는 냉이, 꽃다지 꽃들이 군데군데 피었습니다. 그 꽃들 사이로 흰나비가 나풀나풀 날아다니던 모습이 지금도 눈에 선합니다. 지금 살고 있는 도시의 아스팔트 길옆 풀밭에도 어김없이 냉이 꽃이 피고 그 꽃 둘레에 흰나비가 심심찮게 날아옵니다. 그 흰나비는 누구일까요? 대부분 배추흰나비입니다. 그 많은 풀꽃들을 놔두고 왜 하필이면 냉이 꽃을 찾아온 것일까요? 그 까닭은 배추흰나비 애벌레가 먹는 밥이 냉이 꽃 같은 십자화과 식물이기 때문입니다.

십자화과 식물은 꽃잎이 4장입니다. 꽃잎이 열십자(+) 모양으로 달려서 십자화과라고 부르는데, 때때로 겨자과라고도 합니다. 예나 지금이나 집 밖에만 나가면 널린 풀이 십자화과 풀들입니다. 특히 우리 밥상에서 빠져서는 안 될 김치의 주재료다 보니 온 사방에서 자랍니다. 무, 배추, 케일, 냉이, 유채, 꽃다지 같은 풀들이 모두 십자화과 풀들입니다. 이렇게 십자화과 식물이 흔하다 보니 배추흰나비도 어디서든 쉽게 만날 수 있습니다. 그러니 말 배우는 어린아이도 다른 나비는 몰라도 배추흰나비는 알 정도입니다. 초등학교 교과서에도 배추흰나비가 소개될 정도니 배추흰나비는 나비계의 대표 선수입니다.

냉이

왈츠춤 추는 배추흰나비

어른 배추흰나비가 이 꽃 저 꽃 위에 살포시 앉았다 날았다 합니다. 꽃꿀을 따 먹기 위해서지요. 어른 배추흰나비가 해야 할 일은 오로지 자식 낳는 일입니다. 그러기 위해선 긴 빨대처럼 생긴 주둥이로 꽃 속의 꿀을 빨아 먹어 영양을 보충해야 합니다. 꽃꿀을 먹다가 마음에 드는 짝이라도 만나면 금상첨화입니다. 배추흰나비 암컷과 수컷은 공중에서 사랑 춤을 춥니다. 서로 엉켜 빙그르르 돌다가 풀어지고, 또다시 엉켜 돌다가 풀어집니다. 그 모습이 마치 왈츠 음악에 맞춰 서로 얼싸안고 도는 것처럼 보입니다. 나비들은 앉아 있기보다 날아다니는 습성이 강하기 때문에 짝짓기에 앞서 이뤄지는 구애 행동도 공중에서 날면서 합니다.

먼저 짝짓기 준비가 된 암컷은 수컷을 부르기 위해 성페로몬을 내뿜습니다. 수컷을 유혹하는 성페로몬은 암컷 날개에 있는 냄새 기관인 발향린과 배 끝에 있는 털 뭉치에서 풍겨 나옵니다. 성페로몬 향기를 쫓아 날아온 수컷은 어떻게 암컷을 한눈에 알아볼까요? 그 과정은 복잡합니다. 성페로몬도 중요하지만 시각 같은 여러 감각들을 총동원합니다.

수컷은 시력이 그다지 좋지 않습니다. 그런데도 암컷을 한눈에 알아봅니다. 수컷 눈에는 암컷이 검은색으로 보여서 멀리서도 단숨에 다가오지요. 사람 눈에는 배추흰나비가 흰색으로 보이는데 말입니다. 사람과 달리 나비는 자외선을 볼 수 있습니다. 가시광선으로는 배추흰나비 날개가 하얗게 보이지만 자외선으로 보면 까맣

배추흰나비가 부추 꽃꿀을 먹고 있다.

게 보입니다. 암컷에게 날아온 수컷은 암컷이 내뿜는 사랑의 묘약 냄새에 둘러싸여 암컷 꽁무니만 졸졸 따라다닙니다. 이렇게 수컷과 암컷은 공중에서 짝짓기 춤을 춥니다.

공중 비행을 하면서 더듬이도 부딪치고 날개도 부딪치며 짝짓기를 자극하는 교미자극페로몬도 내뿜습니다. 짝짓기 춤을 춘다고 늘 짝짓기가 이뤄지는 것은 아닙니다. 암컷이 춤추는 도중에 가 버리기도 하니까요. 수컷은 암컷에게 자기 유전자를 넘기는 것이 목적이니 암컷을 유혹하는 데 공을 들입니다. 하지만 암컷은 우량한 수컷을 골라야 튼튼한 새끼를 낳을 수 있으니 수컷을 고르는 데 공을 들입니다. 짝짓기 춤을 추면서 한쪽에서는 유혹하고, 한쪽에서는 눈여겨 살피는 것이겠지요.

왈츠춤을 추며 분위기를 한껏 돋운 뒤 암컷과 수컷은 신방을 차리고 짝짓기를 합니다. 신방이라야 산과 들이고 신혼부부를 살짝 가려 줄 나무나 풀이 있으면 됩니다. 그런데 싸운 것도 아닌데, 녀석들의 짝짓기 자세는 머리를 서로 반대쪽으로 두고 배 끝을 마주 댑니다. 날개를 둘 다 펴면 서로 부딪치니까 한 녀석은 접고 한 녀석은 펴거나 둘 다 접기도 합니다.

애벌레에게 주는 엄마의 선물

배추흰나비가 개망초 꽃꿀을 먹고 있다.

엄마 배추흰나비가 자기 애벌레들에게 주는 처음이자 마지막 선물은 십자화과 식물 밥상에 알을 낳는 것입니다. 엄마 배추흰나비는 어떻게 자기 애벌레가 좋아하는 십자화과 식물을 찾아낼까요? 그건 간단합니다. 십자화과 식물이 내는 냄새만 찾아가면 됩니다.

배추흰나비가 날개를 편 모습이다.

누가 뭐라 해도 식물의 천적은 초식 곤충입니다. 식물은 자기 영양분을 빼앗기지 않으려고 자신만의 방어 물질을 만들어 냅니다. 방어 물질은 2차 대사산물이라고도 하는데, 초식 곤충이 자신을 못 먹게 막는 독성 물질이지요. 십자화과 식물도 천적에게 뜯어 먹히지 않으려고 여러 성분을 조합한 방어 물질을 내뿜습니다. 방어 물질 가운데 대표적인 성분은 글루코시놀레이트(glucosinolate)입니다. 글루코시놀레이트는 겨자유 배당체라고 더 많이 알려져 있는데, 겨자기름의 원료(전구체)로 자극적인 맛이 납니다. 무나 냉이 같은 십자화과 식물을 먹으면 살짝 매우면서 톡 쏘는 맛이 나는 것도 바로 겨자유 배당체 때문입니다. 아미노산에서 생합성되는 글루코시놀레이트는 황과 질소를 가진 유기 화합물로 황과 질소의 결합 방식에 따라 종류만 해도 100가지가 넘습니다. 이 유기 화합물 중에서 배추흰나비는 유난히 시니그린(sinigrin) 냄새에 유인되어 찾아옵니다.

겨자유 배당체는 십자화과 식물과 그들을 먹고 사는 곤충들 간의 상호 작용에 큰 영향을 미칩니다. 풀을 먹는 초식성 곤충에게 겨자유 배당체는 독성이 있어서 매우 위험하지만, 배추흰나비 애벌레처럼 십자화과 식물을 즐겨 먹는 곤충에게는 아무런 해가 없습니다. 오히려 겨자유 배당체는 애벌레의 입맛을 돋우는 식욕 자극제가 되어 줍니다.

연구자들의 실험 결과에도 잘 나와 있습니다. 실제로 배추흰나비

배추흰나비 암컷과 수컷이 꽁무니를 맞대고 짝짓기를 하고 있다.

는 십자화과 식물이 풍기는 시니그린과 글루코브라시신(glucobrassicin) 같은 물질에 강하게 끌리고, 카디액 글리코시드(cardiac glycoside)나 올레안드린(oleandrin) 같은 물질에는 기피 행동을 보였습니다. 이런 현상은 배추흰나비가 십자화과 식물이 내뿜는 지독한 독성 방어 물질을 극복하며 적응해 온 결과입니다. 다시 말해 배추흰나비와 십자화과 식물이 오랜 공진화 과정을 거친 결과인 것입니다.

이렇게 겨자유 배당체 냄새에 이끌려 날아온 배추흰나비는 십자화과 식물 잎사귀 이쪽저쪽에 앉았다 날았다 부산합니다. 이 식물에 알을 낳아도 될지 말지 맛을 보는 중입니다. 그것도 더듬이와 다리로 말입니다. 녀석의 앞다리 발목마디에는 아주 많은 접촉 수용 감각기가 있어서 식물의 맛을 알아차립니다. 신기하게도 배추흰나비는 이미 십자화과 식물 잎에 같은 종족 애벌레가 있거나 알이 있으면, 그 잎사귀를 피해 다른 잎에 알을 낳습니다.

애벌레 식사

짝짓기를 마친 암컷은 배추밭으로 쏜살같이 날아옵니다. 그러고는 알맞은 배춧잎을 골라 배를 활처럼 구부리고 잎 표면에 알을 하나씩 하나씩 띄엄띄엄 낳습니다. 알은 1밀리미터쯤 되어서 아주 작은데 꼭 옥수수처럼 길쭉하게 생겼습니다. 4~7일쯤 지나 알에서 애벌레가 깨어나기 시작합니다. 알에서 갓 깨어난 노란 애벌레는 속이 다 비칠 만큼 투명합니다. 녀석들은 태어나자마자 자신이 깨

배추흰나비 암컷이 수컷과 짝짓기를 거부하고 있다. 이때는 암컷이 배를 위로 치켜올려 거부 의사를 수컷에게 보낸다.

배추흰나비 알은 노르스름하고 길쭉하다. 알 껍질 겉에는 골이 여러 개 파여 있다.

고 나온 알 껍질을 먹어 치웁니다. 알 껍질은 영양이 풍부합니다. 또 천적에게 들키지 않으려고 자기 흔적을 없애는 것입니다. 어미가 알을 낳은 식물에서 애벌레 기간을 보내는 무리들은 주로 알 껍질을 먹지만, 흑진주거저리처럼 알에서 깨어나자마자 한곳에 붙어 앉아 먹지 않고 여기저기 돌아다니며 먹는 무리는 주로 알 껍질을 먹지 않습니다.

이제부터 애벌레가 해야 할 일은 단 하나, 오로지 먹기만 하면 됩니다. 푸짐하게 배춧잎을 먹으면서 오직 살을 찌우고 몸을 튼튼히 키우는 일에만 몰두합니다. 가슴다리 3쌍, 배다리 4쌍, 꼬리다리 1쌍 이렇게 다리 8쌍을 배춧잎에 꼭 붙이고 머리를 위아래로 움직이며 큰턱으로 쑥덕쑥덕 베어 와삭와삭 씹어 먹습니다. 질긴 잎맥만 빼놓고 다 씹어 먹어 나중에는 이게 배춧잎인가 싶을 만큼 앙

배추흰나비 애벌레 옆구리 마디마다 작은 숨구멍이 보인다.

상한 잎사귀만 남습니다. 하루 종일 먹고 싸다 허물 벗고, 또 먹고 싸다 허물을 벗습니다. 특히 종령 애벌레는 얼마나 식탐이 많은지 애벌레가 평생 먹는 식사량의 85퍼센트를 먹어 치운다고 합니다. 몸집이 커지니 그만큼 먹는 양도 늘어난 것이지요. 배추흰나비는 보통 4번 허물을 벗고 5령 애벌레, 곧 종령 애벌레가 됩니다.

애벌레는 단계적으로 자랍니다. 매 단계마다 허물을 벗지 못하면 죽습니다. 애벌레 피부는 아주 얇고 질긴 큐티클로 되어 있어서 애벌레 몸집이 커져도 계속 늘어나지 않습니다. 그래서 어느 정도 자라면 피부를 벗어 던지고, 또 일정 정도 자라면 또 피부를 벗어 던져야 더 크게 자랄 수 있습니다. 물론 피부를 벗어 던져야 할 때 쯤에는 새로운 피부가 이미 안쪽에 만들어져 있습니다. 만약 제때 허물을 벗지 못하면 질긴 피부 안에 갇힌 꼴이 되어 더 이상 자라

종령 애벌레가 번데기가 되려고 허물을 벗고 있다.

지 못하고 죽게 됩니다. 애벌레는 허물을 벗기 앞뒤로는 먹지도 않고 쥐 죽은 듯 가만히 있습니다. 허물 벗기 전에는 기존 피부와 그 속에 있는 새로운 피부가 분리되어야 하고, 또 허물을 벗은 뒤에는 새 피부가 단단하게 굳어야 하기 때문에 가만히 있는 것입니다. 이렇게 배추흰나비 애벌레는 일생 동안 네 번 껍질을 벗으면서 무럭무럭 자랍니다.

위대한 변신
번데기에서 어른벌레로

종령 애벌레가 된 녀석은 닥치는 대로 배춧잎을 먹다가 어느 순간부터 음식은 입에 대지도 않고 몽유병 환자처럼 여기저기 헤매고 다닙니다. 번데기 만들 곳을 찾는 중입니다. 드디어 안전한 곳을 찾았습니다. 배춧잎 뒷면에 자리 잡은 녀석은 갑자기 머리를 상모 돌리듯 이리저리 휘젓습니다. 아랫입술샘에서 실을 토해 자기 몸을 배춧잎에 단단히 동여매고 배 끝을 고정시킵니다. 그리고 하루 지나 번데기로 탈바꿈합니다. 이제는 바람이 불어도 끄떡없습니다.

배추흰나비는 번데기 모습으로 2주일쯤 지내는데, 번데기 속에서는 물질대사의 대혁명이 일어납니다. 아름다운 날개를 가진 나비로 변신을 준비해야 하기 때문입니다. 애벌레에게 없던 날개와 빨대 주둥이, 생식기 따위가 생겨나고 있습니다. 이 모든 혁명은 생리적인 변화이기 때문에 호르몬이 주관하는 대로 척척 진행됩니다. 번데기 속에서 일어나는 변화 과정, 즉 호르몬 같은 내분비 물질의 조절에 의해 주둥이, 날개 등이 분화되는 과정은 잘 연구되었습니다. 하지만 맨눈으로 번데기 몸속에서 소리 없이 일어나는 위대한 변화 과정을 제대로 지켜보기란 어려운 일입니다. 껍질로 둘러싸여 있어 관찰하기도 어렵고, 몸속 내부에서 일어나는 변화이니 더더욱 알기 어렵습니다. 또한 번데기는 잘못 건드려 조금이라도 상처가 나거나 손가락에 눌려 표면이 움푹 파이면 날개돋이에 실패하거나 날개돋이에 성공해도 기형이 됩니다. 그래서 번데기 내부 변화 과정을 면밀히 밝혀내는 데는 한계가 있습니다.

배추흰나비 번데기

이제 번데기에서 어른벌레가 탄생하려고 합니다. 번데기 등 쪽에 있는 탈피선이 벌어지기 시작합니다. 맨 먼저 가슴등판이 나오기 시작하고 머리와 다리가 이어서 빠져나옵니다. 드디어 배추흰나비 어른벌레가 태어났습니다. 번데기에서 탈출하느라 힘이 다 빠졌는지 배추흰나비는 번데기 껍질에 매달려 한참을 쉽니다. 아직은 날개가 쭈글쭈글하고 젖어 있어서 날 수가 없습니다. 날개맥 구석구석까지 혈림프가 골고루 스며들어 아름다운 날개가 활짝 펴질 때까지 기다려야 합니다. 혈림프는 포유동물의 혈액에 해당됩니다.

기생벌에게 파먹히는 배추흰나비 애벌레

배추흰나비도 하루하루 살아가는 일이 쉽지만은 않습니다. 힘없는 애벌레나 번데기 시절을 용케도 잘 견뎌야만 어른벌레로 날개돋이 하는데, 살아남을 확률은 10퍼센트쯤밖에 안 됩니다. 녀석들에게 외부 환경은 혹독하여 늘 위험이 도사리고 있습니다. 새, 거미, 잠자리, 쌍살벌 같은 포식자들이 호시탐탐 노리고 있으니까요. 더 무서운 것은 자기보다 몇십 배나 작은 기생벌에게 기생당하는 일입니다. 배추밭에 앉아 배추흰나비 애벌레를 찾다 보면 심심찮게 기생당한 애벌레가 보입니다. 옆구리 터진 김밥에서 밥알이 흘러나오듯 애벌레 피부를 뚫고 몸속에서 자그마한 벌레 수십 마리가 꼬물꼬물 기어 나오는 광경은 소름 끼쳐 차마 눈 뜨고 볼 수 없습니다.

배추흰나비가 밀잠자리에게 잡혔다.

3밀리미터도 안 되는 기생벌이 어떻게 자기보다 몇십 배나 큰 애벌레를 공격할 수 있을까요? 곤충에게는 자기만의 특이한 냄새가 있습니다. 기생벌은 그 냄새를 이용해 기생할 숙주를 찾습니다. 그래서 거의 모든 기생벌은 자기가 좋아하는 숙주 곤충이 정해져 있습니다. 배추흰나비 애벌레 특유의 냄새를 맡고 찾아온 어미 기생벌은 애벌레 크기나 건강 상태를 가늠한 뒤 마취 작업에 들어갑니다. 어미 기생벌은 독성 물질을 애벌레 몸속에 넣어 신경을 마비시킵니다. 발버둥 칠 새도 없이 잠깐 사이에 마취돼 버린 배추흰나비 애벌레는 정신을 잃고, 그 틈을 타 기생벌은 바늘처럼 뾰족한 산란관을 재빨리 애벌레 몸속에 푹 꽂고 알을 낳습니다.

기생벌 애벌레는 입맛이 까다로워서 오로지 살아 있는 나비 애벌레만 먹습니다. 그러니 어미 기생벌은 뛰어난 사냥꾼이 되어야 합니다. 새끼를 먹여 살리기 위해 신선한 나비 애벌레를 마련해야 하니까요. 더구나 사냥한 먹이가 썩지 않도록 마취까지 시켜야만 자기 새끼가 평생 신선한 밥을 먹을 수 있습니다. 만일 마취가 잘 안되어 덩치 큰 배추흰나비 애벌레가 깨어나 몸부림을 치면 몸속에 있던 새끼들이 꼼짝없이 당합니다. 그래서 독침을 정확히 신경절에 꽂고 마취시켜야 합니다.

배추흰나비 애벌레 몸속에서 깨어난 기생벌 애벌레들은 애벌레 속살을 야금야금 뜯어 먹습니다. 나비 애벌레는 신경만 마비되었을 뿐 여전히 살아 있습니다. 신경이 마비

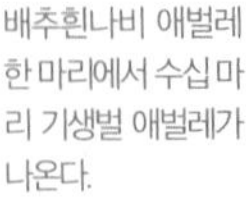

배추흰나비 애벌레 한 마리에서 수십 마리 기생벌 애벌레가 나온다.

되고 의식을 잃었으니 기생벌 애벌레들이 열심히 속살을 뜯어 먹는 것을 느낄 수도 알 수도 없습니다. 몸속이 텅텅 비어 가니 살아 있어도 산 것이 아니지요. 마취된 채로 서서히 죽어 가고 있습니다. 배추흰나비 애벌레에게는 다시 겪고 싶지 않은 잔인한 일입니다. 이렇게 나비 애벌레 살이 다 파먹힐 무렵이면 기생벌 애벌레는 다 자라 나비 애벌레 살갗을 뚫고 밖으로 빠져나옵니다. 때맞춰 배추흰나비 애벌레의 가느다란 생명줄도 끊어져 비참한 죽음을 맞습니다. 남은 거라고는 속이 횡한 빈껍데기뿐입니다.

더 놀라운 것은 나비 애벌레 한 마리에서 기생벌 애벌레가 수십 마리 나온다는 사실입니다. 어떻게 그렇게 많은 벌들이 나올 수 있을까요? 그 까닭은 기생벌이 다배 발생을 하기 때문입니다. 기생벌 알이 배 발생 과정에서 수십 개로 쪼개지기 때문에, 알 한 개에서

기생벌 애벌레는 배추흰나비 애벌레 껍질을 뚫고 나와 곧장 고치를 만든다.

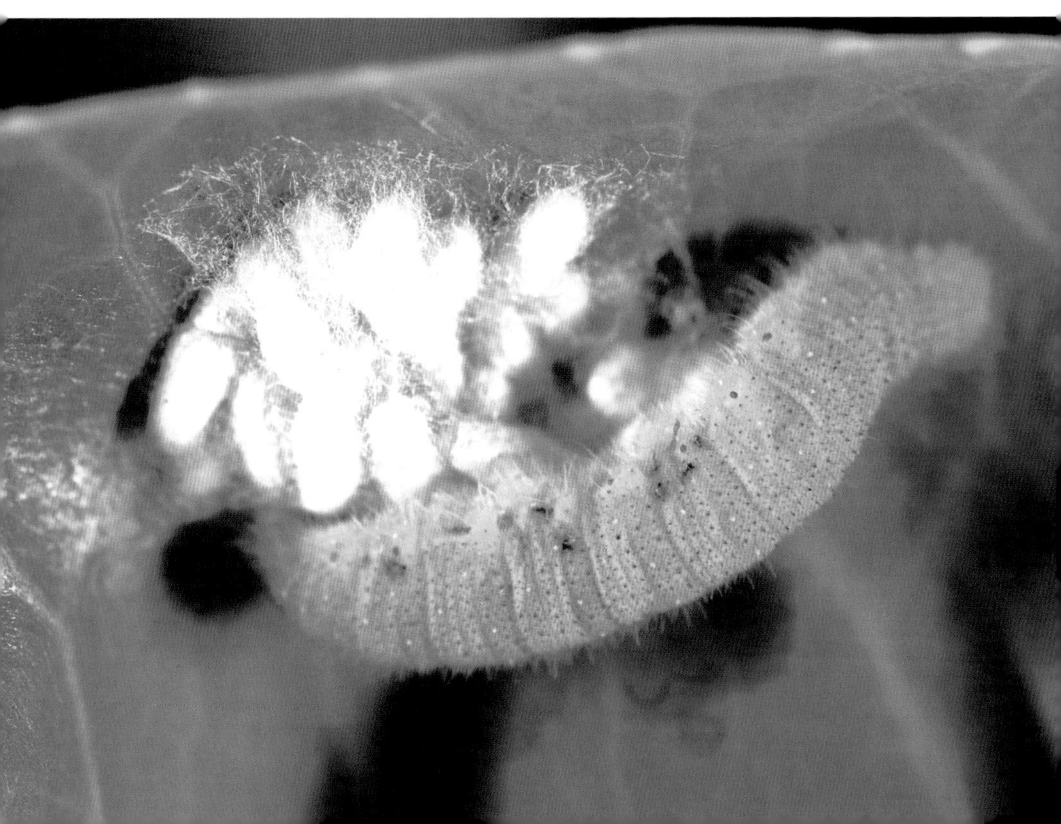

기생벌 애벌레 수십 마리가 깨어나는 것입니다. 사람으로 치면 두 쌍둥이, 네 쌍둥이, 여덟 쌍둥이, 열여섯 쌍둥이가 태어나는 것이나 마찬가지입니다.

인간 잣대로 보면 이런 기생벌 습성이 강도처럼 보이지만, 생태계에서는 그렇지 않습니다. 배추흰나비가 한 번에 낳는 알은 매우 많습니다. 알에서 나온 애벌레가 모두 살아남는다면 개체 수가 너무 많아 먹잇감이 모자랄지도 모릅니다. 식량이 모자라면 모두 전멸입니다. 다행히 기생벌이 나비 애벌레를 기생 대상으로 삼아 배추흰나비 개체 수가 적절히 유지되도록 돕는 것입니다. 기생벌은 풍부한 먹이가 확보되어 좋고, 배추흰나비는 동족끼리 십자화과 식물을 차지하기 위해 먹이 전쟁을 치르지 않아 좋습니다. 보이지 않지만 엄연히 존재하는 자연의 질서가 생태계를 움직이고 있으니 놀라울 뿐입니다. (기생벌 이야기는 곤충을 먹는 곤충 '기생벌 애벌레' 편에서 볼 수 있습니다.)

경제 곤충
산업 곤충

배추흰나비를 이용해 소득을 올리는 일들이 빈번합니다. 최근 들어 친환경 축제에 거의 빠지지 않고 등장하는 곤충은 배추흰나비입니다. 외국에서는 결혼식 날 신랑 신부가 입장할 때, 축하객들이 나비가 들어 있는 봉지를 열어 나비를 날려 보냅니다. 결혼식장은 한순간에 나비들 무대가 되어 축하 분위기를 한껏 띄웁니다. 축제용 나비는 돈을 주고 삽니다. 따라서 나비를 키우는 농가는 많은 소득을 올리게 되니 말 그대로 나비는 산업 곤충이 됩니다. 우리나라에서도 여러 지역 축제에서 한번 시도할 만합니다. 다만 날려 보낸 나비가 꿀을 빨고 알을 낳을 수 있는 서식처를 먼저 마련하고서 말입니다.

몇 년 전부터 우리나라에는 생태공원을 조성하는 붐이 일고 있습니다. 자라나는 어린이나 숲이 그리운 사람들에게 자연의 향기를 전해 주고 자연의 중요성을 깨우치게 하는 교육의 장으로 이용되고 있습니다. 생태공원 안에 있는 거의 모든 경작지에는 배추, 무, 케일 같은 십자화과 식물이 자랍니다. 그 배추밭에서 배추흰나비가 겨울을 빼고 1년 내내 살아가고 있습니다. 배추로 차려진 넉넉한 밥상 덕에 배추흰나비는 먹이 걱정 없이 편안히 살 수 있어 사람들에게 날마다 아름다운 비행을 선사합니다. 이제 길가에 낯선 베고니아나 팬지 같은 외국산 원예 식물을 심을 게 아니라, 유채나 무를 심어 볼 일입니다. 꽃도 보고 배추흰나비의 나풀거림도 보니 일석이조입니다.

십자화과 식물을 먹고 사는 다른 곤충들

톡톡 튀는 벼룩잎벌레

경치 좋은 곳이면 음식점이나 건물들이 줄지어 들어서 있습니다. 그래서 산속에 들어가려면 포장된 길을 적잖이 걸어야 합니다. 숲 진입로를 찾아가는 길에 100평쯤 되는 텃밭을 발견했습니다. 좁은 면적이지만 무, 배추, 토마토 같은 여러 채소들을 가지런히 심어 놓았습니다. 그런데 지름이 2밀리미터 정도나 될까요. 배추 잎사귀들에 조그만 구멍이 뻥뻥 뚫려 있습니다. 저렇게 작은 구멍을 과연 누가 뚫어 놓았을까 궁금해 잎사귀를 들척여 봅니다. 손이 배춧잎에 닿으니 아주 작은 벌레가 톡톡 튀어 땅에 떨어지며 도망갑니다. 녀석들은 벼룩잎벌레입니다. 벼룩처럼 높이 튀어 벼룩잎벌레라고 부르지요.

벼룩잎벌레가 배추에 찾아왔다.

벼룩잎벌레는 무나 배추 같은 십자화과 식물을 먹고 삽니다. 몸 크기가 얼마나 작은지 기껏해야 2밀리미터쯤밖에 안 됩니다. 돋보기나 현미경으로 보아야 어떻게 생겼는지 속 시원히 볼 수 있습니다. 몸 색깔은 검은색인데, 딱지날개에 노란색 세로줄 무늬가 뚜렷하게 있어 금방 알아볼 수 있습니다. 특이한 것은 뒷다리입니다. 뒷다리에서 사람 허벅지에 해당되는 넓적다리마디는 알통이 밴 것처럼 크게 부풀어 있습니다. 녀석들이 톡톡 잘도 튀는 것은 근육이 가득 찬 이 뒷다리 때문입니다. 앉아 있는 모습을 유심히 들여다보면 몸 반 알통다리 반입니다. 벼룩잎벌레가 천적을 피할 수 있는 유일한 방어 무기는 알통다리뿐이지요. 위험하면 톡 튀어 달아납니다.

어른벌레로 겨울을 난 벼룩잎벌레는 3월부터 10월까지 배추밭을 찾아와 열심히 잎을 갉아 먹습니다. 알은 십자화과 식물 뿌리 둘레에 낳는데, 많게는 200개까지 낳습니다. 특이하게도 벼룩잎벌레는 애벌레와 어른벌레 모두 씹어 먹는 주둥이를 가졌지만, 먹는

벼룩잎벌레가 배춧잎에 구멍을 뚫어 가며 갉아 먹고 있다.

부위가 다릅니다. 어른벌레는 잎사귀를 먹고 애벌레는 뿌리 겉을 갉아 먹습니다. 애벌레가 갉아 씹어 먹은 뿌리에는 흑부병이 생깁니다. 그래서 농가에서는 녀석들이 골칫덩어리입니다.

어른벌레는 어린 배춧잎을 씹어 작은 구멍을 여기저기 뚫어 놓습니다. 문제는 어린잎에 뚫어 놓은 구멍이 배추가 자라면서 커져서 배추의 상품 가치를 떨어뜨립니다. 애벌레는 뿌리를 갉아 먹고 어른벌레는 잎사귀를 씹어 먹으니 농부들에게는 애물단지지요. 사람은 농약을 뿌리고, 벼룩잎벌레는 농약을 이기려고 내성을 키워 나갑니다. 사람과 벌레 사이에 보이지 않는 전쟁이 지금도 진행 중입니다. 그러니 무나 배추 같은 채소가 벌레 먹은 흔적 없이 깨끗하면 농약을 많이 친 것이고, 구멍이 뻥뻥 뚫려 있으면 무농약 청정 채소로 여겨도 좋을 듯합니다.

벼룩잎벌레 또한 십자화과 식물이 내뿜는 방어 물질에 이끌려 옵니다. 흰나비류처럼 십자화과 식물이 가진 글루코시놀레이트류에 이끌려 먹이식물에 찾아와 일생 동안 맘껏 먹습니다.

흰나비류

대만흰나비, 줄흰나비, 큰줄흰나비, 갈구리나비, 풀흰나비 같은 거의 모든 흰나비류는 십자화과 식물을 먹이로 삼습니다. 대만흰나비는 배추흰나비와 매우 비슷하지만, 윗날개에 있는 까만 무늬가 다릅니다. 사는 곳 또한 경작지와 산림의 경계가 되는 가장자리에서 삽니다. 큰줄흰나비나 줄흰나비도 숲과 들판 가장자리에 살면서 추우면 풀밭으로 나와 일광욕을 하고 더우면 숲속 그늘로 들어가 더위를 식히기도 합니다.

1. 미나리냉이 꽃꿀을 빨아 먹는 큰흰줄흰나비
2. 대만흰나비
3. 짝짓기를 하고 있는 큰줄흰나비

이외에도 배추좀나방, 좁은가슴잎벌레, 검정배줄벼룩잎벌레, 진딧물류 같은 벌레들이 십자화과 식물에 터를 잡고 살아갑니다.

잡초 중의 잡초
명아주를 먹고 사는

남생이잎벌레

명아주 잎 위에 모여 식사 중인 남생이잎벌레

남생이잎벌레들이 명아주 잎 위에 모여
잎을 갉아 먹고 있습니다.

세상에는 사람들 사랑을 듬뿍 받는 들꽃들이 많습니다.
화려하고 예뻐서 눈길을 사로잡는 들꽃, 너무 귀해서
애지중지 아끼는 들꽃, 향기가 좋아 옆에 두고 싶어 하는 들꽃처럼
수많은 들꽃들이 사랑을 받지요.
하지만 작고 못생기고 너무 흔해서 관심조차 끌지 못하는 들풀들도
우리 둘레에 너무나 많습니다.
명아주는 잡초 중의 잡초로 천덕꾸러기 풀입니다.
손바닥만 한 땅만 있으면 아무 데서나 잘 자랍니다.
그러다 보니 잠시라도 한눈팔면 농사짓는 밭이
금방 명아주 밭으로 바뀌어 농부들을 골치 아프게 합니다.
초등학교 교과서에 명아주가 실리면서 어떤 풀이냐고 묻는 이가 많습니다.
그럴 때마다 어디에나 있으니 바로 찾아 보여 주면
“아! 이 풀이 명아주였어요? 늘 보던 풀인데.” 하며 놀라워합니다.
명아주가 보이면 잠시 서서 잎사귀를 차근차근 뒤적거려 보세요.
운 좋으면 곰보처럼 구멍이 파인 명아주 잎을 찾게 됩니다.
그 잎사귀 뒷면에 남생이잎벌레가 있습니다.

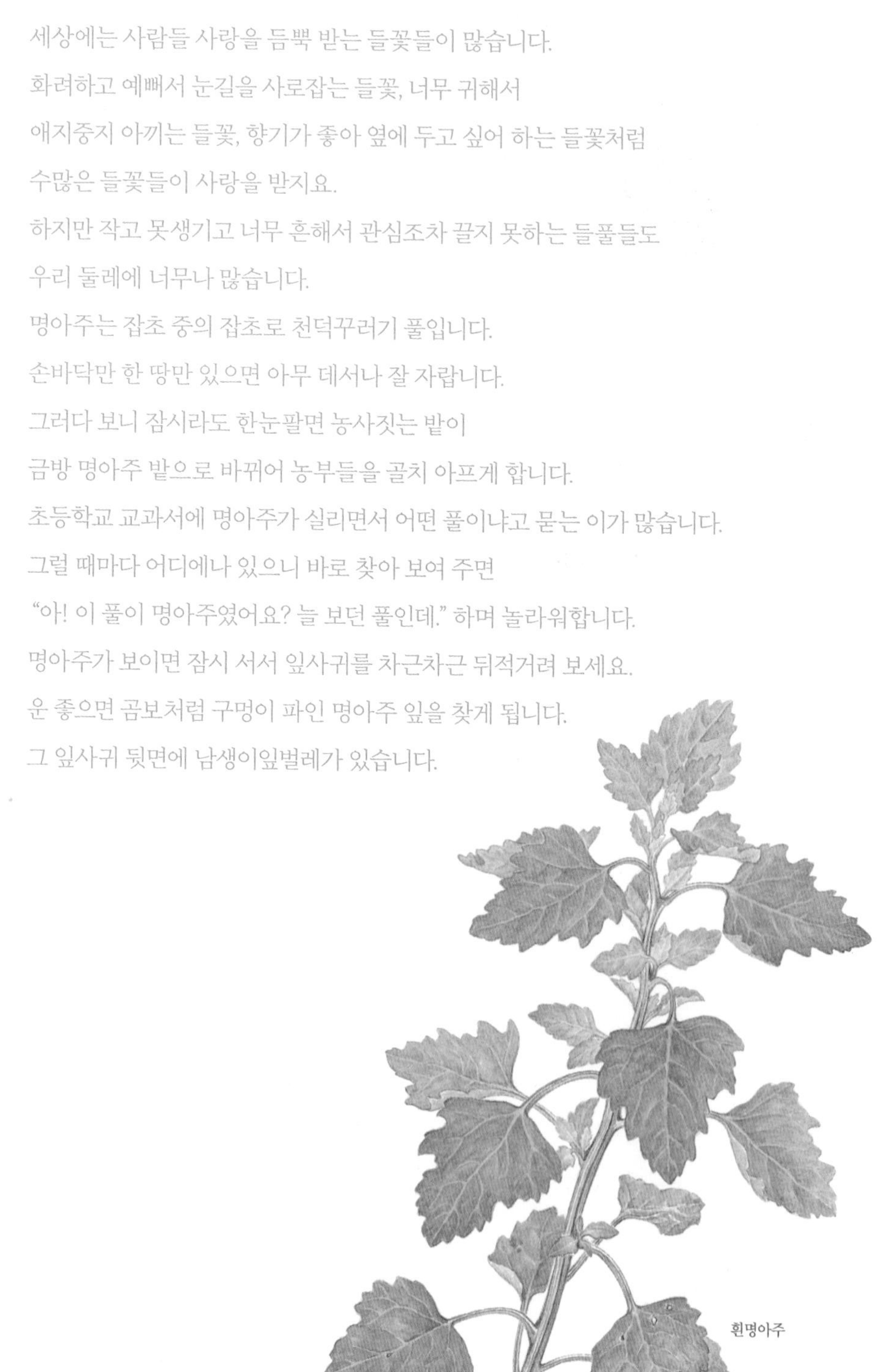
흰명아주

최고의 복지 시설에 입주한 남생이잎벌레

동해안 고성 지방으로 야외 조사하러 나갔을 때입니다. 논둑에 명아주 풀이 얼마나 무성히 자랐는지 제 키보다 컸습니다. 이 정도나 크니 지팡이도 만들 수 있겠다 싶었지요. 명아주 줄기로 만든 지팡이는 청려장이라고 하는데 명품 지팡이에 듭니다. 단단하면서도 속이 비어 가볍습니다. 무성히 자란 '명아주 숲'에서 잎사귀 뒤를 보니 벌레들이 숨어서 밥 먹느라 정신이 없습니다. 어찌나 벌레들이 많은지 입이 다물어지지 않습니다. 도대체 그 벌레가 무슨 벌레일까요? 바로 남생이잎벌레입니다. 어디서나 잘 자라는 명아주를 먹고 사는 딱정벌레목 가문의 잎벌레과 가족이지요.

남생이잎벌레는 이름처럼 남생이를 닮았습니다. 몸길이는 7밀리미터쯤 되는데, 그 크기면 맨눈에도 잘 띕니다. 가슴등판과 딱지날개 속에 머리와 다리를 숨겨 둔 채 더듬이만 내놓고 엉금엉금 걸어 다닙니다. 영락없는 남생이입니다. 남생이잎벌레는 명아주속 식물(*Chenophodium* Linne)들만 먹고 삽니다. 나비류는 어른벌레와 애벌레 먹이가 다르지만, 잎벌레류는 어른벌레와 애벌레가 먹는 먹이가 같습니다. 대개 6월이 되면 명아주 잎사귀에서 남생이잎벌레의 모든 모습을 볼 수 있습니다. 어른벌레, 갓 태어난 애벌레부터 다 자란 종령 애벌레, 번데기, 알까지 한꺼번에 말입니다.

남생이잎벌레는 특이하게 밥을 먹습니다. 잎맥은 안 먹고 잎살만 갉아 먹습니다. 그것도 꼭 잎 뒷면에 꼭꼭 숨어서 먹습니다. 한군데에서 진득이 앉아 잎살을 갉아 먹으면 좋으련만 조금 먹고는 다른 곳으로 옮겨 가고, 거기서도 조금 께적대다 또 다른 곳으로 옮겨 갑니다. 밥 먹는 습관이 참 버르장머리 없습니다. 연한 잎살만 골라 먹지만 잎사귀에 구멍이 안 납니다. 녀석들의 큰턱이 튼튼하게 발달하지 않았기 때문에 잎 표면층인 왁스층까지 뚫을 수 없어 잎살만 갉아 씹어 먹기 때문입니다. 그러니 명아주 잎은 바이러스에 감염된 것처럼 군데군데가 얼룩덜룩 곰보투성이입니다.

남생이잎벌레에게 명아주는 최고의 복지 시설입니다. 먹여 주고, 재워 주고, 짝을 찾아 결혼도 시켜 주고, 알 낳을 분만실도 마련해 줍니다. 뭐 부족한 게 하나도 없습니다. 겨울을 난 어른 남생이잎벌레는 봄이 되면 명아주를 찾아 꾸역꾸역 모여듭니다. 명아주가 내뿜는 방어 물질 냄새에 이끌려 밥상을 용케도 잘 찾아옵니다. 도착하면 누가 먼저랄 것도 없이 잎사귀에 턱하니 자리 잡고는 먹어 대기 시작합니다. 겨우내 굶주렸으니 그럴 만도 합니다.

남생이잎벌레가 명아주 잎을 갉아 먹고 있다.

배고픔을 달래려 명아주에 이놈 저놈 몰려들다 보니 자연스럽게 짝을 만날 기회가 많아집니다. 일석이조이지요. 마음에 드는 짝을 만난 남생이잎벌레 한 쌍이 명아주 잎에서 신방을 차립니다. 신방에서의 사랑도 잠시뿐 짝짓기를 마친 암컷은 곧바로 알 낳을 분만실을 찾습니다. 분만실은 좀 전에 식사했던 명아주 잎입니다. 알은 명아주 잎 뒷면에 낳습니다.

남생이잎벌레 알은 주황색이고 길쭉한 쌀처럼 생겼습니다. 어미는 알을 10개 넘게 낳는데, 온갖 정성을 다해 알들을 3층으로 차곡차곡 쌓아 낳습니다. 알을 낳을 때도 분비물을 분비하지만, 알을 다 낳은 후에도 말피기 소관에서 젤라틴 같은 아교질을 듬뿍 내뿜어서 알 더미를 흥건하게 감쌉니다. 아교질이 투명하다 보니 마치 알들을 비닐 포장해 둔 것 같습니다. 아교질은 알들이 잎에서 떨어지지 않도록 붙잡아 두고, 알들을 완전히 덮고 있어 수분 증발뿐 아니라 기생충 공격까지 막아 줍니다. 또 알을 한곳에 낳아 쌓는 것은 알들이 낱개로 흩어지지 않게 막고 천적이 알 더미를 덩치 큰 곤충으로 착각하고 피하도록 해 자식들의 생존율을 높이려는 어미의 배려입니다.

곤충에게 알 낳는 일은 종족 보존을 위해 굉장히 중요합니다. 알맞은 때에, 알맞은 곳에 알을 낳지 않으면 배자 발생에 문제가 생기고, 애벌레가 성장하는 데 지장을 줄 수 있습니다. 또 어미 곤충은 알을 낳으면 며칠 못 가 죽기 때문에 알과 애벌레를 돌볼 수 없습니다. 새들처럼 알을 품을 수도, 먹이를 구해 새끼에게 먹일 수도 없습니다. 그래서 어미 곤충은 알들이 최대한 잘 보호될 수 있는 곳에, 알에서 깨어난 새끼들이 최대한 먹이를 잘 먹을 수 있는

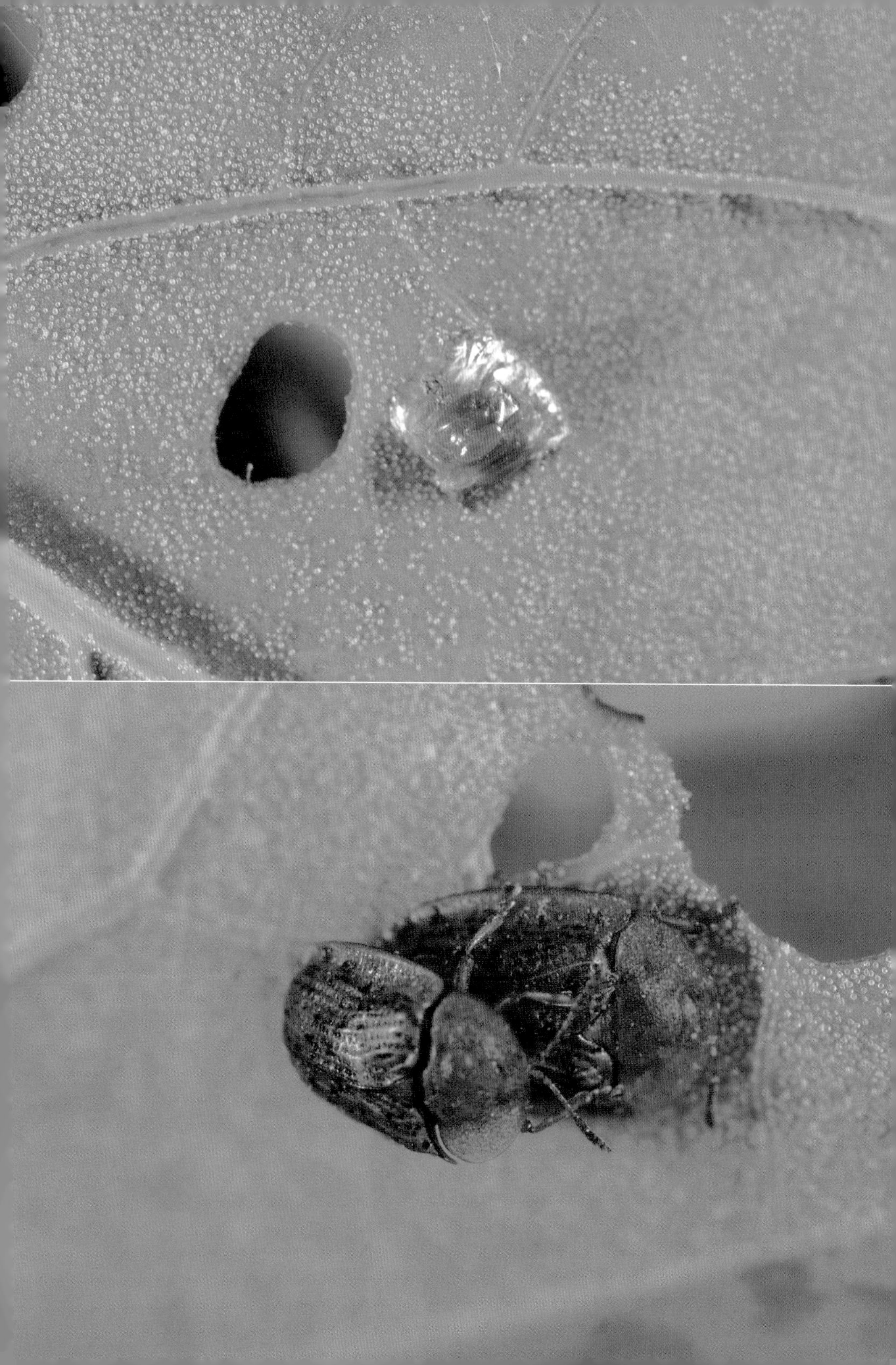

남생이잎벌레 암컷과 수컷이 짝짓기를 하고 있다.

곳에 알을 낳아야 합니다. 어미가 자식에게 할 수 있는 최고의 배려인 셈이지요. 부모가 죽었으니 애벌레 또한 알에서 깨어난 순간부터 스스로의 힘으로 살아가야 합니다. 알은 난황막과 왁스층, 알껍질에 둘러싸여 있습니다. 이러한 껍질 구조 덕분에 물기가 날아가는 것을 막을 수 있고, 외부 온도와 습도 따위에 큰 영향을 받지 않아 여러 좋지 않은 환경에서도 살아남을 수 있습니다. 그러고 보면 곤충들이 새끼의 생존율을 높이기 위해서는 가능한 많은 알을 낳는 게 최선인 것 같습니다.

똥과 허물을 등에 짊어진 남생이잎벌레 애벌레

알에서 깨어난 애벌레는 부드러운 명아주 잎살을 먹고 자랍니다. 먹는 모습은 한없이 평화로워 보여도 언제 천적이 나타날지 몰라 마음속은 늘 바늘방석입니다. 힘없는 애벌레가 사방이 드러난 잎사귀에서 어떻게 천적을 피하는지 궁금합니다. 힘없는 애벌레도 나름대로 방법이 있습니다.

애벌레 피부는 매우 연약해서 건드리기만 해도 곧장 터져 버릴 것 같습니다. 남생이잎벌레 애벌레는 그런 연약한 몸을 지키기 위해 자기가 벗은 허물과 똥을 뒤집어쓰고 삽니다. 그래서 평생 동안 몸을 드러내는 경우가 좀처럼 없지요. 천적 눈을 속이기 위해 완전히 변장하고 있는 셈인데, 특히 똥은 애벌레 특유의 냄새를 희석시

남생이잎벌레 암컷은 알을 10개 넘게 낳아 3층으로 차곡차곡 쌓는다. 그리고 비닐 포장을 하듯이 아교질로 알들을 감싸 놓는다.

키고, 천적이 불쾌감을 느끼고 뒤돌아 가게 만듭니다.

남생이잎벌레 애벌레가 잎을 갉아 먹고 똥을 싸고 있다.

변장하는 과정을 들여다볼까요? 변장 절차는 복잡합니다. 우선 애벌레는 생김새가 정말이지 특이합니다. 몸은 밥주걱처럼 생겼고, 몸통 옆 가장자리에는 길쭉길쭉한 돌기가 울타리처럼 빙 둘러나 있습니다. 어찌 보면 거북선 같기도 합니다. 또 배 끝에는 꼬리돌기가 두 개 기다랗게 나 있는데, 그 모습이 포크를 떠올리게 됩니다. 이 포크 같은 꼬리돌기는 탈피 허물을 매다는 데 쓰입니다. 신기하게도 이 꼬리돌기를 힘껏 쳐들면 등 쪽으로 완전히 휘어지며 뒤집어집니다. 또 꼬리돌기 아래쪽에는 항문관이 길게 삐져나왔고, 항문에서는 똥이 나옵니다.

막 허물을 벗은 남생이잎벌레 애벌레가 허물을 등 위에 뒤집어쓸 준비를 하고 있습니다. 애벌레는 조금 전에 벗은 허물을 버리지 않고 배 끝에 있는 꼬리돌기에 매답니다. 이어 긴 항문관을 요리조리 움직여 연이어 나오는 좁쌀 같은 과립형 똥을 허물 위에 겹겹이 쌓아 얹습니다. 그런 뒤 온 힘을 모아 똥 묻은 탈피 허물이 매달린 꼬리돌기를 하늘로 확 치켜들면, 똥 묻은 탈피 허물이 애벌레 등 위에 척 얹어집니다. 포크처럼 생긴 꼬리돌기와 긴 항문관은 굉장히 유연해서 마음먹은 대로 움직일 수 있습니다. 그러니 똥 묻은 탈피 허물을 등에 올리는 것은 일도 아닙니다. 이제 변장 성공! 이렇게 똥 허물을 짊어지고 있으니 아무리 봐도 더 이상 애벌레가 아닙니다. 새똥처럼 보일 뿐입니다.

애벌레는 변장을 하고 명아주 잎살을 먹으며 무럭무럭 자라 번데기가 됩니다. 번데기는 대담하게 잎 위에서 만듭니다. 믿는 구석이 있나 봅니다. 그렇습니다. 번데기 또한 애벌레처럼 꼬리돌기에

남생이잎벌레 애벌레가 허물을 벗고 있다.

매달린 똥 묻은 탈피 허물을 그대로 짊어지고 있습니다.

생명의 동아줄
똥 묻은 허물

남생이잎벌레 애벌레가 똥을 얹은 허물 꾸러미를 짊어지고 다니는 까닭은 무엇일까요? 앞서 말했듯이 자신을 천적으로부터 보호하기 위해서입니다. 곤충은 먹은 식물을 모두 흡수하지 않고 필요 없는 물질은 몸 밖으로 내보냅니다. 곤충 배설물 속에는 셀룰로오스나 리그닌 같은 소화가 잘 안 되는 물질과 요산, 아미노산, 단백질 등이 들어 있습니다. 특히 남생이잎벌레 애벌레가 싼 배설물에는 명아주 독성 물질까지 들어 있어 천적을 물리치는 데 아주 쓸모가 많습니다.

배설물은 곤충 자신에게 아주 해로울 수 있습니다. 기생충이나 전염병을 퍼뜨리는 세균이 살지도 모르기 때문이지요. 그래서 거의 모든 곤충은 사는 곳에서 멀리 떨어진 곳에 배설합니다. '식사와 배설을 결코 한 장소에서 하지 말라.'는 규칙을 거의 모든 곤충이 본능적으로 지킵니다. 사람도 이 규칙을 철저하게 지키고 있습니다. 똥 더미 옆에서 밥 먹을 사람이 있을까요? 그런데 거꾸로 그 배설물을 자기 몸을 지키는 데 이용하는 곤충도 있습니다. 남생이잎벌레 같은 곤충이 그렇습니다.

남생이잎벌레 애벌레 배 끝에 포크처럼 생긴 길쭉한 꼬리 돌기가 드러나 있다.

사람 눈에는 남생이잎벌레가 똥을 허물에 붙이고 다니는 것이 굉장히 위험하게 보일 수 있습니다. 행여 허물이 썩고, 세균이 점령해 애벌레가 다치지 않을까 걱정이 되나요? 곤충 애벌레 몸은 아주 질기면서도 가벼운 큐티클 피부로 덮여 있습니다. 그래서 애벌레가 사는 동안 탈피 허물이 썩을 일이 없습니다. 물론 언젠가 아주 오래 뒤에는 분해되겠지요. 거기에다 똥에는 명아주를 먹고 얻은 독성 물질이 듬뿍 들어 있습니다. 그 똥을 얹었으니 똥 묻은 허물은 그야말로 애벌레를 지키는 방패막이인 셈이지요.

애벌레가 똥 허물을 뒤집어쓰고 있으면 연약한 몸통이 잘 드러나지 않습니다. 침노린재나 벌 같은 포식자에게 쉽게 들키지 않아 공격당하는 경우가 적습니다. 또 똥 허물을 짊어진 애벌레 여러 마리가 잎사귀 하나에 다닥다닥 붙어 있으면 마치 새똥이 여기저기 묻어 있는 것 같습니다. '나 새똥이야. 맛없으니 먹지 마.' 하고 메시지를 천적에게 외치고 있는 셈이지요.

남생이잎벌레 애벌레는 자기가 싼 똥과 벗은 허물을 뒤집어써서 몸을 숨긴다.

더구나 배설물이 묻은 똥 허물은 개미도 물리칩니다. 앞서 말했듯이 남생이잎벌레 애벌레가 싼 똥에는 명아주의 방어 물질이 섞여 있습니다. 독 물질을 뒤집어쓰고 있는 거나 마찬가지니 애벌레 근처에 개미가 얼씬도 안 합니다. 토마스 아이스너(Thomas Eisner)라는 미국의 생태 화학자가 남생이잎벌레아과(Cassidinae)에 속하는 잎벌레들(*Gratiana pallidula, Chelymorpha cassidea* 등)을 실험했습니다. 애벌레가 만든 똥 허물을 개미 얼굴에 갖다 대니 개미가 금방 사냥감에 흥미를 잃었습니다. 때때로 사냥감을 깨물어 보기도 했지만 결국에는 포기하고 말았습니다. 천적 눈을 속이려고 1센티미터도 안 되는 벌레가 어떻게 똥 허물을 뒤집어쓸 생각을 했는지 신기할 뿐입니다.

똥과 허물을 뒤집어쓴 남생이잎벌레 애벌레를 거미가 노리고 있다.

먹이식물을 활용하는 남생이잎벌레의 방어 전략

식물을 먹고 사는 동물이 지구에 굉장히 많기 때문에, 식물이 동물 공격을 물리칠 무기를 가지고 있다는 사실은 이미 잘 알려졌습니다. 식물은 자신을 먹는 초식 동물을 막아내고자, 오랜 시간 진화 과정을 통해 화학 물질을 방어 무기로 개발했습니다. 인간은 여러 방법으로 음식을 조리해 식물이 가진 독성을 없애고 먹습니다. 하지만 인간과 달리 곤충은 별다른 조리법 없이 자신만의 독특한 전략으로 식물이 내뿜는 화학 물질을 이겨 냅니다. 곤충은 식물의 독성 물질을 빨리 배설하거나 독성 물질을 분해하는 효소를 활성화시키는 생화학적 해독 같은 방법들을 동원해 소화시킵니다.

남생이잎벌레는 특수 효소를 분비해 명아주의 독성 방어 물질을

남생이잎벌레가 게거미류에게 잡아먹히고 있다.

해독시킵니다. 때때로 명아주 독성 물질을 그대로 섭취해서 자기 무기로 씁니다. 명아주 잎과 줄기에는 로이신, 베타인, 트리고넬린 같은 아미노산과 팔미틴산, 올레이산, 리놀산 같은 지방산이 들어 있습니다.

남생이잎벌레는 이 명아주 물질들을 먹고, 그것을 재료 삼아 자기 몸을 지키는 방어 무기를 만듭니다. 성능 좋은 화학 물질을 스스로 만들어 내는 것보다 먹이식물에서 얻는 것이 확실히 더 경제적입니다. 또 남생이잎벌레는 명아주의 방어 물질 냄새를 맡고 명아주를 찾아냅니다. 명아주와 남생이잎벌레가 서로 밀고 당기는 게임을 하고 있지만 지금까지는 남생이잎벌레가 이기고 있습니다. 그렇다고 물러설 명아주가 아닐 것입니다. 앞으로 남생이잎벌레를 물리칠 새로운 방어 물질을 만들어 낼 수도 있으니까요.

명아주는 작은 우주

명아주는 너무 흔하고 생긴 것도 보잘것없으니 이리 치이고 저리 치이는 풀입니다. 버려진 땅에서나 자라고, 밭에서는 농사를 망치는 한낱 천덕꾸러기 풀입니다. 그래서 틈만 나면 뽑아 버리고 갈아엎기 일쑤지요. 그러면 그럴수록 명아주는 질긴 생명력이 빛을 발해 억세게 잘도 살아갑니다.

명아주가 있는 땅은 생명들이 뒤엉켜 살아가고 있습니다. 명아

주 잎을 평생 먹이로 삼은 곤충들이 있습니다. 남생이잎벌레는 명아주가 광합성을 해 만든 영양물질을 먹으며 세대를 이어 갑니다. 동시에 2차 소비자인 포식자의 밥이 됩니다. 남생이잎벌레는 거미, 사마귀, 벌 같은 포식 동물에게 없어서는 안 될 소중한 식량입니다. 이 포식자들은 새들의 밥이 됩니다. 이렇게 끊임없이 이어지는 먹이망의 고리가 명아주 한 그루에서도 볼 수 있습니다.

그뿐이 아닙니다. 명아주에 상처가 생겨 흘러나온 영양물질은 다른 식물에게 거름이 되고, 흙 속에 사는 생물들의 영양분이 됩니다. 남생이잎벌레가 먹어 시들어 버린 잎사귀도 각종 미생물의 밥이 되어 자잘하게 분해된 뒤 땅속으로 스며듭니다. 명아주는 한해살이풀이므로 가을이 되면 시듭니다. 이때는 여러 세균과 미생물에게 밥상을 차려 주고 자기 몸은 잘게 잘게 분해됩니다. 이렇게 분해된 물질은 다른 생명들을 위한 귀한 영양분이 됩니다. 명아주가 생태계의 물질 순환을 이어 주는 고리 역할을 하기 때문에, 명아주가 터를 잡은 버려진 땅은 다시 기름진 땅이 되어 많은 생명들을 불러들여 머물게 합니다. 잡초라고 함부로 다룰 일이 아닙니다.

똥과 허물을 뒤집어 쓴 남생이잎벌레 애벌레들이 명아주 잎 뒷면에 모여 잎을 갉아 먹고 있다.

별꽃 꽃봉오리에
구멍을 내는

황호리병잎벌

별꽃

밤하늘 별이 내려앉은 것처럼
별꽃이 무더기로 피어 있습니다.

봄바람이 불어올 때부터 가을바람이 선들거릴 때까지
별꽃은 뿌리 내릴 땅만 있으면 피고 집니다.
길가, 빈 땅, 텃밭, 구석진 화단을 가리지 않습니다.
별꽃은 크기가 5밀리미터밖에 안 되니 피었어도 그냥 지나치기 일쑤고,
너무 흔하니 이 작은 꽃에 눈길을 주는 사람도 별로 없습니다.
사람들에게 밟혀도 죽지 않고 땅에 납작 엎드려 있다가
어느새 꿋꿋이 고개를 세우는 꽃입니다.
작고 하얀 꽃이 하늘에 떠 있는 별을 닮았다고
별꽃이라는 이름이 붙었습니다.
별꽃과 쇠별꽃은 꽃잎이 다섯 장인데
한 장이 두 갈래로 갈라져서 꽃잎이 모두 10장처럼 보입니다.
쇠별꽃은 암술머리가 5개로 갈라지는데
별꽃은 3개로 갈라집니다.
별꽃은 쇠별꽃에 비해 털이 많고, 잎이 작습니다.
별꽃보다 쇠별꽃을 더 흔하게 볼 수 있습니다.

쇠별꽃

꽃봉오리 속에 알을 낳는 황호리병잎벌

5월이 되면 별꽃과 쇠별꽃 둘레를 부지런히 들락날락거리는 벌이 있습니다. 흰 꽃 위를 빙빙 돌다가 꽃에 앉았다 날았다 정신이 없습니다. 이 녀석은 누구일까요? 노란색, 검은색, 붉은색으로 색동옷을 입은 황호리병잎벌입니다. 특히 배 끝부분이 주황색을 띠는 데다 몸길이도 12밀리미터나 되어서 눈에 금방 띄지요.

어른 황호리병잎벌은 날쌘 사냥꾼입니다. 이 꽃 저 꽃 날아다니며 저보다 작은 파리류나 벌 종류를 낚아채 잡아먹습니다. 알을 낳으려면 영양분을 충분히 섭취해야 하기 때문입니다. 짝짓기를 마친 암컷 황호리병잎벌은 별꽃을 찾아들기 시작합니다. 풀밭에는 여러 종류 풀들이 있지만, 별꽃 둘레를 빙빙 돌다가 정확하게 별꽃에 내려앉습니다. 한 시간쯤 관찰해 보니 십중팔구 별꽃을 단박에 찾아내고, 가끔씩 다른 풀을 찾기도 하지만 별꽃이 아닌 걸 알고는 훌쩍 날아가 버립니다.

어떻게 별꽃을 찾아낼까요? 황호리병잎벌은 멀리서는 별꽃을 보고 날아오다가 가까이 와서는 별꽃 특유의 냄새를 맡아 찾아냅니다. 별꽃도 곤충들에게 뜯어 먹히지 않으려고 방어 물질을 냅니다. 그러니 별꽃을 먹는 곤충들은 배탈이 나겠지요. 하지만 황호리병잎벌 애벌레만은 별꽃이 내는 방어 물질에 잘 적응이 되어 아무리 많이 먹어도 탈 나는 법이 없습니다. 심지어 그 방어 물질을 식욕 촉진제로 이용하니 별꽃보다 한 수 위지요.

그럼 별꽃을 찾아온 암컷 황호리병잎벌은 어떻게 알을 낳을까

요? 잎벌은 영어로 쏘플라이(sawfly)인데, 이름을 참 잘 지었습니다. 왜냐하면 어미 잎벌 산란관은 톱처럼 생겼기 때문입니다. 산란관은 매우 짧아 밖에서는 잘 보이지 않고 알을 낳을 때도 식물 줄기에 박혀 있어 안 보입니다. 산란관은 공격용이 아니기 때문에 손으로 잡아도 쏘일 염려가 없습니다. 다만 톱니처럼 생긴 산란관으로 잎줄기나 풀 줄기를 잘게 썬 뒤 알을 낳습니다.

신기하게도 황호리병잎벌은 줄기가 아닌 꽃봉오리에 알을 낳습니다. 아직 피지도 않은 꽃봉오리에 배 끝을 갖다 대고는 살그머니 비빕니다. 5초쯤 걸려 알을 낳고, 또 다른 꽃봉오리로 날아갑니다.

꽃봉오리 속 애벌레 식사

황호리병잎벌이 알을 낳은 별꽃 봉오리는 죄다 구멍이 뚫려 있습니다. 알에서 깨어난 애벌레가 연한 꽃 싹을 먹고 나왔기 때문이지요. 꽃봉오리 속에는 1령 애벌레가 싼 똥 부스러기가 남아 있습니다. 별꽃 입장에서는 황호리병잎벌이 얼마나 얄미울까요? 꽃은 식물의 생식 기관인데 말입니다. 대를 잇기 위해 꽃을 피우려면 많은 에너지가 듭니다. 많은 에너지와 공력을 들인 꽃이 피기도 전에 황호리병잎벌 애벌레가 다 먹어 치우니 식물로서는 기가 차겠지요. 황호리병잎벌에게는 생존을 위한 먹이 전략이지만, 어쩐지 얌체족이란 인상을 지울 수가 없네요.

황호리병잎벌은 별꽃 꽃봉오리 속에 알을 낳는다.

이렇게 꽃봉오리를 먹는 애벌레는 까탈스러운 미식가입니다. 별꽃이야 어찌 되든 아랑곳없이 꽃봉오리를 옮겨 다니며 닥치는 대로 먹습니다. 꽃봉오리 속에서 남모르게 혼자 식사하는 모습을 관찰하기란 여간 힘든 일이 아닙니다. 겹겹이 겹쳐 있는 꽃잎을 열면 애벌레는 식사를 멈추고 몸을 돌돌 말기 때문이지요.

황호리병잎벌 애벌레는 별꽃 꽃봉오리를 옮겨 다니며 닥치는 대로 먹는다.

애벌레가 꽃봉오리를 먹고 탈출한 구멍 난 꽃봉오리를 뒤져 보면 과립형 똥이 들어 있습니다. 애벌레가 먹은 꽃봉오리는 제대로 피지도 못하고 구멍만 숭숭 뚫린 채 시들어 버립니다.

하지만 아무리 별꽃이 꽃을 많이 피운다 해도 애벌레가 꽃봉오리를 다 먹어 치우면 먹이가 모자라게 됩니다. 그러면 녀석들은 별꽃 잎을 먹기도 합니다. 잎을 먹을 때는 줄기에 여러 개의 발로 매달려 몸을 나선형으로 꼬고는 식사를 합니다. 손으로 건드리면 몸을 도르르 맙니다.

애벌레는 노르스름한 몸에 작고 까만 점이 무수히 찍혀 있습니다. 몸빛과 별꽃 색깔이 거의 비슷해서 천적 눈을 피할 수 있습니다. 애벌레는 어릴 때는 노르스름하지만 크면서 청회색이 돌기도 합니다. 페트리 디쉬에서 관찰할 때는 커서도 노르스름한 색을 띠는 것을 보면 미미하게 주변 환경의 영향을 받는 것 같습니다.

열심히 꽃봉오리를 먹은 애벌레는 마지막 허물을 벗고 땅속으로 들어갑니다. 그러고는 흙을 다져 방을 만든 뒤 그 안에서 번데기가 됩니다.

애벌레는 어릴 때는 노르스름하지만 크면서 청회색이 돌기도 한다.

한지붕 두가족

별꽃을 먹고 사는 벌레는 황호리병잎벌뿐일까요? 아닙니다. 뚱보바구미도 별꽃을 먹고 삽니다. 5월 초부터 황호리병잎벌을 찾느라 별꽃을 수없이 찾아다녔던 적이 있습니다. 아직 때가 일러 잎벌은 안 보이고, '꿩 대신 닭'이라고 뚱보바구미 애벌레를 만났습니다. 애벌레는 별꽃 잎사귀에 매달려 열심히 먹느라 정신이 없습니다. 몸 색깔이 초록색인 데다 머리부터 배 끝까지 등 쪽에 하얀 줄이 나 있어서 천적이 찾아내기 힘들 것 같습니다. 건드리니 역시 몸을 돌돌 말고 기절하는군요. 가짜로 죽는 현상인 가사 상태에 빠진 것이지요.

별꽃 밥상을 두고 황호리병잎벌 애벌레와 뚱보바구미 애벌레가 싸우지 않고 잘 살아갈지 궁금합니다. 경쟁이 일어나면 한 종은 패잔병이 되기 쉽습니다. 하지만 두 녀석은 승자도 패자도 없이 별꽃을 주식으로 삼고 있습니다. 그 까닭은 나오는 때가 서로 조금씩 다르기 때문입니다. 야외에서 관찰해 보니 뚱보바구미 애벌레가 황호리병잎벌 애벌레보다 먼저 나와 한살이를 시작합니다. 뚱보바구미 애벌레가 다 자라 땅속으로 들어갈 즈음 황호리병잎벌 애벌레가 비로소 나와 돌아다니기 시작합니다. 서로 다른 시기에 나와 활동하며 경쟁을 피하는 거지요.

활동 시기에 차이가 있지만, 뚱보바구미와 황호리병잎벌 애벌레는 대체로 별꽃 봉오리를 먹습니다. 물론 꽃봉오리가 모자라면 별꽃 잎도 먹지만 말입니다. 두 종이 별꽃을 먹으면 꽃이 모자랄 만

뚱보바구미 애벌레는 황호리병잎벌 애벌레처럼 별꽃 꽃봉오리를 먹는다.

도 한데, 다행히 별꽃은 번식력이 좋아 많은 줄기에서 많은 꽃을 피웁니다. 그래서 황호리병잎벌 애벌레와 뚱보바구미 애벌레는 별꽃 봉오리를 모자라지 않게 어느 정도 확보할 수 있습니다. 별꽃 입장에서는 이들이 달갑지 않지만 어쩔 수 없이 자기 꽃을 곤충들에게 나눠 줘야 합니다. 지혜롭게도 두 곤충은 같은 먹잇감을 두고 경쟁보다 서로 더불어 사는 공존 전략을 택합니다. 이렇게 한 지붕 아래 두 가족이 살아가니, 벌레들에게서 또 한 수 배웁니다.

별꽃은 암술머리가 3개로 갈라진다. 쇠별꽃은 5개로 갈라진다.

잎벌 애벌레와 나비 애벌레는 어떻게 다를까?

지구에는 식물을 먹고 사는 애벌레가 너무나 많습니다. 실제로 산과 들에 나가면 그놈이 그놈 같고, 도대체 누가 누구인지 몰라 어떤 때는 짜증이 납니다. 나비 애벌레와 잎벌 애벌레는 모두 식물 잎을 먹고 사는 초식성 곤충입니다. 언뜻 보기에 잎벌 애벌레와 나비 애벌레는 매우 닮았습니다. 하지만 꼼꼼히 살펴보면 다른 점이 있습니다. 어떻게 다를까요?

우선 머리에 있는 눈 개수가 다릅니다. 나비 애벌레는 머리 양옆에 작고 단순한 눈인 홑눈을 여섯 개 가졌습니다. 하지만 잎벌 애벌레는 눈을 여덟 개 가졌고, 그 가운데 눈 한 쌍이 아주 큽니다. 맨눈으로도 잎벌 애벌레 눈이 잘 보입니다. 또 다른 점은 다리 수입니다. 나비와 잎벌 애벌레 모두 가슴다리는 3쌍입니다. 하지만 배다리(proleg) 수가 다릅니다. 나비류 애벌레는 대부분 4쌍이지만, 잎벌 애벌레는 5쌍 넘게 있습니다. 이렇게 잎벌 애벌레는 큰 눈을 가졌고, 다리 수도 많습니다.

모든 생물은 다 존재 이유가 있다

길가 한 귀퉁이에서 무럭무럭 자라는 별꽃은 번식력이 아주 좋

습니다. 줄기 조직이 강해서 무심코 밟아도 꺾이지 않고 다시 일어섭니다. 심지어 애벌레가 꽃봉오리를 다 먹어 치우면 줄기 겨드랑이에서 또 다른 꽃대를 내어 새 꽃을 피우기 때문에 끄떡없이 살아남습니다.

초식 곤충마다 먹이식물이 다른 까닭은 적응한 식물의 방어 물질이 다르기 때문입니다. 어떤 면에서 초식 곤충은 육상 생태계에서 중요한 조절자 역할을 합니다. 황호리병잎벌은 별꽃이 가진 방어 물질에 적응했고, 별꽃을 먹어 별꽃의 폭발적인 번식을 막습니다. 만일 황호리병잎벌이 없다면 별꽃은 개체 수가 한없이 불어나 생태계 균형을 깨뜨릴 수 있습니다. 강한 번식력으로 둘레에서 자라는 다른 식물을 몰아낼 테니까요. 다행히도 황호리병잎벌이 별꽃의 개체 수를 조절해 주고, 잎벌은 자기보다 힘센 벌이나 잠자리, 파리매, 새 들에게 훌륭한 먹이가 됩니다. 이렇게 잎벌은 생태계 먹이망이 잘 돌아가는 데 이바지합니다.

뿐만 아닙니다. 황호리병잎벌 애벌레가 먹다 만 별꽃 줄기며 꽃봉오리, 먹고 싼 똥, 그리고 별꽃을 씹을 때 식물에서 흘러나온 즙은 땅으로 되돌아가 다른 식물이나 균에게 영양분이 됩니다. 아무도 관심 주지 않는 별꽃 한 포기에서 사는 황호리병잎벌 애벌레의 삶이 작으나마 역동적으로 생태계에 영향을 줍니다. 이제부터 버려진 빈 땅에 피어 있는 별꽃을 허투루 볼 일이 아닙니다.

황호리병잎벌이 거미에게 잡혔다.

개망초를
고개 숙이는

국화하늘소

개망초

개망초 꽃은 달걀 프라이와 닮아서
'달걀꽃'이라고도 합니다.

개망초는 유난히 사람들과 친한 풀,
길 가다 아무 데서나 만날 수 있는 풀,
비집고 들어갈 땅만 있으면 어디서나 자라는 풀입니다.
5월 말이 되면 어김없이 빈 땅에서
하얀 개망초 꽃이 흐드러지게 피기 시작합니다.
꽃송이 가장자리를 차지한 흰 꽃은 혀를 닮은 설상화이고,
가운데 촘촘히 박힌 노란색 통꽃은 파이프를 닮은 관상화입니다.
꼭 달걀 프라이 같습니다. 안쪽은 노른자, 바깥쪽은 흰자.
그래서 '달걀꽃'이라는 딱 맞는 별명이 붙었습니다.
원래 개망초는 저 멀리 미국에 있는 필라델피아 들녘에 피는 꽃입니다.
어쩌다 삶이 기구해 고향을 떠나 이 땅까지 흘러 들어와
잡초 취급을 받고 있지만 말입니다.

개망초

왜 개망초가 쓰러졌을까?

주말에 성내천을 걸었습니다. 엎어지면 코 닿을 곳에 두고서도 처음 걸어 보는 둑길입니다. 물고기 낚시를 하는 왜가리와 백로, 꽃을 찾아 훨훨 날아다니는 흰나비류, 새잎을 달고 축축 늘어진 버들가지에서 들리는 새살거리는 바람 소리, 높은 시멘트 담을 낑낑거리며 기어 올라가는 담쟁이덩굴, 물가 언덕에 끝없이 펼쳐진 싱그러운 초록색 풀들, 조금은 더럽지만 그래도 흐르는 물소리. 이 모두가 찬란한 5월 아침녘에 만난 성내천 모습입니다.

자전거가 다닐 수 있는 길도, 사람이 다닐 수 있는 길도 다 포장되어 있습니다. 그 길을 따라 아무 말을 안 해도 마음 편한 선생님과 도란도란 따뜻한 얘기를 나누며 천천히 걸었습니다. 흙길이었으면 더 좋았을 걸 그랬습니다.

그날 풀 언덕에 유난히도 눈에 많이 띄었던 풀이 있었습니다. 곧게 하늘을 향해 줄기를 쑥쑥 내미는 풀인 개망초입니다. 얼마나 많은지 그야말로 개망초밭입니다.

그런데 개망초밭에서 재미있는 장면을 발견했습니다. 쭉쭉 하늘로 뻗으며 자라는 싱싱한 개망초들 틈에 풀 줄기가 시들어 고개를 푹 수그린 개망초가 여럿 끼어 있습니다. 쑥쑥 자라나는 새순 끝에서 아래로 한 10센티미터쯤 떨어진 줄기까지 축 처져 죽어 가고 있습니다. 그 아랫부분은 멀쩡해서 개망초가 죽은 것도 아닙니다. 사람이 일부러 꺾어 놓은 것은 아닌 것 같은데 왜 이렇게 윗부분만 시들어 말라 갈까요?

혹시라도 개망초 줄기가 거꾸러진 모습을 보면, 얼른 개망초 밭을 다 뒤져 보세요. 시간이 얼마 지나지 않아 금방 놀라운 장면과 만날 수 있습니다. 더듬이를 휘휘 휘두르며 개망초 줄기에 붙어 있는 하늘소를 발견하면 지체 말고 조심조심 가까이 가 보세요. 놀라지 않게 숨도 쉬지 말고 살금살금 다가가야 도망가지 않습니다. 눈치가 워낙 빠른 녀석이라 위험한 낌새를 느끼면 바람같이 휙 날아가 버립니다. 도대체 이 녀석이 누군지 궁금하지요? 바로 국화과 식물만 먹고 사는 국화하늘소입니다. 온몸은 까만데 앞가슴등판에만 빨간 점이 콕 박혀 있어 얼른 알아볼 수 있습니다. 가끔 앞가슴등판에 빨간 점이 없는 녀석도 보입니다. 몸길이는 10밀리미터도 안 되는데 더듬이는 13밀리미터 정도로 제 몸보다 더 깁니다. 그 긴 더듬이로 둘레에서 벌어지는 정보를 알아내려고 늘 바쁘게 휘두르고 다닙니다. 꼭 칼싸움하는 것처럼 말이죠. 온도며 습도, 먹이 냄

국화하늘소는 앞가슴등판에 빨간 점이 하나 나 있다.

새와 천적 낌새까지 다 알아내니 초특급 안테나임이 분명합니다.

아뿔싸! 제가 쳐다보고 있는 걸 눈치챘나 보네요. 얼른 풀 줄기 뒤쪽으로 몸을 숨깁니다. 풀 줄기를 꼭 껴안은 여섯 개 다리와 더듬이만 보이더니 후르르 날아가 버립니다. 아무리 생각해도 불안했나 봅니다.

그러면 이 작은 국화하늘소가 어떻게 개망초를 거꾸러뜨릴까요? 운 좋게도 개망초 줄기에 거꾸로 붙어 있는 한 녀석과 만났습니다. 제 몸통보다도 훨씬 굵은 개망초 줄기에 붙어 머리를 움직거리는 폼이 꼭 방아를 찧는 것 같습니다. 자세히 들여다보니 입으로 풀 줄기를 뜯어냅니다. 큰턱을 줄기에 꽂고는 가위처럼 벌렸다 오므렸다 하며 줄기를 씹어 홈을 팝니다. 이렇게 정성 들여 홈 하나를 파고, 조금 옆으로 옮겨 또 홈을 파고, 또 파고……. 오른쪽이든 왼쪽이든 어느 한 방향으로 돌면서 홈을 팝니다. 이렇게 빙 둘러 씹어 놓은 흠집 간격이 얼마나 일정한지 꼭 자를 대고 판 것 같습니다.

한참 걸려 풀 줄기를 빙 돌아 흠집을 내더니 몸을 180도 돌려 머리를 하늘 쪽으로 향합니다. 그러고는 곧바로 배 끝을 흠집 낸 줄기에 갖다 댑니다. 배 끝에 달린 산란관을 줄기 속에 넣고는 깊이 넣었다 살짝 뺐다 또 넣었다 뺐다 되풀이합니다. 알을 낳는 중입니다. 산란관이 짧아 줄기 깊숙이 알을 낳지 못하니 배 끝까지 줄기 속에 박습니다. 그리고 산란관으로 줄기 속을 헤집어 알을 낳습니다. 산란관에서 알을 밀어낼 때 산란관이 줄기 속으로 들어가니 배 끝도 따라 들어갑니다. 이렇게 정성 들여 개망초 풀 줄기에 알을 낳더니 훌쩍 날아가 버립니다. 힘들었을 텐데 날아갈 힘이나 남았

는지 모르겠네요.

국화하늘소는 개망초 줄기를 큰턱으로 물어뜯어 흠집을 낸 뒤 줄기 속에 알을 낳는다.

국화하늘소가 굳이 줄기를 큰턱으로 힘겹게 뜯어내 알을 낳는 까닭이 뭘까요? 아시겠지만 식물은 줄기 조직이 잎사귀보다 더 단단합니다. 줄기에 알을 낳으려면 단단한 껍질에 구멍을 뚫어야 합니다. 국화하늘소 암컷 산란관은 줄기 껍질을 뚫을 만큼 단단하지 않기 때문입니다. 산란관으로 줄기를 뚫다간 산란관이 망가져 알 낳는 일은 물 건너가 버립니다. 그래서 국화하늘소 큰턱이 우악스럽게 발달된 것인지도 모릅니다.

애벌레의 개망초 줄기 속 여행

이제 알을 확인해 봐야지요. 국화하늘소에게는 미안하지만 시들어 가는 개망초 한 줄기를 뽑아 흠집 난 부분을 쪼개 보았습니다. 쉽게 딱 갈라진 줄기 속을 작은 돋보기인 루페(Lupe)로 들여다보니 과연 알 방이 있습니다. 역시 그 방에 알을 하나 낳았군요. 타원형으로 생긴 노란 알이 줄기 옆구리에 가로로 깊숙이 박혀 있습니다. 개망초 줄기 지름이 10밀리미터 정도라면 알 길이는 3밀리미터쯤 됩니다. 이렇게 홈을 파서 알을 낳으니 풀 줄기 위쪽으로 뻗어 있는 개망초의 젖줄이 다 끊어집니다. 개망초가 살아가려면 물도 필요하고 영양분도 필요한데, 그것들을 나르는 물관이 모두 끊겨 더 이상 기능을 못 하게 되지요. 그러니 줄기 위쪽은 시들어 말라 죽게 됩니다.

국화하늘소 애벌레가 먹고 살아가는 개망초 줄기

애벌레는 한 보름쯤 지나면 알에서 깨어납니다. 그러면 국화하늘소 애벌레는 어떻게 될까요? 줄기 속에서 그대로 살까요? 아니면 줄기 밖으로 나와 잎사귀를 먹고 살까요? 애벌레는 줄기 속에서 삽니다. 자연 속 생명 세계에는 한 치 빈틈도 없습니다. 빈틈이 있으면 사라져 버리기 쉽지요. 국화하늘소가 개망초에 알을 낳은 바람에 알집 위쪽 줄기는 시들어 죽어 가지만, 알집 아랫부분은 줄곧 영양 공급을 받아 싱싱하게 살아 있습니다. 그러니 빈틈없는 어미 국화하늘소는 새순 끝에서 10센티미터도 안 되는 곳에 알을 낳아 자기 새끼가 줄기에서 영양 많은 아랫부분을 오랫동안 파먹고 살도록 배려한 것입니다. 물론 국화하늘소 애벌레가 자라면서 아랫부분도 서서히 시들어 갈 테지만요.

국화하늘소 애벌레는 개망초 줄기 한가운데에 있는 연한 심인 고갱이를 먹고 삽니다. 녀석들의 모든 생활은 줄기 속에서 이뤄집니다. 먹고, 쉬고, 똥 싸고, 잠을 잡니다. 물론 줄기 속에는 산소가 많으니 숨도 쉴 수 있습니다. 녀석들은 굴을 파듯이 줄기 아래쪽을 향해 내려가면서 야금야금 줄기 속을 파먹습니다. 똥은 밖으로 내보내지 않고 줄기 속에 그냥 싸 버립니다. 다 먹은 줄기에 똥을 싸니 녀석이 먹고 지나간 줄기 속은 똥 부스러기로 메워져 있습니다. 식당과 화장실은 가까이 두지 말라는 금기를 깨는 까닭은 아마도 천적에게 줄기 속에 산다는 걸 들키지 않으려는 것이겠지요.

이렇게 아래로, 아래로 줄기 속을 먹어 가다가 8월쯤에는 뿌리까지 도달합니다. 그러는 동안 개망초 줄기는 말라 갑니다. 이때가 되어서야 비로소 애벌레는 먹고 싼 똥 부스러기를 밖으로 내 버립

국화하늘소가 줄기 속에 낳은 알

니다. 개망초 뿌리는 줄기가 말라도 살아 있기 때문에 애벌레에게 먹이는 충분합니다. 애벌레는 뿌리 속까지 파먹고 들어가서는 번데기 방을 만들고 그 속에서 번데기가 됩니다. 빨리 한살이를 시작한 녀석들은 9월쯤에 번데기에서 날개돋이 해 어른벌레로 탈바꿈합니다. 5월 말쯤에 낳은 알에서 자란 녀석들이죠. 알을 낳는 때가 5월 말에서 7월경까지다 보니 늦게 알에서 깨어난 국화하늘소 애벌레는 가을이 되어도 날개돋이 하지 않고 뿌리 속에서 겨울을 납니다. 이미 날개돋이 한 어른 국화하늘소는 먹이를 찾아 먹다가 다시 개망초 뿌리 둘레 땅속에서 추운 겨울을 보내며 봄을 기다립니다. 그리고 봄이 되면 땅속에서 겨울을 난 어른 국화하늘소는 땅 위로 올라와 꽃가루로 식사하며 짝짓기를 하고 알을 낳습니다. 물론 뿌리 속에서 추운 겨울을 보낸 애벌레도 봄이 되면 번데기가 된 뒤 어른벌레로 날개돋이 합니다. 이렇게 국화하늘소 어른벌레는 1년에 한 번 내지 두 번 세상에 나옵니다.

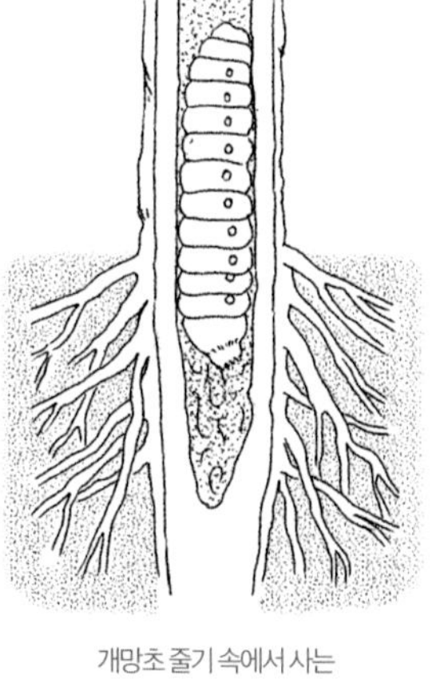
개망초 줄기 속에서 사는
국화하늘소 애벌레 옆면

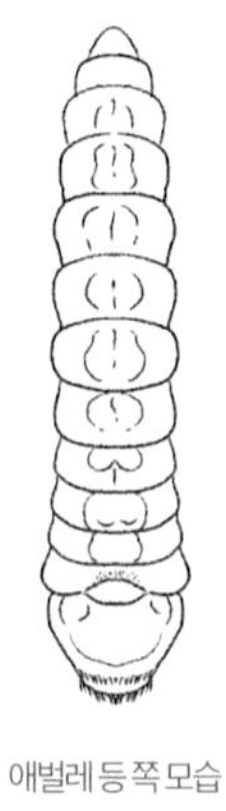
애벌레 등 쪽 모습

국화하늘소는
개망초에만 알을 낳을까?

국화하늘소 애벌레는 개망초만 먹고 살까요? 아닙니다. 개망초와 친척인 국화과 식물이면 몽땅 먹어 치웁니다. 씀바귀, 고들빼기, 개미취, 약쑥, 구절초처럼 국화과 식물은 아주 많습니다. 국화과 식물 또한 자신을 먹어 치우는 곤충을 물리치기 위해 방어 물질을 냅니다. 국화과 친척들이다 보니 내뿜는 방어 물질도 비슷합니다. 국화하늘소는 국화과 식물이 내는 냄새를 맡고 용케도 잘 찾아낼 수 있는 능력이 있습니다.

국화하늘소는 해충일까요? 국화과 식물 중에는 약으로 쓰이는 식물이 많습니다. 특히 약쑥은 농가에서 재배하기도 하는데, 약쑥도 국화하늘소 먹이입니다. 그러니 약쑥을 기르는 농부들에게 국화하늘소는 골칫덩이인 셈이지요. 줄기 속, 그것도 모자라 뿌리 속까지 파고들어 숨어 사니 잡아 없애는 것도 여간 힘든 게 아닙니다. 하지만 자연에는 무엇이건 존재 이유가 있습니다. 약초 재배 농가에서 몹쓸 곤충으로 찍혀 쫓겨난 국화하늘소를 거두어 주는 식물이 야생 국화과 식물입니다. 특히 저 멀리 아메리카 대륙에서 바다를 건너와 이 땅에 뿌리박고 사는 귀화 식물인 개망초는 국화하늘소에게 밥과 집을 마련해 주는 없어서는 안 될 존재입니다. 빈 땅만 있으면 어디든 뿌리 내리는 개망초가 살고 있는 한 국화하늘소 집안은 쭉 번성하겠지요.

개망초의 또 다른 터줏대감 남색초원하늘소

개망초에 알을 낳는 하늘소가 국화하늘소 말고 또 있을까요? 물론 있습니다. 남색초원하늘소도 개망초에 알을 낳습니다. 알록달록한 더듬이에 털 뭉치를 네 개씩이나 달고 있는 남색초원하늘소. 녀석을 보면 이름처럼 짙은 남색빛이 한눈에 확 들어옵니다.

남색초원하늘소 하면 떠오르는 사람이 있습니다. 곤충을 열렬히 사랑하는 아마추어 곤충 연구자인데, 곤충을 하도 잘 키워 별명이 '벌레 엄마'입니다. 벌레 엄마답게 그녀는 남색초원하늘소의 사생활을 몇 년 걸려 취재해 알아냈습니다. 어느 날인가 남색초원하늘소 먹이식물과 한살이를 밝혀냈다고 흥분하며 열변을 토했습니다. 몇 년 동안 키우며 고생했던 이야기를 생생하게 들려주면서 말이죠. '벌레 엄마'의 남색초원하늘소 일기는 이렇게 시작됩니다.

> 시들어 고개 숙인 개망초를 뿌리째 캐다가 화분에 옮겨 심어 베란다에 두고 돌보았다. 도대체 그 줄기 속에 어떤 곤충이 사는 것일까? 개망초에 물을 줄 때마다 혹시나 곤충이 날개돋이 했을까 싶어 들여다보고 또 들여다보았다. 궁금증 때문에 도대체 참을 수가 없다. 갈라 봐야지. 줄기를 조심스럽게 갈라 보니 우윳빛 애벌레가 들어 있었다. 하늘소 애벌레란 걸 한눈에 알았다. 애벌레는 뿌리 쪽으로 파먹으며 내려가고 있었고, 녀석 둘레에는 먹고 싼 똥 부스러기가 쌓여 있었다. 하지만 이 일을 어쩌나. 안타깝게도 쪼개진 개망초 줄기는 다시 잇지 못하니……. 불쌍하게도 하늘소 애벌레는 쪼개진 줄기 속에서 금방 죽었다. 올해는 꽝이다. 내년을 기다릴 수밖에.

남색초원하늘소는 더듬이에 털 뭉치가 달려 있다.

다음 해에 또다시 고개 숙인 개망초를 데려다 아파트 베란다에 두고 키웠다. 몇 달이 지나도 성충이 나올 생각을 하지 않아 이번에는 도대체 살았는지 죽었는지 궁금해 죽을 지경이었다. 할 수 없이 또 개망초 줄기를 쪼갰다. 에고, 죽은 게 아니고 살아 있었다. 또 어쩌나. 쪼개진 줄기는 다시 붙지 않나니…… . 아이고 내 팔자야. 할 수 없다.

올해도 실패했으니 또 내년을 기다려야지.

이렇게 우여곡절을 겪으며 몇 년을 키운 끝에 개망초에서 나온 하늘소는 남색초원하늘소였다. 그런데 몇 년 키우는 과정에서 개망초 줄기 속에서 버젓이 살고 있던 녀석의 애벌레에서 예기치 않게 기생벌 애벌레도 나왔다. 자연은 신비한 것. 줄기 속에 사는 남색초원하늘소 애벌레 냄새를 용케 맡고 찾아온 기생벌이 알을 낳은 거다. 기는 놈 위에 뛰는 놈 있고, 뛰는 놈 위에 나는 놈 있다더니. 남색초원하늘소보다 몇 십 배나 작은 기생벌이 바로 그 나는 놈이었다.

그러면서 또 한 말씀.

"아들 덕에 해외여행 갈 일이 생겼어요. 근데 못 가요……."

"아드님 성의를 생각해서라도 다녀오시지 그러세요?"

"아이고, 못 가요."

"왜, 무슨 이유라도?"

"내가 며칠 집을 비우면 우리 벌레 새끼들 밥을 누가 줘요? 걔들요, 하루만 내버려 둬도 칭얼거리며 죽어요."

'벌레 엄마'는 지금도 벌레를 키우고 있습니다. 이제 칠순을 넘겼지만 열정은 팔팔한 삼십 대. 특히 나방 종류에 관심이 많아 애벌레를 열심히 키웁니다. 아직 한살이가 안 밝혀진 그들과 함께 살며 애벌레와 어른벌레 사이에 그림 맞추기를 합니다. 웬만한 박사보다 뛰어난 이 시대의 참다운 아마추어 연구자인 셈이지요.

남색초원하늘소 어른벌레는 1년 중 늦봄인 5~6월에 나옵니다. 개망초 꽃이 필 무렵이면 기다랗고 매력적인 더듬이를 휘휘 저으며 풀밭을 돌아다닙니다. 꽃 위에 앉아 꽃가루를 먹기도 하고, 멋진 짝을 만나 사랑을 나누기도 합니다. 짝짓기를 마친 암컷은 개망초나 고들빼기 같은 국화과 식물 줄기에 알을 낳습니다. 알에서 깨어난 애벌레는 줄기 아래쪽을 향해 파고 들어가며 밥을 먹습니다. 추운 겨울이 되면 줄기 속에서 겨울잠을 자다 이듬해 봄이 되면 애벌레 시절 머물렀던 줄기 아랫부분에서 번데기로 탈바꿈합니다. 그리고 봄이 무르익어 가는 5~6월이 되면 어른벌레로 날개돋이해 줄기 밖으로 나옵니다.

남색초원하늘소 수컷이 암컷 등에 올라타 짝짓기를 하고 있다.

먹이는 같아도 알 낳는 방식은 조금 달라

같은 국화과 식물을 먹고 살지만, 국화하늘소와 남색초원하늘소는 알 낳는 방식이 살짝 다릅니다. 남색초원하늘소는 대개 국화하늘소와 달리 큰턱으로 풀 줄기를 씹어 흠집을 내지 않습니다. 곧장 줄기에 산란관을 꽂고 알을 낳습니다. 가끔 줄기의 표피세포가 질긴 식물일 경우에는 큰턱으로 흠집을 낸 뒤 알을 낳기도 합니다. 굉장히 길게 늘어난 배 끝을 줄기 속에 푹 꽂아 두고는 깊이 넣었다 뺐다 또 깊이 넣었다 뺐다를 되풀이합니다. 십 분 넘게 이런 행동을 계속합니다. 희한하게도 산란관이 들어간 풀 줄기 부분에 끈적거리는 액체가 흥건합니다. 식물 조직에서 나온 물질인지 하늘소의 생식 보조샘에서 나온 분비물인지 뚜렷하지 않지만 둘 다일 가능성이 많습니다. 힘든 산고를 치른 뒤 산란관을 풀 줄기에서 서서히 빼고는 또 알을 낳으러 다른 줄기로 날아갑니다.

이렇게 먹이식물이 같아도 사는 방식이 다릅니다. 남색초원하늘소는 몸집이 크고 산란관도 국화과 식물의 풀 줄기를 뚫을 만큼 튼튼합니다. 하지만 몸집이 작은 국화하늘소는 산란관이 연약해 큰턱으로 줄기를 물어뜯는 노동을 달게 받아들여야 합니다. 두 하늘소가 같은 먹이식물을 놓고 어떻게 경쟁을 하는지는 앞으로 풀어야 할 숙제이기도 합니다.

남색초원하늘소 암컷 산란관은 국화하늘소 산란관보다 튼튼하다. 그래서 개망초를 큰턱으로 물어뜯지 않고 산란관으로 개망초 줄기에 구멍을 뚫어 알을 낳는다.

미나리냉이에
알을 낳는

좁은가슴잎벌레

미나리냉이

꽃이 냉이를 닮고, 잎사귀는 미나리를 닮았다고 미나리냉이입니다. 하지만 미나리냉이는 미나리나 냉이와 달리 독이 있는 풀입니다.

봄이 미쳐도 한참 미쳤습니다. 아니 날씨가 미쳐도 한참 미쳤습니다.
겨울이 간다 싶더니 그새 더워져 한꺼번에 뛰쳐나온 봄꽃이 만발합니다.
간간이 비가 내려 질주하는 봄의 바짓가랑이를 잡아 주저앉히지만,
높아지는 기온에는 장사가 없습니다.
4월, 5월에 피는 꽃을 한꺼번에 보니 마냥 좋다가도
이내 이상스러운 기후 변화들이 걱정됩니다.
5월 초인데도 고만고만한 봄꽃들이 그새 다 지고
벌써 나뭇잎이 푸릅니다. 숲속에서는 미나리냉이가 한창입니다.
무리 지어 핀 하얀 꽃들에 눈이 부실 정도입니다.
하도 탐스러워 카메라 셔터를 누릅니다.
사진틀 안에 하얀 미나리냉이 꽃송이가 꽉 찹니다.
미나리냉이 꽃은 꽃잎이 4장인 십자화과 식물입니다.
미나리냉이는 꽃이 냉이를 닮았고,
잎사귀는 미나리와 엇비슷해 붙여진 이름입니다.

좁은가슴잎벌레

미나리냉이에 몰려든 좁은가슴잎벌레

미나리냉이가 꽃봉오리를 틔울 즈음이면 나비, 벌, 꽃등에, 딱정벌레 같은 여러 가지 벌레들이 모여듭니다. 그중에서 미나리냉이를 주식으로 삼는 딱정벌레가 있습니다. 바로 좁은가슴잎벌레입니다. 잎벌레는 이름 그대로 어른벌레와 애벌레 모두 잎사귀를 먹고 삽니다. 돌 틈이나 풀밭 땅속에서 어른벌레로 겨울을 지낸 좁은가슴잎벌레도 미나리냉이가 커 갈 즈음이면 떼 지어 달려들어 잎사귀를 먹어 댑니다.

좁은가슴잎벌레가 미나리냉이를 갉아 먹고 있다. 등에는 송화 가루가 묻어 있다.

녀석들이 왜 비슷한 시기에 미나리냉이에 몰려들까요? 곤충 몸에는 체내 시계가 있어 햇빛에 따라 달라지는 낮 길이나 온도 변화를 척척 알아차립니다. 그래서 곤충들은 자신의 생체 리듬에 맞춰

겨울잠에서 깨어나는 시기를 조절합니다. 식물 또한 낮 길이나 온도에 영향을 받아 잎사귀를 틔우고 꽃을 피웁니다. 그러니 좁은가슴잎벌레는 먹이식물인 미나리냉이가 무럭무럭 자랄 때 나와야 먹을거리 걱정 없이 새끼를 키울 수 있습니다. 또 비슷한 때에 모여 있어야 짝을 찾는 데도 훨씬 좋으니 일석이조입니다.

엉거주춤 짝짓기 하기

날마다 가슴 벅찬 5월입니다. 좁은가슴잎벌레들이 미나리냉이 줄기를 타고 오르내리며 몹시 바쁩니다. 한쪽에서는 밥 먹느라 바쁘고, 한쪽에서는 짝짓기 하느라 바쁩니다. 몸집이 5밀리미터도 안 되는 작은 좁은가슴잎벌레 몸은 볼록한 게 옆에서 보면 반달 같고, 색깔은 검은빛이 도는 짙은 남색인데 광택까지 나 마치 흑진주가 풀에 달린 것 같습니다. 드디어 수컷이 마음에 드는 암컷을 찾았나 보군요. 암컷이 내뿜는 성페로몬 향기를 맡고 온 수컷이 암컷을 졸졸 따라다닙니다. 마주 보기도 하고, 더듬이로 툭툭 건드리기도 하고, 뒤꽁무니를 따라다니기도 하네요.

탐색전이 끝났는지 수컷은 암컷 더듬이를 자기 더듬이로 부딪칩니다. 그러고는 머리 쪽으로 기어올라 딱지날개에 도착해서는 180도 몸을 돌려 암컷 가슴과 배를 다리로 껴안습니다. 암컷 몸이 너무 볼록해서 엉거주춤 아기 업은 자세가 되어 버렸습니다. 곧바로 수컷은 배 꽁무니 속에 들어 있는 생식기를 빼내 암컷 배 끝으로 가져갑니다. 암컷 생식기는 배 끝에 있으니 수컷 생식기는 휘어지며 길게 늘어납니다. 수컷은 길게 뺀 자기 생식기를 더듬더듬 움직이더니 암컷 생식기에 한 번에 꽂아 넣습니다.

줄기에 박힌 노란 알

좁은가슴잎벌레는 미나리냉이를 오르내리며 잎도 갉아 먹고, 짝짓기도 한다.

짝짓기를 마친 암컷은 알 낳는 방식이 매우 특이합니다. 혹시 미나리냉이 줄기에 촘촘히 박힌 노란 보석들을 본 적이 있나요? 그 노란 보석이 바로 좁은가슴잎벌레 알입니다. 마치 구슬을 꿰어 놓

은 것처럼 일정한 거리를 띄워서 매우 정교하게 알을 심어 놓았습니다. 얼마나 많은 공을 들였을까 생각만 해도 감탄사가 절로 나옵니다.

남들 하듯이 그냥 아무렇게나 잎에 알을 낳으면 편할 텐데, 굳이 줄기 속에 힘들게 낳는 까닭이라도 있을까요? 알을 잎사귀에 낳는 것보다 줄기나 잎자루, 잎의 주맥 속에 낳는 것이 더 안전하기 때문입니다. 알을 낳고 죽는 어미가 새끼들을 위해 할 수 있는 일이란 알을 안전하게 낳는 것일 테니까요. 풀 줄기는 질기고 단단해서 웬만한 산란관으로는 뚫지 못합니다. 그러니 예리한 큰턱으로 풀 줄기 껍질을 질근질근 씹어 뜯어내고 뭉그러뜨리며 홈을 팝니다. 한 구덩이를 파는 데 한 5분쯤 걸립니다. 5밀리미터밖에 안 되는 녀석이라 홈을 파는 데 시간과 품이 많이 들어갑니다.

좁은가슴잎벌레는 마치 구슬을 꿰어 놓은 것처럼 일정한 거리를 유지하며 매우 정교하게 알을 심어 놓는다.

신기하게도 홈을 깊게 파지 않아 미나리냉이 줄기는 죽지도 시들지도 않습니다. 두께가 1~2밀리미터인 알만 쏙 들어갈 만큼만 파면 되기 때문입니다. 그러고는 몸을 180도 돌려 배 끝에 있는 산란관을 구덩이에 넣고 알을 낳습니다. 알을 낳을 때 산란관 옆에 붙어 있는 부속샘에서 풀같이 끈적끈적한 아교 물질을 내어 알에 바릅니다. 자연스럽게 알이 끈적끈적한 접착제와 함께 구덩이에 달라붙어 줄기에서 떨어지지 않습니다. 그런 뒤 알에서 몇 밀리미터 떨어진 곳에 또 구덩이를 정성껏 파고 알을 낳으면서 아교질을 알에 바릅니다. 이렇게 해서 풀 줄기에 알들이 촘촘히 박힙니다.

좁은가슴잎벌레 어미는 다른 암컷이 알을 낳고 있거나 이미 알이 있는 풀 줄기는 피해 자기 알을 낳는 것 같습니다. 실제로 밖에서 관찰하다 보면 늘 풀 줄기 하나에 어미 한 마리가 알을 낳고 있습니다. 봄이 되면 좁은가슴잎벌레가 미나리냉이 풀 줄기에 알을 몇 개나 낳았는지 한번 세어 보는 것도 흥미로울 것입니다. 어미가 알을 낳은 지 5~7일이 지나자, 드디어 알에서 애벌레가 깨어나 꼬물꼬물 알 밖으로 나옵니다.

거무칙칙한 애벌레

그러면 좁은가슴잎벌레 애벌레는 국화하늘소 애벌레처럼 줄기 속을 파고 들어가며 줄기를 먹고 자랄까요? 알에서 깨어난 애벌레는 알 껍질을 줄기 속 방에 그냥 놔두고 몸만 빠져나와 잎을 먹습니다. 보통 곤충 애벌레들이 알 껍질을 먹어 치우는 까닭은 영양 보충뿐만 아니라 천적에게 흔적을 남기지 않기 위해서이지요. 하지만 좁은가슴잎벌레 애벌레는 알 껍질을 줄기 속에 버리고 자리를 떠납니다. 알 껍질이 있는 자리를 떠나 다른 장소에서 식사하는 것이 천적에게 들킬 기회가 더 적어 그런 습성을 가진 것이라 여겨집니다.

애벌레는 다 자라 봤자 몸길이가 4밀리미터쯤 되어서 몸집이 작습니다. 색깔은 거무칙칙하고, 피부에는 여드름 같은 돌기가 불쑥불쑥 나 있습니다. 생김새는 막대기처럼 길쭉해서 영 볼품이 없습니다. 녀석들은 잎살을 먹으며 무럭무럭 자랍니다. 다른 잎벌레들처럼 녀석들은 씹어 먹는 주둥이를 가졌습니다. 큰턱으로 잎살을 뜯어 씹어 먹습니다. 알에서 갓 태어난 애벌레는 큰턱이 아직 덜 발달해서 잎을 쑥덕쑥덕 베어 씹어 먹을 수 없습니다. 그래서 큰턱을 오므렸다 벌렸다 하면서 겉을 갉아 먹듯이 뜯어 먹습니다. 이렇게 먹으면 잎사귀 속살만 남아 마치 갉아 먹은 것처럼 보입니다. 2령쯤 자란 애벌레는 큰턱이 잘 발달되어서 잎에 구멍이 날 만큼 잎을 베어 씹어 먹습니다. 모여서 사는 애벌레들은 자기가 앉아 있는 부분을 먹기 때문에 미나리냉이 잎사귀는 군데군데 구멍이 뻥뻥 뚫립니다. 그러니 녀석들에게 먹힌 잎사귀는 잎맥만 남고 누렇게 죽어 갑니다.

애벌레는 모두 두 번 허물을 벗으며 몸집을 키워 갑니다. 애벌레로 지내는 기간은 대략 2~3주쯤 됩니다. 마침내 다 자란 애벌레가 번데기로 탈바꿈할 채비를 합니다. 녀석은 바삐 미나리냉이 줄기

—
알에서 갓 태어난 애벌레는 큰턱이 아직 덜 발달해 잎살을 갉아 먹듯이 뜯어 먹는다. 2령쯤 큰 애벌레는 큰턱이 잘 발달되어 잎에 구멍이 날 정도로 잎을 베어 씹어 먹는다.

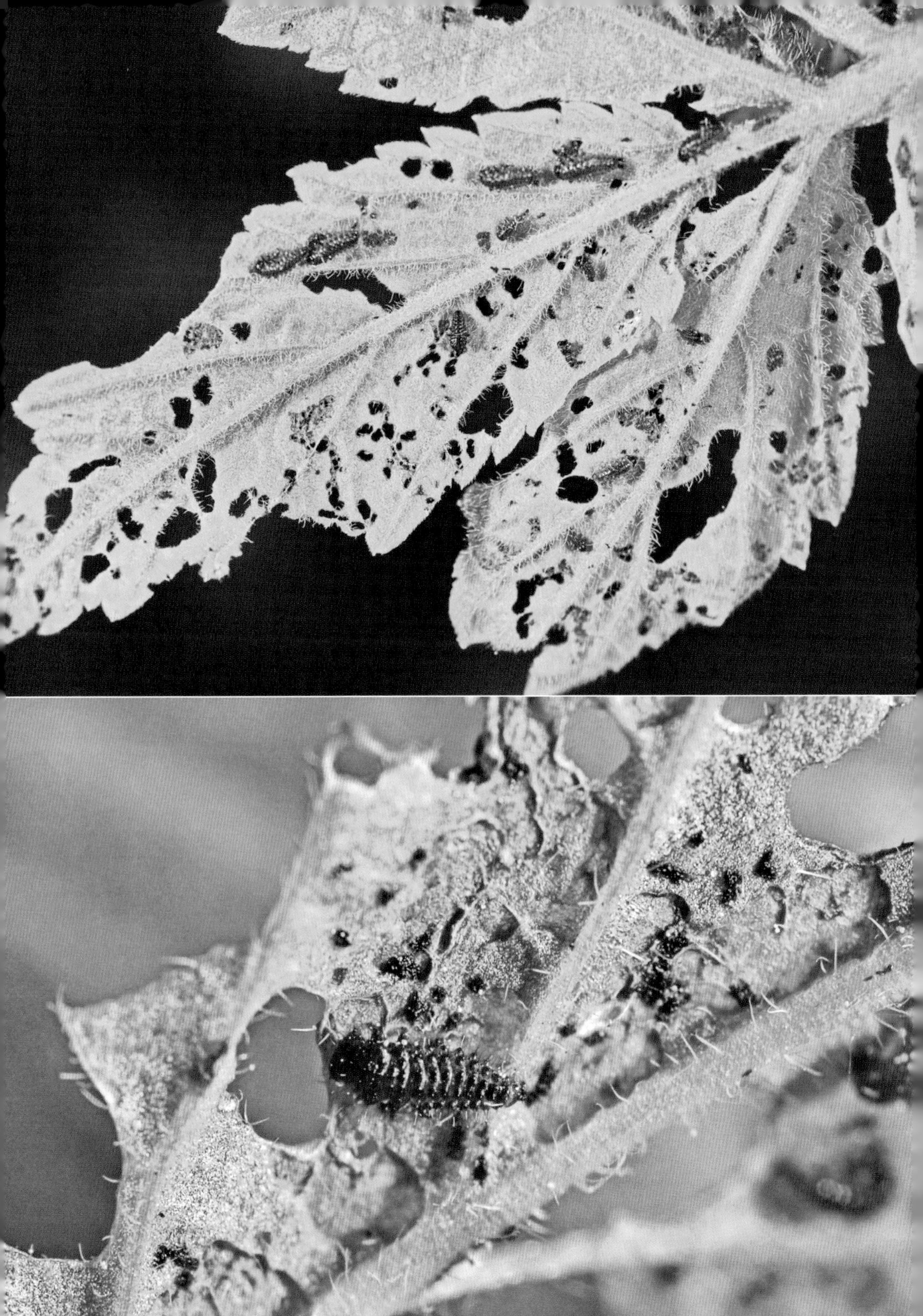

를 타고 땅으로 내려옵니다. 풀 줄기보다 땅속이 훨씬 안전하기 때문이지요. 가르쳐 주지도 않았는데 그런 걸 어찌 알았는지 신기할 따름입니다. 포슬포슬한 땅속이나 가랑잎 더미 속으로 들어가 애벌레 시절에 입었던 허물을 벗고 번데기로 탈바꿈합니다.

왜 녀석이 먹이식물을 떠나 땅속에서 번데기가 될까요? 잎벌레들을 비롯한 많은 곤충들은 땅속에서 번데기가 됩니다. 진화 과정에서 이뤄진 것이겠지만 언제, 왜 땅속에서 번데기를 만들기 시작했는지 그 기원은 아직 알려지지 않았습니다. 다만 녀석들이 땅 위보다 땅속이 더 안전하다는 것을 어느 순간 알게 되었을 것으로 추측할 뿐입니다.

녀석의 번데기를 보면 그럴 만도 하다는 생각이 듭니다. 잎벌레가 속한 딱정벌레목 가문의 번데기는 대개 고치로 감싸여 있지도 않고, 딱딱한 껍질로 싸여 있지도 않습니다. 부드러운 번데기 몸에 보호 장치가 없으니 천적 공격에 취약합니다. 세균이나 곰팡이 같은 미생물 공격에는 속수무책입니다. 연약한 번데기를 숨기기에 땅 위보다 땅속이 훨씬 유리합니다. 물론 땅속에도 천적이 있지만, 그래도 땅 위보다 덜 위험합니다. 더구나 땅속은 온도나 자외선 같은 외부 환경 영향을 덜 받으니까요.

좁은가슴잎벌레 한살이는 서식지 기후에 따라 1년에 2~3번 돌아갑니다. 어른벌레로 겨울잠을 잔 뒤 5월쯤에 나와 알을 낳으면서 한살이가 시작됩니다.

건들지 마,
내 몸이 무기야!

자그마한 좁은가슴잎벌레 애벌레는 어떻게 천적으로부터 자기 몸을 지킬까요? 녀석은 화학 무기를 만들어 자신을 방어합니다. 애벌레 피부는 거칠고 돌기가 많아 울퉁불퉁합니다. 어렸을 때는 누런빛을 띠다가 자라면서 검은빛을 띠는데, 몸 곁에 크고 작은 돌기가 줄지어 있습니다. 더 재미있는 것은 돌기마다 빳빳한 센털이 나 있어서 둘레에서 벌어지는 환경 변화를 잘도 알아차립니다.

도대체 녀석들은 어디에 화학 무기를 숨겨 놓았을까요? 혹시 그 많은 돌기에? 맞습니다. 애벌레를 핀셋으로 살짝 건드려 보세요. 그러면 돌기에서 뭔가 물방울 같은 게 쑥 올라옵니다. 노르스름한 게 풍선처럼 부풀어 오르지요. 핀셋을 떼니 물방울이 작아지

좁은가슴잎벌레 애벌레는 위험을 느끼면 방어샘 주머니가 있는 돌기를 뒤집어 드러내며 방어 물질을 내뿜는다.

더니 사라집니다. 처음에는 액체 방울이라 생각하고 어딘가 떨어져 있겠지 하며 애벌레 둘레를 살펴보았습니다. 하지만 아무리 봐도 액체 방울이 떨어진 흔적이 없습니다. 연구실에서 현미경으로 관찰해 보니 이것은 물방울이 아니라 피부 속에 들어 있는 얇은 피부막입니다. 가슴에 2쌍, 배마디에 7쌍, 이렇게 모두 9쌍이 있습니다. 평상시에는 돌기 속에 멀쩡히 있다가 공격당하면 부푼 풍선 주머니처럼 돌기 밖으로 쑥 나옵니다. 마치 요술을 부리는 것 같습니다. 길쭉한 원통처럼 생긴 이 풍선 주머니는 하도 빵빵해서 바늘로 찌르면 곧바로 터질 것 같습니다. 손으로 살짝 만져 보니 끈적거립니다.

이 작은 풍선 주머니가 어떻게 적을 물리칠까요? 일종의 위장술로 꾀를 부리는 셈이지요. 몸 피부와 다른 색깔인 속살을 풍선 주머니처럼 부풀려 피부 밖으로 튀어나오는 것 자체가 경고입니다. 천적이 애벌레를 공격하려 할 때 갑자기 애벌레 몸에서 수많은 주머니가 한꺼번에 불쑥 튀어나오면 얼마나 놀라겠어요? 게다가 주머니에서 고약한 냄새가 나는 방어 물질이 나옵니다. 그 방어 물질이 어떤 화합물인지는 아직까지 밝혀지지 않았습니다. 어떻게 이 자그마한 벌레가 여드름이 돋아난 것같이 울퉁불퉁한 피부 속에 방어 무기를 숨길 생각을 했는지 신기할 따름입니다.

이런 행동은 자그마하고 힘이 약하지만 그래도 버텨 볼 때까지 버텨 생존 확률을 높이려는 녀석들의 몸부림입니다. 곤충은 어떤 면에서 보면 본능의 동물입니다. 이런 행동들은 어미나 동료로부터 보고 배운 것이 아니라 태어날 때부터 이미 유전자에 기록되어 있어 어떤 상황에 놓이면 저절로 튀어나오는 행동입니다. 곤충들은 아주 오랜 시간에 걸쳐 자기 유전자 군(Gene pool)에 수많은 정보를 쌓아 두었습니다. 유전자 군은 종이나 개체 속에 있는 모든 대립형질로 유전자 군이 클수록 유전적 다양성이 높아 치열한 자연환경 속에서 살아남을 확률이 높습니다. 이처럼 그들의 유전자에 프로그램 되어 있는 대로 본능적으로 행동하는 경우가 대부분입니다. 그러니 좁은가슴잎벌레 애벌레도 위험에 처하면 본능적으로 방어 체계를 가동하는 것입니다.

살아남기 위해 많은 노력을 하지만 좁은가슴잎벌레 애벌레는 힘센 포식 곤충에게는 속수무책입니다. 녀석들을 호시탐탐 노리는 거미, 침노린재류, 밑들이류, 벌 들이 어디서 갑자기 튀어나올지 모릅니다. 태평스러운 어느 날 오후, 잎살을 맛나게 먹고 있던 애벌레 한 마리가 침노린재 표적이 되었습니다. 침노린재는 살금살금 걸어와 뾰족한 침 주둥이를 애벌레 몸속에 꽂습니다. 순간 애벌레는 몸을 구부리고 뒤틀며 맞섭니다. 동시에 몸속에 숨겨 둔 그 풍선 주머니를 꺼내 위협합니다. 하지만 침노린재는 눈도 깜짝하지 않습니다. 침노린재는 유유히 침을 꽂은 채 애벌레 속살이 흐물흐물해지기를 기다립니다. 심하게 꿈틀대던 애벌레는 시나브로 몸에 힘이 빠지는지 움직임이 둔해집니다. 죽어 가는 중입니다. 애벌레 움직임이 멈추자 침노린재는 흐물거리는 애벌레 속살을 빨아 먹기 시작합니다. 피부 껍질만 남을 때까지 침노린재는 느긋하게 애벌레 만찬을 즐깁니다. 침노린재가 식사를 다하고 떠난 자리에는 애벌레의 텅 빈 껍데기와 애벌레가 먹다 만 잎살만 남았습니다.

좁은가슴잎벌레는 풀만 먹고 사는 힘없는 벌레입니다. 녀석이 오랜 세월 동안 포식자에게 잡아먹히면서도 지금까지 살아남은 것

미나리냉이 잎에 앉은 좁은가슴잎벌레

식물만 살고 있습니다. 그런데 말입니다. 불행히도 벌레 잡으려고 뿌린 농약 묻은 채소, 농약 먹은 채소를 사람들이 먹고 있습니다. 과연 마지막 승자는 누가 될까요?

밭에서 쫓겨났다 해도 좁은가슴잎벌레에게는 아직 희망이 있습니다. 그들이 좋아하는 먹을거리가 산에 널려 있기 때문입니다. 미나리냉이는 우거진 숲속 안에 제법 축축한 그늘에서 잘 자랍니다. 미나리냉이는 땅속줄기로도 번식하기 때문에 좁은가슴잎벌레가 잎사귀를 많이 먹어도 죽지 않을 것입니다. 더구나 미나리냉이는 사람이 먹는 풀이 아닙니다. 그래서 산속에 있는 미나리냉이는 사람들 간섭을 덜 받습니다. 미나리냉이가 산을 지키고 있는 동안만은 산으로 간 좁은가슴잎벌레는 먹이 걱정 없이 잘 살 것입니다.

하얀 즙이 흐르는
박주가리를 먹는

중국청람색잎벌레

박주가리

박주가리는 풀이나 나무가 있으면
줄기를 길게 뻗어
칭칭 감아 올라가는 덩굴풀입니다.

초여름 바람이 산들거릴 즈음이면 길가나 풀 언덕에
박주가리가 한창입니다. 박주가리는 풀이나 나무가 있으면
줄기를 길게 뻗어 칭칭 감아 올라가는 풀입니다.
다른 풀을 얼싸안고 사는 덩굴 식물이지요.
잎에 상처라도 나면 하얀 젖 같은 즙이 줄줄 흘러내립니다.
가을이 되면 럭비공 같은 열매가 달리고,
열매 속에는 길고 하얀 털이 달린 씨앗이 가득 들어 있습니다.
열매가 익어 터지면 씨앗이 바람을 타고 멀리 날아갑니다.
씨를 담은 열매껍질이 바가지를 닮아서
박주가리란 이름이 붙었습니다.

박주가리

살아 있는 사파이어 보석
중국청람색잎벌레

제가 드나드는 연구실에는 입구가 두 개 있습니다. 언제부터인지 늘 뒷문으로 다닙니다. 뒷문으로 들어가는 길에는 풀들이 제법 많아 이것저것 구경하며 걷는 재미가 쏠쏠합니다. 박주가리, 개망초, 노란선씀바귀, 고들빼기, 닭의장풀 같은 풀과 잎벌레류, 무당벌레, 진딧물 같은 곤충이 보입니다. 언제부터 자랐는지 마침 박주가리의 긴 줄기가 개망초를 칭칭 감아 올라가고 있습니다. 혹시나 벌레라도 있을까 박주가리 잎을 앞뒤로 훑어봅니다. 그렇게 며칠 동안 벌레가 안 보이더니 어느 날 아침, 드디어 곤충 발견! 녀석이 내 기대를 저버리지 않았구나 싶어 무척 반가웠습니다. 그래서 한동안 이 벌레와 데이트하는 행운을 얻었습니다. 녀석은 아침마다 박주가리 잎사귀를 열심히 먹으며 저를 맞이합니다. 어떤 벌레일까요? 바로 중국청람색잎벌레입니다.

중국청람색잎벌레는 짙은 사파이어색을 띠는 딱정벌레입니다. 초여름 무렵이면 초록색 박주가리 잎에 모여드는데, 녀석 몸빛이 바다 빛깔보다 더 진해 한눈에 알아봅니다. 더구나 몸길이가 1센티미터가 넘는 데다 몸 전체가 에나멜을 칠한 것처럼 반짝반짝 빛이 나 쉽게 찾을 수 있지요.

녀석 이름에 '중국'이 들어가니 혹시 외래종으로 오해할 수 있지만 중국청람색잎벌레는 우리나라 토박이(자생종) 곤충입니다. 중국청람색잎벌레는 중국에서 처음 발견되어 '*Chrysochus chinensis*'란 이름(학명)으로 학계에 보고되었습니다. 곤충 이름은 처음 발표하는 사람 마음대로 지을 수 있기 때문에 녀석 이름에 첫 발견지인 '*chinensis*'가 들어간 것 같습니다. 그래서 우리말 이름(국명)을 붙일 때 '*chinensis*'가 뜻하는 '중국'이라는 말이 들어간 것으로 짐작됩니다. 중국청람색잎벌레는 우리나라를 비롯해 중국, 몽고, 시베리아 동부 지역과 일본에서 삽니다.

중국청람색잎벌레는 몸길이가 1센티미터가 넘는 데다 몸 전체가 에나멜을 칠한 것처럼 반짝반짝 빛이 나 쉽게 찾을 수 있다.

중국청람색잎벌레 한살이

겨울을 잘 버틴 애벌레는 4월 말경 봄에 번데기가 되어 6월쯤부터 날개돋이 하기 시작합니다. 박주가리가 내뿜는 냄새를 맡고 '박주가리 식당'에 찾아온 어른 중국청람색잎벌레는 누가 먼저랄 것도 없이 잎사귀를 씹어 먹으며 곪주린 배를 채웁니다. 잎에서 나오는 젖물을 피해 조심조심 식사를 하면서도 멋있는 짝이 있을까 흘끔흘끔 둘레를 돌아봅니다. 짝을 유혹하느라 부지런히 성페로몬을 내뿜으면서 말이죠.

얼마 안 있어 밥 먹던 녀석들이 마음에 드는 짝을 고릅니다. 짝을 찾는 데 걸리는 시간은 잠시. 어느새 한 쌍이 짝짓기 할 채비를 합니다. 여느 잎벌레처럼 녀석들도 수컷과 암컷이 더듬이를 부딪치며 교미자극페로몬을 주고받습니다. 그런 다음 수컷은 암컷 등에 올라가서는 암컷에게 업힌 자세로 짝짓기를 합니다. 박주가리 잎은 덩치 큰 중국청람색잎벌레 한 쌍의 육중한 무게를 감당하느라 휘청거립니다. 이렇게 박주가리 잎은 중국청람색잎벌레에게 밥도 주고, 중매도 해 주고, 신방도 차려 주니 정말이지 완전히 '천사표 자선 사업가'입니다.

짝짓기가 끝났으니 이제 알 낳는 일이 남았습니다. 알은 보통 7월에서 8월, 더위가 한창일 때 낳습니다. 아직껏 중국청람색잎벌레가 알 낳는 것을 본 적이 없습니다. 올해는 마음먹고 박주가리 앞에서 몇 날 며칠 진을 치고 있습니다. 잎사귀 구석구석을 아무리 뒤져 봐도 알은커녕 애벌레도 없습니다. 이게 어찌 된 일일까요?

녀석들의 애벌레는 여느 잎벌레처럼 잎을 먹지 않고 뿌리를 먹습니다. 그러니 어미는 알을 잎에 낳지 않고 새끼의 먹이 창고인 박주가리 뿌리 둘레에 낳습니다. 그래서 박주가리 잎에서 애벌레 찾기란 하늘의 별 따기인 셈이죠.

아무리 땅속이라도 하나씩 하나씩 낳으면 알들이 제각각 흩어지기 때문에, 어미는 땅속에 알을 낳을 때 고무풀 같은 아교질을 이용해 수십 개 알들이 서로 떨어지지 않도록 뭉쳐 놓습니다. 끈적이는 아교질은 산란관과 이웃한 부속샘에서 나옵니다. 그래서 산란관에서 빠져나온 알에는 아교질이 흥건히 칠해져 있습니다.

알에서 깨어난 애벌레는 땅을 파고 내려가 박주가리 뿌리를 갉아 먹습니다. 어두운 땅속에서 바깥세상 구경 한 번 안 하고 군세게 박주가리 뿌리만 먹으며 무럭무럭 자랍니다. 11월 무렵이면 다 자란 종령 애벌레가 되어 겨울잠을 잘 채비를 합니다. 특이하게도 땅속 흙을 침과 섞어 다져 흙 고치를 만들고, 그 속에서 겨울을 납니다. 흙 고치는 단단해서 진드기나 다른 적이 들어오지 못하도록 막아 줍니다. 그런데 늘 예외는 있는 법. 때때로 발육이 느린 애벌레는 겨우내 뿌리 밥을 먹기도 합니다. 이런 녀석은 겨울잠도 없이 새해를 맞이하는데, 겨울에는 땅속이 땅 위보다 훨씬 따뜻하기 때문에 가능한 일입니다. 이듬해 봄이 되면 번데기로 탈바꿈하고, 여름 들머리에 어른벌레가 되어 땅 밖으로 나옵니다.

하지만 무기도 없고 힘도 없는 중국청람색잎벌레 애벌레에게 땅속이라 해서 늘 안전한 것은 아닙니다. 땅속에도 수많은 생물이 살고 있어 아기 중국청람색잎벌레를 잡아먹으려고 호시탐탐 기회를 노립니다. 특히 진드기류나 균, 미생물에게 공격이라도 당하면 죽

중국청람색잎벌레가 짝짓기를 하고 있다.

음입니다. 진드기나 응애는 애벌레 몸에 다닥다닥 달라붙어 체액을 빨아 먹고, 균류는 애벌레 몸에서 약한 연결막 부분으로 침입해 죽음에 이르게 합니다. 위험한 건 땅 위나 땅속이나 마찬가지니 연약한 곤충이 살아가는 건 어찌 보면 기적입니다.

그러고 보니 중국청람색잎벌레는 애벌레와 번데기로 깜깜한 땅속에서 거의 열한 달이나 지내네요. 쪽빛보다 더 푸른 어른벌레를 보는 것도 여름 들머리 한철뿐입니다. 그런데 중국청람색잎벌레 애벌레가 박주가리 잎을 먹지 않고 굳이 땅속으로 파고 들어가 뿌리를 먹는 것은 왜일까요? 비밀의 열쇠는 박주가리 식물이 가지고 있습니다.

초식 곤충과 식물의 한판 싸움

곤충과 식물 간의 상호 관계는 아주 복잡합니다. 곤충은 식물에게, 식물은 곤충에게 아주 다양한 방식으로 서로 영향을 주고받으며 오랜 세월 진화해 왔습니다. 식물은 곤충에게 먹히지 않으려고 방어 전략을 짜는 방향으로, 곤충은 먹어야 사니 식물의 방어 전략을 물리치는 방향으로 진화해 온 셈이지요. 말하자면 식물과 곤충은 서로 먹고 먹히는 사이로 끊임없이 전쟁 중입니다.

식물은 애써 만든 자기 영양분을 염치없이 먹어 대는 곤충을 물리치려고 여러 가지 방어 무기를 개발합니다. 거친 잎, 날카로운 가시나 털 따위로 자신을 무장합니다. 그뿐만이 아닙니다. 독이 듬뿍 들어 있는 생화학 무기를 개발해 식물 스스로 생산해 냅니다. 이 비장의 무기는 우리 눈에는 잘 보이지 않습니다. 줄기나 잎의 조직 속에 저장해 두기 때문이지요. 식물을 먹은 곤충은 독성 물질에 중독되어 죽을 수도 있습니다.

그렇다고 순순히 물러설 곤충이 아닙니다. 자존심 문제가 아니라 생존이 걸린 문제니까요. 초식 곤충은 식물 밥을 먹어야 살 수 있습니다. 그러니 식물이 내뿜는 독과의 싸움은 곤충에게는 죽느냐 사느냐 하는 절박한 문제입니다. 곤충은 수많은 세대를 거치면서 식물이 비밀리에 제조한 생화학 무기를 쓸모없게 만들 수 있는 가장 효과적인 방법을 찾았습니다. 바로 해독제 개발입니다. 아무리 생각해도 그것만큼 좋은 게 없어 보입니다. 초식 곤충은 자기

박주가리는 잎에 상처라도 나면 하얀 젖 같은 즙이 줄줄 흘러내린다. 이 유액에는 독이 들어 있다.

몸을 가동해 특수한 효소를 만드는 데 성공합니다. 그 효소는 곤충 몸 안에 들어온 독성 물질을 곤충에게 무해한 물질로 만들거나 덜 해로운 물질로 바꿔 버립니다. 초식 곤충이 식물의 독성 물질을 해독하려고 분비하는 효소는 'P450'입니다. 사람이라면 특허를 내도 손색이 없는 해독제이지요. 이 효소가 있으니 이제 곤충은 독을 품고 있는 식물을 안심하고 마음껏 먹을 수 있습니다. 어쩌면 초식 곤충은 식물이 애써 개발한 방어 물질을 비웃고 있는지도 모릅니다.

그런데 어떤 초식 곤충은 해독제도 필요 없다며 식물의 독성 물질에 내성을 키워 식물을 먹어 치웁니다. 게다가 식물을 먹고 얻은 독성 물질로 천적을 물리칠 방어 물질을 만들기도 합니다. 곤충이 성능 좋은 생화학 무기를 만들 때 식물의 화학 물질을 이용하는 것이 매우 효과적입니다. 이렇게 현재까지 곤충과 식물의 대결은 곤충의 판정승이지만, 앞으로 식물이 또 어떤 무기를 들고 나올지 모릅니다. 식물과 곤충의 흥미진진한 싸움은 긴 세월 동안 계속될 것입니다.

중국청남색잎벌레가
박주가리 잎사귀 먹는 방법

그렇다면 박주가리 풀과 박주가리를 먹고 사는 곤충 사이에는 어떤 밀고 당기는 전쟁이 벌어질까요? 박주가리가 자신을 방어하는 방법은 매우 독특합니다. 박주가리 잎사귀에는 젖물을 분비하는 유관 조직이 있습니다. 상처가 조금만 나도 우유 같은 흰 젖물이 줄줄 흐릅니다. '난 독이 많고 맛이 없으니 먹지 마!' 하고 박주가리가 외치는 화학 신호입니다.

식물 세계에는 약 2만 가지 화합물이 있다고 알려져 있습니다. 이들 물질은 식물이 살아가는 데 필요한 영양소가 아니어서 2차 대사산물이라고 합니다. 박주가리의 2차 대사산물은 바로 하얀 젖물입니다. 그래서 서양에서는 박주가리를 밀크위드(milkweed), 즉 '젖이 흐르는 풀'이라고 부르지요. 이 젖물의 성분은 카디액 글리코시드(Cardiac glycoside)인데, 독성이 매우 강합니다. 이 독성 물질을 먹은 곤충은 소화도 안 되고, 독성을 이겨 내지 못해 죽을 수도 있습니다.

중국청람색잎벌레는 박주가리 잎에 흠집을 내어 독성 물질이 잎 밖으로 흐르게 한 뒤 잎을 갉아 먹는다.

박주가리 잎사귀를 반으로 잘라 보세요. 흰 물이 방울방울 생기

중국청람색잎벌레가 큰턱으로 주맥을 깨문 자국

며 뚝뚝 떨어지고, 특히 주맥에는 양이 아주 많습니다. 젖물을 만져 보면 느낌이 어떨까요? 손끝으로 비벼 보면 끈적거려 풀처럼 달라붙습니다. 이러니 독도 독이지만 곤충이 먹다가는 입이 다 들어붙어 버릴 것 같습니다.

이런 위험이 있는데도 중국청람색잎벌레는 어떻게 박주가리 잎사귀를 먹을까요? 박주가리 잎으로 식사 중인 녀석을 가만히 들여다보면 궁금증이 풀립니다. 영리하게도 녀석은 먼저 잎사귀 주맥 가운데 부분을 큰턱으로 여러 번 씹어 잘라 냅니다. 젖물이 흐르는 대표 유관 조직을 중간에서 끊어 독물이 잎 속으로 흐르는 것을 차단하는 것입니다. 잘린 주맥에는 이슬방울 같은 젖물이 방울방울 맺힙니다. 여기서 멈추지 않고 녀석은 계속해서 주맥 여러 곳과 주맥에서 뻗은 자잘한 그물맥을 큰턱으로 씹어 자릅니다. 그러면 마찬가지로 파인 홈에서 젖물이 방울방울 빠져나옵니다.

젖물 통로를 여러 개 끊은 녀석은 끊은 곳 아래쪽에 있는 잎 가장자리를 먹기 시작합니다. 하지만 잎맥을 끊어 홈을 판다 해도 놓친 구석이 있게 마련이니 젖물이 완전히 끊긴 것은 아닙니다. 또 맥을 자르기 전에 통과한 젖물이 잎사귀에 퍼져 있습니다. 그러다 보니 뜯어 먹은 부위에서 젖물이 조금씩 흘러나오고, 시간이 지나면서 젖물 방울이 커집니다. 그래서 녀석은 한자리에서 오랫동안 먹지 않고 젖물을 피해 옆으로 옮겨 가며 식사를 합니다. 한자리에서 먹다간 주둥이가 젖물에 엉겨 붙어 꼼짝달싹 못 할 테니까요. 그래도 잎사귀를 씹으며 함께 먹은 젖물이 비록 적은 양이어도 독은 독인데 괜찮을까 싶습니다. 하지만 그 정도는 몸에 탈이 날 정도는 아닌가 봅니다. 앞으로 자세히 연구하면 흥미로운 결과가 나

중국청람색잎벌레가 박주가리 잎을 먹고 있다. 먹은 자리에 하얀 젖물이 살짝 남아 있다.

오리라 기대됩니다.

재미나게도 녀석은 먹는 동안 수시로 더듬이와 주둥이를 앞다리로 열심히 청소해 끈적거리지 않게 합니다. 그런데 중국청람색잎벌레는 잎맥을 끊으면 독성 물질이 더 이상 흐르지 않는다는 것을 어떻게 알았을까요? 녀석들 뇌는 작아도 한참 작아 그냥 '뇌가 있다.'라고 할 수준인데, 그저 놀랍기만 할 뿐입니다.

박주가리를 먹고 사는 다른 곤충들

중국청람색잎벌레 말고도 박주가리를 먹고 사는 곤충이 또 있습니다. 바로 황갈색잎벌레, 박주가리진딧물, 십자무늬노린재, 왕나비 같은 곤충입니다.

황갈색잎벌레

황갈색잎벌레는 중국청람색잎벌레보다 조금 일찍 세상에 나옵니다. 황갈색잎벌레도 중국청람색잎벌레처럼 박주가리 잎사귀 잎맥을 끊어 맥을 타고 흐르는 독성 물질을 차단시킨 뒤 잎을 먹기 시작합니다. 여러 마리가 모여 식사를 하면서 마음에 드는 짝을 골라 짝짓기를 하고, 땅속에다 알을 낳으면서 알들이 흩어지지 않도록 아교질로 잘 붙여 놓습니다.

황갈색잎벌레도 박주가리를 갉아 먹는다. 그리고 짝을 만나 짝짓기도 한다.

십자무늬긴노린재

십자무늬긴노린재는 잎벌레들과 달리 잎사귀 하나에 수십 마리가 모여 식사를 합니다. 어른벌레는 등에 열십자 무늬가 있고, 몸 색깔까지 울긋불긋해서 눈에도 금방 띕니다. 아주 예민해서 살짝만 건드리거나 가까이 다가가기만 해도 녀석들은 모두 흩어져 잎사귀 뒤에 숨습니다. 안전하다고 생각되면 다시 잎사귀 위나 줄기에 나와 식사를 합니다. 잎사귀 하나에 수십 마리가 모여 있는 것은 녀석들이 집합페로몬을 내뿜어 동료를 불러 모으기 때문입니다. 모여서 식사하는 것도 방어 전략의 하나인 셈입니다. 잎사귀에 한 마리만 있는 것보다 여러 마리가 모여 있으면 새나 거미 같은 포식자가 쉽게 공격하지 못합니다. 집단 크기에 주눅이 들기 때문이지요. 또한 몸이 붉은색을 띠어서 새들에게 '나 독 많으니 먹지 마!' 하고 경고까지 합니다. 녀석들은 여름이 무르익을 즈음 왕성하게 활동합니다.

십자무늬긴노린재가 박주가리 잎에 떼 지어 모여 있다.

박주가리진딧물

박주가리진딧물 또한 박주가리를 먹고 삽니다. 녀석들은 줄기나 새잎에 빼곡히 매달려 줄기를 타고 흐르는 양분을 빨아 먹습니다. 아마도 박주가리의 독성 젖물을 제법 잘 견디나 봅니다. 몸 색깔은 노란색인데 너무나 고와서 손을 갖다 대니 녀석들이 툭툭 아래로 떨어집니다. 녀석들은 몸 표면이 아주 부드러워서 조금만 세게 눌러도 툭 터져 죽습니다. 진딧물 둘레에는 개미 몇 마리가 걸어 다니며 맛있는 꿀똥을 싸 달라고 졸라 댑니다. 그러면 진딧물은 물방울 같은 꿀똥을 항문에서 떨어뜨려 주고, 개미는 얼씨구나 좋다 하고 냉큼 받아먹습니다. 어김없이 무당벌레가 출동하네요. 무당벌레는 진딧물을 한 마리 한 마리 잡아 씹어 먹습니다. 개미가 공격을 해 보지만 무당벌레는 끄떡없습니다. 머리, 더듬이, 다리가 바가지 같은 등딱지 날개 속에 들어가 있어 개미 공격을 거뜬히 막아 냅니다.

왕나비

왕나비(*Parantica sita*) 애벌레도 박주가리 잎을 먹습니다. 날개를 편 길이가 10센티미터나 되어 이름도 왕나비라 붙었습니다. 제주도에 살고 있으며 때때로 중부 지역이나 태백산맥으로 올라옵니다. 왕나비 애벌레는 대담하게 박주가리 잎을 먹고 삽니다. 얼마나

박주가리진딧물이 박주가리 줄기에 떼 지어 모여 즙을 빨아 먹고 있다.

똑똑한지 박주가리가 가진 독성 물질을 자기 몸에 저장해 둡니다. 그러다 천적에게 공격을 받을 때 방어 물질로 씁니다. 새 같은 천적은 독을 가득 품은 맛없는 왕나비 애벌레를 먹지 않습니다.

제비나방

제비나방(*Acropteris iphiata*)은 주로 6~8월 여름에 나옵니다. 어른벌레는 날개를 양옆으로 펼치고 앉는 걸 좋아합니다. 몸 빛깔은 전체적으로 하얀색입니다. 날개 윗면에 가로로 회색 줄무늬가 여러 개 그려져 있고, 날개 끝에 작은 밤색 무늬가 있습니다. 애벌레 몸은 오동통하며 길쭉합니다. 머리는 노란색, 몸은 백록색입니다. 애벌레는 명주실을 토해 박주가리 잎을 접어 붙인 뒤, 잎사귀 집 속에서 살아갑니다. 다 자라면 애벌레가 살았던 집 속에서 번데기가 됩니다.

제비나방이 풀잎에 앉아 있다.

큰각시들명나방

큰각시들명나방(*Glyphodes quadrimaculalis*) 애벌레는 늦여름에서 초가을 사이에 박주가리 잎에서 흔하게 만납니다. 애벌레는 주둥이에서 명주실을 뽑아내 잎을 말거나 접어 붙여 잎사귀 집을 만든 뒤 그 속에서 지냅니다. 애벌레 몸 색깔은 전체적으로 연둣빛이 도는 하얀색이고, 머리는 노란색, 가슴마디마다 옆구리에 까만 점이 있습니다. 재미있게도 번데기 직전 애벌레인 앞번데기(전용)는 포도주 색깔입니다. 어른벌레는 11월이나 5월에 나오는데, 까만 앞날개에 하얀 점무늬가 큼직하게 찍혀 있습니다.

잎에
굴 파는

광부 곤충

굴나방류 애벌레가
잎 속에 정갈하게 파 놓은 터널

광부 곤충 애벌레는 알에서 깨어나면
얇디얇은 잎사귀 속으로 파고 들어가
잎살을 먹고 살아갑니다.

초여름은 초록 잎사귀의 계절입니다.
풀이든 나무든 싱싱한 잎을 다닥다닥 매달고 있으니까요.
갖가지 잎들은 앞다투어 햇빛, 물, 이산화탄소 같은 재료로
광합성을 해 영양물질을 만들어 냅니다.
영양물질은 식물 자신도 자라게 하지만,
초식 곤충들에게는 푸짐한 밥상이 됩니다.
곤충들이 잎을 먹는 방식은 천차만별입니다.
잎 가장자리부터 아삭아삭 씹어 먹는 녀석
잎 표면에 구멍을 숭숭 내며 먹는 녀석
잎맥만 앙상히 남기고 잎살만 먹는 녀석
잎 속에 굴을 파고 들어가 잎살을 먹는 녀석도 있습니다.
그중에서 잎 속에 굴을 파는 곤충이 만든 무늬는
마치 잎에 붓으로 그림을 그린 것 같습니다.

두점알벼룩잎벌레

잎사귀
터널 공사

뱀처럼 구불구불한 무늬, 코딱지처럼 얼룩진 무늬, 리본처럼 둘둘 말린 무늬처럼 마치 숲속에서 추상화 전시회가 열린 것 같습니다. 누가 만든 작품일까요? 바로 곤충 애벌레가 잎 속에 파 놓은 터널입니다. 재미있게도 터널을 파는 방법도 가지각색입니다. 잎 중간이나 한 귀퉁이에서 곧게 파 들어간 직선 도로형, 잎 가장자리를 따라 꼬불꼬불 파 놓은 갓길형, 짧은 골목길형, 장거리 고속도로형. 조금만 관심을 가지면 터널이 끝나는 곳에 살짝 두툼한 뭔가가 보입니다. 햇빛에 비춰 보면 더 뚜렷하게 보입니다. 누굴까요? 바로 잎 속에 굴을 판 장본인 '광부 곤충'입니다. 종잇장처럼 얇디얇은 잎사귀 속에 들어가기도 힘들 텐데, 그것도 모자라 터널까지 파고 다니며 잎살을 먹다니! 참 대단한 녀석입니다.

잎사귀 광부 곤충은 애벌레 시절, 말 그대로 잎에 굴을 뚫으며 잎의 내부 조직을 먹고 사는 곤충입니다. 굴을 파는 애벌레라 해서 '굴 벌레', 잎사귀 속에서 산다 해서 '잎 속살이 애벌레'라고도 부르며, 영어권에서는 잎사귀 광부 곤충이라는 뜻인 '리프 마이너(leaf miner)'라고 부릅니다. 애벌레 광부는 욕심이 없습니다. 그저 잎 하나면 그만입니다. 잎이 크든 작든 아무 상관하지 않고 평생을 달랑 잎 하나에 의지해 삽니다.

두꺼워 봤자 1밀리미터도 안 되는 얇은 잎 속에서 어떻게 먹고 살까요? 굴파리, 굴나방, 몇몇 딱정벌레 같은 광부 곤충 애벌레들은 종마다 조금씩 다르긴 해도 생활 방식은 비슷합니다. 작은 몸으

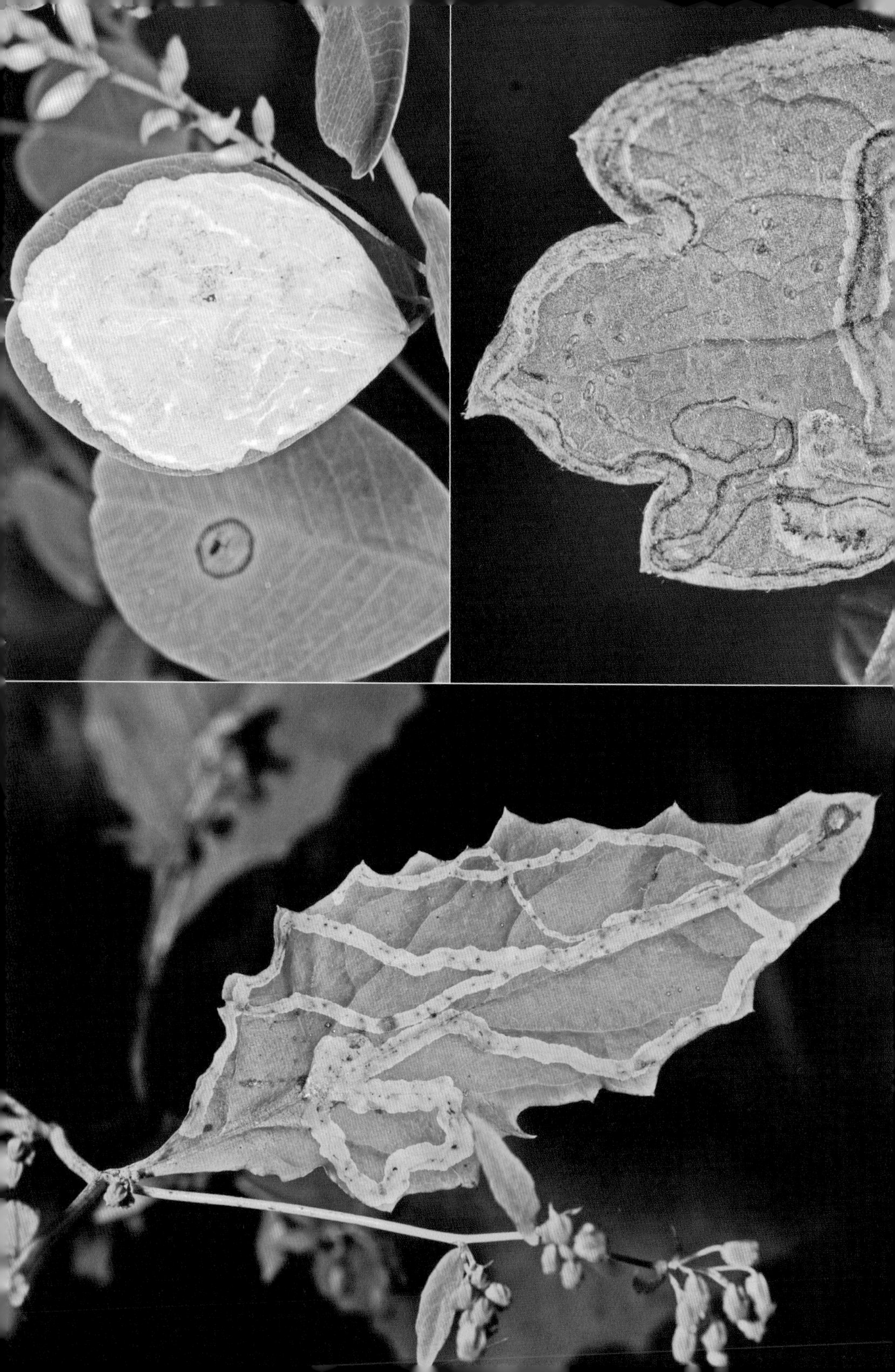

로 얇은 잎 속에서 살아야 하니까요.

이를테면 굴파리류 어른벌레는 밥 먹기 전에 잎 가장자리를 깨물어 상처를 냅니다. 그러고는 거기서 나오는 즙액을 핥아 먹습니다. 운이 좋으면 마음에 드는 짝을 만나 사랑도 나눕니다. 짝짓기를 마친 암컷은 상처 낸 잎 가장자리에 산란관을 꽂고 한 개씩 차례차례 알을 낳습니다. 며칠 지나면 드디어 알에서 애벌레 광부 탄생. 굴파리 애벌레는 태어나자마자 터널 공사 시공식을 하듯 큰턱으로 첫 삽질을 하고 잎 속으로 들어갑니다. 그 어린 녀석은 잎사귀 위아래를 덮은 표면층 사이 잎살로 배를 채우며 용케도 요리조리 잘도 굴을 팝니다. 녀석은 몸집도 작은 데다 배가 등짝에 붙을 만큼 납작해서 얇은 잎 속에서도 생활할 수 있습니다.

이렇게 광부 애벌레가 잎살을 먹고 난 자리에는 마른 표면층만 허옇게 남습니다. 엽록체가 있는 잎살을 죄다 먹어 치우니 남는 건 엽록체가 없는 허연 표면층뿐입니다. 허연 터널 속에는 녀석들이 싸 놓은 똥 부스러기들이 쌓여 있습니다. 똥 색깔은 보통 검은색이거나 밤색입니다. 어떤 녀석은 알약처럼 동글동글한 똥을 싸고, 어떤 녀석은 원통처럼 길쭉한 똥을 쌉니다.

굴파리류 광부들은 종마다 다르게 생긴 굴을 팝니다. 직선 동굴, 곡선 동굴, 꽈배기 나선형 동굴, 동그란 동전 동굴처럼 파고 들어간 동굴 모습은 저마다 달라도 굴파리 광부는 앞으로 나가면서 폭을 넓히며 굴을 팝니다.

1
2|3

1. 굴나방류 애벌레가 고들빼기 잎에 굴을 팠다. 드문드문 보이는 보랏빛은 굴나방 애벌레가 싼 똥이다.
2. 굴나방류 애벌레가 사위질빵 잎 속에 굴을 팠다.
3. 굴나방류 애벌레가 참싸리 잎에 굴을 팠다. 애벌레가 잎살을 거의 먹어 치워 잎이 하얗게 바뀌었다.

잎살 속에 사는 까닭

광부 곤충들이 넓은 세상을 마다하고 굳이 좁고 답답한 잎사귀 동굴 속에서 사는 까닭이 무엇일까요? 이렇게 사는데 이로움이 없다면 굳이 이렇게 살 필요가 없겠죠? 이렇게 터널 안에서 사는 것은 분명히 여러 가지로 장점이 많습니다.

우선 외부 환경으로부터 자신을 보호할 수 있습니다. 굴속에 있으니 아무리 거칠게 비가 내려도 씻겨 내려갈 염려가 없고, 세찬 바람이 불어도 쓸려 날아갈 걱정이 없습니다. 또한 햇볕이 쨍쨍 내리쬐이는 날은 훌륭한 피서지가 됩니다. 잎 표면보다 더 시원하니 탈수 위험도 훨씬 줄어듭니다. 또한 잎 표면층은 몸에 해로운 자외선을 막아 주니 굴속은 자그마한 애벌레에게는 안전지대인 셈

굴나방류 애벌레가 떡갈나무 잎에 굴을 팠다. 불그스름한 곳에 애벌레가 있다.

이죠. 뿐만 아닙니다. 잎살만 먹으니 숙주 식물이 내뿜는 방어 물질로 인한 피해를 최소한으로 줄일 수 있습니다. 잎 표면층과 주맥에는 가시털 같은 몸을 지키는 무기가 있고, 식물 자신을 보호하는 독성 화학 물질도 들어 있습니다. 비록 잎살에도 독성 물질이 들어 있지만 그 양이 더 적고 잎맥이나 표면층에 들어 있는 다른 독 물질을 먹지 않으니 비교적 독성 피해를 덜 받습니다. 식물은 표면에 가시털을 가지고 있어서 물리적으로 곤충이 접근하지 못하게 합니다. 찔리면 아프니까 곤충들도 가시털을 피하는 건 사람들과 마찬가지입니다. 물론 표면에서 생활하는 데 적응한 곤충들이 훨씬 더 많습니다. 잎 위든 잎 속이든 곤충들이 자기 나름대로 진화해 온 것이지요. 더구나 광부 곤충은 몸집도 작고, 동굴 속에 있어 몸이 드러나지 않으니 포식 곤충이나 새 같은 천적 눈에도 잘 안 띕니다. 숨어 살기 때문에 그만큼 천적에게 잡아먹힐 가능성이 훨씬 줄

떡갈나무 잎 껍질을 벗기니 굴을 판 굴나방류 애벌레가 나왔다.

어둡니다. 애벌레가 잎살 속에서 죽게 되면 녀석의 존재를 아무도 모를 수도 있습니다.

닭의장풀 잎 속에 굴나방류 애벌레가 있다.

그렇다고 꼭 좋은 점만 있는 것은 아닙니다. 자연은 공평해서 좋은 것을 모두 몰아주지 않습니다. 보통 몸이 작다는 것은 한살이 기간이 짧고, 다른 곳으로 이동하는 분산 능력이 떨어지고, 환경에 매우 취약하다는 것을 뜻합니다. 광부 곤충은 얇은 잎사귀 속에서 살아야 하니 몸이 작아질 수밖에 없습니다. 한 예로 굴나방류 어른벌레는 날개를 펴 봤자 3밀리미터도 안 됩니다.

모든 광부 곤충 애벌레들은 오로지 잎사귀 하나에서만 삽니다. 몸이 워낙 작다 보니 잎사귀 하나에서 살아도 충분히 성장할 때까지 먹을 밥이 넉넉합니다. 하지만 이런 습성이 치명적인 결과를 낳을 수 있습니다. 굴속에 있다 보니 천적을 만나도 달리 도망갈 곳이 없어 쩔쩔매다가 잡아먹힙니다. 굴속에서 이리저리 달아나 봤자 조그만 잎사귀 하나를 벗어나지 못합니다. 속수무책이지요. 거기에다 늘 잎 속에서 지내니 기생벌이나 기생파리에게 표적이 됩니다. 광부 애벌레는 이동할 수 있는 애벌레들보다 기생 곤충에게 기생당해 죽을 가능성이 훨씬 많습니다. 더구나 똥까지 굴속에 싸 놓으니 호시탐탐 녀석들을 노리는 기생 곤충은 똥 냄새를 맡고 얼씨구나 좋아하며 멀리서도 광부 곤충을 쉽게 찾아냅니다. 그러고는 애벌레가 있는 곳에 산란관을 꽂고 알을 낳습니다. 일단 눈에 띄면 기생 곤충이나 포식 곤충에게 광부 곤충은 잘 차려진 밥상입니다.

또한 광부 곤충이 파먹는 잎사귀는 멀쩡한 다른 잎사귀보다 일찍 떨어집니다. 잎이 일찍 떨어지면 광부 곤충에게 큰 손해입니다.

굴파리류 애벌레가 유채 잎사귀 속살에 굴을 파고 있다.

굴파리 애벌레가 칡 잎에 동전 모양으로 굴을 팠다.

왜냐하면 애벌레가 다 크기도 전에 먹이 창고인 잎이 말라 버리기 때문이지요. 그렇다고 물러설 녀석들이 아닙니다. 어떤 굴나방류는 잎이 일찍 떨어져도 끄떡없이 살아남습니다. 녀석은 늦가을까지 가랑잎 속에서 굴을 파며 줄곧 식사를 합니다. 신기한 것은 가랑잎 전체는 누렇게 바뀌면서 말라 가는데, 유독 이 광부 곤충이 살고 있는 잎살 둘레만 초록색을 유지하며 싱싱합니다. 왜 그럴까요? 그 궁금증을 풀어 줄 열쇠는 호르몬입니다. 이 굴나방 애벌레는 잎이 떨어지면 자기가 지내는 굴속 방에 식물 생장 호르몬인 시토키닌(cytokinin)을 내뿜습니다. 시토키닌은 세포 분열과 발아를 촉진시키고, 한편으로 노화를 억제하는 역할을 합니다. 시토키닌이 식물 조직을 싱싱하게 살아 있게 하는 명약인 것을 굴나방류가 어찌 알았을까요? 그저 신기할 뿐입니다. 그러니 애벌레는 다 자랄 때까지 안심하고 잎사귀 영양분을 마음껏 먹을 수 있습니다. 그들의 깜찍한 생존 전략이 참으로 놀라울 뿐입니다.

지구에 어떤 광부 곤충들이 살까?

발굴된 화석을 뒤져 보면, 광부 곤충이 처음 나타난 때는 쥐라기 말기입니다. 공룡이 세상을 주름잡던 시절이지요. 광부 곤충은 초식 곤충 가운데서도 진화에 성공한 무리로 세계 곳곳에서 10,000종 넘게 삽니다. 현재까지 4개 목(order)에 50개 과(family)가 넘게

칡 잎을 벗겨 보니 굴을 판 굴파리류 애벌레가 보인다.

밝혀졌으니 지구 상에서 제대로 번성한 것이죠. 또 잎 속에서 사는 습성 때문에 여러 목에서 독립적으로 진화해 왔습니다. 종 수로는 나비목이 가장 많고 파리목, 딱정벌레목, 벌목이 뒤따릅니다. 이 가운데 우리 둘레에서 가장 흔히 볼 수 있는 녀석들은 굴나방류나 굴파리류입니다. 이들 모두는 반드시 번데기를 거쳐야 어른벌레가 되는 '갖춘탈바꿈(완전변태)'을 합니다.

우선 굴나방류 광부 애벌레의 습성은 가지각색입니다. 굴 모양, 먹는 습성, 똥이나 애벌레 형태가 매우 다양합니다. 다른 초식성 나비류처럼 녀석들도 자기들이 좋아하는 식물만 먹습니다. 애벌레가 파 놓은 굴은 뱀처럼 꼬불꼬불한 모양, 동전같이 둥근 모양처럼 종에 따라 다릅니다. 상처 낸 잎에 낳은 알이 깨어나면 애벌레는 잎 속으로 들어가 굴을 파며 큰턱으로 잎살을 먹습니다. 재미있게도 굴나방류 광부 애벌레 몸은 가분수입니다. 몸에 비해 머리통이 수박만 하니 말이죠. 어른 굴나방과 달리 광부 애벌레는 씹는 주둥

두점알벼룩잎벌레가 잎을 갉아 먹고 있다.

이를 가졌습니다. 큰턱이 잘 발달해야 굴삭기처럼 사용해 잎살을 파먹을 수 있으니 머리가 커야 하는 것은 당연하죠. 애벌레는 큰턱 덕분에 잎살을 씹어 먹으면서 굴을 손쉽게 팝니다. 거의 모든 애벌레는 다 자라면 표피층을 찢고 나온 뒤 명주실을 뽑아 그 잎 뒷면에 고치를 만들고 그 속에서 번데기가 됩니다. 그리고 어른벌레로 날개돋이 해 새로운 세대를 이어 갑니다.

굴파리류 경우도 굴나방류와 거의 비슷한 한살이를 합니다. 이들 애벌레가 파는 굴 모양도 가지각색입니다. 그런데 특이한 것은 굴파리류 애벌레가 잎사귀에 굴을 파기 시작하는 출발점은 잎자루와 가까운 부분에 집중되어 있습니다. 그 까닭은 설령 잎사귀 일부가 상해도 잎자루와 가까운 잎사귀 쪽은 굵은 잎맥에서 영양분을 공급 받아 마를 염려가 없이 싱싱하기 때문입니다.

누점알버룩잎벌레 애벌레가 물푸레나무 잎 속에 굴을 파 놓았다.

굴파리류 애벌레는 하도 작아서 어떤 녀석들이 판 굴은 길어 봤자 3밀리미터도 안 됩니다. 특이하게 굴파리류 애벌레도 파리목

애벌레답게 구더기처럼 생겼습니다. 다리가 퇴화되어 비좁은 굴속에서 사는 데 굉장히 유리합니다.

다 자란 애벌레는 터널 속이나 잎 표면 또는 땅속에 번데기를 만들고 번데기로 추운 겨울을 보냅니다. 애벌레 똥은 잎 속 굴속에서 발견되는데, 재미있게도 일부 종은 때때로 액체 상태의 똥을 싸기도 합니다. 우리나라에서는 봄에서 여름까지 굴파리들을 많이 볼 수 있습니다. 비닐하우스나 온실에서는 1년 내내 활동하면서 농작물을 못살게 굴기 때문에 농민들에게 미움을 받습니다.

그밖에도 딱정벌레목이나 잎벌류에 속하는 광부 곤충도 적으나마 있습니다. 딱정벌레목 식구 가운데서는 비단벌레류나 바구미류 광부 곤충을 가끔 볼 수 있지만, 아쉽게도 그들의 사생활은 거의 알려진 게 없습니다. 특히 벌목 식구인 잎벌류 광부 곤충은 잎 터널 속에 고치를 만들어 그 속에서 번데기가 되기도 하고, 먹고 살던 잎을 떠나 땅속에서 번데기를 만들 때도 있습니다. 하지만 이들의 한살이는 아는 것보다 모르는 게 훨씬 많으니 앞으로 풀어야 할 숙제가 많습니다.

생태계의 어엿한 구성원 광부 곤충

숲이나 농작물을 기르는 농가 입장에서는 광부 곤충은 분명 해충입니다. 그도 그럴 것이 잎을 점령해 애벌레가 다 자랄 때까지 줄곧 먹어 대니 식물이 온전히 자랄 수 없기 때문입니다. 특히 현재는 글로벌 시대입니다. 모든 게 눈 깜짝할 사이에 일어나는 시대입니다. 그에 걸맞게 우리가 먹는 농작물도 나라끼리 무역을 통해 오고 가는데, 그 틈에 광부 곤충이 묻어오거나 끼어들어 옵니다. 더구나 우리나라로 이민 온 광부 곤충은 천적을 데려오지 않으니 더욱 골칫거리입니다.

광부 곤충은 살충제를 뿌려도 질기게 살아남습니다. 그들은 늘 살충제 세례를 맞고 죽어 가야만 할까요? 모든 생물은 존재 이유가 있습니다. 생태계 먹이망에서는 광부 곤충은 포식 곤충과 기생 곤충에게 중요한 밥이 됩니다.

병대벌레부터 침노린재류, 딱정벌레류, 개미, 거미, 새에 이르기까지 이들은 광부 곤충을 잡아먹는 사냥꾼입니다. 굴속에 있는 애벌레와 가랑잎 속이나 땅속에 있는 광부 곤충 번데기까지도 깡그리 잡아먹습니다. 심지어 어떤 말벌(*Profenusa pygmeae*)은 교묘하게 광부 곤충이 판 굴 위 표피층을 찢어 애벌레와 번데기를 잡기도 합니다. 또 많은 기생 곤충 애벌레의 먹이가 되기도 합니다.

이렇듯 광부 곤충은 사람에게는 해충으로 취급받지만 자연 생태계에서는 포식자들 밥이 됨으로써, 먹이 단계 아래쪽에서 중요한 역할을 합니다. 생산자인 식물을 전략적으로 이용하여 자기 종족을 유지할 뿐만 아니라, 포식자들에게는 꼭 필요한 먹이가 되어 줍니다. 고리로 이어지는 먹이 사슬에서 한 고리를 차지하며 균형 잡힌 생태계를 유지하는데 한몫을 합니다. 이제 산을 오르거나 들판을 걸을 때 광부 곤충의 꼬불거리는 굴을 보게 되면 예사롭지 않을 것입니다.

도롱이집 속에 사는

주머니나방류

먹이를 먹기 위해 외출한
주머니나방류 애벌레

주머니나방류 애벌레가
집에서 몸을 내밀고 잎을 갉아 먹고 있습니다.

4월이면 봄에 활동하는 곤충들이 지천으로 깔렸습니다.
이 벌레, 저 벌레와 데이트하느라 신났는데
마침 갯버들에 대롱대롱 매달려 있는
주머니나방 애벌레와 딱 마주쳤습니다.
도롱이주머니에 붙은 잎이 싱싱한 걸 보니
만든 지 얼마 되지 않았나 봅니다.
갯버들에 집을 마련했으니 도롱이집 재료도 갯버들 잎이네요.
물론 애벌레 입에서 토한 실도 큰 몫을 합니다.
도롱이주머니 바깥쪽에 이미 붙인 잎사귀는 시들었고
그 시든 잎사귀 위에 붙인 다른 잎 조각은
방금 따다 붙였는지 싱싱합니다.
도롱이집 안에 있는 애벌레는
도롱이집 밖으로 주둥이만 내밀고
갯버들 잎을 열심히 뜯어 씹어 먹고 있습니다.

유리주머니나방

밖으로 안 나오는 주머니나방류 애벌레

지금처럼 화학 섬유가 없던 시절에는 비가 오면 사람들이 볏짚이나 띠 같은 풀을 촘촘히 엮어 만든 도롱이를 걸쳤습니다. 도롱이는 옛사람이 입던 비옷인 셈이지요. 그 도롱이를 평생 입고 사는 벌레가 있습니다. 녀석은 풀, 나뭇잎, 나무껍질 같은 부스러기로 만든 도롱이를 입고서 평생을 그 속에서 삽니다. 그래서 이런 벌레들을 모두 '도롱이벌레'라고 합니다. 이 도롱이벌레는 누구일까요? 바로 나방류 식구입니다. 도롱이벌레에는 검정주머니나방, 유리주머니나방, 차주머니나방, 남방차주머니나방, 왕주머니나방처럼 종류가 참 많습니다.

주머니나방은 일생 대부분을 도롱이집에서만 사는 곤충입니다, 둘레에 먹이식물만 있으면 나무나 풀잎, 난간, 바위, 돌멩이 따위를 지지대 삼아 도롱이집을 매달고는 거의 밖으로 외출하는 법이 없습니다. 입에서 토해 낸 명주실로 도롱이집 맨 꼭대기를 지지대에 딱 붙여 놓아서 바람이 불어도 잘 떨어지지 않습니다. 암컷은 애벌레 때 만든 도롱이집에 한 번 들어가면 바깥세상으로 나오지 않습니다. 어른벌레가 되어도 암컷은 날개가 없어서 평생 동안 도롱이집에서 살아야 합니다. 바깥나들이라고 해 봤자 밥 먹으러 잠깐. 그것도 윗몸만 내밀었다 식사만 하고 부리나케 쏙 들어갑니다. 하지만 수컷은 다릅니다. 어른벌레로 날개돋이 하면 날개가 달려 도롱이집을 나와 바깥세상으로 날아갑니다.

주머니나방류 애벌레는 입맛이 까다롭지 않습니다. 밥은 식물이면 됩니다. 풀잎이든, 나뭇잎이든, 꽃잎이든 가리지 않고 아무거나 다 먹습니다. 녀석들처럼 특정 먹이를 따로 정해 놓지 않고 여러 식물을 먹는 곤충을 '광식성 곤충'이라고 합니다. 광식성 곤충인 미국흰불나방도 160종이나 되는 나뭇잎을 먹고, 그것도 모자라면 풀잎도 먹습니다. 광식성 곤충이 그 많은 식물이 가진 독성에 어떤 과정을 거쳐 적응했는지는 모르지만, 먹이가 많으니 불리한 환경에서도 잘 버틸 수 있습니다.

주머니나방류 애벌레는 식물이 우거진 곳에 머물며 먹이를 먹습니다. 애벌레는 번데기가 되기 전까지 도롱이집을 지고 다니며 먹이를 찾아 옮겨 다닙니다. 이렇게 옮길 때에도 온몸이 집 밖으로 빠져나오지 않습니다. 머리와 가슴만 집 밖으로 빼내 가슴다리로 움직입니다. 식물이 많은 곳에 도착하면 입에서 실을 토해 도롱이집을 지지대에서 떨어지지 않게 임시로 붙이기도 합니다. 그러고는 주머니 속에 숨어 지내다 식사할 때만 머리와 가슴을 주머니 밖으로 내밉니다. 나뭇잎이나 풀잎 같은 식물질이 덕지덕지 붙은 도롱이집 입구를 여섯 다리로 꽉 붙들고, 머리 부분을 길게 내빼 곡예 하듯 식물을 씹어 먹습니다. 종종 가슴 부분까지도 나옵니다. 식사할 때뿐 아니라 어떤 경우이건 도롱이집을 떠나거나 온몸을 드러내지 않습니다.

주머니나방류 애벌레는 씹어 먹는 주둥이를 가졌습니다. 큰턱이 잘 발달해 가위질하듯이 잎사귀를 베어 야금야금 씹어 먹습니다. 주로 밤에 먹이를 왕성하게 먹는데, 때로는 낮에도 먹습니다.

또 애벌레 다리에는 길고 짧고 억센 가시털이 나란히 나 있고, 발목마다 끝에는 갈고리 같은 발톱이 붙어 있습니다. 그래서 도롱

주머니나방류 애벌레는 몸 앞쪽만 집 밖으로 내민 채 집을 끌고 돌아다니며 먹이를 찾는다.

이집 입구나 먹이식물을 여섯 다리로 붙잡고 윗몸만 내밀어 식사를 할 수 있습니다. 이렇게 윗몸만 내밀다 보니 머리와 가슴 피부가 배 피부보다 훨씬 두껍고 단단합니다. 주머니 밖으로 나왔다 들어갔다 하며 밥도 먹고, 몸집이 커지면 방을 넓히는 공사도 해야 하니 윗몸이 튼튼한 형태로 진화할 수밖에 없었겠지요. 링 체조 선수들 윗몸이 발달하는 것처럼 말입니다.

주머니나방류 애벌레가 나뭇잎을 붙여 집을 짓고 있다.

몸집이 점차 커지는 애벌레는 집을 어떻게 넓힐까요? 집을 넓히는 공사는 간단합니다. 물속에서 집을 짓는 날도래 종류처럼 녀석들도 기존 집을 그대로 쓰면서 위쪽에다 명주실을 토해 몸집이 커진 만큼 덧붙여 집을 넓히고, 둘레에 있는 식물질을 잘라 집 바깥쪽에 덧붙이면 됩니다. 그러면 도롱이집 길이가 길어지고 방 폭도 넓어집니다.

주머니나방은 집 안에서만 사는데 먹고 싼 똥을 어떻게 처리할까요? 도롱이집은 위아래가 터져 있습니다. 위쪽에는 식물 밥을 먹기 위해 집 밖으로 몸이 들락날락하기 좋게 구멍이 크게 나 있습니다. 아래쪽에는 구멍이 조그맣게 뚫려 있어 똥과 밥 먹다가 떨어진 부스러기 같은 것들이 밖으로 자연스럽게 빠져나갑니다. 기막히게 간단명료한 집 구조입니다. 참 실용적인 집이죠? 어떻게 작은 벌레가 그런 훌륭한 집을 생각해 냈는지 신기하기만 합니다.

이렇게 도롱이 주머니 속에서 주머니나방 애벌레는 허물을 벗으면서 무럭무럭 자랍니다. 종마다 겨울을 나는 모습이 다른데, 검정주머니나방은 애벌레로 겨울을 납니다. 이때 검정주머니나방 애벌레는 여름내 비바람에 시달려 여기저기 헐고 부서진 도롱이집에 식물질을 덧대어 보수하고 겨울을 납니다. 긴 겨울잠을 자고 봄이

주머니나방류 애벌레가 집을 바위에 붙여 놓았다.

주머니나방류 애벌레가 먹이를 찾아 머리를 내밀고 있다.

되면 검정주머니나방 애벌레는 다시 깨어나 밤낮으로 밥만 먹고 번데기 시기를 거쳐 드디어 6월이 되면 어른벌레가 됩니다.

어른벌레 수컷은 날개가 생겨 도롱이집 아래쪽 구멍을 통해 바깥세상으로 빠져나오지만, 암컷은 날개가 없어 도롱이집에서 줄곧 갇혀 살아야 합니다. 그것도 죽을 때까지 말입니다. 날개옷을 잃어버린 주머니나방 암컷의 슬픈 이야기이지요.

날개 잃은 암컷 주머니나방

날개 없는 주머니나방 암컷은 원래부터 날개가 없었던 것일까요? 물론 아닙니다. 좀이나 돌좀 같은 원시적인 곤충은 아예 처음부터 날개가 없지만, 주머니나방을 비롯한 나방류 조상은 날개를 가지고 있었습니다. 다른 종류 나방 암컷들이 날개를 가지고 있는 것처럼 말이지요. 문제는 생활 방식 차이 때문입니다. 주머니나방은 천적을 피해 도롱이집 속에서 숨어 사는 아주 특별한 방법을 선택했습니다. 어른 암컷이 좁은 집에 적응하다 보니 날개가 오히려 거추장스러워졌을 테지요. 그래서 조상 대대로 물려받은 날개가 어느 때부터인가 퇴화되어 현재 모습이 되었습니다. 결국 날개를 잃은 것은 환경 적응에 따른 2차 획득 형질인 셈입니다. 수컷의 경우는 어떨까요? 어른벌레는 암컷과 수컷이 만나 짝짓기를 해야 합니다. 둘 다 날개가 없으면 서로 만나기란 불가능합니다. 그러니 수컷이라도 날개를 달고 암컷을 찾아가야 하겠지요. 그래서 수컷은 이동할 수 있는 날개를 줄곧 가지고 있습니다.

그럼 수컷은 도롱이집 밖으로 나오지 않는 암컷과 어떻게 짝짓기를 할까요? 굼벵이도 구르는 재주가 있다고, 주머니나방 암컷은 수컷을 불러들이는 재주가 있습니다. 암컷은 일단 수컷이 날아서 찾아오게 해야 하니 도롱이집 밖으로 머리와 앞가슴을 내밀고 성페로몬을 뿌립니다. 곤충에게 성페로몬은 신비한 묘약입니다. 아주 적은 양이라도 공기를 타고 떠돌면 수컷이 금방 냄새를 맡습니다. 이 향기는 같은 종끼리만 맡을 수 있어 멀리 떨어져 있든 가까이 있든 암컷과 수컷을 만나게 합니다. 어른벌레 임무는 짝짓기입니다. 날개돋이 해 도롱이집을 벗어난 수컷은 자유롭게 돌아다니며 암컷과 짝짓기 할 기회만 노립니다.

암컷이 향수를 뿌리면 수컷은 바람을 타고 냄새가 날아오는 쪽으로 방향을 틉니다. 바람 타고 날리는 암컷 향내를 잘 맡기 위해 수컷 더듬이는 크고 넓어졌습니다. 냄새 감각기를 최대한 많이 확보하는 방향으로 진화했기 때문입니다. 그래서 많은 나방 수컷 더듬이는 화려한 빗살처럼 생겼습니다. 주머니나방 수컷이 밤에 활발히 활동하는 것은 암컷이 밤에 향수를 내뿜기 때문이 아닐까 합니다.

이윽고 암컷을 찾아온 수컷은 교미자극페로몬을 내뿜어 암컷을 유혹합니다. 수컷이 뿜은 향기에 이끌린 암컷은 짝짓기를 허락합니다. 이때 수컷이 내는 교미자극페로몬은 비교적 단순한 산이나 알코올, 케톤 같은 물질로 만들어집니다.

암컷은 여전히 혼자서만 겨우 살 수 있는 비좁은 도롱이 속에 있는데, 도롱이 속에서 짝짓기가 제대로 이뤄질까요? 걱정할 필요 없습니다. 힘든 작업이니만큼 아주 드라마틱하게 사랑을 나눕니다. 수컷은 암컷이 살고 있는 도롱이집 아래쪽 구멍을 찾은 뒤 자기 배 끝을 구멍 입구에 댑니다. 암컷은 머리가 늘 도롱이집 위쪽에 있고, 배 끝은 아래쪽에 놓여 있기 때문이지요. 수컷 배 끝이 작은 구멍 입구에 닿으면 암컷은 최대한 자기 몸을 방 벽 쪽으로 바짝 붙여 수컷 배가 들어올 자리를 마련합니다. 그러면 기다렸다는 듯이 수컷이 도롱이의 좁은 틈으로 배를 들이밉니다. 암컷 집이 좁다 보니 수컷은 배만 도롱이집 속으로 밀어 넣고 날개와 머리, 가슴은 밖에 둬야 합니다. 이때 수컷은 자기 배를 보통 때보다 3배나 더 길게 늘입니다. 그래야 배 끝이 암컷 생식기에 닿을 수 있습니다. 짝짓기가 이만저만 힘든 게 아닙니다. 보고 있으면 수컷의 짝짓기 자세는 고행 그 자체입니다. '이렇게 해서라도 짝짓기를 꼭 해야 하나?' 마치 수컷의 푸념이 들리는 것 같습니다. 하지만 자기 유전자

주머니나방류 애벌레가 생달나무 잎을 오려 집을 짓고 있다.

를 남기기 위한 것이니 불편하더라도 짝짓기에 온 힘을 쏟는 것이겠지요. 이렇게 해서 지구에 다양한 생물이 존재하는 것이니 마음이 숙연해집니다. 이렇게 짝짓기 임무를 마치면 수컷도 죽고, 암컷도 도롱이집 안에 알을 낳고는 평생 머물던 집에서 숨을 거둡니다. 한 세대가 끝나고 다음 세대가 다시 시작되는 순간입니다.

작은 도롱이집에는 없는 게 없습니다. 자그마한 주머니가 상황에 따라 침실, 화장실, 신방, 분만실, 육아실 역할을 다 하니 말입니다. 짝짓기를 마친 암컷은 작은 도롱이집에 알을 얼마나 낳을까요? 깨알보다도 작은 알을 1,000개도 넘게 낳습니다. 가뢰류가 알을 몇 천 개 낳긴 하지만 주머니나방처럼 알을 많이 낳는 곤충은 그리 많지 않습니다.

알은 보통 어미 몸속에 무더기로 있는 것으로 관찰되었고, 한 20일쯤 지나면 알에서 애벌레가 깨어납니다. 어미는 애벌레들이 부화할 때쯤 죽는지, 또 부화한 애벌레들이 어미 몸을 먹는지는 아직 밝혀지지 않았습니다.

유리주머니나방의 경우, 알은 어미 몸속에서 겨울을 난 뒤 봄이 되면 애벌레가 깨어나 어미 집을 나갈 채비를 합니다. 주머니 속에 있는 부스러기를 명주실로 엮어 자신만의 도롱이를 만들어 입은 뒤 집 입구로 올라갑니다. 그리고 입에서 토한 명주실에 매달린 채 한 놈 한 놈 바람을 타고 바깥세상으로 날아갑니다. 녀석들은 바람에 날려 꽤 멀리까지도 흩어져서 새로운 풀잎, 나뭇잎, 나뭇가지 같은 곳에 도착합니다. 아기 주머니나방류 애벌레는 밥을 먹으면서 어미가 그랬듯이 평생 살아갈 도롱이집을 고치고 넓히며 살아갑니다.

흥미롭게도 주머니나방류는 겨울 나는 모습이 종마다 조금씩 다릅니다. 유리주머니나방은 알로, 검정주머니나방은 번데기로, 남방차주머니나방과 차주머니나방은 애벌레로 추운 겨울을 납니다.

풀잎과 명주실로 만든 도롱이 주머니

알에서 깨어난 애벌레는 그 누구 도움도 없이 자기 힘으로 집을 지어야 합니다. 녀석은 사람처럼 손도 없는데 어떻게 식물 잎과 가지를 엮어 도롱이집을 만들까요? 재료라고 해 봐야 명주실과 식물 조각뿐입니다. 건축 설계도는 없지만 타고난 동물적 본능만으로 집 하나를 뚝딱 만듭니다.

우선 명주실샘(실샘)에서 토해 낸 명주실로 자기 몸이 쏙 들어갈 만한 '실크' 주머니를 만듭니다. 이 주머니는 한번 만들면 평생 동안 고치고 넓히면서 씁니다. 보통 나비류에 있는 아랫입술샘은 가슴에 이르기까지 아주 크게 발달했습니다. 이곳에서 명주실을 토해 내기 때문에 '명주실샘' 또는 '실샘'이라고 합니다. 명주실샘에서 뽑아낸 명주실로 실크 주머니도 만들고, 주머니를 매다는 지지대도 만들고, 주머니 바깥쪽에 식물질을 덕지덕지 붙이기도 하고, 알에서 나온 애벌레가 주머니 밖으로 나올 때도 이용하고, 몸집이 커져서 주머니를 크게 만들 때도 씁니다. 이렇듯 주머니나방에게 명주실은 한살이 내내 아주 쓰임새가 많습니다. 그런 만큼 명주실

주머니나방류 애벌레가 명주실과 식물 부스러기로 집을 지었다.

샘이 크게 발달해야만 하겠지요.

명주실로 만든 '주머니'를 찢으려고 하면 좀처럼 찢어지지 않습니다. 속이 훤히 들여다보일 만큼 얇은데도 얼마나 질긴지 확 잡아 늘려도 잘 찢어지지 않습니다. 도대체 명주실 성분이 무엇이기에 그리도 질길까요? 명주실 성분은 피브로인(fibroin)과 세리신(sericin)이라는 단백질입니다. 명주실 속 부분은 질긴 피브로인 섬유이고, 그 질긴 피브로인을 세리신이 젤라틴처럼 감쌉니다. 따라서 거의 모든 나방들이 '고치'를 짓거나 주머니나방류가 '주머니'를 만들 때 접착제 같은 세리신이 피브로인 섬유들끼리 서로 잘 붙도록 해 줍니다.

주머니를 만든 애벌레는 그 속에 들어간 채로 윗몸만 내밀고 잎 조각 같은 식물질 조각들을 갉아서 떼 내어 주머니 바깥쪽에 붙이고, 식물질끼리도 붙입니다. 이때는 큰턱샘에서 나오는 침 같은 분비물을 이용해 붙입니다. 원래 거의 모든 곤충은 아랫입술샘에서 침을 분비하는데, 나비류는 아랫입술샘이 명주실샘으로 발달해 큰턱이 침샘 역할을 합니다.

어린 애벌레는 몸집이 커지면 집을 넓히는 확장 공사를 합니다. 주머니 방을 넓히고, 그 위에 잎과 나뭇가지 부스러기도 계속 덧붙입니다. 특히 종령 애벌레는 번데기 시기가 가까워지면 실을 토해 지지대에 자루를 만들어 도롱이집을 단단하게 매답니다. 그러니 대롱대롱 매달린 주머니나방 집은 영락없이 잎 조각이나 자그마한 나뭇가지들이 뭉쳐 있는 것처럼 보이고, 먹지 않을 때는 도롱이집 속에 쏙 들어가 숨어 있으니 천적 눈에 쉽게 띄지 않습니다. 천적을 피해 살아남으려는 방어 전략이지요. 이렇게 만들어진 도롱이

집 안에 살고 있는 주머니나방류 애벌레 모습이다. 집 안쪽에 보이는 하얀 실이 애벌레가 집 지을 때 토해 낸 명주실이다.

주머니나방류 애벌레가 먹이를 찾아 가고있다.

집에는 습기도 바람도 거의 스며들지 않아 눈이 와도 비가 와도 끄떡없습니다. 그저 주머니나방의 뛰어난 건축 솜씨에 감탄할 뿐입니다.

화장 당하는 차주머니나방

주머니나방은 산속보다는 정원, 과수원, 길가에 심은 가로수에서 주로 삽니다. 편식을 하지 않아 여러 가지 식물들을 먹는데, 특히 과실수 잎사귀나 열매껍질을 주로 갉아 먹어서 해충으로 취급받습니다. 그래서 겨울이면 나뭇잎이 떨어진 나무에 대롱대롱 매달린 도롱이집을 떼다가 태워 버리는 경우가 많습니다. 화장시키는 것이지요. 명목은 해충 구제입니다. 하지만 주머니나방은 나무가 힘들어할 만큼 심각하게 잎사귀를 먹지 않습니다. 주머니나방에게 뜯어 먹히는 식물들도 스스로 자기 몸을 지키는 전략을 마련해 나갈 것이니 크게 걱정할 일은 아닙니다. 또한 주머니나방에게도 천적이 있어 그들의 개체 수를 조절해 주기도 합니다. 특히 기생파리류는 주머니나방에 기생하는 무서운 천적입니다. 박새 또한 주머니나방을 즐겨 먹는 천적이지요. 이렇게 자연 세계는 그들 스스로 균형을 유지하는 쪽으로 적응해 나가는 것입니다. 주머니나방은 거미, 벌, 새 같은 상위 포식자에게 잡아먹힘으로써 스스로 개체 수가 조절되고, 자연은 균형 잡힌 먹이망을 유지합니다. 아름다운 상생이지요.

2장

나무를 먹는 곤충

개나리 새잎과
함께 자라는

개나리잎벌

개나리잎벌 애벌레

허물을 벗은 지 얼마 안 된
개나리잎벌 애벌레들이 잎새 뒤에
감쪽같이 숨어 잎을 갉아 먹고 있습니다.

봄이 되면 온 거리에는 생명으로 넘쳐납니다.
꽃이 피고, 새싹이 파릇파릇 돋아나고,
새들이 노래하고, 흙이 포슬포슬해집니다.
개나리꽃, 진달래꽃이라도 피면 온 세상이 꽃 대궐입니다.
몇 년 전부터 개나리 새잎이 돋아나길 기다리다
봄꽃에 눈을 빼앗겨 번번이 때를 놓치고는 했습니다.
지천에 깔린 게 개나리다 보니
새잎을 언제든 볼 수 있다는 마음도 한몫했겠지요.

개나리 새잎을 본 적이 있나요?
꽃이 질 무렵이면 개나리 잎이 얼굴을 쏙 내밀기 시작하는데,
새잎은 샛노란 꽃에 둘러싸여 잘 보이지 않습니다.
개나리밭 둘레에는 꿀벌들이 많습니다.
녀석들은 붕붕거리며 꽃가루를 따느라 꽃 속을 들락날락 분주합니다.
혹시나 꿀벌 틈에서 까만색 잎벌을 만날까 싶어
두 눈을 쉴 새 없이 굴립니다.
지루한 기다림 끝에 드디어 잎벌 등장.
새잎을 찾아온 개나리잎벌은 단박에 꽃에 내려앉지 않고
빙빙 돌며 둘레를 탐색합니다.
앉았다가 금방 날아오르고 또 앉았다
날아오르기를 되풀이합니다.

개나리

개나리 새잎에 알 낳는 개나리잎벌

개나리잎벌도 꿀벌처럼 꿀을 먹으러 온 것일까요? 아닙니다. 새로 돋아나는 개나리 잎에 알 낳으러 왔습니다. 꽃 속에서 잎사귀를 발견한 어미는 조심조심 잎 위에 앉습니다. 혹시나 천적에게 잡아먹힐까 경계를 늦추지 않는 것이죠. 그러고는 배 끝에 붙어 있는 산란관으로 잎살을 자잘하게 썬 뒤 잎 속에 알을 낳습니다. 잎벌의 산란관은 톱니처럼 생겨서 잎 조직을 잘 썰 수 있습니다. 어미는 잎에다 알을 낳고, 또 다른 잎으로 옮겨 가 연거푸 알을 낳습니다. 대개 알을 100개쯤 낳는데 이 잎 저 잎으로 다니며 잎사귀마다 평균 16개쯤 알을 낳습니다. 알은 열흘 넘게 잎 속에서 지내며 어서 애벌레가 깨어나기만을 기다립니다. 애벌레가 깨어날 때쯤이면 잎도 크게 자라 애벌레 식탁이 넉넉해집니다. 먹잇감이 풍족해지면 때맞춰 알에서 깨어나니 보통 똑똑한 녀석들이 아닙니다.

그런데 개나리잎벌이 부지런 떨며 이른 봄부터 알을 낳는 까닭이라도 있을까요? 물론 있습니다. 다른 곤충과 먹이 경쟁을 피하려는 것입니다. 이른 봄은 곤충들이 활동하기에는 아직 쌀쌀합니다. 차가운 날씨에도 불구하고 이제 막 싹을 틔운 개나리 잎에 먼저 알을 낳아 애벌레 먹이를 넉넉하게 확보하자는 속셈입니다. 추운 걸 감수하고서라도 다른 곤충이 나오기 전에 알을 낳아야 애벌레가 먹이를 먼저 차지할 수 있으니까요. 곤충 세계에서 먹이 경쟁은 살벌한 전쟁이나 다름없습니다. 먹이를 확보하느냐 못하느냐에 따라 가문이 번성할 수도, 쫄딱 망할 수도 있기 때문입니다.

애벌레는 잎
번데기는 땅

알에서 열흘 만에 깨어난 어린 애벌레는 연한 잎사귀 살만 갉아 먹습니다. 아직 큰턱이 약해 잎을 한 입씩 베어 씹어 먹기가 힘들기 때문입니다. 무럭무럭 자라 큰턱이 튼튼하게 발달하면 애벌레들은 기어서 모두 잎 뒷면에 모여듭니다. 잎 뒷면에 가지런히 줄을 맞춰 강해진 큰턱으로 가위질하듯이 잎 가장자리부터 베어 씹어 먹습니다. 얼마나 먹성이 좋은지 주맥이고 잎살이고 가리지 않고 잎사귀 전체를 몽땅 먹어 치웁니다. 다 먹어 잎자루만 남으면 떼 지어 다른 잎으로 옮겨 갑니다. 신기하게도 녀석들은 꼭 나란히 앉아 걸신들린 듯이 허겁지겁 밥을 먹습니다. 몰염치할 만큼 먹성 좋은 녀석들이 지나간 자리에는 잎이 온데간데없이 사라져 버립니다. 닥치는 대로 먹어 치우니 개나리는 죽을 맛입니다. 하지만 어쩔 수 없는 일이지요. 개나리잎벌 애벌레들에게 내려진 특명은 닥치는 대로 열심히 먹어 튼실한 어른벌레로 다시 태어나는 것이니까요. 곤충 세계에서 애벌레가 할 임무는 오로지 먹고 몸을 키우는 일입니다.

애벌레 생김새는 언뜻 보면 쐐기벌레 같습니다. 처음 보면 징그럽다고 느낄 수도 있습니다. 온몸에 억세고 색이 칙칙한 털들이 가시처럼 나 있으니 만져 보려 해도 겁이 납니다. 털에 독이 많을 것 같아 선뜻 손이 안 가는 거지요. 어린 애벌레 몸은 연한 풀빛이고, 온몸에 까만 가시털이 나 있지만, 나이 많은 애벌레 몸은 까맣고, 온몸에 밤색 가시털이 덮여 있습니다. 가시털은 애벌레 나이가 많

갓 허물 벗은 애벌레들은 몸 색깔이 연둣빛이고 털 색깔이 까맣다.

을수록 깁니다. 다 자란 애벌레 털은 어린 애벌레 털보다 두 배나 깁니다.

한 달쯤 쉴 새 없이 먹고 자라면, 몸길이가 16밀리미터쯤 되는 종령 애벌레가 됩니다. 종령 애벌레는 번데기가 될 즈음이면 아무것도 먹지 않고 움직임도 둔합니다. 그리고 개나리 줄기를 타고 땅으로 기어 내려가 개나리 뿌리 둘레 흙 속으로 파고듭니다. 한 1센티미터 깊이에서 원통처럼 생긴 방을 만들고, 그 속에서 마지막 허물을 벗습니다. 변신은 무죄. 새까만 허물을 벗어 던진 녀석의 속살은 회백색이고, 온몸을 뒤덮고 있던 가시털도 감쪽같이 사라져 피부가 보송보송합니다. 박피 수술을 한 것 같은 애벌레는 겨우내 땅속 흙방에서 지냅니다. 애벌레가 모두 자취를 감췄을 때 개나리 뿌리 둘레 땅을 파 보면 녀석들을 찾을 수 있습니다.

다 자란 까만 애벌레와 허물 벗은 지 얼마 안 되는 노란 애벌레들이 섞여 밥을 먹고 있다. 한쪽에서는 잎을 다 먹고 이사 가고 있다.

애벌레는 흙방에서 겨울잠을 잔 뒤 이듬해 3월 중순께부터 깨어나 번데기를 만듭니다. 흙방에서 그대로 번데기가 되며, 번데기 기간은 20일쯤 됩니다. 날짜를 따져 보니 녀석들은 땅속으로 들어가 날개돋이 해 나올 때까지 무려 일곱 달이나 흙방에서 지냅니다.

올봄에 연구실에서 페트리 디쉬에 개나리잎벌 애벌레를 넣어 키운 적이 있습니다. 바닥에 휴지를 깔고 개나리 잎으로 밥상을 차려 주었는데, 어느 날 다 자란 애벌레가 없어졌습니다. 하지만 바닥에 깔아 둔 휴지 속으로 도망쳐 버린 애벌레를 금방 찾아냈습니다. 휴지를 돌돌 말아 타원형으로 집을 만들고 그 속에 얌전히 있었습니다. 흙이 없으니 흙방은 못 만들고 대신에 침샘에서 나온 물질을 휴지와 섞어 종이방을 만든 것입니다. 종이방은 굉장히 단단합니다. 쪼개 보려 해도 잘 안 뜯어집니다.

뭉치면 살고
흩어지면 죽는다

줄기를 쭉쭉 뻗은 개나리 잎들을 자세히 들여다보면 온몸에 털이 북슬북슬한 개나리잎벌 애벌레들이 득실득실합니다. 잎 뒷면에 숨어 있어서 어떤 때는 머리통만 보일 때도 있습니다. 녀석들의 식사 모습은 정말 가관입니다. 잎사귀 하나를 완전히 점령해 물샐 틈없이 빽빽이 줄 맞춰 앉아서는 머리만 왼쪽 오른쪽으로 시계추처럼 왔다 갔다 하면서 밥을 먹습니다. 움직일 틈도 없이 몸뚱이를

개나리잎벌 애벌레가 허물을 벗고 있다.

다닥다닥 붙이고 있으니 땀띠가 날까 걱정입니다. 잎사귀 하나에 애벌레가 몇 마리나 붙어 있나 세어 보니 12밀리미터가 넘는 애벌레가 7마리, 10밀리미터도 안 되는 애벌레가 17마리였습니다. 잎 하나를 다 먹어 치우자 떼 지어 머리를 이리저리 휘두르며 다른 잎으로 이사를 갑니다.

개나리잎벌 애벌레들이 새잎으로 이사 왔다.

애벌레들이 굳이 왜 이렇게 모여서 살까요? 천적으로부터 자신을 지키기 위해서입니다. 많은 곤충들이 어린 애벌레 시절에는 다닥다닥 모여 살고, 몸집이 커지면 뚝뚝 흩어져 따로따로 식사를 합니다. 그런데 개나리잎벌 애벌레는 다 자랄 때까지도 꼭 붙어 다닙니다. 며칠만 같이 있어도 의견이 안 맞아 싸우련만, 녀석들은 거의 한 달 동안 아무런 다툼 없이 함께 지내며 한솥밥을 먹습니다. 개나리잎벌 세계에서는 뭉치면 살고 흩어지면 죽습니다.

자연에서는 어디에나 무서운 적이 도사리고 있다가 예고 없이 나타납니다. 혼자 있는 것은 보통 강심장이 아니면 할 수 없을 뿐만 아니라 또 위험한 일입니다. 여러 마리가 나뭇잎에 딱 붙어 있거나 개나리잎벌 애벌레처럼 잎 가장자리에 붙어 있으면, 나뭇잎이 굉장히 큰 벌레 같아 보여서 천적이 되레 놀랄 수도 있습니다. 더군다나 개나리잎벌 애벌레들은 잎 뒷면에 숨어 있어 천적 눈을 쉽게 피할 수 있습니다. 잎 앞쪽에서 보면 잎사귀 가장자리를 빙 둘러 머리들만 보입니다. 허겁지겁 식사하느라 머리가 좌우로 살살 움직이지만, 천적이 유심히 보지 않으면 눈에 잘 띄지 않습니다. 뿐만 아닙니다. 녀석들 몸에 숭숭 난 가시털은 독이 많을 것 같은 착각을 일으킵니다. 무시무시한 털을 가진 애벌레들이 함께 모여 있으니 천적이 지레 겁을 먹고 가 버리기도 합니다.

개나리잎벌 애벌레들이 물샐틈없이 줄 맞춰 새잎을 갉아 먹고 있다.

개나리만 먹는 개나리잎벌

개나리잎벌은 숲속에서도 만날 수 있을까요? 개나리 형제인 산개나리나 만리화는 드물기는 해도 산에서 자랍니다. 하지만 개나리는 산속에 없습니다. 만약 개나리가 산에 있다면 옮겨다 심은 것입니다. 개나리는 집 울타리, 공원, 길가에서 자주 볼 수 있습니다.

개나리속 식물은 여러 종류가 있습니다. 우리나라에서 자라는 개나리속 식물은 개나리, 산개나리, 만리화입니다. 산개나리는 매우 희귀해서 분포지를 전문가만 알고 있고, 만리화도 드물어서 잘 보이지 않습니다. 하지만 개나리는 우리 둘레에서 아주 흔하게 볼 수 있습니다. 이 개나리(*Forsythia koreana*)가 바로 우리나라에서만 나는 토박이 식물입니다. 더구나 개나리잎벌은 우리나라에서만 서

개나리잎벌 애벌레들이 잎 뒤에 숨어 천적을 피하고 있다.

식하는 고유종입니다. 그럼 개나리잎벌은 개나리속 식물 가운데 개나리만 먹고 살까요? 문헌에는 개나리잎벌이 개나리속 식물을 먹는다고 기록되어 있지만, 개나리잎벌 애벌레가 산개나리나 만리화에서 발견된 예가 없습니다. 지금까지는 조경수로 심은 개나리에서만 녀석들이 발견되었습니다. 우리나라에서만 사는 개나리잎벌은 우리나라에서만 자라는 개나리를 열심히 먹고 있습니다.

어른 개나리잎벌은 힘이 약한 곤충을 잡아먹습니다. 어미는 먹이를 찾아 수많은 식물 사이를 돌아다니지만 알은 개나리 잎에만 낳습니다. 그러면 어떻게 새끼들의 먹이식물인 개나리를 알아차릴까요? 개나리잎벌 암컷은 맛과 냄새로 개나리를 알아봅니다. 개나리속 식물들은 저마다 자신만의 특유한 맛과 향을 가지고 있는데, 모두 자신을 지키기 위한 방어 물질입니다. 방어 물질은 개나리가 살아가는 데 꼭 필요하지 않은 2차 대사 물질이지요. 개나리가 내뿜는 방어 물질은 초식 곤충을 얼씬도 못하게 합니다. 하지만 개나리잎벌 애벌레는 도리어 이 독성 물질을 식욕 촉진제로 역이용하고, 어미 개나리잎벌에게는 새끼의 먹이식물을 찾는 유인제가 되는 것입니다.

살충제가
능사는 아니다

얼마 전에 도심 한복판에 있는 공원에서 야외 강연을 한 적이 있습니다. 그곳에 자라는 나무와 풀들이 얼마나 깨끗한지 벌레 한 마리 찾아보려면 눈에 불을 켜야 할 지경이었습니다. 그야말로 '사일런트 시티(silent city)'입니다. 식물은 많은데 벌레가 귀하다는 건 살충제를 뿌렸기 때문이겠지요. 그런데 웬일입니까? 울타리용으로 심은 개나리에서 개나리잎벌 애벌레를 발견했습니다. 내친김에 그 근방을 찾아보니 애벌레가 이 잎 저 잎에 득실거렸습니다. 얼마나 반가웠는지요. 장하다, 개나리잎벌! 살충제 비를 용케 피해서 살아남다니!

개나리는 한꺼번에 피는 꽃이 아름다워 길가, 공원 같은 곳에 조경수로 많이 심습니다. 이 개나리 덕택에 개나리잎벌이 신이 났습니다. 먹을 게 많아지니 말입니다. 하지만 개나리잎벌이 살아가는 세상은 만만치 않습니다. 힘센 포식자들에게 잡아먹히지 않으려면 늘 신경을 곤두세워야 합니다. 그런데 걱정거리가 그것만이 아

개나리잎벌 애벌레 등에 기생벌이 하얀 알을 낳았다.

닙니다. 개나리잎벌 애벌레는 사람들에게 미움을 받습니다. 개나리 잎을 마구 먹어 대니 조경 담당자에게는 아주 골칫덩이입니다. 더구나 생김새가 시커멓고 털이 많으니 징그럽다며 싫어하고, 털이 살에라도 닿으면 두드러기가 날까 봐 사람들이 공원 관리자에게 민원을 넣는 경우도 있습니다. 그러니 조경 담당자는 나무를 살리고, 사람들을 곤충으로부터 안전하게 지키려고 살충제를 뿌리기 시작합니다. 개나리잎벌 애벌레는 사람들이 뿌려 대는 살충제에 힘 한번 제대로 못 써 보고 죽어 갑니다. 사람에게 해를 주지도 않고, 나무를 죽이지 않는데도 개나리잎벌 애벌레는 살충제를 맞고, 살충제 뿌려진 잎을 먹고 억울하게 죽어 갑니다.

개나리만 살리겠다고 개나리 안주인 노릇 하는 개나리잎벌을 죽여야 할까요? 살충제를 뿌리지 않고 그냥 놔두면 어떨까요? 개나리가 다 죽어 간다고 반박하시겠지요? 어차피 개나리는 암꽃이 드물어 열매로 번식하기는 하늘의 별 따기입니다. 길가에 심은 개나리는 모두 나뭇가지를 꺾어 땅에 심은 뒤 기른 것입니다. 혹시나 애벌레가 극성을 부려 개나리가 죽어 없어질 정도면 나뭇가지를 꺾어 더 많이 심으면 어떨까요? 하지만 애벌레가 개나리를 죽이는 이런 최악의 시나리오는 절대로 일어나지 않습니다. 자연 세계에는 그들만의 법칙이 존재합니다. 사람이 인위적으로 끼어들지 않으면 더 잘 돌아갑니다.

징그럽게 보이는 개나리잎벌 애벌레도 찬찬히 들여다보면 신기한 구석이 많습니다. 거친 세상에 적응하며 살아가기 위해 요모조모 변신하는 모습을 보면 참 기특하기까지 합니다. 생각을 바꾸면 세상을 보는 눈도 바뀝니다.

가장 흔한 나무

버드나무에 오는 곤충들

버들잎벌레

버들잎벌레들이 모여
잎을 갉아 먹고 있습니다.

우리나라 사람들에게 가장 친근한 나무를 꼽으라면
어떤 나무가 뽑힐까요?
다섯 손가락 안에 들어갈 나무 중 하나가 버드나무가 아닐까요?
물 머금은 땅이면 어김없이 늘어서 있는 버드나무는
전국 어디를 가나 볼 수 있습니다.
버드나무 종류도 꽤 많습니다.
축축 늘어진 능수버들
오줌싸개가 뒤집어쓰는 키 만드는 키버들
버들피리 만들어 부는 갯버들
파마머리처럼 꼬불꼬불한 용버들
잎사귀가 큰 왕버들 같은 버드나무가 있습니다.

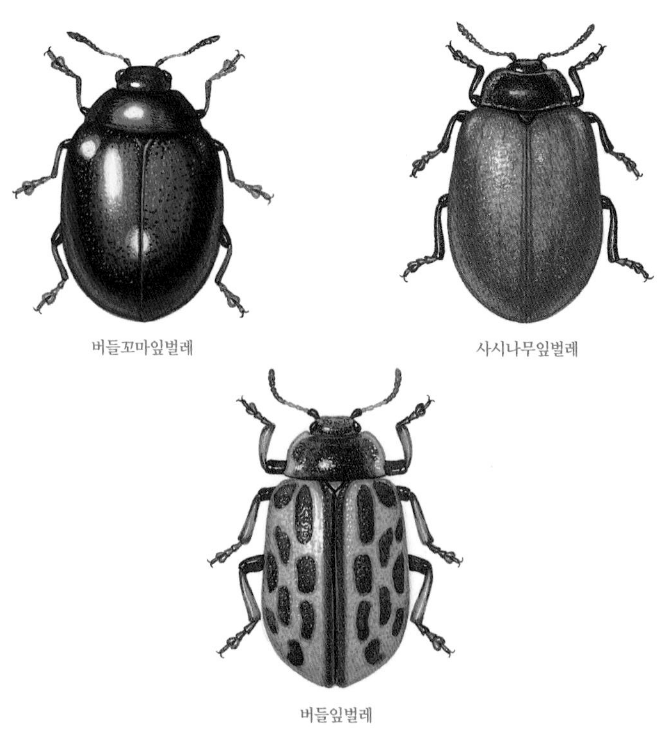

버들꼬마잎벌레 사시나무잎벌레

버들잎벌레

가장 많이 보이는 잎벌레들

예로부터 버드나무는 인간의 건강을 책임져 왔습니다. 기원전 5세기 무렵 히포크라테스는 버드나무가 가진 효능을 알아 산통을 겪는 임산부에게 버들잎을 씹으라고 권했습니다. 그리고 몇 천 년 세월이 흐른 1853년에 버드나무에 있는 진통제 성분이 아세틸살리실산(Acetylsalicylic Acid)이란 걸 알아냈습니다. 그러다가 독일의 한 효자 덕분에 오늘날 필수 비상약이 된 아스피린이 태어났습니다. 자기 아버지가 심하게 앓는 류머티즘성 관절염 고통을 덜어 주려고 진통제를 개발했으니까요. 바이엘 회사는 진통 해열제인 아스피린 하나로 지금까지 백 년 가까이 스타덤에 올라 있으니 버드나무 덕을 톡톡히 보고 있는 셈이죠.

그런 버드나무에는 봄부터 가을까지 곤충들이 북적댑니다. 식물 가운데서 버드나무에 몰리는 곤충이 가장 많은 것으로 알려졌습니다. 실제로 버드나무 앞에 한나절만 서 있어도 스무 종 넘는 곤충을 구경할 수 있습니다. 그래서 곤충에 처음 흥미를 갖게 된 분들께 버드나무를 찾아보라고 권합니다.

뭐니 뭐니 해도 버드나무에 가장 많이 모이는 곤충은 딱정벌레목 잎벌레과 식구들입니다. 버들잎벌레, 사시나무잎벌레, 참긴더듬이잎벌레, 점날개잎벌레, 유리꼬마벼룩잎벌레, 반금색잎벌레, 버들꼬마잎벌레 같은 여러 잎벌레가 찾아옵니다. 그중에서도 버들잎벌레, 사시나무잎벌레, 버들꼬마잎벌레를 가장 흔하게 볼 수 있습니다. 땅속, 가랑잎 더미 속, 나무껍질 아래나 썩은 나무속에서

혹독한 겨울을 무사히 보낸 어른벌레가 초봄부터 볕이 잘 드는 쪽 버드나무를 찾아옵니다.

녀석들은 그 많은 나무 가운데 버드나무를 찾는 능력이 뛰어납니다. 버드나무 식당을 찾기 위해 여러 감각 기관들을 총동원하는데, 먼 거리에서는 주로 시각과 후각을 이용합니다. 날고 있는 곤충 눈에는 사물의 상이 뚜렷하게 잡히지 않습니다. 초록 색깔만 어렴풋이 보일 뿐입니다. 그래서 날면서는 버드나무가 내뿜는 냄새를 좇아 찾아옵니다. 가까운 거리에서는 미각, 후각, 시각 같은 감각을 모두 동원합니다.

버드나무만이 갖는 독특한 냄새의 정체는 자신을 지키기 위해 내뿜는 방어 물질입니다. 그 독성 물질 가운데 하나가 아세틸살리실산입니다. 이 아세틸살리실산은 우리 인간에게는 구세주 같은 진통제 치료약이지만 곤충들에게는 치명적인 독약입니다. 그런데도 잎벌레들이 버드나무에 몰려드는 까닭은 그 독약을 이겨 냈기 때문입니다. 한술 더 떠 버드나무 독성 물질이 내뿜는 냄새를 먹이 찾는 수단으로까지 이용합니다.

버들잎을 먹는 잎벌레들은 처음부터 버드나무가 가진 독성물질을 견뎌 낸 것일까요? 버드나무가 생화학 독성 물질을 만들어 줄기나 잎에 모아 두면서 버드나무를 먹은 곤충들이 대부분 비틀비틀 죽어 갔겠지요. 그런데 버들잎을 먹은 잎벌레들은 어떠했을까

버드나무를 찾아오는 벌레들

1. 버들잎벌레
2. 넉점박이큰가슴잎벌레
3. 유리꼬마벼룩잎벌레
4. 좀비단벌레

요? 일부는 죽었겠지만 일부는 방어 물질의 독성을 무력하게 만드는 효소를 만들어 내고 내성을 길러 살아남았을 것입니다. 그들 유전자가 수많은 세대를 거치면서 이 잎벌레 유전자 군(gene pool)에 차곡차곡 쌓여 버드나무 독성 물질을 오히려 먹이식물을 찾는 식욕 촉진제로 이용하기에 이른 것입니다. 더구나 이제는 편식이 심해져 버드나무류만 먹고 다른 식물은 쳐다보지도 않습니다.

버드나무 곤충 대표 버들잎벌레

버드나무에 새잎이 돋아나면 버들잎벌레는 잎에 올라와 겨우내 굶주렸던 배를 채웁니다. 갓 나온 싱싱한 버들잎은 아무리 먹어도 질리지도 않고 맛있나 봅니다. 금강산도 식후경이라지요? 배불리 먹으며 암컷은 성페로몬을 뿌려 짝을 유혹합니다. 짝짓기를 마친 암컷은 버들잎 뒷면에 알을 낳습니다. 알은 노란색인데, 모양이 길쭉해서 꼭 쌀처럼 생겼습니다. 수십 개 알이 아교질로 붙어 뭉쳐 있기 때문에 바람이 불어도 비바람이 쳐도 한 개의 알도 떨어져 나가지 않습니다.

알에서 깨어난 녀석들은 처음에는 가만히 쉽니다. 그러다가 시간이 조금 지나면 여럿이 함께 자신이 깨어난 곳 잎사귀를 먹기 시작합니다. 자신들을 돌봐 줄 부모가 세상에 없으니 자기 힘으로 살아 나가야 합니다. 어린 애벌레는 버들잎을 살살 갉아 먹습니다.

아직 큰턱이 약해 잎을 쑥덕쑥덕 베어 씹어 먹을 수가 없기 때문입니다. 허물을 벗고 2령쯤 되어야 잎을 한입에 맘껏 베어 씹어 먹을 수 있습니다.

버들잎벌레 애벌레들이 가슴에 붙어 있는 다리 여섯 개와 긴 배로 꼬물꼬물 기어 다니는 모습은 마냥 귀엽기만 합니다. 한 20일 사이에 허물을 두 번 벗으며 자라는데, 그동안 버들잎 밥상에서 오로지 먹는 일에만 몰두합니다. 새끼들이 할 일은 열심히 먹고 몸을 살찌우는 것입니다. 눈만 뜨면 먹고 또 먹고, 허물을 벗은 뒤 또 먹습니다. 허물 벗을 때마다 새끼들은 몰라보게 훌쩍 커 버립니다.

다 자란 애벌레가 번데기가 되려 할 때는 잎 표면에 꼼짝도 안 하고 앉아 있습니다. 먹지도 않고, 잘 움직이지도 않습니다. 그래서 몸도 점점 쪼그라듭니다. 녀석은 피부 껍질을 벗고 번데기가 되어야 하니 새로운 표피가 피부 안쪽에 생길 때까지 기다리는 중입

버들잎벌레가 짝짓기를 하고 있다.

니다. 한 이틀쯤 지나면 종령 애벌레는 입에서 분비물을 내어 자기 배 끝부분을 나무줄기나 잎 표면에 딱 붙입니다. 이렇게 단단하게 붙인 뒤 피부 껍질을 벗어던지면 비로소 번데기가 됩니다. 녀석들 번데기는 암만 봐도 신기합니다. 버들잎에 대롱대롱 매달린 모습이 거꾸로 공중에 매달려 있는 서커스 소년 같습니다. 번데기 곡예사는 바람을 맞고 흔들리면서 어른벌레가 되기를 기다립니다. 그런데 하고많은 자세 중에 굳이 공중에 거꾸로 매달려 번데기가 되는 까닭이라도 있을까요? 물론입니다. 번데기가 거꾸로 매달려 있으면 아래로 끌어당기는 중력이 작용해 번데기에서 어른벌레가 아래로 빠져나오기가 훨씬 쉽습니다. 녀석들처럼 거꾸로 매달린 번데기를 '수용(垂踊)'이라고 하지요.

어른벌레가 번데기에서 빠져나올 때 얼마나 많은 고통이 따르고 에너지가 소모될지 생각해 본 적이 있나요? 실제로 번데기 등 쪽에 있는 탈피선이 갈라지면서 어른벌레가 서서히 빠져나오는 모습을 지켜보면 몹시 힘들어하는 것처럼 느껴집니다. 곤충의 뇌는 정말이지 모래알보다 작다고나 할까. 그렇게 작은 뇌를 가지고 있는 녀석들이 어찌 중력을 이용하는 법을 알았는지 신기할 뿐입니다.

드디어 몇 십 분의 사투 끝에 어른벌레가 세상에 나왔습니다. 축하! 아직은 몸이 연약해 금방이라도 찌그러질 것 같은 녀석. 연구실에서는 이삼일쯤 지나서 녀석의 몸이 굳어졌습니다. 날개 색깔은 누런 밤색인데, 가끔은 베이지색을 띨 때도 있습니다. 나름 멋

1|2
3|4

1. 알에서 갓 깨어난 버들잎벌레 1령 애벌레가 모여 있다.
2. 시간이 지나 버들잎벌레 1령 애벌레가 잎에 모여 있다.
3. 버들잎벌레 2령 애벌레가 잎에 모여 있다.
4. 번데기가 되기 직전 종령 애벌레 모습이다.

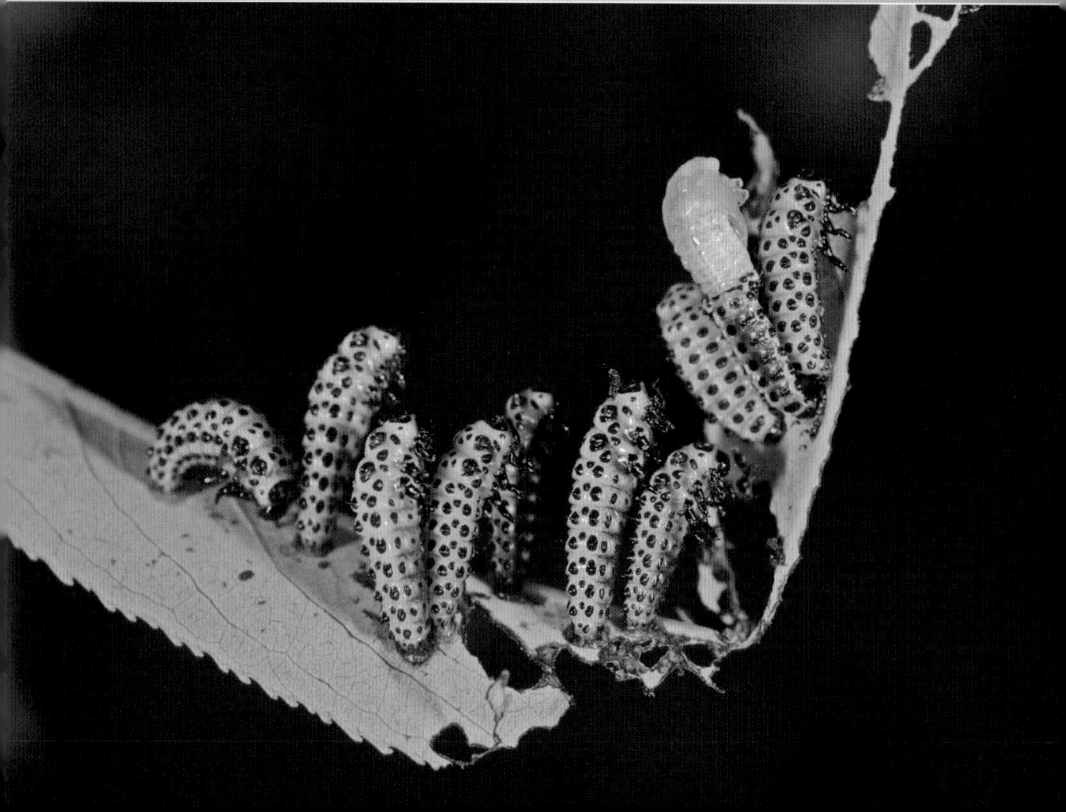

버들잎벌레 애벌레가 거꾸로 매달려 번데기가 되려고 한다.

을 부리는지 날개에 검은 물방울무늬도 새겨 넣었군요. 어른벌레는 애벌레 때처럼 버들잎 식사를 합니다. 이때가 5월 말에서 6월 중순 사이입니다. 2세대 어른 버들잎벌레는 2주쯤 부지런히 버들잎으로 영양을 보충한 뒤 긴 휴면에 들어갑니다. 땅속, 나무껍질 속이나 가랑잎 더미 속에서 더운 여름, 선선한 가을과 매섭게 추운 겨울 내내 깊은 잠에 빠집니다. 이듬해 봄이 되어 버드나무 잎이 돋아날 즈음에야 비로소 긴 잠에서 깨어나 세상으로 나옵니다.

버드나무에 오는 사냥꾼

버드나무 잎에 둥지를 튼 버들잎벌레들이 마냥 안전한 것만은 아닙니다. 이때쯤이면 포식자들이 녀석을 호시탐탐 노립니다. 특히 우리나라 무당벌레 중에 가장 몸집이 큰 남생이무당벌레는 잎벌레 킬러로 소문나 있습니다. 마침 남생이무당벌레가 버들잎벌레 애벌레들이 우글우글 모여 집성촌을 이루며 사는 버드나무를 찾아옵니다. 남생이무당벌레도 겨울잠에서 깨어난 지 얼마 안 돼 배가 몹시 고픕니다. 모여 있는 잎벌레 애벌레들을 보자 남생이무당벌레 입이 떡 벌어집니다. 녀석은 강력한 포식자답게 버들잎 밥상에서 밥 먹는 버들잎벌레 애벌레와 아직 깨어나지 않은 알을 닥치는 대로 잡아먹습니다. 이렇게 해마다 남생이무당벌레는 버들잎벌레 애벌레가 깨어난 것을 어떻게 아는지 귀신같이 때맞춰 찾아와서는

버들잎벌레 번데기에서 어른벌레가 날개돋이 하고 있다.

남생이무당벌레가 호두나무잎벌레 알을 먹고 있다.

아예 버드나무에 머물며 잎벌레 애벌레들을 게걸스럽게 잡아먹습니다. 그리고 아예 버드나무에 눌러앉아 짝짓기를 하고, 줄기나 잎사귀에 알을 낳습니다. 한술 더 떠 남생이무당벌레 알에서 깨어난 애벌레도 어른벌레처럼 버드나무를 순례하며 버들잎벌레 애벌레를 잡아먹고는 버드나무에서 번데기가 됩니다. 그래서 포식자 남생이무당벌레는 버들잎벌레보다 늦은 시기에 나타납니다. 먹잇감인 잎벌레가 알을 낳고 애벌레가 깨어나야 자기가 먹을 밥이 확보되기 때문이지요.

남생이무당벌레 말고도 거미류가 버들잎벌레 애벌레를 노립니다. 깡총거미류, 게거미류 같은 거미가 돌아다니면서 애벌레에 주둥이를 꽂고 체액을 빨아 마십니다. 뿐만 아닙니다. 침노린재도 주둥이를 꽂고 애벌레 체액을 빨아 먹습니다. 식물이 있으니 초식 곤충이 모이고, 초식 곤충이 있으니 포식 곤충이 모여듭니다. 이들은 또 새나 잠자리 같은 상위 포식자의 먹이가 됩니다. 자연 세계에는 절대 강자도 절대 약자도 없습니다. 먹고 먹히는 먹이망 속 일원이 되어 살다가 죽습니다.

또 다른 여러 잎벌레들

남생이무당벌레 종령(3령) 애벌레

버들잎벌레 말고도 우리가 흔히 볼 수 있는 버드나무 잎벌레는 사시나무잎벌레와 버들꼬마잎벌레입니다. 녀석들의 생활 습성은

버들잎벌레와 똑 닮았습니다. 다만 사시나무잎벌레는 버드나무뿐만 아니라 포플러나무류도 맛있게 먹습니다. 버들잎벌레와 사시나무잎벌레는 1년에 한 번 만날 수 있지만, 버들꼬마잎벌레는 봄부터 가을까지 볼 수 있습니다. 아마도 1년에 두세 번 세대를 이어 가는 것 같습니다.

이 잎벌레 애벌레들은 건드리기만 해도 모두 방어 물질을 내뿜습니다. 몸 마디마다 돌기가 나 있고, 돌기에는 구멍이 있습니다. 위험하다 싶으면 돌기를 완전히 뒤집어 노란 속살을 내보입니다. 그러면 속살에서 끈적끈적한 독 물질이 방울방울 솟아나 이슬처럼 맺힙니다. 버들꼬마잎벌레 애벌레가 내뿜는 독 물질은 시클로펜타노이드 모노테르펜입니다. 주로 개미들을 쫓아낼 때 내뿜기 때문에 개미에게 버들꼬마잎벌레 애벌레는 바라만 보는 그림의 떡입니다.

이들 외에도 봄에 버드나무에서 잠깐 모습을 보이는 잎벌레는 유리꼬마벼룩잎벌레, 반금색잎벌레, 넉점박이큰가슴잎벌레입니다. 또 운 좋으면 비단벌레류인 아름다운 버드나무좀비단벌레도 만날 수 있습니다.

1	2
3	4
5	

1. 사시나무잎벌레 종령 애벌레가 번데기를 만들 준비를 하고 있다.
2. 사시나무잎벌레 어른벌레
3. 버들꼬마잎벌레 알
4. 버들꼬마잎벌레 어른벌레
5. 버들잎벌레 애벌레는 위험을 느끼면 몸속에 숨어 있던 살갗을 내밀고 방어 물질을 내뿜는다.

놀라면
물구나무서는

등에잎벌류

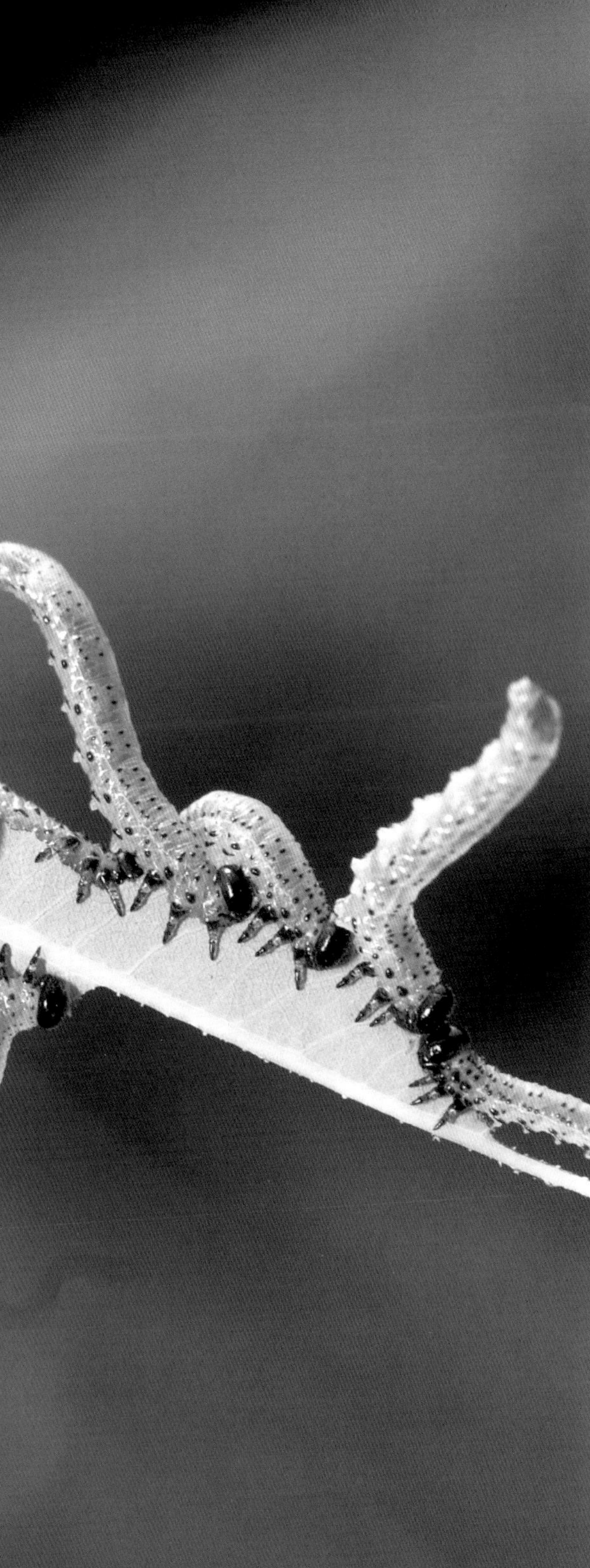

키버들 잎에 모여 평화롭게 식사하는
끝루리등에잎벌

끝루리등에잎벌 애벌레들이
키버들 잎을 갉아 먹다가 한꺼번에
꽁무니를 쳐들고 물구나무를 서고 있습니다.

초여름에 부는 산들바람은 상큼합니다.

물기만 있으면 사방에서 자라는 버드나무도

산들바람에 살랑살랑 춤을 춥니다.

이때쯤이면 버드나무 잎에 끝루리등에잎벌

애벌레들이 다닥다닥 붙어 있습니다.

애벌레들도 산들거리는 버들잎에 매달려

덩달아 춤을 춥니다.

갑작스레 회오리바람이 세게 몰아치면,

잎사귀에 얌전히 배 깔고 엎드려 있던 끝루리등에잎벌 애벌레들이

한꺼번에 꽁무니를 쳐들고 물구나무를 섭니다.

초여름 버드나무에서 흔히 볼 수 있는 풍경입니다.

버드나무

잎벌류와
벌류

잎벌의 영어 이름은 '쏘플라이(sawfly)'입니다. '톱 달린 파리'라는 뜻입니다. 이런 이름을 누가 지었을까요? 아무리 생각해도 참 잘 지었습니다. 실제로 암컷 잎벌의 산란관은 잎을 자잘하게 썰 수 있는 톱처럼 생겼습니다. 한국에서는 '잎벌'이라고 부릅니다. 말 그대로 애벌레가 잎사귀를 먹는다고 붙인 이름입니다. 누구나 한 번 들으면 잘 기억할 수 있으니 참 좋은 이름입니다.

그런데 잎벌이라 해서 다 식물 잎을 먹지는 않습니다. 애벌레 밥은 잎사귀고 어른벌레 밥은 다른 힘없는 곤충입니다. 새끼와 어른벌레는 각자 알아서 스스로 밥을 차려 먹어야 합니다.

벌목 가문은 크게 잎벌류(잎벌아목)와 벌류(벌아목 또는 호리병벌아목)로 나뉩니다. 그중 잎벌류(Symphyta) 애벌레는 식물 잎이나 나무속을 갉아 먹는 무리로 벌들 가운데서 가장 원시적입니다. 보통 우리가 자주 보는 벌 '허리'는 개미허리처럼 끊어질 듯 잘록합니다. 가슴 끝부분과 첫 번째 배마디인 전신 복절(前伸腹節)이 달라붙다 보니 두 번째 배마디가 철사처럼 가느다랗게 바뀌었습니다. 따지고 보면 곤충 몸에는 허리가 없으니 잘록한 허리가 아니고 잘록한 배인 거지요. 사람에 빗대 의인화한 말입니다. 하지만 잎벌류 '허리'는 딴판입니다. 잘록한 곳이라고는 찾아볼 수 없는 절구통 허리(배)입니다. 가슴하고 배 부분 폭이 같기 때문입니다.

벌들의 진화 과정에도 먹이와 먹이가 서식하는 자연환경이 절대적인 영향을 미칩니다. 화석 연구에 따르면, 중생대 삼첩기에 지구에 나타난 잎벌류는 현재의 잎벌류처럼 식물 잎을 먹고 살았습니다. 당시 원시 잎벌류는 참새고사리 줄기 속에서 살았던 원시 잎벌(*Blasticotoma filiceti*)처럼 식물 조직 틈새에서 살았을 것으로 추측됩니다. 현존하는 나무벌이나 벌레혹(충영)을 만드는 잎벌류는 원시 잎벌류에서 진화했습니다. 이렇게 식물을 먹으면서 살아가다가 어느 시점에 육식성으로 진화하였습니다. 몸매가 사냥을 잘할 수 있도록 빠르고 날렵하게 바뀌었습니다. 바로 이들이 '잘록한 허리'를 가진 벌아목 집안의 벌들입니다. 잎벌류의 '절구통 허리'보다 벌아목의 '잘록한 허리'가 훨씬 더 유연해서 먹이를 더 성공적으로 사냥할 수 있겠지요. 즉 뒷가슴 끝에 연결된 두 번째 배마디가 철사처럼 가늘게 바뀌어서 상반신과 하반신을 자유롭게 움직일 수 있습니다. 실제로 현존하는 벌의 70퍼센트 이상이 벌아목에 속하니, '잘록한 허리' 형태가 환경에 적응하는 데 유리하게 작용했다고 볼 수 있습니다.

장미등에잎벌이 식물 줄기에 알을 낳고 있다.

이렇게 먹이에 적응하며 진화해 온 벌들의 역사는 드라마틱합니다. 식물을 먹는 잎벌류 조상에서 출발해 초식성 곤충을 먹는 포식성 곤충으로, 다른 곤충에게 기생하는 기생성 곤충으로, 그리고 식물 꽃가루와 꽃꿀을 먹고 사는 꿀벌류까지 진화했으니 말입니다.

새끼 밥상을 찾는 어미의 노고

어른 끝루리등에잎벌은 마음껏 날아다니며 식사를 합니다. 하지만 애벌레들은 날개가 없어 날아다니지 못하니 먹이 찾는 게 쉬운 게 아닙니다. 새끼들은 어떻게 밥을 차려 먹을까요? 끝루리등에잎벌 부모는 새끼를 키우지도 돌보지도 않습니다. 그저 낳기만 할 뿐입니다. 그래서 어미는 새끼가 먹을 밥상에 직접 알을 낳습니다. 그것만이 어미가 새끼를 위해 할 수 있는 으뜸가는 배려입니다.

어미 끝루리등에잎벌은 그 많은 식물 가운데 어떻게 애벌레가 먹을 식물들을 찾아낼까요? 새끼는 입맛이 까다로워서 주로 버드나무류를 먹습니다. 그래서 어미는 버드나무가 뿜어내는 화학 물질 냄새를 귀신처럼 맡고 찾아갑니다. 식물과 곤충의 세계는 먹히고 먹는 자의 끊임없는 전쟁터입니다. 버드나무도 애써서 만들어 낸 자기 영양분을 염치없이 먹어 대는 곤충들을 어떻게든 물리치려고 방어 전략을 개발합니다. 광합성을 통해 얻은 영양물질을 이용해 화학 무기를 개발하는 것이지요. 버드나무의 대표적인 독 물질은 살리실산으로 독특한 냄새를 풍깁니다. 그렇다고 물러설 끝루리등에잎벌이 아닙니다. 버드나무에 독이 있든 없든 간에 애벌레는 식물 밥을 먹어야 살기 때문입니다. 녀석에게는 죽느냐 사느냐가 달려 있는 문제입니다. 그래서 끝루리등에잎벌은 오랜 시간 동안 적응 과정을 거치면서 버드나무가 지닌 독 물질에 내성이 생겼습니다. 그러다 어느 시기부터는 이 독이 급기야 식욕 촉진제 노릇까지 합니다. 어미는 공기를 타고 떠다니는 버드나무 냄새를 더듬이와 털 같은 감각 기관으로 알아차리고 버드나무에 도착합니다.

옹기종기 모여 사는 애벌레

끝루리등에잎벌 어미는 버드나무 줄기나 잎사귀에 알을 낳습니다. 어미는 새끼를 돌볼 수 없으니 새끼들이 태어나면 밥을 해결할 수 있도록 버드나무에 알을 낳습니다. 어미는 톱니 같은 산란관으로 식물 조직을 자잘하게 썰어 부드럽게 만든 뒤에 그 속에 알을 낳습니다. 그러면 특이하게도 알이 들어 있는 식물 조직은 부풀어 오르고 밤색으로 바뀝니다.

드디어 알에서 끝루리등에잎벌 애벌레가 깨어납니다. 애벌레들은 늘 옹기종기 모여 삽니다. 모여서 밥도 먹고, 모여서 똥도 싸고, 모여서 공격하는 적을 위협하기도 합니다. '뭉치면 살고 흩어지면 죽는다.'고 입 모아 외쳐 대는 것처럼 말입니다.

특히 애벌레들은 자기가 태어난 버드나무 잎 뒷면에 떼 지어 모여 있습니다. 훤히 드러난 잎 앞면보다 뒷면에 숨는 것이 적의 눈을 피하는 데 훨씬 좋기 때문입니다. 녀석들은 먹을 때나 쉴 때나 늘 잎 가장자리를 열 쌍도 넘는 다리로 꽉 잡고 있습니다. 다리에는 부드럽고, 억세고, 길고, 짧은 털들이 나 있습니다. 그래서 잎사귀나 줄기에 엿이 들러붙은 것처럼 찰싹 매달릴 수 있습니다. 바람이 불어도 끄떡없이 말입니다. 실제로 녀석들을 잎에서 떼어 내려

끝루리등에잎벌이 버들잎 가장자리에 알을 낳았다. 그래서 잎 가장자리가 부풀었다.

알에서 갓 깨어난 어린 애벌레들이 옹기종기 모여 잎을 갉아 먹고 있다.

해도 다리의 발목마다 털들이 잎에 딱 붙어 있어 잘 떨어지지 않습니다. 아무런 보호막도 없는 잎에서 세찬 비바람을 이겨 내는 무기가 다리에 붙은 털들이라니 놀라운 뿐입니다.

이렇게 잎에 매달려 녀석들은 잎 가장자리부터 안쪽으로 차근차근 먹어 들어갑니다. 잎자루와 잎맥만 남겨 놓고 모두 먹어 치웁니다. 잎 하나에 적어도 20마리 넘게 앉아 식사하니 금방금방 먹어 치웁니다. 잎사귀 한 개를 다 먹으면 떼 지어 옆에 있는 잎사귀로 이사를 갑니다. 한 소대가 집단으로 이사 다니며 끊임없이 먹어 대니 애벌레가 지나간 버드나무 줄기에는 홍수가 휩쓸고 간 자리처럼 잎사귀가 싹쓸이되고 맙니다.

그런데 때때로 애벌레 먹이가 턱없이 모자라는 경우도 있습니다. 야외 조사를 하다 보면 굶어 죽어 가는 애벌레들을 가끔 만납니다. 한 예로 주홍배큰벼잎벌레 애벌레가 먹이식물인 마 줄기 끝에 매달려 굶어 죽어 가는 모습을 본 적이 있습니다. 20마리쯤 되는 애벌레가 덩굴 식물인 마 잎을 모조리 먹어 치워 잎자루와 줄기만 남아 있습니다. 다른 마 잎을 찾아가야 하는데, 불행히도 둘레에는 마가 없습니다. 애벌레들은 잎을 찾으러 다니다 보니 모두 줄기 끝에 모였습니다. 더 이상 갈 수 없으니 왔던 길을 되돌아갑니다. 그렇게 지칠 때까지 마 줄기를 오르락내리락 기어 다닙니다. 녀석들은 날개가 없으니 먼 거리를 갈 수 없습니다. 그러니 다람쥐 쳇바퀴 돌듯이 지쳐서 죽을 때까지 왔다 갔다 합니다. 결국에는 기운이 다 빠져 서서히 죽어 갑니다.

애벌레가 물구나무서는 까닭

곤충은 하도 작아서 관심을 갖지 않으면 있는지 없는지 잘 표가 나지 않습니다. 물론 장수말벌이나 장수풍뎅이처럼 카리스마가 철철 넘치는 녀석들은 말고요. 그런 곤충들은 저마다 타고난 재주가 남달라 깜짝 쇼를 곧잘 합니다. 발라당 뒤집힌 몸을 쿵덕덕쿵덕덕 방아 찧어 똑바로 일으키는 녀석들, 살짝만 건드려도 순식간에 바닥으로 번지 점프하는 녀석들, 위험하면 더듬이와 팔다리를 오그려 몸을 공처럼 돌돌 마는 녀석들, 적이 나타나면 일제히 꽁무니를 쳐들고 물구나무서는 녀석들……. 이런 깜짝 쇼는 때와 장소를 가

끝루리등에잎벌 애벌레들이 서로 싸우지 않고 함께 버들잎을 먹고 있다.

리지 않고 벌어집니다. 곤충들의 '삶의 현장'은 위험이 곳곳에 도사리고 있어 한시도 방심할 수 없기 때문입니다.

끝루리등에잎벌 얘기로 돌아가면, 끝루리등에잎벌 애벌레들이 하는 행동은 너무도 재미있습니다. 평상시에는 잎사귀 가장자리에 물샐틈없이 빽빽이 모여 있어서 멀리서 보면 버드나무 잎이 살짝 부푼 것처럼 보입니다. 모여 있는 모습이 하도 신기해 카메라를 들이댑니다. 찰칵찰칵 셔터를 누르고 플래시가 터지니 녀석들이 한꺼번에 돌변합니다. 너 나 할 것 없이 모두가 배 끝을 하늘로 향해 치켜듭니다. 초상권 침해라고 항의라도 하듯이 말이죠.

"알았어, 안 찍을게. 어서 밥 먹어."

한참 지나니 안심이 됐는지 치켜든 꽁무니를 내립니다.

"한 방만 더 찍자. 미안."

다시 카메라를 들이대니 녀석들이 또 재빠르게 떼로 물구나무를 섭니다. 이번에는 허리가 부러질 것처럼 꽁무니를 하늘 높이 쳐듭니다.

"안 찍을게, 허리 부러질라. 이제 그만 꽁무니 내려라."

애벌레들은 위험을 느끼면 배를 치켜들기 때문에 잎사귀를 붙잡고 있던 다리 가운데 배다리가 잎에서 떨어집니다. 그렇게 위협하는 표시로 배 꽁무니를 치켜들 때는 가슴에 붙은 다리로만 잎사귀에 매달립니다.

왜 이렇게 위험을 느끼면 본능적으로 배 끝을 쳐들까요? 그것은 자신을 지키려는 몸짓입니다. 적이 나타났을 때 힘도 약하고 무기도 없는 새끼들이 할 수 있는 일은 집단으로 방어하는 것입니다. 얌전히 있다가 난데없이 배 끝을 한꺼번에 치켜들면 포식자가 겁

먹을 것입니다. 그것도 수십 마리가 잎사귀 가장자리에 매달려 한꺼번에 물구나무를 서기 때문에 포식자 눈에는 잎사귀 전체가 괴기스러운 곤충으로 보일 수 있습니다. '저렇게 큰 곤충이 다 있네. 저걸 먹기엔 무리지. 어서 딴 데로 도망가자.' 하며 포식자는 뒤꽁무니를 빼고 도망칠지도 모르는 일이지요. 어쨌든 애벌레들은 단체 물구나무 전술로 포식자를 겁먹게 합니다.

끝루리등에잎벌 애벌레들이 버드나무 잎에 몸을 딱 붙이고 잎을 갉아 먹고 있다.

이렇게 애벌레들은 한솥밥을 먹으며 갖은 고난과 역경을 견디면서 무럭무럭 자랍니다. 다 자라 종령 애벌레가 될 무렵, 옹기종기 모여 살던 애벌레들이 하나둘 뿔뿔이 흩어집니다. 겨울을 나기 위해 '나 홀로 길'을 갑니다. 종령 애벌레는 땅속으로 파고 들어가 흙속에다 흙방을 만들고 그 안에서 겨울을 납니다. 이듬해 봄이 되면 번데기 시기를 거쳐 어른벌레가 됩니다.

살충제가
능사가 아니다

초여름은 등에잎벌 애벌레들이 핍박을 받는 계절입니다. 초여름 풀밭은 살충제 냄새가 코를 찌르기 때문입니다. 등에잎벌 애벌레들은 식물 잎을 먹어야 하기 때문에 조경하는 사람들에게는 골칫덩어리입니다. 잎사귀를 닥치는 대로 먹어 대니 나무를 가꿔야 하는 사람 입장에서는 없애야 할 대상이지요. 녀석들을 손쉽게 없애는 방법이 있습니다. 살충제를 치면 한 번에 해결됩니다. 기다란

위협을 느낀 끝루리등에잎벌 애벌레들이 한꺼번에 물구나무서서 적을 위협하고 있다.

호스로 나무를 향해 분수 뿜어내듯 분사하는 살충제는 멀리서 봐도 위협적입니다. 살충제 세례를 받은 생명들이 모두 치를 떨며 오그라들어 죽어 갈 테지요.

그런데 말입니다. 곤충을 없애기 위해 화학 살충제를 뿌리는 것이 결코 만능이 아닙니다. 빈대 잡자고 하나밖에 없는 초가삼간 다 태우는 것과 똑같습니다. 살충제가 뿌려지는 순간 수많은 생물들이 죽어 나갑니다. 동시에 안정적인 먹이망을 갖췄던 작은 생태계가 파괴됩니다. 살충제가 뿌려진 잎을 먹은 애벌레 입에서는 녹색 액체가 흘러나오고, 동작도 느려지고, 잎을 거의 안 먹고, 괴로운 듯 머리와 가슴을 일으켜 좌우로 휘두릅니다. 결국에는 몸 상태가 안 좋아져 며칠 못 살고 죽습니다. 더구나 뿌려진 살충제는 땅속으로 스며듭니다. 땅속에서 사는 수많은 생물들 또한 영문도 모른 채 약에 취해 죽어가는 건 안 봐도 빤한 일입니다. 비라도 내리면 땅

주둥이노린재가 다가와 애벌레를 사냥하고 있다.

속에 남아 있던 농약 성분은 빗물에 섞여 도랑으로, 하천으로, 강으로, 바다로 흘러갑니다. 물을 따라 흘러가며 물속에 사는 생명들에게도 해를 끼칠 수 있습니다.

살충제를 이용한 화학 방제는 결과가 속전속결이어서 좋을 것 같지만, 따지고 보면 원치 않은 부작용을 가져올 수 있습니다. 약을 덜 치기 위한 방법이 있을까요? 있습니다. 살아 있는 살충제를 사용하면 됩니다. 포식성 곤충이나 기생성 곤충 같은 천적을 이용하는 것이지요. 천적으로는 뭐니 뭐니 해도 기생벌이 주연급입니다. 거기에다 사냥꾼 포식자는 조연 역할을 톡톡히 합니다. 문제는 천적을 확보하는 일입니다. 천적으로 알려진 기생자를 찾아내는 것부터 알맞은 개체 수를 확보하는 것까지 풀어야 할 숙제가 많이 있습니다. 현재도 그 분야 전문가들이 쉼 없이 연구하고 있습니다. 머지않아 살충제 뿌리는 모습 대신 천적 곤충을 날려 보내는 광경을 볼지도 모를 일입니다. 그런 날이 오길 손꼽아 기다립니다.

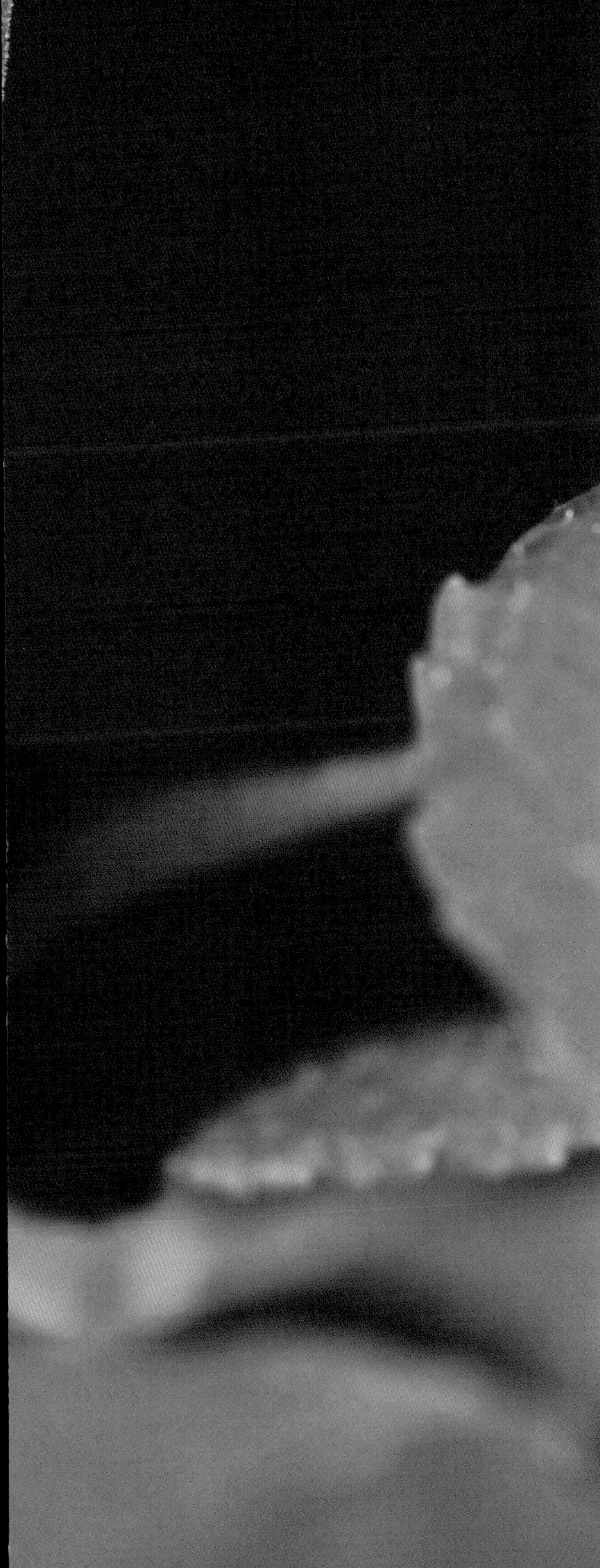

뽀글뽀글
거품 둥지 튼

갈잎거품벌레

갈잎거품벌레의 수액 식사

갈잎거품벌레 어른벌레가
나무즙을 빨아 먹고 있습니다.

벌레마다 생김새가 다르듯이
사는 방법도 저마다 다릅니다.
4월 말쯤 버드나무를 유심히 살펴보면
어린 줄기에 누군가 가래침을 '칵' 한 바가지 뱉어 놓은 것 같은
거품 덩어리가 붙어 있습니다.
더럽다고 얼른 피하기 일쑤인데 그럴 필요 없습니다.
놀랍게도 거품 덩어리 속에는 조그만 곤충들이 살고 있습니다.
그래서 이름도 거품벌레입니다.
녀석들 둥지가 침 같은 방울로 겹겹이 쌓여 있어
'침 뱉는 벌레'라고도 불립니다.
서양에서는 녀석을 '뱀이 내뱉는 침'이라고도 하고,
뻐꾸기가 노래하는 시기에 볼 수 있기 때문인지
'뻐꾸기 침'이라고도 합니다.

능수버들

애벌레가 만든 집
거품 둥지

햇빛이 눈부신 4월, 버드나무에서 비누 거품 같은 액체 덩어리가 뽀글뽀글 줄기를 타고 줄줄 흘러내립니다. 거품 방울을 살살 비벼 보면 미끈거리고 끈적거리는 게 정말 침 같습니다. 재미있게도 수많은 거품 방울 크기가 하나같이 거의 비슷합니다. 거품 둥지 속에는 피부가 야들야들하고 연약한 갈잎거품벌레 애벌레가 숨어 있습니다. 갑작스러운 침입자 방문에 당황했는지 거품을 만들고 있던 한 녀석이 이미 만든 거품 속으로 재빨리 기어 들어갑니다.

피부가 약해 만지기만 해도 상처가 날 것 같은 애벌레에게 이 험난한 세상을 살아가기 위한 무기는 다름 아닌 안전 벙커인 거품 둥지입니다. 애벌레는 거품을 만들어 자기 몸을 거품 속에 숨겨 놓아 천적에게 들키지 않습니다. 설령 천적이 녀석들을 발견해도 거품 덩이에 지레 겁먹고 도망가기도 합니다. 그뿐만 아닙니다. 거품 덩어리는 쨍쨍 내리쬐는 태양의 직사광선을 막아 녀석들의 연약한 피부를 보호하기도 합니다. 거품벌레가 자연 세계에서 사라지지 않고 지금까지 대를 이어 온 것도 이 거품 둥지라는 특별한 무기를 개발했기 때문입니다.

방어 무기인 거품은 어디서 만들까요? 바로 배 꽁무니에서 만듭니다. 말하자면 항문이 거품 무기 생산 공장입니다. 거품 방울은 항문에서 나오는 액체성 물질과 마지막 배마디에 있는 분비샘에서 나오는 끈적끈적한 점액성 분비물이 합쳐진 것입니다. 한번 거품을 살살 걷어 내어 애벌레를 햇빛에 노출시켜 보세요. 녀석은 햇빛

갈잎거품벌레 애벌레가 만든 거품이다. 이 거품은 애벌레가 나무즙을 빨아 먹고 싼 물똥이다.

을 피해 거품 둥지 속으로 숨으면서 항문으로 꼬물꼬물 거품 방울을 내기 시작합니다. 배를 위아래로 천천히, 조금씩 구부렸다 폈다 하면 항문에 거품 방울이 맺힙니다. 거품 방울이 똑 떨어지면 또다시 배를 꼬물거려 거품 방울을 만듭니다. 이때 가슴 옆구리에 붙은 날개 싹이 보일락 말락 움직여 바람을 일으킵니다. 녀석은 거품 방울이 만들어지면 뒷다리로 밀어내고 또 만들어 밀어내기를 되풀이합니다. 마침내 온몸이 거품 방울로 뒤덮입니다.

거품벌레들도 좋아하는 식물이 있어서 저마다 사는 집이 정해져 있습니다. 소나무에 사는 녀석, 찔레나무에 사는 녀석, 단풍나무에 사는 녀석, 딸기나무에 사는 녀석처럼 여러 가지입니다. 그중에서 버드나무에서 뽀글뽀글 거품을 내뿜고 사는 녀석이 있습니다. 우리나라 방방곡곡에 쫙 깔려 있는 갈잎거품벌레입니다. 특이하게도 갈잎거품벌레 어른벌레와 애벌레는 살아가는 방식이 서로 다릅니다. 애벌레는 거품 둥지 속에 숨어서 식물즙을 빨아 먹고 살지만, 어른벌레는 거품 둥지에서 벗어나 자유롭게 나무줄기를 타고 장돌뱅이처럼 돌아다니며 삽니다.

엄청나게 물 먹는 애벌레

갈잎거품벌레 애벌레가 거품을 만들고 있다.

갈잎거품벌레 어른벌레와 애벌레가 먹는 밥은 무엇일까요? 바로 나무즙입니다. 녀석들은 여느 매미류처럼 빨아 먹는 주둥이(흡수형)를 가졌습니다. 이 주둥이는 작은턱과 아랫입술이 침처럼 뾰족하게 바뀐 것인데, 나무줄기나 풀 줄기를 뚫어 액체를 잘 빨아들일 수 있습니다. 특이하게도 액체를 잘 빨아들이도록 구강(입, cibarium)이나 인두(머리, pharynx) 일부가 강력한 펌프 역할을 합니다. 그래서 각각 '구강펌프, 인두펌프'라고 합니다.

녀석들은 영양분보다 물이 많은 물관부에서 즙을 빨아 먹고 삽니다. 물관부 즙은 99퍼센트 정도가 물입니다. 곤충은 물리적으로 체관부 즙보다 물관부 즙을 빨아 먹는 게 훨씬 더 힘이 듭니다. 체관부 즙은 중력 힘을 받아 아래쪽으로 흐르기 때문에 주둥이를 꽂기만 해도 즙을 마실 수 있습니다. 하지만 물관부 즙은 중력의 반대쪽으로 흐르기 때문에 빨아 먹기가 힘듭니다. 잎에서 물이 증발할 때 물관부 즙이 위로 끌려 올라가기 때문에 중력과 반대 방향에서 압력을 받습니다. 그러니 거품벌레는 식물즙을 성공적으로 빨

갈잎거품벌레 애벌레가 거품을 만들고 있다.

아들이기 위해서는 물을 퍼 올리는 펌프 같은 역할을 해 줄 기관이 필요합니다. 그 펌프가 거품벌레에게 있습니다. 신기하게도 녀석들은 윗입술과 혀 사이에 힘세고 강력한 '구강펌프(civarial pump)'가 있습니다. 이 먹이를 빨아들이는 펌프는 이마방패(두순)와 이어져 있습니다. 사람이 펌프 손잡이를 움직이듯이 구강펌프를 움직이는 근육이 바로 이마방패 속에 있는 근육입니다. 그래서 거품벌레의 이마방패는 잘 발달되어 앞으로 툭 불거져 나와 있습니다.

펌프 덕분에 빠는 힘이 좋기도 하지만, 질소를 충분히 얻기 위해서 거품벌레는 몸에 필요한 양보다 훨씬 많은 물을 빨아들입니다. 이렇게 넘치게 빨아들이니 물이 남아돌겠지요. 그럼 남은 물은 어떻게 될까요? 남은 물은 가운데창자(중장)에서 소화되지 않고 가운데창자 부분에 붙어 있는 여과실(filtering chamber) 안으로 흡수되어 배설물을 나르는 뒤창자(후장)로 곧바로 보내집니다. 그런 다음 항문을 통해 밖으로 빠져나옵니다. 이렇게 나온 배설물이 바로 거품 방울입니다. 누가 가르쳐 주지 않았을 텐데, 남는 물을 쓸모 있게 이용하는 법을 알고 있는 게 신통방통할 뿐입니다.

거품 둥지 속에서 일어나는 일

이제 갈잎거품벌레 애벌레가 버드나무에서 어떻게 밥을 차려 먹는지 볼까요? 알에서 깨어난 애벌레는 연한 새 나뭇가지 즙을 먹으면서 거품을 냅니다. 애벌레는 평생을 거품 둥지 속에서 지내며 나무즙을 열심히 빨아 먹고 자라지요. 녀석들은 안갖춘탈바꿈(불완전변태)을 하기 때문에 여러 번 허물을 벗으며 몸을 키운 뒤 곧장 어른벌레가 됩니다. 번데기 과정 없이 말입니다. 새끼는 날개가 없는 것만 빼고는 어미와 생김새가 거의 닮았습니다.

거품 속에 갈잎거품벌레 애벌레들이 잔뜩 모여 있다.

보통은 한 거품 둥지에서 여러 마리가 모여 살지만, 둥지가 있는 줄기에 수액이 부족하다 싶으면 각자 다른 줄기로 흩어져 거품 둥지를 만들고 식사를 합니다. 거품벌레 애벌레들은 허물을 네 번쯤 벗어야 어른벌레가 될 수 있습니다. 만일 허물을 벗지 않으면 커진 몸이 큐티클로 된 질긴 갑옷에 갇혀 죽게 됩니다. 그러니 때가 되면 목숨 걸고 허물을 벗어야 합니다.

5월 중순쯤 운 좋게도 버드나무에서 다 자란 종령 애벌레를 찾았습니다. 몸길이가 5밀리미터도 족히 넘으니 관심을 조금만 기울이면 눈에 잘 띕니다. 훌떡 벗겨진 대머리, 눈 아래쪽까지 쭉 찢어진 입틀, 불그스름한 눈은 머리 옆쪽으로 툭 튀어나와 영락없는 '왕눈이 개구리'입니다. 날개는 아직은 다 자라지 않아 날 수 없고, 대신에 날개 싹만 조금 붙어 있습니다. 아! 그런데 이게 웬일입니까? 낌새를 보니 녀석이 어른벌레가 되려나 봅니다. 허물을 벗으려고 꿈적거립니다. 날개돋이 장면을 보다니 완전 대박 난 날입니다.

거품 둥지에서 빠져나온 종령 애벌레는 천적 눈에 띄지 않게 나뭇잎이나 줄기 따위에 붙어 허물 벗을 준비를 합니다. 다리에 붙어 있는 길고 짧은 가시털이나 발톱으로 나뭇잎이나 줄기를 꼭 붙잡고서 말입니다. 아마도 이렇게 매달려 허물을 벗는 데는 중력의 힘이 작용하겠지요. 허물을 벗을 때는 내분비 기관의 조절을 받는데,

거품 둥지 속에 주홍빛 어린 애벌레가 보인다.

허물벗기 호르몬, 탈피 호르몬 같은 여러 호르몬이 몸에 있는 운동 신경을 활성화시킵니다. 그 영향으로 근육이 늘어나고 줄어드는 수축과 이완 운동이 일어납니다. 또한 들이마신 공기 압력을 이용해 혈림프를 몸 앞쪽으로 모이게 합니다. 그러면 머리에서 가슴 등판까지 이어진 탈피선이 갈라지기 시작합니다. 갈라진 탈피선을 비집고 어른 거품벌레 가슴과 머리가 슬슬 나오기 시작합니다. 쭉 찢어진 입, 튀어나온 겹눈, 쭈글쭈글한 날개, 그리고 다리가 차례차례 나옵니다. 가슴까지 나오자 녀석은 힘이 많이 드는지 한참을 쉽니다. 잠시 뒤 몸을 뒤로 활처럼 휘면서 머리 부분을 확 젖힙니다. 그러자 배가 서서히 모습을 드러내며 허물 속에서 빠져나오기 시작합니다. 배까지 빠져나오면 다리 여섯 개로 허물(탈피각)을 붙잡고 젖힌 몸을 바로잡습니다.

드디어 날개돋이에 성공했습니다. 아직은 몸이 굳지 않아 몸 표

거품벌레류 애벌레가 날개돋이 한 허물이 잎에 붙어 있다.

면이 투명하고 연약하지만. 애벌레에서 어른벌레로 성공적으로 탈바꿈한 녀석은 허물 위에 앉아 쉬고 있습니다. 시간이 지나면서 날개맥에 혈림프가 통하면 우글쭈글 접혔던 날개가 활짝 펴집니다. 이제 나뭇잎에 매달려 몸이 굳기만 기다리면 됩니다. 몸이 굳으면(경화) 연약했던 몸 표면이 단단해지고, 허연색이던 몸 색깔도 여러 색소가 가라앉으며 짙어집니다.

이렇게 종령 애벌레가 허물을 벗기 시작해 어른벌레가 되기까지 한 시간쯤 걸렸습니다. 허물을 빠져나와 몇 십 분이 지난 뒤 몸이 다 말라 딱딱해진 어른벌레는 나무줄기 사이사이를 튀면서 옮겨 다니며 나무즙을 빨아 먹습니다. 식사를 하다가 들키기라도 하면 몸을 나무줄기 뒤로 스르륵 숨깁니다. 하지만 위험하다 싶으면 지체 없이 높이 뛰어 도망갑니다. 얼마나 빠른지 눈 한 번 깜박할 사이에 없어집니다. 다른 벌레들과 마찬가지로 어른 거품벌레가 해야 할 가장 중요한 일은 자손을 남기는 것입니다. 암컷과 수컷은 나뭇가지 사이에 숨어 짝짓기를 하고 암컷은 알을 낳을 때까지 열심히 나무즙을 빨아 먹습니다.

갖춘탈바꿈과
안갖춘탈바꿈

곤충은 분업이 잘 되어 있습니다. 애벌레, 번데기, 어른벌레 역할이 저마다 나뉘어 있습니다. 그래서 생김새도 다르고, 더듬이나 다리처럼 몸에 붙어 있는 부속지도 다르고, 기관의 기능도 다릅니다. 애벌레는 열심히 먹고 성장하는 일에, 번데기는 어른으로 탈바꿈하기 위한 준비에, 어른벌레는 자손을 낳고 더 좋은 환경을 찾아가는 일에 온 힘을 다 쏟습니다.

애벌레가 어른벌레가 되기 위해서는 종에 따라 안갖춘탈바꿈(불완전변태)과 갖춘탈바꿈(완전변태) 과정을 거쳐야 합니다.

안갖춘탈바꿈을 하는 무리는 애벌레와 어른벌레 생김새가 거의 비슷합니다. 애벌레 조직과 기관 등이 점점 자라나서 어른벌레가 되면 완전히 성숙해집니다. 다시 말해 애벌레가 날개와 생식 기관 같은 주요 기관들을 이미 가지고 있기 때문에 번데기 시기가 필요 없는 것입니다. 성장한 종령 애벌레가 허물만 벗으면 어른벌레가 되는 것이지요. 또 이들 무리는 거의 모두 애벌레와 어른벌레가 같은 종류의 먹이를 먹습니다. 그러다 보니 살아가는 환경도 거의 같고, 환경 영향도 거의 똑같이 받습니다.

갖춘탈바꿈을 하는 무리는 애벌레와 어른벌레 생김새와 생리가 많이 다릅니다. 애벌레와 어른벌레 몸 구조가 굉장히 다르다 보니 애벌레 몸 구조가 확 바뀌어야만 어른벌레가 될 수 있습니다. 애벌레가 가지고 있지 않은 어른벌레 몸 조직과 기관을 새로 만들어야 하니 엄청나게 큰 변화가 일어나야 하는 것입니다. 그래서 몸 구조가 제대로 바뀌기 위해 번데기 단계가 필요합니다. 종령 애벌레는 번데기가 될 장소에 가서 마지막으로 허물을 벗으면 번데기가 됩니다. 땅속이나 잎사귀 뒤 같은 방해를 가능한 덜 받는 곳에서 번데기를 만듭니다. 이 무리는 번데기가 되어야 비로소 날개도 새로 생기고, 생식 기관도 새로 생기기 시작합니다. 이들 가운데 몇몇

노랑얼룩거품벌레가 알을 낳고 있다.

무리는 어른벌레와 애벌레가 다른 종류의 먹이를 먹기 때문에 사는 곳이 다른 경우도 있습니다.

그렇다면 갖춘탈바꿈을 하는 무리와 안갖춘탈바꿈을 하는 무리 가운데 어떤 무리가 환경에 적응하는 데 더 유리할까요? 갖춘탈바꿈을 하는 무리와 안갖춘탈바꿈을 하는 무리의 비율은 자연 세계에서 87 대 13으로 갖춘탈바꿈을 하는 무리가 훨씬 많습니다. 갖춘탈바꿈 무리가 안갖춘탈바꿈 무리보다 수적으로 훨씬 많기 때문에 환경에 적응하는 데 더 유리했을 것으로 짐작하고 있습니다.

갖춘탈바꿈이 생존에 더 유리한 까닭을 찾아보면 우선 갖춘탈바꿈 무리 애벌레와 어른벌레는 대개 먹이가 다르고, 먹이가 다르니 사는 곳도 다릅니다. 어른벌레와 애벌레가 먹이 등을 두고 서로 경쟁할 필요가 없는 것이지요. 또 애벌레는 오직 몸집을 불리기 위해 먹는 일에만 전념하면 되고, 번데기는 몸 구조를 바꾸는 일에만 전념하면 되고, 어른벌레는 자손 낳는 일에만 전념하면 됩니다. 어른벌레는 자기 몸을 더 크게, 더 튼튼하게 키우지 않아도 되기 때문에 먹는 데 많은 시간과 에너지를 소비할 필요가 없습니다. 생식 활동에 필요한 만큼만 먹고 짝짓기 해 알 낳는 데만 몰두하면 됩니다. 이렇게 각 단계별로 역할이 분업화되어 있고, 먹이가 다르다는 점이 생존에 더 유리하게 작용했을 것으로 보입니다.

그러나 안갖춘탈바꿈 무리는 애벌레와 어른벌레 먹이가 같고, 그러니 거의 같은 장소에서 생활합니다. 먹이 등을 두고 서로 경쟁을 할 수도 있습니다.

두 무리 애벌레가 어른벌레가 되기까지 먹어 치우는 먹이 양을 연구 조사한 자료에 따르면 결과가 흥미롭습니다. 안갖춘탈바꿈 무리 애벌레가 더 많은 양을 먹었습니다. 먹는 양이 많을수록 먹이 경쟁이 심할 것이고, 이것이 진화 면에서 불리하게 작용해 결과적으로 갖춘탈바꿈 무리가 훨씬 많이 살아남은 것이 아닐까 추측하고 있습니다.

높이뛰기 왕은 벼룩일까, 거품벌레일까?

여태까지 높이뛰기 선수하면 벼룩을 일등으로 쳤습니다. 과연 벼룩보다 더 높이뛰기를 잘하는 선수가 있을까요? 있습니다. 바로

노랑무늬거품벌레

어리광대거품벌레

어른 거품벌레입니다. 10년 전쯤까지만 해도 몸길이가 3밀리미터인 벼룩이 33센티미터까지 뛸 수 있어 높이뛰기 세계 기록 보유자였습니다. 하지만 몸길이가 6밀리미터밖에 안 되는 거품벌레는 무려 70센티미터까지 뛰어 세계 신기록을 깬 셈입니다. 사람으로 치면 63빌딩을 단박에 뛰어오르는 것과 같습니다. 흥미롭게도 최근에 영국 케임브리지대학교 동물학과 교수인 버로스(Burrows, M.)가 갈잎거품벌레와 종이 다른 거품벌레(*Philaenus spumarius*)를 연구해 이런 사실을 알아냈습니다.

거품벌레가 이렇게 높이뛰기 챔피언이 된 비결은 무엇일까요? 그 비결은 뒷다리 한 쌍에 숨어 있습니다. 녀석들은 뒷다리와 이어진 가슴근육에 에너지를 모아 두고 있다가 그 에너지를 새총 쏘듯이 순간적으로 내뿜습니다. 가슴근육은 거품벌레 몸무게의 11퍼센트나 차지하기 때문에 근육을 수축해 힘을 충분히 모은 다음 발사하면 엄청나게 높이 튀어 오를 수 있습니다. 놀랍게도 이렇게 튀어 오를 때 거품벌레에게 가해지는 중력은 자기 몸무게의 400배나 됩니다. 자기 몸무게보다 400배나 강한 힘을 내니 벼룩보다도 3배나 빠른 속도로 튀어 오를 수 있는 것이죠. 이에 비해 벼룩은 자기 몸무게의 135배까지 힘을 내고, 사람은 자기 몸무게의 두세 배쯤까지 힘을 냅니다.

거품벌레는 높이뛰기 신기록에 아무런 관심이 없습니다. 이렇게 높이 뛰는 행동은 포식자나 천적을 만났을 때 재빨리 도망치려는 결사적인 몸부림입니다. 그 작은 몸집에서 그런 폭발적인 힘이 나온다니 한편으론 경이롭고, 또 한편으론 자연 세계의 생존 경쟁이 얼마나 치열한지가 느껴져 안쓰럽기도 합니다.

거품벌레의 존재 의미

버드나무를 찾은 거품벌레를 둘러싸고 여러 생명체들이 고리처럼 얽혀 살아갑니다. 재미있는 예가 있습니다. 거품벌레가 많이 빨아 먹은 버드나무에서는 잎이 더 많이 생겨 그 나무에 잎말이나방 같은 다른 벌레들이 평소보다 더 많이 몰려듭니다. 또한 거품벌레를 먹고 살아가는 포식성 곤충 수도 늘어나고, 새들도 더 자주 오고 갑니다. 거품벌레는 에너지 생산 공장인 나무즙을 먹으면서 동시에 포식자의 먹이가 되는 것입니다. 거품벌레는 생태계 순환에서 결코 없어서는 안 될 소중한 존재이지요.

갈잎거품벌레 어른 벌레 얼굴 모습

하지만 인간의 잣대로 보면 거품벌레는 나무를 해치는 해충입니다. 새 나뭇가지에 주둥이를 박고 나무즙을 빨아 대니 나무가 쇠약해지고, 어떤 때는 빠는 주둥이를 통해 옮겨진 병원균 때문에 그을음병에 걸려 나뭇가지가 시커멓게 되기도 합니다. 하지만 자연 세계에서는 해충이란 결코 없습니다.

거품벌레는 공원이든 산골이든 어디서든 먹이식물만 있으면 거품을 내며 살아갑니다. 사람들은 공원 나무를 잘 관리한답시고 살충제를 뿌립니다. 벌레는 다 죽이고 너무도 말끔한 나무만 남게 하자는 것이지요. 자연은 너무도 영리해서 스스로 조절하는 힘을 가졌습니다. 인간 활동에 치명적인 방해가 되지 않는다면 여러 생물체가 어우러져 살아가도록 그냥 지켜보는 것만으로도 그들을 도와주는 것입니다.

갈잎거품벌레가 연두어리왕거미에게 붙잡혔다.

오리나무를
찾아 먹는

오리나무잎벌레

오리나무 잎사귀

오리나무잎벌레는
오리나무 잎을 먹고 삽니다.

옛날에는 거리를 알기 위해 나무를 심었습니다.
5리마다 심은 나무를 오리나무,
10리마다 심은 나무를 시무나무라고 했습니다.
5리는 2킬로미터쯤 되는 거리인데,
오리나무는 2킬로미터마다 심었던 나무였던 것이지요.
오리나무는 원래 호숫가나 늪지처럼
습기가 많은 땅에서 자라는 큰키나무입니다.
또 햇빛보다는 그늘에서 잘 자라니
그 잎을 먹고 사는 오리나무잎벌레도
축축하고 그늘진 곳에서 많이 발견됩니다.
오리나무잎벌레는 물오리나무나 사방오리나무 같은
오리나무속 나뭇잎을 먹고 삽니다.

오리나무

봄에 나타난
어른 오리나무잎벌레

장마가 끝난 무렵인 8월이면 무더위가 한창입니다. 곤충을 조사하러 여름에 북한산을 오른 적이 있습니다. 산 길목에 서 있는 물오리나무에 사파이어 보석 같은 잎벌레가 다닥다닥 붙어 있습니다. 멀리서 봐도 오리나무잎벌레인 걸 한눈에 알아볼 수 있습니다. 높이가 3미터나 되는 물오리나무 잎사귀마다 오리나무잎벌레가 달라붙어 뜯어 먹고 있습니다. 잎맥만 남기고 잎살만 뜯어 먹어 잎사귀에는 망사 같은 구멍이 숭숭 나 있습니다. 오리나무잎벌레는 딱정벌레목에 속한 잎벌레과 식구로 오리나무 종류를 먹고 산다고 이런 이름이 붙었습니다.

오리나무잎벌레는 일 년에 딱 한 번 번식합니다. 어른벌레는 몸 크기가 8밀리미터쯤이나 되니 잎벌레치고는 제법 큰 편입니다. 잎벌레류 크기는 보통 2~15밀리미터쯤 됩니다. 생김새는 타원형이고, 몸빛은 짙은 군청색이며 번쩍번쩍 광택까지 납니다. 땅속에서 겨울을 난 어른벌레는 오리나무 새순이 돋는 4월쯤에 나옵니다. 새로 돋아난 오리나무 잎을 먹으러 나온 것입니다. 겨우내 굶주린 배를 채우려고 오리나무 밑동에 돋은 잎사귀부터 먹기 시작해 위쪽으로 올라가며 먹습니다. 그런데 먹는 방법이 특이합니다. 잎살만 먹고 잎맥을 고스란히 남겨 둡니다. 그래서 먹은 자리가 마치 망사 스타킹 같습니다. 잎맥이 다 말라 버리면 잎이 붉게 바뀌면서 시들어 갑니다. 이렇게 잎사귀를 먹으면서 어른벌레는 5월 초순까지 활동합니다.

땅속에서 겨울잠을 자던 오리나무잎벌레는 어떻게 봄이 온 걸 알고 오리나무를 찾아올까요? 봄이 되면 녀석들 몸에서 생체 시계가 작동해 바깥 온도가 따뜻해지고 낮 길이가 시나브로 길어지는 걸 알아챕니다. 그러면 겨울잠 모드에서 서서히 깨어나 활동 모드로 바뀝니다. 오리나무 둘레 땅속 생활을 청산하고 한살이를 위한 고된 삶을 시작해야 하는 것이지요. 땅 위로 올라온 녀석들이 맨 먼저 하는 일은 먹이식물인 오리나무를 찾는 일입니다.

잘 알다시피 오리나무잎벌레는 오리나무가 풍기는 냄새에 이끌려 찾아와 식사를 합니다. 오리나무의 냄새 물질은 초식성 곤충에게 먹히지 않으려고 뿜어내는 방어 물질입니다. 오랜 기간 동안 공진화 과정을 거쳐 초식성 곤충들은 식물이 내는 방어 물질을 극복하고 적응해 그 식물을 먹을 수 있게 되었습니다. 이렇게 해서 특

물오리나무에 오리나무잎벌레가 떼로 몰려들었다.

정 곤충이 먹는 특정 숙주 식물이 생겨난 것입니다. 잎을 주식으로 먹는 거의 모든 잎벌레들은 자기가 먹을 수 있는 숙주 식물이 정해져 있습니다.

오리나무잎벌레도 마찬가지입니다. 오리나무는 자신을 방어하기 위해 헥사놀(hexanol) 계열의 물질을 뿜어냅니다. 하지만 이 물질은 오리나무잎벌레를 유혹하는 향수가 되어 버렸습니다. 오리나무가 내뿜는 방어 물질이 되레 오리나무잎벌레에게는 식욕 자극제가 된 것입니다.

이렇게 오리나무 잎사귀를 찾아온 녀석들은 오리나무 잎을 먹다가 암컷과 수컷이 서로 끌리면 짝짓기를 합니다. 짝짓기를 할 때는 여느 잎벌레처럼 수컷이 암컷 등에 올라탑니다. 짝짓기를 마친 암컷은 잎사귀 뒷면에 노란 알을 60개에서 70개쯤 낳습니다. 이

오리나무잎벌레가 짝짓기를 하고 있다.

오리나무잎벌레 암컷이 알을 낳고 있다. 몸에는 송홧가루가 묻어 있다.

때 부속샘에서 아교질이 분비되어 알들은 서로 떨어지지 않고 나란히 줄 맞춰 붙어 있습니다. 또 알 하나하나가 난황막과 난각으로 둘러싸여 있고, 난각의 왁스층은 수분 증발을 막습니다. 모든 생물이 그렇듯 곤충 또한 종족 보존을 위해 알 낳는 일이 매우 중요합니다. 적당한 때에 알을 낳지 않으면 알이 제대로 발달하지 못합니다. 더욱이 애벌레는 이동성이 낮기 때문에 애벌레가 먹을 먹이식물에 알을 낳지 않으면 알에서 나온 애벌레가 살 수 없습니다.

오리나무잎벌레 말고도 참금록색잎벌레 또한 오리나무 잎을 먹고 삽니다. 오리나무잎벌레와 습성도 비슷하고 출현 시기도 비슷합니다.

애벌레의 깜찍한 생존 작전

10일쯤 지나 알에서 깨어난 애벌레는 오리나무 잎을 먹으며 무럭무럭 자랍니다. 두 번 허물을 벗고 종령인 3령 애벌레가 되기까지 20일쯤 걸립니다. 애벌레 몸 색깔은 검은색이며 몸 겉에는 털과 크고 작은 돌기가 줄지어 있습니다.

애벌레를 건드리면 몸을 꿈틀거리며 방어 물질을 내뿜습니다. 돌기 사이에 나 있는 털이 둘레에서 벌어지는 변화를 잘 알아차리기 때문입니다. 얼마나 예민한지 사진을 찍으려고 카메라만 들이대도 돌기 속에 감추고 있던 속살이 풍선 주머니처럼 불쑥 튀어나

오리나무잎벌레가 낳은 알

옵니다. 풍선 주머니 같은 속살에서는 이슬 같은 액체 물질이 방울방울 맺힙니다. 손으로 만져 보니 끈적끈적합니다. 이 물질은 자기 몸을 지키는 화생방 무기입니다. 녀석은 천적을 만나거나 위험에 처하면 돌기 속의 약한 피부를 파괴해 방어 물질을 방출합니다. 방출할 때는 방어 물질이 끈적거리지 않지만 공기와 접하면서 점차 끈적거려 천적의 행동을 부자연스럽게 합니다. 신기하게도 아무리 많은 양을 내뿜어도 애벌레가 발육하는 데는 아무런 지장이 없습니다.

그런데 어떻게 돌기에서 속살이 튀어나올 수 있을까요? 구멍이라도 있나? 돌기를 핀셋으로 살살 들춰 보니 과연 돌기에 구멍을 감춰 두었습니다. 돌기에는 타원형 구멍이 나 있습니다. 살짝 건드리기만 해도 곧바로 돌기가 뒤집어지면서 속살이 풍선처럼 불쑥 올라옵니다. 뒤집힌 피부에 체액이 이슬처럼 영롱하게 방울방울

오리나무잎벌레 애벌레는 몸속에 있는 돌기를 뒤집어 내민 뒤 방어 물질을 내뿜는다.

맺힙니다. 물론 그 방어 물질의 원료는 오리나무 잎에서 얻은 것입니다. 오리나무 잎을 먹으면서 오리나무가 가진 독성 물질을 몸속에 모아 두었다가 위급한 상황이 발생하면 방어 물질을 만드는 것이지요.

오리나무잎벌레 애벌레는 방어 물질을 내뿜는 구멍이 난 돌기를 모두 9쌍 가지고 있습니다. 가슴에 2쌍, 배마디에 7쌍 있습니다. 그중에서 가슴에 있는 구멍이 유난히 큽니다. 혹독한 환경에서 살아남고자 이 모든 구멍을 뒤집어 적을 위협하고, 또 한꺼번에 방어 물질을 만들어 뿜어 대니 천적이 혼비백산해 도망가기도 합니다.

결국 오리나무 잎사귀는 오리나무잎벌레에게 밥집이기도 하고, 짝짓는 신방이기도 하고, 알 낳는 산부인과이기도 하고, 애벌레를 키우는 육아실이기도 합니다. 만약 오리나무 가족이 사라지면 오리나무잎벌레는 살길이 막막해집니다.

이렇게 자라서 성숙해진 종령 애벌레는 오리나무 둘레 땅속으로 들어가 번데기가 됩니다. 이때 번데기 모습은 번데기의 한 형태인 나용(exarate pupa) 상태입니다. 나용 번데기에는 더듬이나 다리, 입틀 같은 어른벌레 부속지가 눈으로도 잘 보입니다. 번데기 기간은 번데기가 되기 전 앞번데기 단계인 전용 기간(prepupa)이 6일, 번데기 기간이 8일로 모두 14일쯤 됩니다.

이렇게 보름쯤 번데기 기간을 마치고 어른벌레로 날개돋이 한 오리나무잎벌레는 곧바로 오리나무 잎을 찾아 식사를 왕성하게 합니다. 우리가 여름철에 보는 오리나무잎벌레는 봄에 낳은 알에서 한살이를 마친 녀석들입니다. 매우 특이한 것은 여름철에는 오리나무잎벌레가 짝짓기를 하지 않습니다. 오랫동안 야외 관찰을 하

번데기가 되기 바로 전 오리나무잎벌레 애벌레

면서 단 한 번 짝짓기를 시도하는 경우만 본 적이 있습니다. 수컷이 암컷에게 짝짓기를 하자고 줄곧 달려들며 치근댑니다. 하지만 암컷은 딱지날개와 뒷날개를 펼치며 수컷 요구를 거부합니다. 암컷과 수컷 사이에 실랑이가 오랫동안 벌어졌고, 결국에는 짝짓기가 실패했습니다. 다 큰 어른벌레들이 왜 짝짓기를 하지 않을까요? 이 시기 녀석들은 겉모습은 어른벌레지만 성적으로는 성숙되지 않아 짝짓기를 할 수 없기 때문입니다. 그런데도 짝짓기를 시도하다니, 그 수컷은 혹시 돌연변이가 아닐까요?

아홉 달 동안 잠만 자는 잠꾸러기 어른벌레

여름에 날개돋이 한 어른벌레는 어떻게 지낼까요? 어른벌레는 오리나무 잎을 먹으며 보름쯤 영양 보충을 한 다음 8월 말쯤에 땅속으로 다시 들어가 잠을 잡니다. 이런 경우를 '휴면(diapause)'이라고 합니다. 휴면에는 겨울잠과 여름잠이 있습니다. 낮 길이, 온도, 습도 같은 여러 환경 조건이 바뀌면 곤충은 자신의 발육을 정지시키는 휴면 상태에 들어가는 것이지요. 곤충의 경우 대부분 휴면 기간이 짧은 편입니다. 하지만 오리나무잎벌레 어른벌레는 여름에 휴면에 들어가면 거의 아홉 달 동안이나 땅속에 있습니다. 이 기간 동안에는 오리나무잎벌레 암컷 몸속에 있는 알이 전혀 발육하지 않습니다. 그래서 오리나무잎벌레의 휴면을 '생식 휴면'이라

오리나무잎벌레 암컷이 짝짓기를 거부하고 있다.

고도 합니다. 또한 오리나무잎벌레는 휴면 기간 동안 광주기와 온도 같은 외부 환경이 어떻게 바뀌든 전혀 영향을 받지 않습니다. 말하자면 오리나무잎벌레의 발달 단계 중에 반드시 휴면을 취하도록 생체 리듬이 프로그램화 되어 있는 것입니다.

그런데 녀석들이 8월 말쯤부터 휴면 상태에 들어가 이듬해 봄까지 줄곧 휴면 상태로 지내는지 또는 휴면 상태와 일시적인 잠을 자면서 활동을 멈추는 휴지(quiescence) 상태를 함께하는지는 아직 밝혀지지 않았습니다. 오리나무잎벌레 암컷은 이듬해 봄에 휴면에서 깨어나면 오리나무 잎을 먹기 시작합니다. 먹이 활동을 해야 비로소 난소가 발육하기 시작합니다. 난소가 발육해야 알이 발육할 수 있습니다. 또 알이 발육하려면 난황이 있어야 하는데, 오리나무잎벌레 암컷은 날개돋이 한 뒤에 난황이 형성되긴 하지만 일정 기간이 지나야만 알을 낳을 수 있습니다. 오리나무잎벌레 암컷의 생식 기능에는 먹이 활동뿐만 아니라 발육 정지 기간 동안 생기는 생리적 변화도 영향을 주는 것으로 보입니다. 이렇게 거의 아홉 달 동안이나 먹지 않아도 죽지 않는 것은 그 기간 동안 에너지 소비가 거의 이뤄지지 않기 때문입니다.

휴면과 휴지

오리나무잎벌레 어른벌레

곤충을 비롯한 동물들은 외부 환경이 너무 춥거나 너무 덥거나

혹은 너무 건조하거나 너무 습하면 활동하기가 어렵습니다. 곤충은 계절 변화에 잘 적응하는데 온도, 습도, 먹이 같은 조건이 나빠지면, 휴면(diapause)이나 휴지(quiescence) 상태에 들어갑니다. 휴면은 겨울잠이나 여름잠을 자는 것이고, 휴지는 일시적인 잠을 자거나 활동을 멈추는 것입니다. 모두 외부 환경을 잘 이겨 내기 위한 곤충들의 생존 전략입니다.

휴면과 휴지에 들어간 곤충은 대사율이 매우 낮아지고 거의 활동을 하지 않는다는 면에서는 비슷하지만, 근본적으로는 다른 적응 방식입니다.

휴지

휴지는 환경 조건이 나빠지면 일시적으로 잠을 자는 것인데, 발육이 멈추었다가 외부 환경이 정상화되면 다시 활동을 재개합니다. 물론 때에 따라서 외부 환경이 정상화되는 데 시간이 오래 걸릴 수도 있고, 그러면 계속 휴지 상태로 있습니다.

휴면

휴면은 열대나 아열대에 기원을 둔 곤충들이 생활권을 온대나 한대 지방으로 넓혀 가는 진화 과정에서 획득한 유전 형질입니다. 계절 영향으로 낮 길이가 짧아지는 것 같은 환경 조건이 달라지면 발육이 멈추었다가 반드시 일정 기간이 지나야만 활동을 재개하는 경우입니다. 겨울 추위를 이겨 내기 위한 겨울잠(동면, hibernation), 더운 여름을 이겨 내기 위한 여름잠(하면, aestivation)이 대표적인 경우입니다.

또한 환경 조건 외에도 일정 기간 휴면을 취해야 성장 발육이 이뤄지는 휴면 발육도 있습니다. 따라서 휴면에 들어가는 종들은 미리 준비할 수 있는 기간이 있기 때문에 여러 가지 생리적인 변화를 일으킵니다. 탄수화물이나 지방 같은 필수 영양소를 몸에 축적하거나, 표피층에 왁스층을 분비하거나, 색깔 변화 같은 일들이 일어납니다.

오리나무는 소우주

오리나무는 소우주입니다. 오리나무에서도 보이지 않는 치열한 먹이 전쟁이 일어납니다. 오리나무는 광합성을 해 풍부한 영양분을 만들어 내는 생산자입니다. 영양이 듬뿍 들어 있는 오리나무 잎을 오리나무잎벌레가 먹고 삽니다. 그리고 오리나무잎벌레를 기생벌이나 침노린재 같은 포식성 곤충이 잡아먹습니다. 가끔 남생이무당벌레도 찾아와 오리나무잎벌레 알이나 애벌레를 사냥하기도 합니다. 그리고 침노린재나 기생벌, 남생이무당벌레 자신은 벌이나 개구리의 밥이 됩니다. 또한 벌이나 개구리는 새나 뱀이나 포유류의 밥이 됩니다. 복잡한 먹이망이지요. 인간이 오리나무 가지를 치는 것만으로도 오리나무잎벌레 수가 줄어들어 조류, 파충류, 포유류 숫자 또한 줄어든다고 하니 먹이망으로 얽힌 자연의 질서는 오묘하기만 합니다.

오리나무잎벌레가
게거미한테 잡혔다.

과거 숲이 헐벗었을 때에는 산림녹화용으로 오리나무를 심었습니다. 오리나무는 빨리빨리 자라니 푸른 숲 가꾸기에 한몫했지요. 덩달아 오리나무잎벌레도 오리나무에 깃들어 살게 되었습니다. 하지만 현재 오리나무잎벌레는 해충으로 취급받고 있습니다. 오리나무 잎을 먹어 오리나무 성장을 방해하기 때문이지요. 과연 녀석들이 오리나무 잎을 뜯어 먹기 때문에 오리나무가 죽을까요? 오리나무잎벌레는 나무에 붙어 있는 잎 전체를 다 먹을 만큼 한 나무에 집중적으로 발생하는 경우는 드뭅니다. 오리나무잎벌레에게 잎이 다 뜯긴다 해도 8월쯤에 부정아가 나와 새잎이 돋기 때문에 오리나무는 죽지 않습니다. 또한 오리나무는 목재 이용 가치가 그렇게 뛰어나지 않아 살충제를 뿌리면서까지 관리하지 않아도 큰 문제가 일어나지 않습니다. 자연은 그냥 놔두기만 해도 그들만의 법칙으로 균형을 이루어 살아갑니다.

딱총나무
터줏대감

딱총나무 수염진딧물

딱총나무 꽃

노르스름한 딱총나무 꽃이 활짝 피었습니다.

이른 봄부터 숲속에서는 햇볕 전쟁이 날마다 일어납니다.
큰키나무들이 잎을 내기 전에 숲 바닥에서 자라는 풀들이
앞다투어 꽃을 피우고 잎을 냅니다.
키 작은 나무들도 큰키나무들 틈새에서 눈치 보며
서둘러 삐죽삐죽 새잎 내기에 한창입니다.
큰키나무가 자라기 시작하면 햇빛 구경은 물 건너갑니다.
덩치 큰 나무들 틈바구니에서 딱총나무가 용케도 새잎을 냈습니다.
무심결에 딱총나무 새잎을 들추는데, 물컹한 뭔가가 손에 닿더니
툭 터집니다. 참을 수 없는 징그러운 느낌.
그래서 본능적으로 쥐고 있던 잎을 팽개칩니다.
그러다 다시 궁금해 잎을 살살 들춰 보니 웬걸,
주황색 보석이 다닥다닥 붙어 있습니다.
말랑말랑한 피부, 주황색 몸뚱이, 제 몸길이만큼이나 긴 까만 더듬이,
엉덩이에 붙은 까만 침 같은 뿔.
모두 잎에다 머리 처박고 '엎드려뻗쳐' 자세를 하고 있습니다.
누구일까요? 바로 딱총나무수염진딧물입니다.
딱총나무를 먹고 살아서 붙여진 이름입니다.

곤충이 새끼를 낳아

딱총나무 새순과 새잎에는 딱총나무수염진딧물이 발 디딜 틈 없이 붙어 있습니다. 가문이 얼마나 번창하는지 날마다 새끼들이 태어나 또 다른 새순, 새잎으로 영역을 끊임없이 넓힙니다. 여러 번 허물 벗은 큰언니 진딧물, 허물 벗으려는 동생 진딧물, 이제 막 태어난 막내 진딧물, 새끼 낳고 있는 어미 진딧물 모두들 딱총나무 즙을 열심히 먹으며 왕국을 부지런히 넓혀 갑니다.

수많은 진딧물 가운데 유난히 눈에 띄는 배불뚝이 진딧물 몇 마리가 있습니다. 배가 풍선처럼 빵빵하게 부풀어 금방이라도 펑 터질 것 같습니다. 몸집이 새끼와 비교할 수 없게 큰 걸 보니 어미 진딧물이 틀림없습니다. 앉아서 녀석들을 조금만 관찰하면 어미의 분만 장면을 훔쳐볼 수 있습니다.

세상에, 곤충이 새끼를 낳는다고요? 물론입니다. 진딧물이 바로 그 주인공이죠. 마침 어미 진딧물이 새끼를 낳고 있습니다. 그런데 웬일입니까? 의사도 없고 간호사도 없고 조산원도 없이 혼자서 새끼를 낳는군요. 어미는 머리를 아래로 수그려 붙이고, 기다란 뒷다리로 몸을 지탱하면서 엉덩이를 하늘 쪽으로 치켜든 채 새끼를 낳고 있습니다. 꽁무니를 쳐들고 새끼 낳는 장면이 우스꽝스럽기도 합니다. 배 끝에서 투명한 분비물이 나오더니 새끼가 모습을 드러내기 시작합니다. 머리부터 시작해 굉장히 천천히 새끼 진딧물 몸이 나오기 시작합니다. 어미는 힘이 드는지 잠깐 잠깐 숨을 고릅니다. 잠시 뒤 '젖 먹던 힘'까지 다 쏟아 힘을 주니 어미 배 끝에서 새끼가 쏙 빠져나옵니다. 새끼 몸은 끈끈한 물기로 싸여 있습니다. 어미 산란관 옆에 있는 부속샘에서 새끼가 다치지 않고 잘 나오도록 윤활유가 나오기 때문입니다. 몸을 푼 어미는 기진맥진한 듯 움직이지 않고 가만히 앉아 쉽니다. 어미의 산고를 생각하니 가슴이 아립니다. 자식을 아무리 많이 둔들 무슨 소용이 있습니까? 이미 낳은 새끼들은 정신없이 자기들 배 채우느라 어미가 동생을 낳았는지, 어미가 힘들어하는지 관심조차 없습니다.

그래도 다행인 것은 어미 진딧물이 산고를 겪는 시간이 짧은 편입니다. 사람과 달리 어미가 새끼를 낳기까지 20분쯤 걸리니까요. 막 태어난 새끼 진딧물은 먼저 나온 언니 진딧물 옆에 있습니다. 어미 배 속에서 나와 10분쯤 쉬고는 천천히 몸을 움직입니다.

잠시 뒤 어미가 또 새끼를 낳기 시작합니다. 어미가 하는 일은 하루 종일 새끼 낳는 것입니다. 다행히 분만실이 곧 육아실이니 새끼를 돌보지 않아도 됩니다. 새끼들은 혼자서도 잘 먹고 잘 큽니다. 딱총나무 새순과 새잎에 빽빽이 모인 새끼들 중 한배에서 나온 녀석들은 태어난 순서대로 크기가 다릅니다. 새끼들이 많다 보니 잎사귀 하나에서 갖가지 풍경이 연출됩니다. 허물을 벗는 녀석, 허물을 벗고 몸이 단단해지기를 기다리는 녀석, 허물을 옆에 벗어 둔 채 주둥이를 잎에 처박고 밥 먹기에 정신없는 녀석이 한데 뒤엉켜 있습니다. 이렇게 딱총나무수염진딧물은 허물을 여러 번 벗고 번데기 과정 없이 곧바로 어른벌레가 됩니다. 그러니 애벌레와 어른벌레는 크기만 다를 뿐 생김새가 비슷합니다. 물론 애벌레는 몸속 기관이 어른벌레처럼 성숙되지 않았습니다.

딱총나무에 딱총나무수염진딧물이 다닥다닥 붙어 있다. 몸집이 큰 녀석이 어미다.

딱총나무수염진딧물 어미가 새끼를 낳고 있다.

진딧물의 복잡한 사생활

딱총나무수염진딧물의 사생활은 굉장히 복잡합니다. 암컷 진딧물은 어떤 때는 아빠 없는 새끼를 낳고, 어떤 때는 아빠 있는 알을 낳습니다. 암컷 대부분은 말 그대로 숫처녀 몸으로 새끼를 낳습니다. 그러다가 가을이 되면 수컷과 짝짓기를 한 뒤 알을 낳습니다.

봄은 숫처녀 딱총나무수염진딧물이 공식적으로 새끼를 낳는 계절입니다. 짝짓기 과정도 없이 숫처녀 어미는 딱총나무 새순에 잇달아 새끼를 낳습니다. 이렇게 숫처녀가 새끼를 낳는 것을 '처녀 생식' 또는 '단위 생식'이라고 합니다. 왜 진딧물은 '처녀 생식'을 할까요? 그 까닭은 번식 속도에 있습니다. 진딧물은 초고속 번식을 생존 전략으로 삼았습니다. 수컷과 짝짓기 한 뒤 새끼를 낳는 것보

한가운데 있는 딱총나무수염진딧물 애벌레가 허물을 벗고 있다. 다른 애벌레와 달리 다리가 투명하다.

다 암컷 스스로 이배체 알을 만들어 새끼를 낳는 것이 훨씬 빠르게 번식하는 방법이니까요. 먹잇감이 여기저기 지천으로 널려 있을 때 빠른 기간 안에 가능한 많은 자손을 낳아야 종족이 살아남는 데 유리합니다.

그래서 봄과 여름, 진딧물의 최대 목표는 오로지 새끼를 많이 낳아 가문을 번창시키는 일입니다. 그것도 딸들만 많이 낳아 처녀 왕국을 건설하는 것이죠. 어미가 새끼를 낳다가 늙어 죽을 즈음이면, 다 자란 딸이 어미의 바통을 이어받아 또 홀로 새끼를 낳기 시작합니다. 그렇게 대를 이어 새끼를 끊임없이 낳으니 이제 손녀딸까지 자라 딱총나무는 진딧물로 발 디딜 틈도 없이 꽉 찹니다. 바라던 대로 번식에 대성공을 하니 딱총나무 여기저기가 주황빛으로 물듭니다. 새끼를 더 낳으려니 딱총나무가 비좁아져 다른 나무로 옮겨 가야 할 상황입니다. 이때부터 진딧물은 날개 달린 딸을 섞어 낳기 시작합니다. 날개가 달려야 이사 가기 쉽기 때문이지요. 이때가 대략 5월 말쯤입니다.

새로운 나무로 이사 간 딱총나무수염진딧물은 또 아빠 없는 새끼를 낳기 시작합니다. 그렇게 몇 세대를 되풀이하며 새로운 나무에서 그녀들만의 왕국을 건설합니다. 그러다 늦가을이 되면 숫처녀 진딧물은 몸속에서 반수체 알을 생산해 날개 달린 수컷을 낳습니다. 숫총각 진딧물은 숫처녀 진딧물과 생애 딱 한 번 사랑을 나눕니다. 머지않아 아빠 유전자를 가진 자식이 태어날 것입니다. 짝짓기를 마친 암컷은 딱총나무 겨울눈 둘레에 수정된 알을 낳습니다. 알은 용케도 추운 겨울을 무사히 견딥니다. 봄이 되면 새끼 진딧물이 알을 깨고 나옵니다.

이렇게 딱총나무수염진딧물의 사생활은 변화무쌍합니다. 봄이면 숫처녀 몸으로 새끼를 낳고, 가을에는 암컷과 수컷이 만나 열렬히 짝짓기를 합니다. 먹이가 풍성한 봄과 여름에는 여성 왕국을 건설하기 위해 암컷은 새끼를 낳고, 가을에는 추운 겨울을 버텨 내기 위해 알을 낳습니다. 어디 그뿐입니까? 먹이가 모자라서 이사 가야 할 때는 날개 돋친 새끼도 낳고, 먹이가 충분해 이사 갈 필요가 없을 때는 날개 없는 새끼를 낳습니다. 3밀리미터도 안 되는 녀석들이 어찌 그리 복잡한 사생활을 가졌는지 그저 놀랍기만 합니다.

진딧물이 새끼 낳는 방식은 태생

이렇게 알을 낳지 않고 직접 새끼를 낳는 번식 방법을 '태생(viviparity)'이라고 합니다. 그렇다면 포유류도 새끼를 낳는데, 진딧물이 새끼 낳는 방식과 어떻게 다를까요? 물론 다릅니다. 포유류 어미는 태반 조직이 있어 태반을 통해 배자에게 영양분을 공급합니다. 하지만 진딧물은 이런 태반 조직이 없습니다.

진딧물 알은 성숙하면 어미 몸 밖으로 곧장 나오지 않고 어미 난소 소관에서 배자 발생을 시작합니다. 그런데 다른 곤충 알과 달리 난각과 난황이 거의 없습니다. 난각이 거의 없다는 것은 알을 싸고 있는 막이 아주 얇다는 것이고, 난황이 거의 없다는 것은 배자가 어미에게서 영양분을 공급받아야 한다는 뜻입니다. 그래서 진딧물

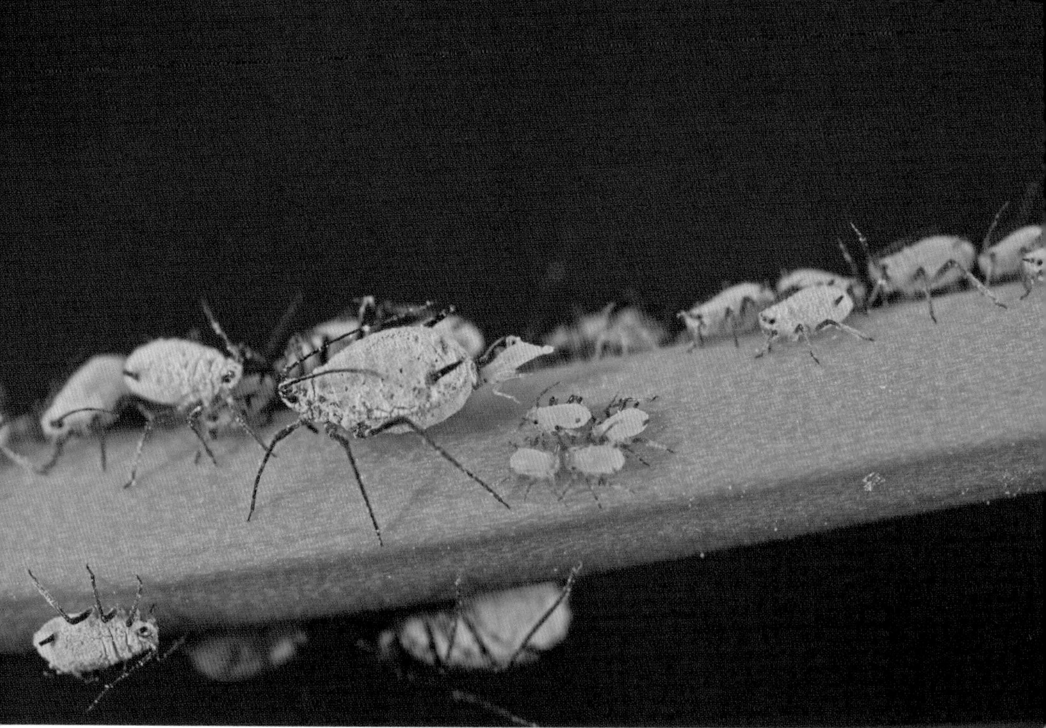

인도볼록진딧물 어미가 새끼를 낳고 있다.

배자는 난포의 얇은 세포를 통해 어미 영양분을 흡수합니다. 이렇게 영양을 공급받으며 배자는 어미 배 속에서 무럭무럭 자란 뒤 새끼 모습으로 어미 몸 밖으로 나옵니다. 참 특이하고 튀는 번식 방법입니다.

난생, 난태생, 태생, 혈강 태생의 차이

곤충의 생식 방법은 환경 조건이나 한살이 유형에 따라 각각 다릅니다.

1. 난생(oviparity)

수정된 알이 어미 생식 기관을 통해 산란되는 것을 뜻합니다.

2. 난태생 (ovoviviparity)

하루살이목, 쉬파리과, 총채벌레목, 바퀴목, 집파리과, 일부 딱정벌레목 곤충에게서 볼 수 있습니다.

알이 수정이 되어도 바로 산란되지 않고 어미 생식 기관 속에서 배자 발생을 합니다. 배자 발생을 마치면 그때 어미 몸 밖으로 알이 빠져나옵니다. 알이 빠져나오자마자 또는 빠져나오기 직전에 애벌레가 알을 깨고 나옵니다. 알에는 난각과 난황이 충분히 있어서 배자는 난황 물질에서 영양분을 흡수합니다.

3. 태생 (viviparity)

수정된 알이나 딱총나무수염진딧물처럼 배란된 알이 바로 산란되지 않고 어미의 생식 기관 속에서 배자 발생을 합니다. 그런 다음 애벌레가 부화해 어미에게서 영양분을 공급받으며 발육을 다 마친 뒤 태어나는 것을 말합니다. 참고로 포유류의 배자는 태반 조직을 통해 어미한테서 영양분을 흡수하지만, 곤충은 태반 조직이 없습니다. 그래서 곤충은 어미에게서 영양분을 흡수하는 방식에 따라 다음 두 가지로 나눕니다.

1) 헛태반 태생 (pseudoplacental viviparity)

이에 속하는 무리의 알은 어미 생식 기관인 난소 소관에서 배자 발생을 하고 부화하여 새끼(애벌레)로 태어납니다. 알에는 난각과 난황이 전혀 없거나 거의 없어서 배자는 난모세포를 감싸는 난포세포를 통해 어미 몸에 있는 영양분을 직접 흡수합니다. 일부 진딧물, 다듬이벌레목(Archipsocus), 노린재목(Polyctenidae) 곤충에서 볼 수 있습니다.

2) 영양분비샘 태생 (adenotrophic viviparity)

이에 속하는 무리는 난각과 난황을 다 갖춘 알이 어미 생식 기관인 중앙수란관이 팽창된 끝 부분에 있는 자궁(uterus)에서 배자 발생을 합니다. 부화한 애벌레는 어미 몸속에서 발육을 다 마친 뒤 태어납니다. 그리고 나오자마자 번데기가 됩니다.

알에는 난각과 난황이 충분히 있어서 배자는 난황 물질에서 영양분을 흡수합니다. 하지만 부화한 애벌레는 어미의 자궁 분비샘(우유분비샘, milk gland)에서 나오는 분비물을 흡수하며 자랍니다. 이파리과 체체파리속(*Glossina*), 박쥐파리과(Streblidae) 같은 몇몇 파리목 곤충들에서 볼 수 있습니다.

4. 혈강 태생 (hemocoelous viviparity)

부채벌레목과 혹파리과의 몇몇 곤충들에서 볼 수 있습니다.

이들의 알은 어미의 혈강 속에서 배자 발생을 합니다. 혈강은 혈체강이라고도 하는데, 개방 혈관계를 가진 절지동물이나 연체동물에서 볼 수 있습니다. 심장으로부터 피가 흘러나가는 몸 안 모든 부분을 말합니다. 알은 난황도 없고 난각 대신에 영양막으로 둘러싸여 있으며, 이 영양막이 어미 혈림프에 있는 영양분을 배자로 공급해 줍니다. 부화된 애벌레는 생식관을 통해 어미 몸 밖으로 빠져

나옵니다. 또한 혹파리과(*Miastor, Mycophila*)의 경우는 번데기 직전에 어미의 체벽을 뚫고 밖으로 탈출합니다.

영양즙만 먹는 타고난 미식가

딱총나무수염진딧물은 '엎드려뻗쳐' 자세로 밥을 먹습니다. 왜 그런 불편한 자세로 식사를 할까요? 다 그만한 까닭이 있습니다. 녀석들이 먹는 밥은 식물의 생즙입니다. 누가 뭐래도 진딧물 입맛은 최고급입니다. 딱총나무의 생즙을 빨아 먹으려면 '엎드려뻗쳐' 만큼 좋은 자세가 없습니다. 즙이 있는 식물이 도처에 널렸으니 진딧물은 그냥 빨아 먹기만 하면 됩니다. 그래서 진딧물 주둥이는 빠는 모양(흡수형)으로 생겼습니다.

식물 조직에는 영양분을 나르는 체관부와 물을 나르는 물관부가 있습니다. 곤충들은 저마다 입맛에 맞게 즙을 골라 먹습니다. 진딧물은 생수보다 영양즙을 좋아해 체관부를 타고 내려가는 즙을 먹습니다.

식물의 구조적 특성상 곤충들은 물관부 즙보다 체관부 즙을 빨아 먹는 게 훨씬 쉽습니다. 왜 그럴까요? 잎은 부지런히 광합성을 해 영양분을 만들고, 영양분을 체관부를 통해 뿌리 쪽으로 나릅니다. 여기에 중력의 힘이 작용하니 힘들이지 않아도 영양분은 아래로 아래로 내려갑니다. 식물 조직의 내부 비밀이 진딧물에게 누설

되었나 봅니다. 체관부에 흠집만 내도 영양즙이 저절로 흘러나온다는 것을 진딧물이 알아차린 것이지요. 힘차게 빨지 않아도 체관부에 주둥이만 꽂으면 영양이 풍부한 생즙이 주둥이 속으로 줄줄 흘러 들어오니 말입니다. 식은 죽 먹기보다 쉽습니다.

먹이와 주둥이는 떼려야 뗄 수 없는 관계입니다. 영양즙을 손쉽게 얻으니 진딧물의 빨대 주둥이는 잘 발달할 필요가 없습니다. 그저 식물 줄기나 잎에 흠집 낼 정도면 충분합니다. 또 주둥이 밑 아랫입술과 혀 사이에 작은 펌프 하나가 붙어 있습니다. 이 펌프를 '구강 펌프'라고 합니다. 이것만으로도 생즙을 배불리 훔쳐 먹을 수 있습니다.

진딧물 똥은 꿀똥

화석을 통해 밝혀진 바로는 진딧물은 아주 오래전 공룡이 살았던 중생대 백악기에 이미 개미와 공생 관계를 맺었습니다. 이로 미루어 볼 때 진딧물은 그 이전부터 지구에서 살았을 것으로 짐작됩니다. 진딧물이 그 길고 긴 세월을 건너 지금까지 살아남을 수 있었던 까닭은 자손을 왕성하게 번식시켰기 때문입니다.

진딧물은 식물의 신선한 영양즙을 먹고 '꿀똥'을 쌉니다. 영어로는 '꿀이슬똥(honey dew)'이라고 하지요. 꿀이 들어 있는 똥! 냄새 지독한 똥을 안 싸고 꿀똥을 싸는 까닭은 무엇일까요?

식물의 목관부와 체관부에는 수분이 많이 들어 있습니다. 특히 체관부에는 식물이 필요로 하는 여러 영양소가 들어 있습니다. 그런데 탄수화물은 아주 풍부한데, 질소 양이 적습니다. 진딧물은 자기 몸에 필요한 질소를 일정량 얻으려면 영양즙을 배 터지도록 많이 먹어야 합니다. 배부른 건 좋은데 문제는 탄수화물과 물을 과식한다는 것이죠. 그러다 보니 진딧물에게 '탄수화물 비만', '물 비만' 증상이 일어납니다. 과식한 탄수화물과 물을 처리하지 않으면 병이 납니다. 그래서 남아도는 물과 탄수화물을 꽁무니를 통해 밖으로 내보냅니다. 달달해서 꿀똥이지 사실은 진딧물 배설물이죠. 그러면 어떻게 소화를 시켜야 꿀똥을 쌀까요?

곤충의 소화 기관은 입틀에서 항문까지 이어진 긴 창자입니다. 곤충 창자는 기본적으로 세 부분인 앞창자(전장), 가운데창자(중장), 뒤창자(후장)로 나뉩니다. 앞창자는 입틀에서 가운데창자에 이르는 부위고, 가운데창자는 앞창자와 뒤창자 사이에 있는 부위로 소화 효소를 분비하고 영양분을 흡수합니다. 그리고 뒤창자는 가운데 창자에서 항문까지 이어져 배설물을 항문까지 날라다 줍니다. 특이한 것은 진딧물의 가운데창자 입구에는 소화 보조기가 달려 있습니다. 이 소화 보조기를 여과기(filter chamber)라고 하는데, 가운데창자 일부가 바뀐 별도의 소화 통로입니다. 이 여과기는 똑똑하게도 진딧물이 과식한 수분을 흡수해 곧바로 뒤창자로 보내는 일을 합니다. 그래서 진딧물이 체관부에서 훔쳐 먹은 즙 속에 있는 수분 가운데 많은 양이 가운데창자를 거치지 않고 뒤창자로 곧장 보내져 항문 밖으로 배설됩니다. 이렇게 여과기가 물 소화를 해결하니 가운데창자는 농도가 짙어진 영양즙을 소화시키는 데 주력

개미가 진딧물류가 싸는 꿀똥을 먹으며 진딧물을 지켜주고 있다.

합니다. 영양즙이 가운데창자를 통과하면서 소화되지 않은 영양분은 뒤창자를 거쳐 항문으로 배설됩니다. 진딧물 밥은 수분이 많고 셀룰로오스 성분이 없으니 똥은 과립형이 아니라 액체입니다. 물똥을 싸는 것이지요. 진딧물이 싼 물똥이 바로 우리에게 잘 알려진 꿀똥입니다. 이 꿀똥에는 물도 많고, 당분(설탕)도 많고, 적은 양이지만 아미노산도 들어 있습니다.

진딧물, 포식자, 개미, 식물의 사각 관계

진딧물이 싸는 꿀똥은 누구의 밥일까요? 아시다시피 개미가 먹습니다. 생즙을 먹고 싼 똥이니 영양도 만점, 맛도 만점. 수많은 진딧물이 꽁무니를 쳐들고 싸는 꿀똥 밥을 먹으러 개미들이 신나게 달려옵니다. '이보다 맛난 밥이 세상에 또 있을까?' 그 달콤한 꿀똥을 순식간에 먹어 치우고 더 달라고 진딧물을 조릅니다. '제발 똥 좀 싸 줘.' 애원이라도 하듯 더듬이로 진딧물 엉덩이를 톡톡 칩니다. 구걸하는 개미가 가여웠는지 진딧물이 엉덩이를 쭉 들어 올리고 꿀똥을 한 방울 똑 떨어뜨립니다. 그러면 기다렸다는 듯이 개미가 맛있게 받아 먹습니다.

그러면 진딧물은 개미에게 속절없이 꿀똥을 주기만 할까요? 그건 아닙니다. 세상에 공짜는 없는 법. 개미도 밥값을 합니다. 진딧물에게 밥을 얻어먹은 대가로 진딧물을 지키는 보디가드가 되기를 자청합니다. 그뿐이 아닙니다. 똥 치우는 자원봉사도 열심히 합니다. 꿀똥은 당분이 많아 시간이 지나면 진득거립니다. 진딧물이 자기가 싼 꿀똥에 달라붙어 죽는 경우도 있습니다. 개미가 꿀똥을 먹어 치우니 진딧물로서는 참 다행이지요.

손대면 톡 하고 터질 것 같은 진딧물을 잡아먹는 포식 곤충은 곳곳에 깔렸습니다. 무당벌레, 풀잠자리, 병대벌레, 의병벌레, 꽃등에 애벌레, 거미 같은 벌레들이 진딧물을 노립니다. 그중에서도 무당벌레는 타고난 진딧물 킬러입니다. 무당벌레에게 진딧물은 거의 주식이나 다름없습니다. 무당벌레만 나타나면 방어 무기가 따로 없는 진딧물은 속수무책으로 당합니다. 진딧물은 모여 살기 때문에 진딧물 집단을 발견하면 무당벌레는 죽치고 앉아 한 마리 한 마리 차례차례 씹어 먹으며 배 터지게 먹습니다. 진딧물 중에는 사람이 손대면 톡 아래로 떨어지는 진딧물도 있습니다. 죽은 척하는 것이지요. 하지만 진딧물이 꽃등에 애벌레나 무당벌레가 왔다고 톡 떨어지는 경우는 드뭅니다. 딱총나무수염진딧물은 손으로 건드려도 떨어지지 않습니다.

순해 빠진 진딧물에겐 적을 물리칠 무기라고는 하나도 없습니다. 겁에 질려 있는데 이때 수호천사 개미가 현장에 등장합니다. 입을 꽉 다문 개미 표정에 전운이 감돕니다. 드디어 진딧물을 두고 무당벌레와 개미의 한판 싸움이 벌어집니다. 개미가 깨물기 공격을 시작합니다. 큰턱으로 무당벌레를 물어뜯습니다. 단단한 갑옷을 입은 무당벌레는 몸을 오그리기도 하고 저항도 해 보지만 개미는 진드기처럼 쫓아다니며 깨물어 댑니다. 엎치락뒤치락 싸움은 계속되고, 마침내 끈질기게 물어뜯는 개미의 괴롭힘을 견디다 못

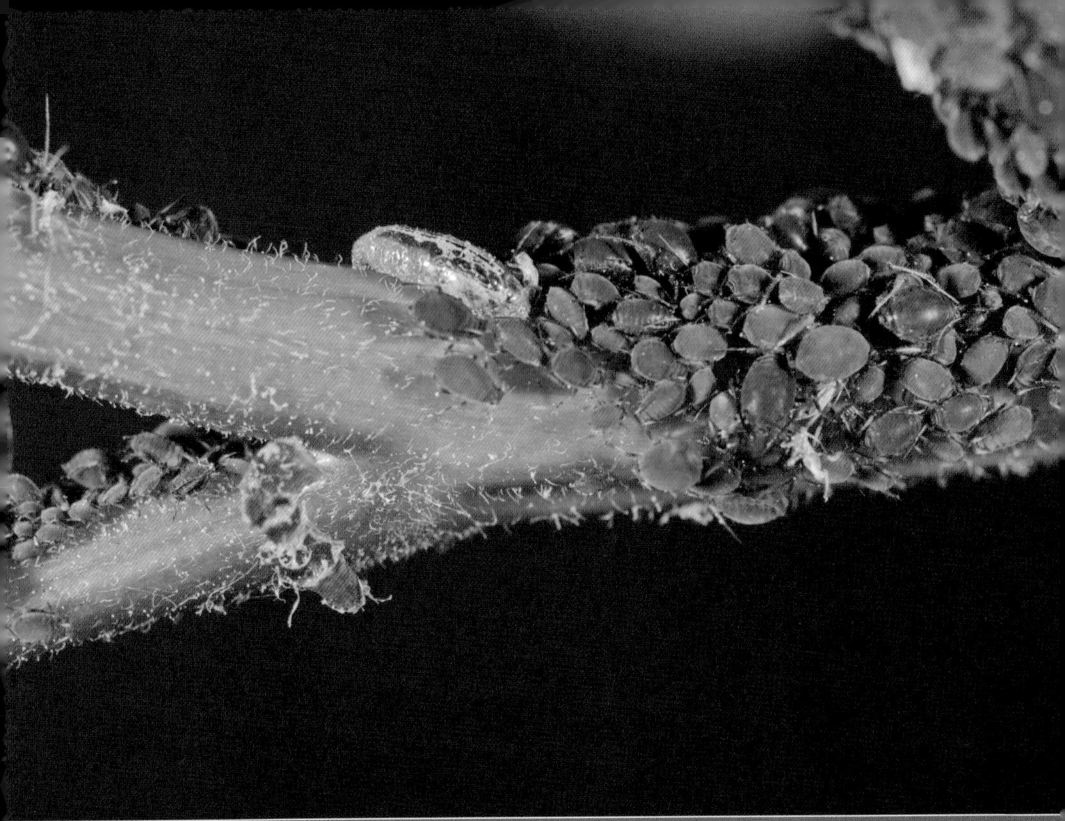

해 무당벌레가 맛있는 밥상을 포기하고 저쪽으로 도망갑니다.

칠성무당벌레 애벌레는 진딧물을 잡아먹는다.

진딧물, 포식 곤충, 개미의 관계는 참으로 역동적입니다. 그들의 복잡한 생존 전략이 딱총나무를 살립니다. 딱총나무는 진딧물에게는 영양즙을 빼앗기니 속이 상하죠. 하지만 무당벌레 같은 포식 곤충이 진딧물을 잡아먹으니 안도의 숨을 쉽니다. 또 개미가 진딧물이 싸 놓은 꿀똥을 깨끗이 먹어 치우니 딱총나무에게는 없어서는 안 될 훌륭한 청소부입니다. 진딧물의 꿀똥에는 영양분이 많아 이렇게 치우지 않으면 곰팡이균이 딱총나무에 들러붙어 터를 잡고는 딱총나무를 약하게 만듭니다. 결과적으로 보면 딱총나무는 딱총나무수염진딧물에게 생즙을 과감히 투자하는 대신 포식 곤충과 개미를 끌어들여 다른 초식 곤충의 공격을 미리 예방하는 전략을 세웠다고 볼 수도 있습니다. 개미는 일반적으로 진딧물을 잡아먹는 초식 곤충을 깨물어 쫓아 버립니다.

꽃등에류 애벌레도 진딧물을 많이 잡아먹는다.

와글와글 모여든

병꽃나무 곤충 반상회

병꽃나무

나팔처럼 생긴 병꽃나무 꽃이 피었습니다.

야들야들한 연두색 이파리들이
시나브로 초록빛으로 짙어 가는 5월입니다.
이즈음 산에는 병꽃나무가 흐드러지게 핍니다.
병꽃나무는 온 나라 산과 골짜기, 도심 공원에서 쉽게 만나는
우리나라에서만 자라는 토박이 식물입니다.
병꽃나무는 이름이 말해 주듯이 꽃 모양이 병과 비슷합니다.
병꽃나무에는 노랗고 빨간 꽃이 함께 피어 있습니다.
왜 그럴까요? 꽃잎 색소가 요술을 부리기 때문이지요.
꽃이 피기 시작할 때는 연노란색이지만
시간이 지나면서 차츰 붉은색으로 바뀝니다.
처음에는 꽃잎에 들어 있는 색소가 플라본류라서
옅은 노란색으로 보이고, 나중에는 안토시아닌이
꽃잎에서 새롭게 만들어져 붉은색으로 바뀌게 됩니다.
식물계의 카멜레온인 셈이지요.

범부전나비

병꽃나무 꽃에 곤충들이 모이고

병꽃나무 꽃에 곤충들이 죄다 몰려들어 반상회를 열려나 봅니다. 병꽃나무에 반상회 공고가 붙었네요.

시간 : 오전 10시부터 12시

장소 : 병꽃나무

참석 예정자 : 곤충 30종 이상

협찬 음식 : 병꽃나무 꽃가루와 꿀

토론 내용 : 병꽃나무 시집 장가보내기

참고 사항 : 실컷 배부르게 먹기

병꽃나무 꽃에 곤충들이 많이 모이는 시간은 제 경험으로 보면 오전 10시부터 12시 사이입니다. 맘먹고 두 시간 정도만 관찰해도 병꽃나무에 찾아든 곤충을 30종 넘게 볼 수 있습니다. 시장이 반찬이라고, 낮에 활동하는 곤충들은 아무것도 안 먹고 밤을 보내니 아침나절에 식욕이 왕성해져 너도나도 꽃을 찾아옵니다.

시간이 되었나 봅니다. 꿀벌, 호박벌, 범부전나비, 풀색꽃무지, 넓적꽃무지, 가시노린재, 무당벌레, 병대벌레 같은 곤충들이 모두 병꽃나무가 차려 놓은 푸짐한 밥상에 초대되어 하나둘씩 모여듭니다. 벌레들은 서로 인사할 겨를도 없이 밤새 굶주린 배를 채우느라 식사하기 바쁩니다. 왜 병꽃나무는 벌레들을 불러들일까요? 중매서 달라고 선물을 주며 부탁하는 것이지요. 물론 선물은 꿀과 꽃가루입니다. 또 꽃은 향기가 가득합니다.

병꽃나무가 꽃을 피우는 까닭은 단 하나입니다. 자손을 만들기 위해서죠. 식물은 동물처럼 짝을 찾아 옮겨 다니지 못하니 좋은 시기에 맞춰 꽃을 피웁니다. 병꽃나무가 꽃을 피우는 때는 다른 식물들도 꽃을 피웁니다. 그러니 다른 식물들과 경쟁에서 이기려고 병꽃나무 한 그루에 수많은 꽃들을 주렁주렁 피워 곤충을 유혹합니다. 병꽃나무는 초식성 어른벌레의 주식인 꽃가루를 탐스럽게 만듭니다. 꽃가루에는 탄수화물, 지방, 단백질, 비타민, 무기질 같은 질 높은 영양물질이 가득 들어 있습니다. 곤충에게는 눈물겹게 고마운 종합 영양밥입니다.

또 병꽃나무는 꿀도 만들어 냅니다. 꿀은 꽃가루보다 영양물질이 적지만 물에 설탕이 녹은 용액이라 어른 나비나 벌들에게는 더없이 달콤한 밥입니다. 광합성을 해 만든 영양분을 꿀이란 형태로 요리해 곤충을 유혹하니 정말 놀랍습니다. 꿀은 씨앗을 맺는 것과는 아무런 관련이 없습니다. 그러니 꽃가루받이해 줄 곤충을 유혹하기 위한 수단인 셈이지요. 병꽃나무는 꿀을 병처럼 길쭉한 꽃 가장 깊은 곳에 숨겨 놓습니다. 주둥이가 짧은 곤충에게는 그림의 떡입니다. 오로지 주둥이가 긴 곤충만이 독차지할 수 있는 꿀단지지요. 꿀 먹으러 꽃의 가장 깊숙한 곳까지 들어오는 곤충 몸에 꽃가루를 듬뿍 묻혀 다른 꽃에게 전해 달라고 부탁합니다.

세상에는 공짜가 없는 법입니다. 이렇게 푸짐하게 차려진 밥상에서 배불리 먹었으니 곤충들은 밥값을 해야 합니다. 중매쟁이 노릇 말입니다.

꽃가루를 먹는 꽃무지류

풀색꽃무지가 커다란 덩치를 끌고 어찌 꽃 속으로 들어갔는지 꽃잎에 몸을 걸치고 꽃가루를 씹어 먹습니다. 꽃보다 덩치가 크니 꽃 속에 완전히 들어가지는 못합니다. 꽃가루를 먹을 수 있을 만큼만 몸을 들이밀었네요. 꽃무지류 어른벌레는 주로 꽃가루를 먹고 삽니다. 녀석들은 꽃가루를 정신없이 먹다가 어느새 수술 자루까지 먹어 치웁니다. 보통 꽃무지류 몸은 무겁고 날아다니는 게 신통치 않습니다. 그래서 하늘을 바라보고 피는 국화과 꽃이나 산방꽃차례에 잘 모입니다. 평퍼짐하게 넓은 꽃은 육중한 꽃무지가 앉아 식사하기에 안성맞춤입니다. 또 날렵하게 이동을 못하니 꽃무지는 어느 한 꽃에 죽치고 앉아 꽃가루를 먹는 습성을 가졌습니다. 꽃

박주가리 꽃에 앉아 꽃가루를 먹는 풀색꽃무지

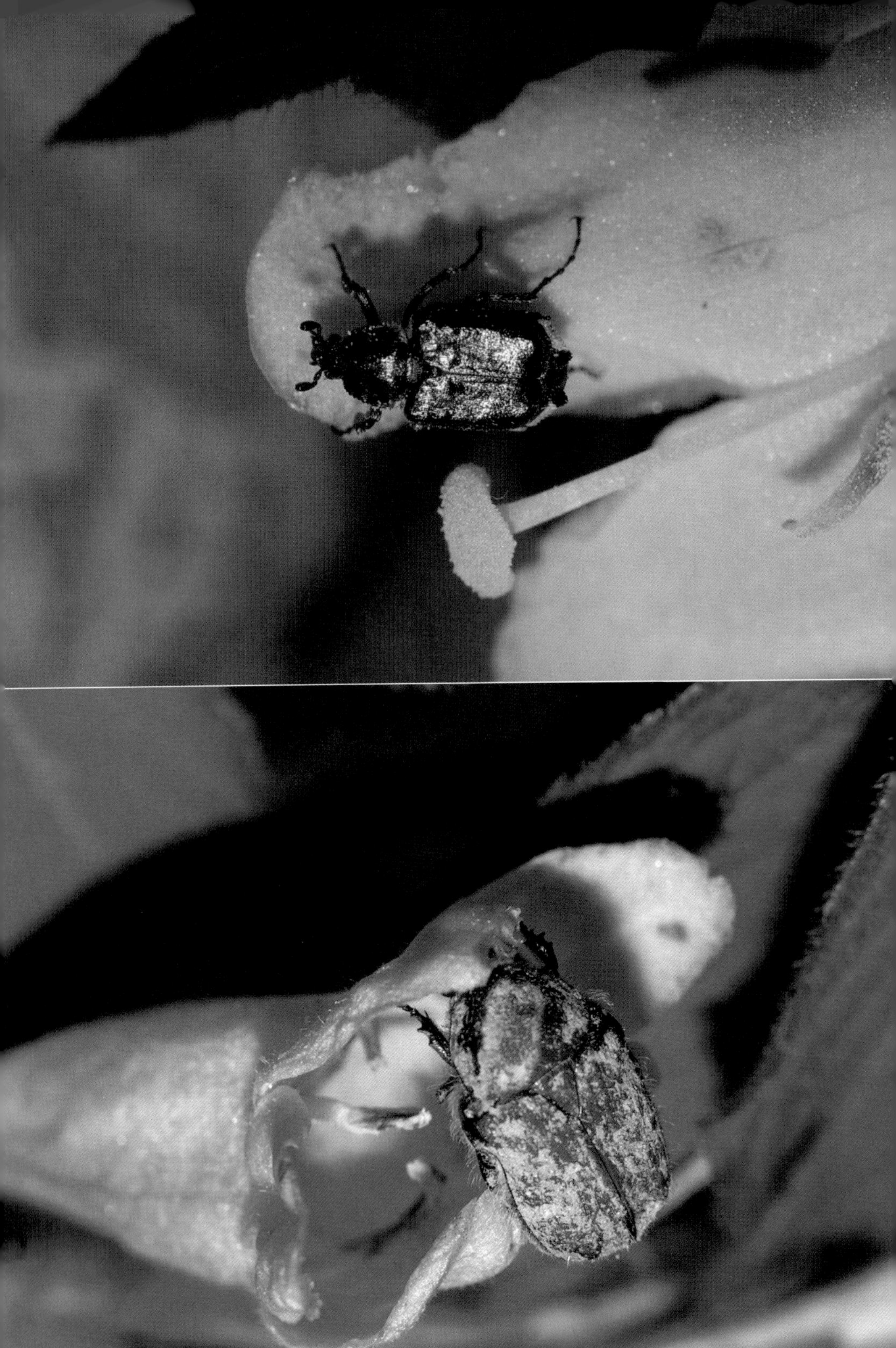

풀색꽃무지가 묵직한 몸으로 병꽃나무에 날아왔다. 흙 속에서 나와 온몸에는 흙이 덕지덕지 붙어 있다.

입장에서는 다른 꽃으로 부지런히 꽃가루를 옮기지 않으니 꽃무지가 얄미울 것입니다.

그런데 병꽃나무 꽃은 수술이 몇 개 없어 꽃가루가 많은 편이 아닙니다. 그런 꽃에 덩치 큰 풀색꽃무지가 찾아오다니 예상 밖인 것이지요. 하루 식사로는 꽃 한 송이 속에 있는 꽃가루만으로는 모자라 금방 다른 꽃으로 자리를 옮겨야 합니다. 엉덩이가 무거운 꽃무지로서는 고역이 아닐 수 없습니다. 어쨌든 풀색꽃무지는 억센 다리털로 병꽃나무 꽃잎을 꽉 붙잡고 꽃가루를 먹고는 부웅 날아 다른 병꽃 속으로 들어갑니다. 그런 과정에서 몸에 묻혀 온 수술 가루를 다른 꽃 암술머리에 묻힙니다. 이로써 중매 임무 완수!

풀색꽃무지 말고도 넓적꽃무지도 병꽃나무에 도착합니다. 이 녀석은 몸집이 5밀리미터밖에 안 되다 보니 병꽃나무 꽃을 드나들기 쉽습니다. 느긋하게 꽃 속으로 들어가 꽃가루를 실컷 먹습니다. 꽃가루를 먹은 뒤 수술대까지 먹을 때도 있습니다. 그것도 모자라 어떤 녀석은 아예 꽃잎 옆구리에 구멍을 내고 꽃가루를 도둑질하기까지 합니다.

병꽃나무 꽃꿀 먹는 나비

넓적꽃무지가 병꽃나무에 꽃가루를 먹으러 날아왔다.

범부전나비가 병꽃나무 둘레를 날아다니다 이내 꽃에 앉습니다. 날개 아랫면 무늬가 호랑이 무늬를 닮아 범부전나비라고 부르는

데, 병꽃나무 꽃을 찾다니 뜻밖입니다. 물론 어른 나비는 꿀을 먹지만 병꽃나무 꽃 꿀샘은 꽃 가장 깊은 곳에 있습니다. 나비 주둥이가 아무리 길다 해도 꿀까지 닿기가 불가능합니다. 도대체 범부전나비는 어떻게 깊숙한 곳에 숨겨 놓은 꿀을 먹을까요? 녀석은 꾀쟁이입니다. 날개가 커서 꽃 속으로 들어갈 수 없으니 꽃받침과 꽃잎 사이에 난 틈새에 긴 빨대 주둥이를 꽂고 꿀을 빨아 먹습니다. 영리하게도 꿀이 꿀샘에서 넘쳐 꽃받침까지 흘러나온 것을 알아차린 것입니다.

거의 모든 꽃들은 꽃받침과 꽃잎 사이로 꿀이 새어 나옵니다. 실제로 꽃받침을 만져 보면 끈적끈적하게 달라붙습니다. 꿀이 새는 것이지요. 어찌 알았을까요? 나비는 맛을 보는 감각 기관이 발달했습니다. 물론 냄새 맡는 기관도 발달했지요. 먼저 더듬이에 붙어 있는 냄새 감각기로 병꽃나무 꽃에 꿀이 어디에 있는지 찾아냅

범부전나비가 병꽃나무 꽃받침에 빨대 주둥이를 꽂고 꿀을 먹고 있다.

니다. 그런 다음 꽃받침에 앉아 앞다리에 있는 맛 감각기로 단맛을 확인한 뒤 돌돌 말린 주둥이를 쭉 펴서 꽃받침과 꽃잎 사이에 꽂고는 식사를 합니다. 빨대 주둥이를 펴면 길고 꼿꼿해서 꿀을 맘껏 먹을 수 있습니다. 병꽃나무 입장에서는 꽃가루를 옮겨 줄 생각도 안 하는 불청객이지만, 꿀을 나비에게 기꺼이 내놓습니다.

못뽑이집게벌레도 찾아오고

못뽑이집게벌레 애벌레 암컷이 병꽃나무 꽃에 찾아왔다.

병꽃나무를 찾아온 벌레 중에는 못뽑이집게벌레 애벌레도 있습니다. 녀석의 배 끝에는 꼬리털이 있는데, 그 모양새가 못 뽑는 연

장 같아서 못뽑이집게벌레라고 부릅니다. 하지만 '병따개집게벌레'라고 해야 더 어울립니다. 못뽑이집게벌레는 몸이 날렵해서 병꽃나무 꽃에 잘도 들어갑니다. 녀석 입은 씹는 형이어서 꽃가루와 수술자루 따위를 먹습니다. 병꽃나무 꽃은 길쭉해서 몸이 길쭉한 못뽑이집게벌레에게는 더없이 좋은 안식처입니다. 밤에는 꽃 속에 들어가 몸을 숨기고, 낮에는 밥을 배불리 먹으니 병꽃나무가 녀석에게는 참 고마운 존재입니다. 그럴 때마다 은혜 갚겠다고 결심하는 집게벌레. 부지런히 이 꽃 저 꽃 옮겨 다니며 꽃가루를 날라다 중매를 섭니다.

꿀벌 뒷다리에 병꽃나무 꽃가루가 잔뜩 묻어 있다.

착한 꿀벌 도둑 꿀벌

병꽃나무에게 최고 중매인은 단연 꿀벌입니다. '꿀벌 중매 컨설트 회사'를 차리면 구름 떼같이 회원이 불어날 만큼 유능한 중매쟁이입니다. 꿀벌이 이른 아침부터 병꽃나무 꽃 속을 부지런히 들락날락합니다. 병꽃나무는 마치 꿀벌을 위해 긴 통꽃으로 진화한 것 같습니다.

꿀벌은 자기 식사도 해결하고, 꿀벌 집에서 자라는 애벌레에게 가져다줄 꽃가루를 모으고 꽃꿀을 따야 합니다. 꽃꿀을 따러 꽃 속으로 들어가면 수술 꽃가루가 온몸에 묻습니다. 한 번에 꽃가루도 모으고 꽃꿀도 따는 거죠. 꿀벌 몸은 복슬복슬한 털로 덮여 있습니

몇몇 꿀벌은 꿀이 있는 꽃 밑동을 뚫어 꿀을 빨아 먹는다.

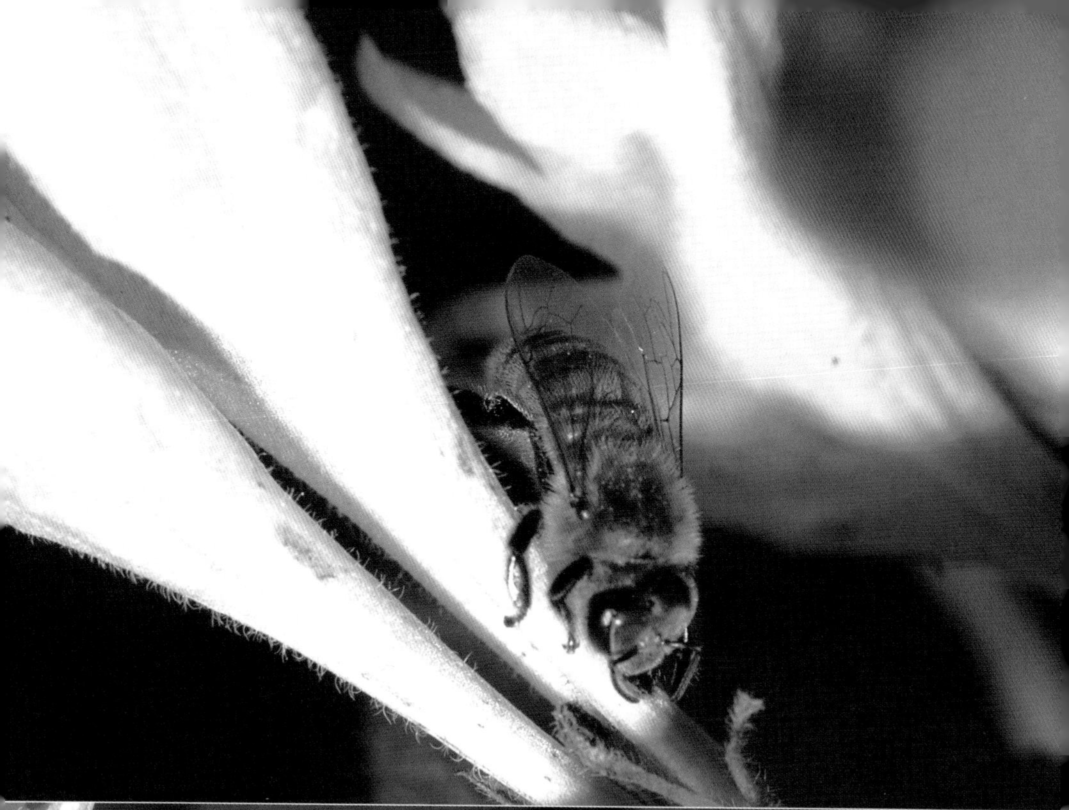

다. 신기하게도 털끝이 두 갈래로 갈라져 있어 꽃가루가 잘 달라붙습니다.

꿀벌은 자기 몸에 붙은 꽃가루를 어떻게 모아서 나를까요? 그 과정은 섬세하고 복잡합니다. 수술에 꽃가루가 많이 붙어 있을 때는 꿀벌은 큰턱으로 꽃가루를 모으기도 하지만, 보통은 끝이 갈라진 털에 꽃가루를 모읍니다. 그리고 가운뎃다리와 뒷다리 털을 이용해 몸에 묻은 꽃가루며, 입에 묻은 꽃가루며 모든 꽃가루를 쓸어 모읍니다. 그런 다음 침을 꽃가루에 섞어 축축하고 끈적끈적한 꽃가루 경단을 만듭니다. 그러고는 뒷다리 종아리마다 바깥쪽에 오목하게 파인 '꽃가루 주머니'에 옮깁니다. 꽃가루 주머니는 빳빳한 털로 둘러싸여 있습니다. 이 꽃가루 경단은 애벌레들 먹이로 쓰입니다. 이렇게 꿀벌은 너무도 부지런히 꽃 속을 헤집고 다녀 이 꽃 저 꽃 방문하는 횟수가 다른 곤충보다 월등히 높습니다. 그러니 병꽃나무 중매에 일등 공신입니다.

혹시 벌을 비롯한 곤충들이 어떻게 꽃 속으로 들어가는지 보았나요? 머리 쪽으로 들어가 꿀을 먹은 뒤 몸을 돌려 머리가 먼저 꽃 밖으로 나옵니다. 열이면 열, 백이면 백 모두 그렇게 들락거립니다.

그런데 인간 세상처럼 벌들 중에는 모범생 벌도 있지만 약삭빠른 벌도 있습니다. 병꽃나무 꽃들 중에는 꽃잎에 구멍이 뻥뻥 뚫린 꽃들이 있습니다. 한번 찾아보기 바랍니다. 구멍은 대부분 몇몇 '도둑 꿀벌'이 뚫어 놓은 것입니다. 녀석들은 꿀단지가 들어 있는 부분의 꽃잎을 큰턱으로 씹어 구멍을 내고 꿀을 빨아 먹습니다. 정상적으로 꽃잎 입구에서 비좁은 꽃 속으로 깊이 들어가는 것보다 이렇게 꿀샘이 있는 곳에 구멍을 내고 꿀만 먹는 편이 훨씬 편하기 때문입니다. 꽃 중매는 포기하고 꿀만 훔치는 도둑 벌인 셈이지요. 실제로 도둑 벌은 수가 많아서 병꽃나무 꽃이 질 때쯤이면 성한 꽃이 별로 없습니다. 그래도 착한 모범생 벌이 열심히 꽃가루를 나르니 병꽃나무가 눈감아 주는지도 모릅니다.

병꽃나무 한 그루에 모여드는 생명들

청개구리가 병꽃나무 줄기에 앉아 곤충이 오기를 기다리고 있다.

병꽃나무는 많은 꽃을 피웁니다. 많은 곤충들과 다른 생물들을 불러들이기 위해서이지요. 먹을 밥이 많으니 언제든지 찾아와도 된다는 메시지를 꽃을 피워 전합니다. 이에 화답하듯 곤충들이 많

가시노린재 애벌레가 병꽃나무 꽃에 뾰족한 주둥이를 꽂고 즙을 빨아 먹고 있다.

이 모여드니 병꽃나무를 중심으로 작은 생태계가 이뤄집니다. 꽃가루를 먹는 곤충들, 나무즙을 먹는 곤충들, 잎사귀를 먹는 곤충들 모두 영양물질 생산자인 병꽃나무를 먹는 1차 소비자, 초식 곤충입니다. 이들을 노리고 침노린재, 무당벌레, 쌍살벌들, 병대벌레류, 거미 같은 벌레들이 나무줄기 곳곳에 숨어 있습니다. 이들은 초식 곤충을 잡아먹는 2차 소비자, 포식 곤충입니다. 포식 곤충에게 병꽃나무는 저절로 설치된 먹이 덫인 셈입니다. 또 새들이 둘레를 맴돌고, 나무에 사는 청개구리도 눈을 반짝이며 초식 곤충, 포식 곤충을 잡아먹습니다. 포식자 중에서도 상위 포식자들이지요.

그리고 곤충들이 먹다 만 나뭇잎 찌꺼기, 꽃잎 찌꺼기, 곤충들이 싼 똥은 균이나 미생물에 의해 분해되어 땅으로 되돌아갑니다. 물질 순환이 자연스럽게 일어나니 병꽃나무 한 그루는 소우주인 셈입니다. 키 작은 나무(관목)지만 병꽃나무 한 그루에서 일어나는 생명 현상은 거대한 생태계의 먹이망을 잇는 고리 역할을 합니다. 그런 병꽃나무가 꽃을 피우는 봄이 기다려집니다.

썩은 나무를 먹고 사는

꽃하늘소류 애벌레

긴알락꽃하늘소

긴알락꽃하늘소가 날아와
개망초 꽃을 먹고 있습니다.

봄부터 가을까지 산과 들에는 꽃들이 한창입니다.
꽃은 왜 필까요? 자손을 남기기 위해서지요.
식물은 곤충처럼 좋은 환경을 찾아 옮겨 다니지 못하는 몸이라
후손을 남기기 위해 기발한 전략을 개발합니다.
특히 꽃을 피우는 식물들은
곤충의 도움을 받아야만 번식을 할 수 있습니다.
그러니 곤충 입맛에 맞도록 꽃 색깔, 향기,
꽃가루와 꿀까지 만들어 중매쟁이 곤충을 불러들입니다.
중매쟁이 곤충들도 식성이 별나서
저마다 좋아하는 꽃 음식이 따로 있습니다.
예로 들면 딱정벌레목에 속한 꽃하늘소류 어른벌레는
꼭 영양가 많은 꽃가루만 골라 먹습니다.
씹어 먹는 주둥이를 가진 탓에 꿀은 그림의 떡입니다.

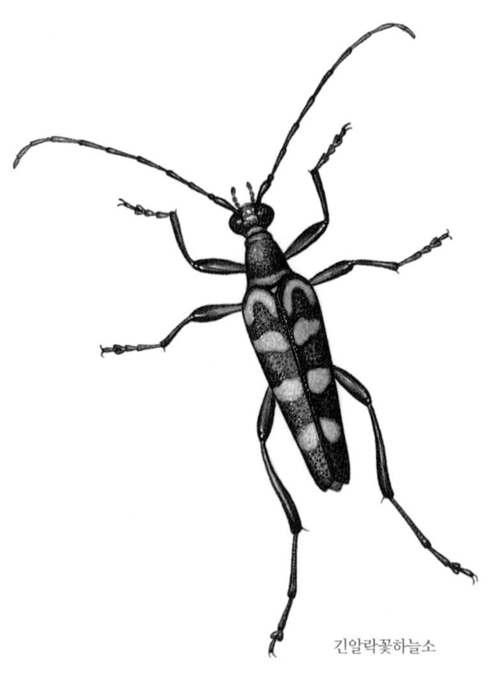

긴알락꽃하늘소

어른벌레 밥은
꽃가루 영양밥

꽃하늘소류는 이름 그대로 꽃에 몰려들어 꽃가루를 먹고 삽니다. 꽃향기와 꽃 색깔에 홀려 찾아오는 꽃하늘소류는 제 몸 절반보다 긴 더듬이, 긴 역삼각형으로 생긴 딱지날개를 가지고 있어 금방 알아볼 수 있습니다.

꽃하늘소류 어른벌레와 애벌레는 먹는 밥이 다릅니다. 어른벌레는 꽃가루 밥을 먹고, 애벌레는 썩은 나무 밥을 먹습니다.

어른 꽃하늘소류는 딱지날개가 무거워 아무 꽃이나 다 먹을 수 없습니다. 몸이 둔하기도 하고, 자유자재로 재빠르게 날아다닐 수 없으니 하늘 향해 핀 꽃을 즐겨 먹습니다. 개망초 꽃, 찔레 꽃, 국수나무 꽃, 조팝나무 꽃, 개당귀 꽃, 피나물 꽃 모두 꽃하늘소류가 편하게 앉아 밥 먹기 좋은 꽃입니다. 예쁜 꽃 속에 머리를 파묻고는 꽃가루 먹기 삼매경에 빠집니다.

꽃하늘소 주둥이는 씹는 형이어서 주로 꽃가루를 먹는데, 여차하면 꽃잎을 씹어 먹기도 합니다. 꽃들은 중매쟁이 곤충을 끌어들이려고 녀석들이 먹고도 남을 만큼 꽃가루를 많이 만듭니다. 꽃가루에는 얼마나 많은 영양분이 들어 있을까요?

꽃가루는 완전한 영양밥입니다. 꽃가루 속에는 탄수화물, 지방, 단백질, 비타민, 무기질이 듬뿍 들어 있습니다. 특히 아미노산과 지방이 많아 영양 만점이지요. 꽃하늘소류는 꽃가루 영양밥을 충분히 먹고 몸보신을 해야 튼튼하고 건강한 알을 낳을 수 있습니다.

갑자기 꽃하늘소가 꽃가루를 어떻게 소화시키는지 궁금합니다.

꽃가루는 우리 눈에는 보이지 않을 만큼 엄청 작지만, 세포벽은 아주 단단합니다. 얼마나 단단한지 강력한 화학 물질 없이는 그냥 부서지지 않습니다. 다행히도 꽃하늘소류를 비롯한 딱정벌레들은 소화 효소를 분비합니다. 소화 효소를 꽃가루 속에 버무려 넣고 씹으면서 꽃가루를 소화시킵니다.

붉은산꽃하늘소가 개망초 꽃을 먹고 있다.

그런데 녀석들은 엉덩이가 무거워 한번 꽃 밥상에 주저앉으면 좀처럼 다른 꽃으로 옮겨 가지 않습니다. 단단한 딱지날개 때문에 비행력도 뛰어나지 못하고, 몸도 무거우니 한 꽃에 앉으면 꽃밥이 없어질 때까지 죽치고 앉아 꽃가루만 축냅니다. 꽃 입장에서는 불친절한 중매쟁이지요. 벌이나 꽃등에처럼 이리저리 바쁘게 날아다니며 꽃가루를 옮겨 줘야 하는 데 말입니다. 그렇다고 꽃은 찾아온 손님을 푸대접하지도 않고 꽃하늘소류에게 식사 대접을 넉넉하게 합니다.

이렇게 한 꽃에서 오래 머물다 보니 꽃하늘소류는 늘 천적 눈에 잘 뜨입니다. 그래서 생각해 낸 녀석들 전략은 의태와 경고색입니다. 거의 모든 꽃하늘소류 몸에는 줄무늬나 점박이 무늬가 그려져 있습니다. 물론 붉은색을 비롯해 여러 색으로 치장한 녀석도 있습니다. 모두 적을 피하기 위한 의태이며 경고색이지요. 특히 줄무늬처럼 몸에 그려진 무늬는 분단색(分斷色) 효과가 있습니다. 분단색 효과는 두드러진 색채의 얼룩무늬를 가져 몸 윤곽이 뚜렷하지 않고 입체감도 적어 생기는 은폐 효과를 말합니다. 이렇게 몸 윤곽을 애매하게 보여 적을 헷갈리게 하는 것이지요. 또한 힘이 센 포식자인 벌을 흉내 내는 경우도 있습니다. 모두 힘없는 꽃하늘소류가 무방비 상태로 꽃에 앉아서 안전하게 식사를 하기 위한 전략입니다.

긴알락꽃하늘소가 애기똥풀 꽃을 먹고 있다.

범하늘소가
마아가렛 꽃을 먹고 있다.

알락수염붉은산꽃하늘소가
쉬땅나무 꽃을 먹고 있다.

열두점박이꽃하늘소가 찔레꽃을 먹으며 짝짓기를 하고 있다.

꽃하늘소가 백당나무 꽃을 먹으며 짝짓기를 하고 있다.

알통다리꽃하늘소가 왜당귀 꽃을 먹고 있다.

꽃하늘소류에게 꽃은 정말 고마운 존재입니다. 밥 주는 식당도 되어 주고, 짝짓기 할 신방도 되어 주니 이보다 더 고마울 순 없습니다. 꽃밥을 먹으러 모인 꽃하늘소류들이 맘에 드는 짝을 만나면 멀리 갈 필요 없이 꽃밥 위에서 짝짓기를 합니다. 어른벌레가 비슷한 때에 날개돋이 하는 까닭도 여기에 있습니다. 짝짓기를 성공적으로 하려면 예비 신랑과 예비 신부가 많아야 하기 때문이지요.

곤충도 인간처럼 발기할까

꽃하늘소류들의 짝짓기 모습을 한참 지켜보면 참 재미있는 일이 벌어집니다. 수컷은 마음에 드는 암컷을 졸졸 쫓아다니며 구혼을 합니다. 더듬이를 부딪치기도 하고, 큰턱으로 깨물기도 합니다. 드디어 그렇게 애쓰는 수컷이 암컷 마음에 들었나 봅니다.

암컷은 수컷을 받아들여 꽃 위에서 짝짓기를 합니다. 수컷은 힘센 다리로 암컷을 움켜쥐고 암컷 등에 올라탑니다. 그런 다음 자기 몸속 생식기를 빼내어 암컷 배 끝에 있는 생식기에 정확하게 갖다 댑니다. 머뭇거림 없이 암컷 몸에 쏙 들어간 수컷 생식기는 리드미컬하게 움직입니다. 암컷은 꽃가루를 먹느라 정신이 없고, 수컷은 줄기차게 피스톤 운동을 하면서 자기 정자를 넘겨주느라 정신이 없습니다. 포유동물에게서 흔히 볼 수 있는 모습을 꽃하늘소 짝짓기 장면에서 볼 수 있다니 신기합니다. 곤충 짝짓기를 관찰하다 보면 인간 행동의 근원에 대한 호기심이 많이 생깁니다.

그럼 수컷 생식기도 짝짓기를 위해 발기할까요? 물론 합니다. 대부분의 곤충들처럼 꽃하늘소류도 수컷이 생식기를 통해 암컷 생식기에 정자를 직접 전달합니다. 이때 생식기가 더욱 단단해지는데, 근육이 수축하면서 발기가 됩니다. 특히 암컷의 수정낭까지 삽입되어야 하기 때문에 수컷 생식기는 얇은 막질성의 벽으로 되어 있습니다. 이런 수컷 생식기는 혈림프나 사정관 쪽의 체액 압력을 강하게 받아 발기됩니다. 이 압력은 몸, 특히 복부의 근육 수축으로 일어납니다. 사람과 별반 다를 게 없지요.

옆검은산꽃하늘소가 조팝나무 꽃가루를 먹으며 짝짓기를 하고 있다. 몸에 노란 꽃가루가 묻어 있다.

인간을 비롯한 포유동물과 곤충 행동에서 가장 유사한 점을 찾으라면? 역시 짝짓기 행동인 것 같습니다. 야외 관찰을 하다 보면 너무도 닮은 점이 많아 그저 놀랄 뿐입니다. 여섯 다리 달린 곤충과 네 발 달린 포유동물은 생김새도 전혀 다르고 사는 방식도 굉장히 다르지만, 짝짓기 행동에서는 정말이지 비슷한 점이 많습니다. 짝짓기 전에 암컷을 흥분시키는 구애 행동, 선물로 암컷의 환심을 사는 행동, 짝짓기 체위, 짝지으며 벌어지는 진한 사랑 표현, 짝짓기 뒤에 부르르 떠는 행동처럼 말이지요.

곤충 종류가 워낙 많다 보니 그들의 짝짓기 행동과 습성은 각양각색입니다. 곤충의 짝짓기 행동을 세세하게 연구하고 관찰하면 포유동물의 짝짓기 행동이 어디에서 출발했는지 알 수 있을지도 모릅니다.

붉은산꽃하늘소가 꼬리조팝나무 꽃을 먹으며 짝짓기를 하고 있다.

애벌레 밥은 썩은 나무

숲속에 들어가면 썩어 가는 나무나 썩은 나무들이 많습니다. 썩은 나무는 많은 곤충들에게 먹이와 집 같은 훌륭한 서식 공간을 제공합니다. 썩은 나무를 먹고 사는 종류는 일부 딱정벌레목, 일부 파리목, 일부 바퀴벌레류, 송곳벌류처럼 다양합니다. 특히 딱정벌레목 가문에 속하는 대부분의 하늘소과 집안 애벌레, 비단벌레과 집안 애벌레, 바구미과 집안 애벌레, 나무좀과 집안 애벌레, 사슴벌레과 집안 애벌레 등이 썩은 나무나 썩어 가는 나무를 즐겨 찾아옵니다.

썩거나 썩어 가는 나무에는 둘레가 몇 십 센티미터가 될 만큼 큰 나무 그루터기나 원줄기, 10센티미터도 안 되는 나뭇가지, 그보다 더 가느다란 자잘한 나뭇가지 들이 있습니다. 바닥에 쓰러져 썩어 가는 나무, 서 있는 상태에서 썩어 가는 나무, 인간이 가공한 목재들도 있습니다. 또한 심하게 썩어 부스러지기 직전의 나무, 적당히 썩어 힘만 살짝 주어도 쪼개지는 나무, 죽은 지 얼마 안 된 나무들도 있습니다. 물론 이들 나무 상태에 따라 찾아드는 곤충들이 다릅니다.

예를 들면 사슴벌레 애벌레는 몸집이 커서 많은 양의 나무를 먹어야 하기 때문에 지름이 큰 통나무에서 삽니다. 일부 나무좀류는 막 썩기 시작한 나무에서 살기도 하지만, 맴돌이거저리류 애벌레는 이미 상당히 분해된 썩은 나무에서 사는 경우도 있습니다. 썩은 나무 상태에 따라 찾아와 사는 곤충이 다르니 곤충에게 썩은 나무는 하나도 버릴 데가 없습니다.

썩은 나무는 광합성을 하는 나무만큼 영양분이 풍부하지 않지만, 썩은 나무를 먹는 곤충들은 나름대로의 먹이 전략으로 별 탈 없이 살아갑니다. 죽은 나무에는 소화되기 어려운 셀룰로오스 같은 섬유질은 풍부하지만 비타민, 지방, 단백질의 기본 물질인 질소 등이 부족합니다. 곤충들은 셀룰로오스를 소화시키기 위해 여러 방법을 동원합니다. 소화 효소를 스스로 합성하기도 하고, 자신의 장 속에 셀룰로오스 소화 효소를 가진 미생물과 공생하기도 하고, 소화 균사를 주입함으로써 해결합니다.

수명이 다한 나무는 곤충을 비롯한 다양한 분해자에게 몸을 내주고 그들 먹이가 되어 잘게 분해됩니다. 분해된 나무의 영양분은 다시 땅속으로 들어가 여러 가지 식물에게 영양분을 공급하며 물질 순환에 이바지합니다.

긴알락꽃하늘소 암컷이 썩어 가는 나무 틈에 알을 낳고 있다.

꽃가루 영양밥을 먹고 짝짓기에 성공한 꽃하늘소류 암컷은 알을 낳으려고 썩은 나무를 찾습니다. 통나무든 죽은 나무든 죽은 줄기든 가리지 않고 적당히 썩은 나무면 됩니다. 야외 관찰을 하다 보면 녀석들이 침엽수보다는 활엽수를 더 많이 찾는 경향이 있습니다. 꽃하늘소류 암컷은 적당히 썩은 나무를 귀신처럼 찾아낸 뒤 잠시 나무 위에 앉습니다. 그리고 더듬이와 다리로 이리저리 나무 상태를 살핀 뒤 산란관을 내어 나무껍질 사이나 나무껍질에 천천히 꽂습니다. 어미는 배 끝을 살짝 실룩거리면서 알을 낳습니다. 그런 뒤에 다른 곳으로 옮겨 낳고, 또 다른 곳으로 가서 낳습니다. 이렇게 오랫동안 알을 낳습니다. 이렇게 할 일을 다 마친 어미 꽃하늘소류는 죽고, 나무속에 낳은 알에서는 애벌레가 깨어납니다.

애벌레는 어미 꽃하늘소류처럼 강력한 큰턱을 가졌지만, 꽃가루를 먹는 엄마 아빠와 달리 썩은 나무를 먹습니다. 나무껍질 쪽에서

하늘소류 애벌레는 썩은 나무속을 파먹고 산다.

시작해서 점점 깊은 곳까지 굴을 파고 들어가면서 열심히 나무를 먹어 댑니다. 열 달 넘게 애벌레로 살면서 썩은 나무를 먹는데, 녀석들이 먹고 싼 똥들은 때때로 나무껍질 밖으로 톱밥 같은 부스러기 형태로 나오기도 합니다. 이렇게 꽃하늘소류 애벌레는 이미 썩은 나무에 자리를 잡은 다른 생물들과 함께 나무를 분해시키는 작업에 동참합니다.

나무는 많은 부분이 셀룰로오스로 구성되어 있어서 많은 생물들이 소화시키기 힘들어 합니다. 이 셀룰로오스를 소화시키기 위해 꽃하늘소류 애벌레는 몸 안에서 소화 효소를 만들어 내는지, 또는 몸속에 공생균을 키우고 있는지 아직은 명확하지 않습니다. 아무튼 썩은 나무는 꽃가루처럼 영양이 풍부하지 않아 꽃하늘소류 애벌레들은 엄청난 양의 나무를 먹어야만 합니다.

나무속에 있으니 애벌레는 안전할까요? 그렇지만은 않습니다. 녀석들을 노리는 천적은 늘 곁에 있습니다. 바로 기생벌! 기생벌은 꽃하늘소류 애벌레가 있는 지점을 정확히 찾아내 침 같은 산란관을 꽂아 알을 낳습니다. 애벌레가 내는 특유의 냄새나 싸 놓은 똥 냄새를 귀신처럼 맡고 찾아와 알을 낳습니다. 거의 모든 기생벌은 숙주 특이성이 있어서 종에 따라 좀 더 깊은 나무속에 있는 애벌레도 찾아냅니다. 깊은 곳에 있는 애벌레에 기생하는 기생벌은 산란관이 길게 진화되었지요. 천적은 기생벌뿐만이 아닙니다. 개미붙이 애벌레 같은 포식자는 늘 나무속을 어슬렁거리며 꽃하늘소류 애벌레를 사냥합니다. 그래서 나무속이라 해서 절대 안전 구역이 될 수 없습니다.

또 꽃하늘소류 애벌레는 썩은 나무속에서 살면서 새들의 훌륭한 먹이가 되기 때문에 숲속 생태계가 유지되는 데 매우 중요한 역할을 합니다. 또한 죽은 나무는 꽃하늘소류 애벌레에 의해서도 분해됩니다. 하늘소 애벌레가 분해시킨 나무는 썩은 나무를 먹고 사는 거저리류 애벌레나 다른 곤충들에 의해 또 다시 잘게 분해됩니다. 그렇게 잘게 분해된 나무 부스러기는 풍뎅이류나 잎벌레붙이처럼 부엽토를 먹고 사는 곤충과 작은 생물들에게 넘겨집니다. 이윽고 마지막에는 버섯, 미생물, 그리고 작은 토양 생물들에 의해 더 잘게 부서져 숲의 영양원으로 되돌아갑니다.

긴알락꽃하늘소가 날개돋이 해서 나무 밖으로 나오고 있다.

죽은 나무는 소우주

얼마 전까지만 해도 공원 숲속에 쓰러진 썩은 나무들이 다 치워지곤 했습니다. 썩은 나무가 숲 바닥에 있으면 보기 좋지 않다고 하는군요. 모든 생물은 태어나면 죽습니다. 생태계가 나고 자라고 죽어 순환이 되는 것은 자연의 이치입니다. 죽은 나무도 존재할 이유가 있습니다. 죽은 나무는 거대한 소우주입니다. 썩은 나뭇가지 하나를 두고도 수많은 생명들이 각자에 맞는 아주 조그만 서식지로 살아가고 있기 때문이지요. 그 작은 생명들이 살아가고 있어 나무는 서서히 분해되어 새로 태어난 어린 나무들에게 거름이 되어 줍니다. 이 오묘한 자연의 조화를 인간이 깰 자격이 과연 있을까요? 인간도 생태계의 일원입니다. 지구에 살고 있는 무수한 생명 가운데 유독 인간만은 생태계 먹이망을 이어 주는 역할을 제대로 해내기 위해 많은 노력을 해야 합니다. 인간은 수천 년이나 지속된 생태계를 한순간에 파괴할 수 있는 폭발적인 능력을 가지고 있기 때문입니다. 자연을 보전하느냐 파괴하느냐는 인간에게는 선택의 문제입니다.

층층나무 잎으로
송편 집 짓는

황다리독나방

황다리독나방

황나리독나방 수컷이 나뭇잎에 앉아 있습니다.

주말이면 자주 찾는 산이 있습니다.
아침 일찍부터 눈곱도 못 뗀 아들을 깨워 앞세우고 중미산에 갑니다.
일주일에 한 번만이라도 흙냄새를 맡게 해 보려고요.
이른 아침 산에 도착하면 사람은 거의 없고
자연의 소리만이 너른 공간을 가득 메웁니다.
재잘재잘 새소리, 사그락사그락 나뭇잎 부딪치는 소리,
살랑거리는 바람 소리, 찌이~~~ 벌레 우는 소리…… .
6월 초쯤이면 산 길가에 우뚝 선 층층나무 위로
흰 나방이 훨훨 날아다닙니다.
떼를 지어 층층나무를 에워싸고 하늘하늘 날아다니는 게
꼭 주먹만 한 함박눈이 내리는 것 같습니다.
그 모습에 홀딱 반해 잠시 넋을 잃지요

층층나무

애벌레가 층층나무 잎으로 만든 송편 집

층층나무는 이름 그대로 가지가 1층, 2층, 3층 이렇게 층을 이루며 자랍니다. 그래서 누구나 한 번 보면 결코 잊을 수 없는 나무입니다. 또 층층이 뻗은 가지 끝마다 새하얀 꽃이 소담스럽게 핍니다. 그런 층층나무를 먹고 사는 나방이 있습니다. 훨훨 나는 모습은 선녀 같지만, 이름은 섬뜩한 황다리독나방입니다. 새하얀 날개가 펄럭일 때는 실크 옷이 출렁거리듯이 부드럽고 우아합니다. 다리만 노래서 황다리독나방인 것을 금방 알아차릴 수 있습니다.

5월이면 층층나무에서 잎이 돋아나기 시작합니다. 이즈음 층층나무 가지에는 새로 난 잎들이 반달처럼 접혀 매달려 있습니다. 얼마나 잎을 정교하게 접었는지 영락없는 송편입니다. 먹은 흔적 없이 멀쩡한 것도 있고, 군데군데 작은 구멍이 뚫린 것도 있습니다. 층층나무 송편 속에는 누가 살고 있을까요? 송편 속에 사는 주인에게는 미안하지만 한번 열어 봅니다. 층층나무 잎사귀 양쪽 가장자리를 바느질한 것처럼 실로 붙여 놓았군요. 조심스럽게 뜯어보니 잎사귀 한구석에 애벌레 한 마리가 겁먹은 채 앉아 있습니다. 얼른 봐도 황다리독나방 애벌레네요. 몸길이가 1센티미터쯤 되니 1령 애벌레인 것 같습니다. 몸 색깔은 회색빛이 나는데, 등줄을 따라 노르스름한 띠무늬가 있고, 길고 짧은 털들이 다발로 수없이 북슬북슬 나 있습니다. 긴 털은 제 몸길이만큼이나 깁니다. 게다가 줄 맞춰 돋은 수십 개의 돌기에도 검은색 털이 다발로 나 있어 앙증스럽기까지 합니다.

황다리독나방 알

이렇게 작은 애벌레가 제 몸길이보다 다섯 배가 넘는 잎사귀를 접어 송편 집을 만들다니 참으로 놀랍습니다. 게다가 정교하게 만들기까지 하니 말입니다. 황다리독나방 애벌레는 입, 특히 아랫입술샘에서 명주실을 토해 집을 만듭니다. 명주실로 잎사귀 양쪽 가장자리를 붙여 송편 같은 집을 만들고 그 속에서 생활합니다. 송편 집 안에서 어린 새끼는 층층나무 잎 양 귀퉁이에 있는 잎살을 갉아 먹습니다. 주둥이가 약해 질긴 잎맥은 남기고 잎살만 먹어 구멍이 뻥뻥 뚫린 게 마치 망사 같습니다. 이렇게 송편 집에 숨어서 다 자랄 때까지 잎살을 먹으며 지냅니다. 허물을 네 번 벗고 종령 애벌레가 되면, 송편 집에서 빠져나와 대담하게 잎 위에서 식사를 합니다. 물론 자라면서 새끼의 큰턱이 강해져 잎맥까지 잎 전체를 쑥덕쑥덕 베어 씹어 먹습니다. 알에서 깨어난 애벌레가 5령까지 자라려면 20일쯤 걸립니다. 그러고는 층층나무 잎이나 층층나무 줄기 또는 층층나무 둘레에 있는 안전한 다른 나무나 풀에서 번데기가 됩니다. 번데기가 되기 직전에 아랫입술샘에서 명주실을 토해 자기 몸과 잎을 얼기설기 엮어 떨어지지 않도록 동여맵니다. 번데기에서 어른벌레가 탄생하기까지 열흘쯤 걸립니다.

번데기 색깔은 매우 화려합니다. 노란 바탕에 검은 무늬가 그려져 있어 완전 보색을 띱니다. 게다가 까맣고 억센 털 뭉치까지 있으니 더 눈에 띕니다. 이렇게 몸을 확 드러나게 하는 색은 일종의 '경고색'입니다. 천적들을 접근하지 못하게 하는 방어 전략이지요. 숨기보다 눈에 잘 띄는 색으로 몸을 치장해 '내겐 독이 있다. 날 잡아먹으면 큰일 난다.'고 경고하는 것이지요.

황다리독나방 애벌레는 5령 애벌레가 되기 전까지는 층층나무 잎을 접어 송편처럼 생긴 집을 짓고 그 안에 들어가산다.

날개돋이 한 어미 황다리독나방은 어디에 알을 낳을까요? 층층

황다리독나방 5령 애벌레는
등에 있는 노랑 띠무늬가 뚜렷하다.

황다리독나방 번데기 옆모습

황다리독나방 번데기 앞모습

이제 막 날개돋이한 황다리독나방이 날개가 펴지기를 기다리고 있다.

나무 나뭇가지 사이나 나무껍질에 알을 덩어리로 낳습니다. 55개쯤 되는 알이 뭉쳐져 있습니다. 알들이 추운 겨울을 견디고 나면 이듬해 봄에 껍질을 깨고 애벌레들이 나옵니다.

더듬이는 코

야외 강연 중에 재밌는 질문을 받은 적이 있습니다. 배추흰나비는 십자화과 식물만 먹고 산다는데, 층층나무에서 떼 지어 춤추는 까닭이 무엇인지 묻습니다. 그것도 산속에서 말이죠. 황다리독나방은 몸 크기와 색깔이 언뜻 보면 배추흰나비와 닮아서 착각을 일으켰나 봅니다.

그런데 황다리독나방은 왜 떼 지어 층층나무 둘레에서 춤을 추는 걸까요? 당연히 짝을 찾아 사랑을 나누기 위해서입니다. 어른벌레들이 수월하게 짝을 찾으려면 비슷한 시기에 날개돋이 하는 것이 좋습니다. 곤충들은 보통 어른벌레로 사는 기간이 짧으니 집단으로 행동하면 짝을 찾는 시간도 절약되고, 암컷과 수컷이 몰려 있으니 짝짓기 확률도 높아지고, 그만큼 성공적으로 알 낳을 기회가 많아집니다. 그러니 종족 보존에 훨씬 유리합니다.

황다리독나방은 수많은 나방들이 그렇듯이 야행성입니다. 어떻게 깜깜한 어둠을 뚫고서, 혹은 저 멀리서도 짝을 찾아올까요? 모두 성페로몬 때문입니다. 결혼 적령기가 된 암컷은 사람 코로는 맡을 수 없는 아주 묘한 향기를 내뿜습니다. 이 향기는 공기 속으로 확산되어 바람을 타고 퍼집니다. 성페로몬은 아주 적은 양으로도 굉장히 큰 효과를 낼 수 있고, 독성도 전혀 없습니다. 게다가 오직 자기 종만 맡을 수 있도록 여러 성분을 일정한 비율로 혼합해 만듭니다. 그래서 암컷이 뿜어내는 성페로몬은 황다리독나방 수컷에게만 효과를 발휘합니다. 즉, 보통 다른 종은 이 페로몬 냄새를 잘 맡을 수 없어서 잡종이 생길 염려가 거의 없습니다.

암컷이 내뿜는 향기를 맡으려면 황다리독나방 수컷은 냄새 기관이 사람 코와 달라야 합니다. 황다리독나방 코는 어디에 있을까요? 코는 더듬이에 있습니다. 더듬이에는 많은 수용 감각기가 달려 있습니다. 수컷 더듬이는 커다란 빗살처럼 생겼고, 늘어진 빗살 하나 하나에는 많은 수용 감각기가 달려 있습니다. 현미경으로 관찰해 보면 수용 감각기는 아주 작은 구멍이 나 있는 미세한 털 모양입니다. 이 미세한 구멍들이 바로 나방의 코, 즉 냄새를 맡는 감각 기관입니다.

암컷이 풍기는 냄새는 매우 낮은 농도로 공기 중에 퍼져 있습니다. 그러니 수컷이 냄새를 잘 맡으려면 코 역할을 하는 더듬이에 암컷이 내뿜는 냄새 화합물들이 잘 스며들도록 구멍이 많아야 합니다. 달리 말해 더듬이가 작은 것보다 큰 것이 더 유리합니다. 그래서 수컷은 더듬이 표면적을 한껏 늘리는 쪽으로 진화했습니다.

큼직하게 발달한 수컷 더듬이는 바람 타고 공기 중에 떠다니는 페로몬 분자들을 아주 효율적으로 걸러 냅니다. 심지어 바람 타고 낱낱이 흩어진 페로몬 분자들까지도 잘 붙잡을 수 있습니다. 이런 더듬이를 가졌으니 수컷은 아무리 멀리 떨어져 있어도, 아무리 칠

흑같이 깜깜한 밤이라도 암컷을 찾아냅니다.

이렇게 성페로몬과 코 노릇을 하는 더듬이와 시각 등을 이용해 어렵사리 만난 황다리독나방 암컷과 수컷은 짝짓기 작업에 들어갑니다. 이때는 제2의 성페로몬인 교미자극페로몬(aphrodisiac)을 수컷이 내뿜습니다. 암컷은 수컷을 성페로몬으로 유혹하고, 수컷은 교미자극페로몬으로 암컷을 유혹하는 것이지요. 교미자극페로몬은 수컷의 가는 털 뭉치(hair pencil)에서 분비됩니다. 황다리독나방은 먼 거리에서 짝을 불러들이기도 하지만, 대부분 층층나무를 무대로 집단 데이트를 즐기며 짝을 찾으니 참 경제적입니다. 게다가 애벌레 밥상이 될 층층나무에서 모든 걸 다 해결하니 영리한 전략가 대열에 올려야겠습니다.

황다리독나방이 짝짓기 하려는데 다른 수컷이 끼어들었다.

황다리독나방은 해충?

황다리독나방 애벌레는 오로지 층층나무나 말채나무 같은 층층나무 종류의 나뭇잎만 먹습니다. 층층나무를 하도 갉아 먹어서인지 2002년에 국내에서 처음으로 산림 피해 해충 명단에 올랐습니다. 과연 황다리독나방은 해충이기만 한 걸까요? 층층나무 입장에서는 잎을 다 먹어 치우니 황다리독나방이 성가신 존재이겠지요. 하지만 생물은 다 존재 이유가 있는 법입니다.

황다리독나방이 잎을 다 먹어 치워 층층나무가 죽기라도 했는지 궁금합니다. 나무가 튼실하게 자라는 데는 영향을 줄지 모르지만, 황다리독나방은 절대 자기 밥상 나무를 죽음에 이르게 하지 않습니다. 거기에다 나무 또한 방어 물질을 포함해 나름의 생존 전략을 세우고 있습니다. 실제로 보면 층층나무는 떼 지어 자라는 법이

황다리독나방 번데기가 밑들이류에게 잡아먹혔다.

결코 없습니다. 동족 간의 경쟁을 피하기 위해 뚝뚝 떨어져 자랍니다. 아마도 다른 나무를 제압해 땅속 영양분과 햇빛을 확보하려고 한 그루씩 홀로 자라는 것 같습니다. 층층나무는 빨리 자라는 편이어서 그 둘레 나무들은 햇빛을 못 받아 아우성입니다. 층층나무가 햇빛을 독차지하려고 사방으로 가지를 넓게 뻗어 다른 식물을 얼씬도 못 하게 하니까요. 하지만 자연에는 절대 강자도 절대 약자도 없습니다. 이런 폭군 나무를 제압할 해결사가 바로 황다리독나방이죠. 황다리독나방 애벌레는 자나 깨나 층층나무 잎을 먹습니다. 그 결과로 햇빛을 독차지하던 잎이 하나둘 없어지고, 층층나무 아래에도 비로소 햇볕이 내리쬡니다. 때를 놓치지 않고 많은 식물들이 이때다 하고 활동을 시작합니다. 햇빛을 받아 광합성을 하고, 광합성으로 만든 영양분으로 자신을 키우고 일부는 곤충에게 줍니다. 이렇게 빛을 되찾은 층층나무 아래는 다양한 생명들의 터전이 됩니다.

그뿐만 아닙니다. 애벌레가 먹고 남긴 잎은 다른 곤충의 먹이가 되고, 균을 불러들여 분해가 됩니다. 또한 황다리독나방 애벌레가 싼 똥은 땅에 떨어져 다른 생물들의 거름이 되고, 나뭇잎을 씹을 때 식물에게서 흘러나오는 영양즙도 땅에 떨어져 생태계의 물질 순환에 작으나마 공헌합니다.

생태계 먹이망에서 황다리독나방의 공헌은 뭐니 뭐니 해도 포식자들의 밥이 되는 것입니다. 벌과 거미, 새 들에게 단백질이 풍부한 밥상을 차려 주니 말입니다. 먹이망 아래로는 생산자인 층층나무의 발육을 조절하고, 위로는 포식자의 밥이 되어 먹이망을 안정시키는 훌륭한 고리 노릇을 합니다.

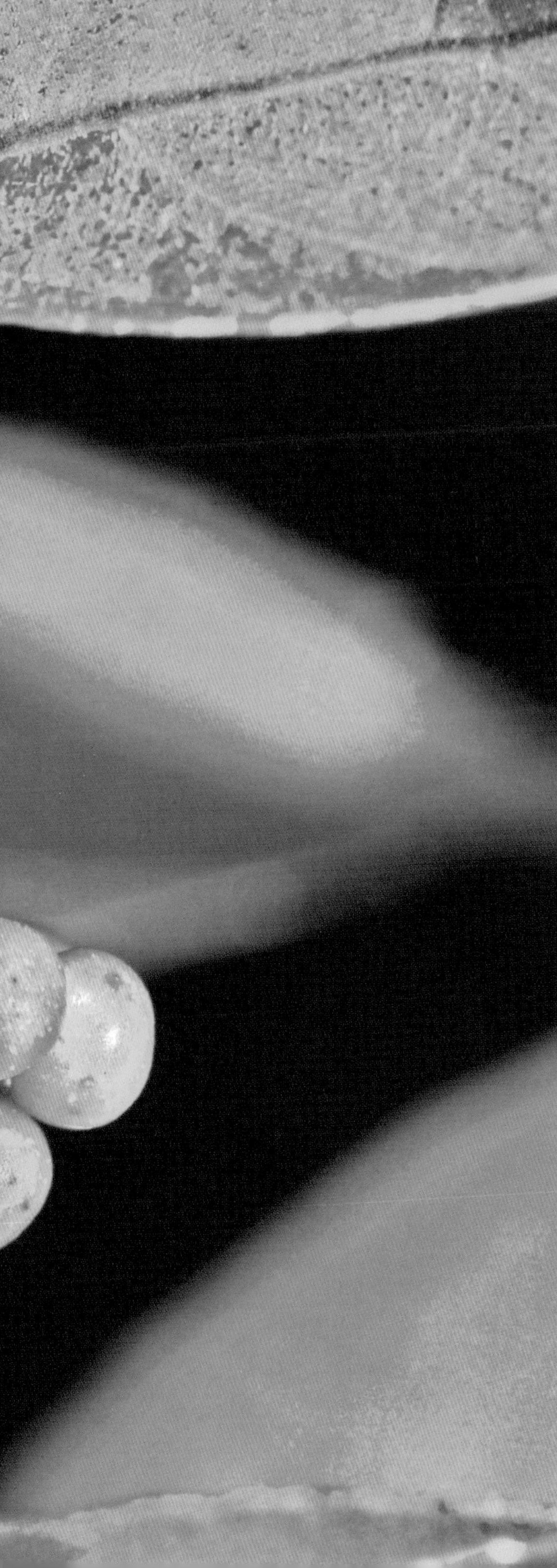

알을 지키며
자식을 보살피는

에사키뿔노린재

에사키뿔노린재의 식사

에사키뿔노린재가
흰작살나무 열매에 침 같은 주둥이를 꽂고
즙을 빨아 먹고 있습니다.

분홍색 하트는 사람들이 상상 속에서
만들어 낸 사랑의 표시입니다.
하지만 자연 속에는 실제로 하트 무늬가 있습니다.
등에 하트를 예쁘게 그리고 다니는 곤충이 있지요.
에사키뿔노린재입니다.
에사키뿔노린재는 평생 동안 등에
선명한 노란색 하트 무늬를 지고 다닙니다.
'우리 영원히 사랑해요.'라고 외치는 것처럼 말입니다.
하트 무늬 때문에 눈에 띄기라도 하면 누구든 금방 알아보지요.
한 번만 봐도 절대로 잊어버릴 수 없습니다.

에사키뿔노린재

층층나무류를 먹는 에사키뿔노린재

에사키뿔노린재는 나무숲이나 숲 가장자리에서 삽니다. 나뭇잎이나 나무줄기에 붙어 있으면 잘 보이지 않아 세심하게 찾아야 합니다. 노린재는 우리나라에만도 500종쯤 살고 있습니다. 같은 노린재 식구인데도 에사키뿔노린재처럼 땅에서 사는 무리가 있고, 물장군처럼 물에서 사는 무리가 있습니다. 긴 세월을 거치면서 한 무리는 육상 생활에 적응했고, 또 다른 무리는 물속 곤충으로 진화해 온 것입니다. 사는 장소가 다르면 먹이도 다릅니다. 식물즙이나 식물의 종자즙을 빨아 먹고 사는 무리도 있고, 곤충 같은 동물의 체액을 빨아 먹고 사는 무리도 있습니다. 이렇게 식물과 동물의 즙을 빨아 먹으려면 주둥이는 당연히 침처럼 생겨야 하겠지요? 노린재 특징 중 하나는 침처럼 생긴 주둥이입니다. 일반적으로 곤충 입틀은 윗입술과 아랫입술, 큰턱 한 쌍, 작은턱 한 쌍, 혀(hypopharynx)로 구성됩니다. 하지만 노린재의 입틀(구기, mouthpart)은 이와 다릅니다. 즙액을 빨아야 하기 때문에 큰턱과 작은턱이 곤충이나 식물 조직 속에 찔러 넣을 수 있도록 칼날처럼 날카롭게 모양이 바뀌었습니다. 특히 에사키뿔노린재는 식물즙을 먹고 사니 식물을 잘 찌를 수 있도록 주둥이가 뾰족합니다.

에사키뿔노린재는 즐겨 먹는 식물이 따로 있습니다. 층층나무, 말채나무, 검양옻나무 같은 나무입니다. 물론 이들 식물 말고도 배고프면 다른 식물도 종종 먹습니다. 녀석은 뾰족한 주둥이를 잎사귀나 줄기에 꽂고 맛있게 식사를 합니다. 그런데 어떻게 딱딱한 나무줄기에 주둥이를 꽂을 수 있을까요? 에사키뿔노린재는 주둥이를 나무줄기에 꽂을 때 펙티나아제(pectinase)를 내뿜습니다. 이 효소는 식물 세포벽을 구성하는 세포층 중에서 가운데 부분인 중간 박막층을 부드럽게 분해시켜 주둥이가 식물 조직 속으로 잘 들어가도록 도와줍니다. 또한 침 속에는 아밀라아제도 있어서 소화를 도와줍니다.

곤충 세계
변강쇠와 옹녀의 만남

강연을 하다 보면 많이 받는 질문이 있습니다. 그중에서도 노린재가 오랫동안 짝짓기 하는 까닭을 묻는 경우가 많습니다. 노린재는 짝짓기 시간이 매우 깁니다. 숲길을 걷다 보면 짝짓기에 정신이 없는 에사키뿔노린재와 마주칩니다. 사진 한 컷 찍어 주고 한참을 걸어 산에 오릅니다. 그리고 되돌아오는 길에 앞서 봤던 에사키뿔노린재와 다시 만났는데, 아직도 짝짓기를 하고 있습니다. 거의 모든 노린재들처럼 이 녀석들도 짝짓기를 굉장히 오래 합니다. 어디서 그런 정력이 넘쳐 나는지 신기합니다. 곤충 기네스북이 있다면 '짝짓기 왕' 또는 '변강쇠와 옹녀 상' 후보에 올랐을지도 모릅니다.

지인에게 에사키뿔노린재 얘기를 해 주었더니 아주 재밌는 말을 합니다.

"짝짓기를 그리 오래 하는 것은 정력이 좋아서만은 아닐 테고,

에사키뿔노린재 암컷과 수컷이 꽁무니를 맞대고 짝짓기를 하고 있다.

불감증? 아니면 하다가 재미없어서 자는 모양이네요."

에사키뿔노린재는 왜 짝짓기를 그토록 오래 할까요? 답은 수컷의 '정자 전쟁' 또는 '정자 경쟁' 때문입니다. 곤충 세계에서 수컷의 짝짓기 전략에는 크게 두 가지가 있습니다. 하나는 수컷이 자기 정자와 암컷 난자가 완벽하게 수정이 이뤄지도록 하는 전략입니다. 수컷이 자기보다 앞서 짝짓기 한 수컷 정자를 암컷 저정낭에서 파내 버리고 자기 정자를 암컷 생식기에 집어넣는 경우가 이에 속합니다. 저정낭은 암컷 몸속에 있는 수컷 정자를 보관하는 주머니입니다. 암컷과 짝짓기를 하기 전에 암컷 저정낭을 깨끗이 청소하는 것이지요.

또 하나는 자신과 짝짓기 한 암컷이 다른 수컷과 짝짓기 하지 못하도록 원천 봉쇄하는 것입니다. 암컷 난자는 물리적으로 마지막으로 짝짓기 한 수컷 정자와 수정이 됩니다. 그러니 맨 마지막에 짝짓기 한 수컷 정자가 우선권을 가집니다. 그래서 기를 쓰고 다른 수컷이 암컷에게 접근하지 못하도록 막습니다. 좀 치사한 방법이지만 암컷 생식기를 특수 분비물로 막아 버리는 수컷도 있고, 짝짓기 시간을 길게 끄는 수컷도 있습니다. 에사키뿔노린재 수컷은 후자의 방법을 선택했습니다. 짝짓기를 오래도록 하면서 다른 수컷이 자기 신부에게 접근하지 못하게 합니다. 다른 수컷에게 자기 신부를 빼앗기지 않기 위해 죽기 살기로 붙들어 놓는 것이지요.

이런 짝짓기 전략은 굉장한 장점이 있습니다. 수컷이 자기 정자를 끝까지 지켜서 '정자 선취권'을 가질 수 있고, 다른 수컷의 접근을 막아 암컷 난자(알)와 자기 정자가 수정될 때까지 시간을 벌 수 있습니다. 따지고 보면 수컷 노린재는 짝짓기 하면서 암컷을 지키느라 먹지도 움직이지도 싸지도 못합니다. 똑같은 자세로 오랫동안 버텨야 하니 고행이나 다름없습니다. 그 힘든 일을 기꺼이 받아들이면서 자기 유전자가 대대손손 이어지길 꿈꿉니다. 속사정을 알고 보면 참 안쓰럽습니다.

어미의
지독한 자식 사랑

새끼를 향한 내리사랑은 사람이나 곤충이나 다 똑같은가 봅니다. 모든 곤충이 다 그런 것은 아니지만 몇몇 곤충 암컷은 새끼를 돌봅니다. 그 가운데서도 에사키뿔노린재는 알을 지극정성으로 돌봅니다.

짝짓기를 마친 암컷은 층층나무 잎사귀 뒷면에 알을 낳습니다. 노르스름한 알을 30개쯤 낳는데, 알들이 서로 떨어지지 않도록 접착 물질로 단단히 붙입니다. 물론 끈적끈적한 접착 물질은 산란관 옆에 있는 아교질샘에서 나옵니다. 알을 낳은 뒤 암컷은 꼼짝도 안 하고 알 위에 앉아 있습니다. 사진을 찍느라 플래시 세례를 퍼부어도, 건드려도, 나뭇잎을 이리저리 살살 흔들어도 꿈적도 안 합니다. 두려워하기는커녕 혹여 알들에게 문제라도 생길까 봐 긴장한 채 건드리는 쪽을 노려보며 알을 떠나지 않습니다. 지금 당장 죽는다 해도 알을 떠나지 않을 태세입니다. 아예 목숨 내놓고 알을 지키니 인내심의 극치, 모성 본능의 극치, 숭고함의 극치라 할까요.

에사키뿔노린재 암컷이 알을 지키고 있다.

어미 에사키뿔노린재가 위험을 무릅쓰고 알을 돌보는 까닭이 무엇일까요? 짐작하신 대로 새끼 한 마리라도 안전하게 세상에 내보내기 위해서입니다. 암컷은 알 덩어리에 여섯 개의 가냘픈 다리를 얹고서 앉아 있습니다. 개미 같은 귀찮은 포식자나 기생벌 같은 강도로부터 알을 지키는 것입니다. 한 과학자가 재밌는 실험을 했습니다. 한쪽에서는 알을 지키고 있는 암컷을 떼어 내고, 다른 한쪽에서는 암컷이 알을 지키도록 그대로 두었습니다. 어떤 결과가 나왔을까요? 암컷이 지키지 않은 알 덩어리에서는 새끼가 한 마리도 깨어나지 않았습니다. 반면에 암컷의 지극한 보살핌을 받은 알 덩어리에서는 절반 정도가 깨어났습니다. 살아남지 못한 새끼들은 대부분 작은 기생벌에게 기생당했습니다.

암컷이 감시하고 있는데, 어떻게 기생벌은 노린재 알에 기생했을까요? 암컷은 본능의 노예입니다. 오로지 머릿속에는 알을 지켜야 한다는 생각뿐! 그래서 늘 같은 방향만 바라보며 알을 지킵니다. 암컷은 자기 앞쪽과 옆쪽에서 얼씬거리는 벌이나 개미들은 잘 내쫓습니다. 하지만 뒤쪽이나 위쪽에서 살금살금 몰래 다가오는 기생벌에게는 속수무책입니다. 그렇다 해도 암컷의 지극한 보호로 절반의 성공은 보장된 셈이니 얼마나 다행인지 모릅니다.

어미 에사키뿔노린재는 언제까지 알을 지킬까요? 알에서 애벌레가 깨어날 때까지 지킵니다. 심지어 명이 긴 어미는 2령 애벌레가 될 때까지도 새끼를 지킵니다. 아마도 열흘은 족히 넘을 것 같습니다. 결국 어미는 죽을 때까지 새끼를 지키는 셈입니다.

그러면 암컷은 어떻게 알과 자식을 지킬까요? 한시도 자리를 비우지 않고 붙박이처럼 앉거나 서서 개미 같은 적이 나타나면 날개

에사키뿔노린재 2령 애벌레들이 위험한 일이 벌어지자 어미 품 밖으로 도망쳤다가 안전해지자 다시 어미 품으로 돌아왔다.

에사키뿔노린재 4령 애벌레

를 활짝 펴 퍼덕거리며 위협합니다. 또 노린재 특유의 고약한 냄새를 가슴과 가운뎃다리 근처 냄새샘에서 내뿜어 적을 쫓아 버립니다. 그뿐이 아닙니다. 한여름이니 오죽이나 덥겠습니까? 알이 썩지나 않을까 노심초사하며 알이 성숙할 때까지 성능이 좋지 않은 날개를 퍼덕거리며 뜨거운 여름 더위를 식혀 줍니다. 잠시도 쉬지 않고 끼니까지 굶어 가면서 말입니다. 더 신기한 것은 공기가 잘 통하도록 뾰족한 침 주둥이로 알 사이를 요령 있게 벌려 줍니다. 밤낮없이, 비가 오나 바람이 부나 암컷은 알을 지극정성으로 지킵니다. 감동의 물결입니다. 보고 있으면 절로 감동이 일어 새끼들 들으라고 회심곡이라도 틀어 주고 싶은 심정입니다.

보통 알에서 애벌레가 깨어나도 어미는 죽지 않습니다. 이미 열흘 넘게 굶은 터라 몸에 힘이 다 빠졌지만 애벌레가 한 번 허물을 벗고 2령 애벌레가 될 때까지 새끼를 돌봅니다. 천적이 다가오거나, 위험에 맞닥뜨리면 경보페로몬을 풍겨 새끼들을 품 밖으로 내보내 안 보이는 곳으로 도망치게 합니다. 안전해지면 집합페로몬을 풍겨 흩어져 숨어 있는 새끼들을 품 안으로 불러 모읍니다. 그렇게 새끼를 돌보고 지키는 와중에도 시간은 쉼 없이 흐릅니다. 2령 애벌레가 무럭무럭 자랄 즈음 어미 에사키뿔노린재는 힘이 다 빠지고 움직일 힘도 없어 잎이나 나뭇가지에 가만히 앉아 기름이 바닥난 호롱불이 서서히 꺼지듯이 조용히 죽음을 맞이합니다.

에사키뿔노린재처럼 새끼를 돌보는 푸토니뿔노린재 5령(종령) 애벌레

작살나무를
작살내는

큰남생이잎벌레

좀작살나무

좀작살나무는 큰남생이잎벌레의 밥상입니다.

잎벌레는 말 그대로 식물 잎을 먹고 자라는 벌레입니다.
딱정벌레목 가문의 잎벌레과 가족 수는
온 세계에 37,000종쯤 기록되어 있고,
우리나라에는 370종쯤 살고 있습니다.
잎벌레들의 식사 메뉴는 잎사귀로 거의 비슷하지만,
사는 방식은 매우 다양합니다.
잎 위에서 사는 녀석, 잎 속에 굴을 파고 사는 녀석,
땅속에서 사는 녀석, 지갑과 같은 집 속에서 사는 녀석 들이 있습니다.
그중에서 우리 눈에 가장 쉽게 띄는 잎벌레는
단연 잎 위에서 사는 녀석들입니다. 천적에게 들키면 어쩌려고
'나 여기 있다.' 하고 버젓이 잎에 붙어 있는지.
그런데 잎 위에서 사는 잎벌레의 생존 전략도 만만치 않습니다.
그 흥미진진한 전략을 가진 잎벌레를 찾아볼까요?
이제부터 이름도 무시무시한 작살나무를 먹고 사는
간 큰 벌레를 만나 봅시다.

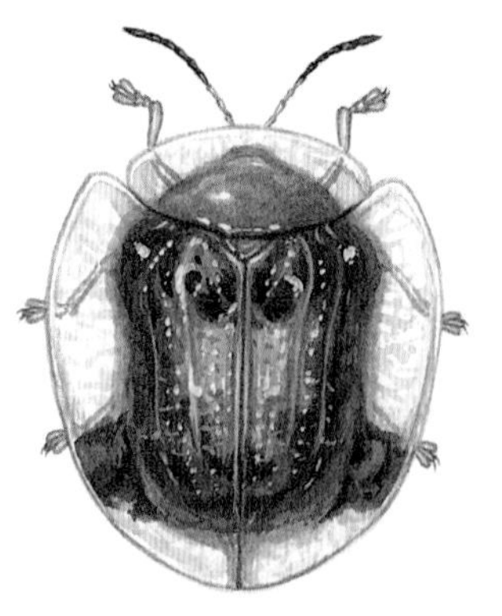

큰남생이잎벌레

촛농을 뒤집어쓴 큰남생이잎벌레

여름 들머리에 산길이나 공원에서 좀작살나무나 작살나무를 흔히 볼 수 있습니다. 작살나무 잎겨드랑이에는 연보라색 꽃들이 보일 듯 말 듯 숨어 핍니다. 큰 나무 아래 그늘진 곳에서도 잘 자라는 키 작은 나무인 작살나무. 그런데 작살나무란 이름이 좀 무섭습니다. 나뭇가지 생김새가 고기 잡을 때 쓰는 작살과 너무 닮아 얻은 이름입니다. 작살나무를 보면 원줄기나 원가지에서 뻗어 나온 나뭇가지들이 줄기 양쪽으로 두 개씩 정확히 마주 보고 있습니다. 또 줄기와 원가지가 벌어진 각도, 원가지와 곁가지가 벌어진 각도는 60~70도여서 작살 모양새를 하고 있습니다. 하지만 재미있게도 이름과 달리 물의 부력 때문에 이 나무로는 작살을 만들어 쓸 수 없답니다.

조금만 관심을 기울이면 작살나무 잎사귀에 구멍이 뻥뻥 뚫린 걸 발견할 수 있습니다. 구멍은 누가 만들었을까요? 한번 잎사귀를 조심스럽게 뒤집어 보세요. 새똥 같은 잎벌레가 잎사귀 뒷면에 붙어 있습니다. 마치 거무튀튀한 남생이 한 마리가 맑은 촛농 속에 갇혀 꼼짝 않고 앉아 있는 것 같습니다. 큰남생이잎벌레입니다.

녀석은 얼른 보기만 해도 생김새가 특이합니다. 꼭 남생이와 닮았습니다. 몸 등 쪽은 부풀어 올랐고 배 쪽은 납작합니다. 몸 색깔은 황갈색과 검은색이 뒤섞인 혼합색입니다. 몸 가장자리는 촛농이 퍼진 것처럼 옆으로 늘어나 있습니다. 그러니 멀리서 보면 영락없는 새똥처럼 보입니다. 또 딱지날개는 속이 훤히 비치는 투명 비널판 몇 개를 붙여 놓은 것 같고, 만져 보면 울퉁불퉁하고 침도 안 들어갈 만큼 단단합니다. 다른 딱정벌레들과 마찬가지로 녀석의 딱지날개도 딱딱한 큐티클로 되어 있기 때문입니다. 녀석은 딱지날개 속에 부드러운 막질의 뒷날개를 감추고 있습니다. 먼 곳으로 이동할 때는 먼저 딱지날개 두 장을 옆으로 펼친 뒤 딱지날개 속에 숨겨 두었던 얇은 뒷날개를 활짝 펼쳐 날아갑니다. 신기하게도 녀석들 다리는 짧아서 옆으로 늘어난 가슴등판과 딱지날개 아래쪽에 꼭꼭 감춰져 있습니다. 녀석을 뒤집어 보지 않는 한 구경할 수가 없습니다. 위험을 감지하고 더듬이를 머리 아래 배 쪽으로 집어넣기라도 하면 남생이처럼 넓적한 가슴등판과 딱지날개만 보입니다. 이렇게 딱딱한 가슴등판과 딱지날개만 보이니 천적이 공격하기가 어렵습니다. 개미나 침노린재 같은 포식자는 큰남생이잎벌레의 딱딱한 가슴등판과 딱지날개를 깨물 수도 찌를 수도 없습니다.

큰남생이잎벌레

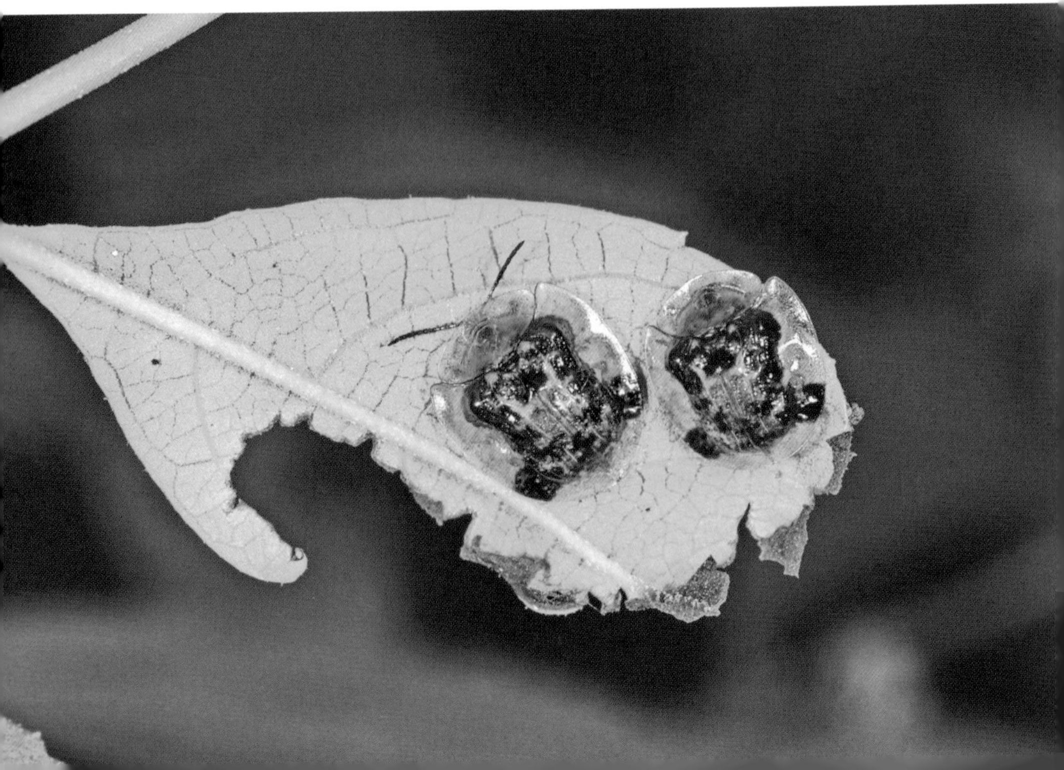

작살나무에 말뚝을 박다

어른 큰남생이잎벌레는 작살나무가 내뿜는 독특한 방어 물질 냄새에 매료되어 작살나무에 모여듭니다. 물론 작살나무가 내뿜는 방어 물질은 초식 곤충의 접근을 막기 위해 풍기는 냄새지요. '나 맛없고 독 있으니 먹지 마.' 하는 메시지인 셈입니다. 그 냄새 때문에 다른 초식 곤충은 작살나무에 얼씬도 하지 않는데, 용케도 큰남생이잎벌레만이 찾아와 아예 말뚝을 박고 삽니다. 녀석들은 오랜 기간에 걸쳐 독성 물질에 적응해 왔기에 작살나무를 먹이로 삼게 된 것입니다. 그래서 큰남생이잎벌레는 어른벌레나 애벌레 모두 작살나무 잎사귀만 먹습니다. 날마다 먹는데도 질리지도 않나 봅니다.

큰남생이잎벌레가 짝짓기를 하고 있다.

작살나무는 큰남생이잎벌레를 위한 전용 복합 시설과도 같습니다. 식당도 되고, 산부인과도 되고, 보육원도 되고, 신방도 되니 모든 게 다 갖춰져 있습니다. 식당에 모인 어른벌레는 맘껏 밥을 먹고, 맘에 드는 짝을 찾아 짝짓기도 하고, 알도 낳습니다. 녀석들은 잎 뒷면에 알을 하나씩 하나씩 낳으면서 점액질도 함께 분비해 알을 차곡차곡 쌓듯이 붙입니다. 이렇게 낳은 알에서 깨어난 애벌레는 잎 위에서 작살나무 잎을 먹고 세 번 허물을 벗으면서 무럭무럭 자랍니다. 번데기도 잎 위에서 만듭니다.

큰남생이잎벌레 애벌레는 등에 허물을 뒤집어쓰고 있다. 허물이 꼬리돌기에 붙어 있어서 들었다 놨다 한다.

변장의 마술사
큰남생이잎벌레 애벌레

큰남생이잎벌레 애벌레는 참 희한하게 생겼습니다. 기다란 타원형 몸 가장자리에는 괴상하게 생긴 긴 돌기가 빙 둘러져 있습니다. 길쭉길쭉 튀어나온 돌기가 마치 지네 발 같습니다. 하지만 이런 괴기스러운 모습을 평상시에는 볼 수 없습니다. 왜 그럴까요?

큰남생이잎벌레 애벌레는 평생 동안 벗은 허물로 가면을 만들어 쓰고 살기 때문이지요. 큰남생이잎벌레 새끼들은 변장의 마술사! 그래서 좀처럼 눈에 띄지 않습니다. 애벌레 몸은 큐티클이라는 단단한 갑옷으로 덮여 있습니다. 밥을 먹고 몸이 부쩍부쩍 불어나도 몸을 덮고 있는 갑옷은 늘어나지 않습니다. 그래서 어느 정도 자라면 허물을 벗어던져야 합니다. 탈피를 하는 것이지요. 허물을 벗지

큰남생이잎벌레 번데기도 허물을 뒤집어써 몸을 숨긴다.

않으면 커진 몸이 질긴 큐티클에 갇혀 죽습니다. 당연히 큰남생이잎벌레 애벌레도 허물을 벗으면서 큽니다. 영리하게도 녀석은 허물을 버리지 않고 자신을 변장시킬 가면으로 재활용합니다.

가면을 어떻게 뒤집어쓸까요? 정확히 말하면 자기가 벗은 허물을 등에 지고 다닙니다. 큰남생이잎벌레 애벌레는 배 끝에 포크처럼 생긴 돌기가 있습니다. 이 돌기에 허물이 붙어 있지요. 돌기를 하늘로 치켜든 뒤 좌우로 움직이며 허물을 등 위에 얹습니다. 그러면 애벌레 등은 '허물 가면'으로 완전히 덮입니다. 거기에다 허물에 자기가 싼 배설물까지 켜켜이 얹습니다. 항문이 배 끝에 있는 돌기와 가까이 있어서 허물에다 똥을 싸는 건 어렵지 않습니다.

전에 허물 가면을 한번 벗겨 본 적이 있습니다. 아무리 몸에서 떼어 내려 해도 배 끝 돌기에서 떨어지지 않습니다. 자세히 배 끝 돌기를 들여다보니 질긴 실 같은 물질이 허물 가면과 이어져 있었

먼지벌레류 애벌레가 큰남생이잎벌레 애벌레에게 다가오자, 큰남생이잎벌레가 얼른 허물로 몸을 덮어 숨었다. 그러자 먼지벌레류 애벌레가 한동안 실랑이를 하다가 그냥 지나쳐 갔다.

습니다. 애벌레가 배 끝 돌기를 힘껏 등 쪽으로 휘어 올리니 허물 가면이 다시 등 위에 얹힙니다. 허물을 얹은 뒤에도 돌기는 살짝 위로 들어 올려져 있습니다. 허물 가면은 애벌레 시기를 지나 번데기가 되어서도 뒤집어쓰고 있습니다. 어른벌레로 날개돋이 할 때야 비로소 평생 쓰던 허물 가면을 벗습니다.

가면을 쓰고 다니는 까닭은 물론 적의 공격을 피하기 위해서입니다. 허물 가면은 개미와 다른 포식자에게 혐오감을 주어 가까이 오지 못하게 합니다. 그뿐이 아닙니다. 연구 결과에 따르면, 허물 가면에는 작살나무의 독성 방어 물질이 들어 있어서 천적 공격을 막을 뿐 아니라 적을 멀리 달아나게 합니다. 적에게 잡아먹히지 않으려는 몸부림인 셈이죠. 변장하는 재주를 타고났으니 정말 행운입니다.

곤충 세계에서 위장과 변장은 모두 적으로부터 자신을 지키려는 생존 전략(보호색)입니다. 위장은 곤충이 움직여도 주변 환경과 잘 어울려 눈에 띄지 않지만, 변장은 곤충이 움직이면 주변 환경과 조화가 깨져 금방 드러나니 조심해야 합니다. 그래서 변장을 한 큰남생이잎벌레 애벌레는 잎을 다 먹고 다른 잎으로 옮길 때를 빼고는 거의 움직이지 않고 한 잎사귀에서 식사를 합니다.

똥을 뒤집어쓴

왕벼룩잎벌레

왕벼룩잎벌레

왕벼룩잎벌레 어른벌레가
풀잎 끝에 앉아 있습니다.

어렸을 적 옛집은 산 밑에 있었습니다.
바람이 불면 사그락사그락 대나무 잎사귀 부딪치는 소리가
그윽한 시골집이었죠.
뒤꼍 빈터에서 나무들은 봄마다 꽃을 피우고,
여름이면 열매 맺고, 가을이면 단풍 물이 들었습니다.
그 가운데 코흘리개 적부터 알았던 나무는 옻나무였습니다.
어머니가 "가까이 가면 큰일 난다."며 늘 겁을 주어
정말로 닿기만 해도 죽는 줄 알았습니다.
그런데 그 옻나무에 희한한 일이 일어났습니다.
옻나무 잎에 새똥 같은 똥을 바른 벌레들이 다닥다닥 붙어 있었습니다.
옻오를까 봐 잎을 따지도 못하고 고개가 빠지도록 쳐다보기만 했지요.
어린 마음에도 '저렇게 무서운 옻나무를 먹는 벌레가 있다니.' 하며
죽지 않을까 걱정했던 기억이 가물거립니다.
그리고 그 벌레를 다시 만난 것은 30여 년이 흐른 뒤였습니다.

옻나무

온몸에 똥칠한 애벌레

옻나무, 개옻나무, 붉나무는 모두 같은 식구입니다. 그중 가장 흔하게 볼 수 있는 나무는 아무래도 붉나무인 것 같습니다. 가을에 단풍이 하도 붉게 들어서 붙은 이름입니다. 이 산 저 산 봄이 한창일 즈음, 붉나무 잎에는 똥을 뒤집어쓴 애벌레들이 다닥다닥 붙어 있습니다. 혹시 만나거든 잎이 뚫어지게 쳐다보세요. 녀석들은 누굴까요? 왕벼룩잎벌레 애벌레입니다.

왕벼룩잎벌레 애벌레는 붉나무 새잎이 돋아나기 시작할 때면 알에서 깨어납니다. 갓 깨어난 애벌레들은 잎사귀에 모여 함께 식사를 합니다. 물론 적의 눈을 피하기 위해 잎 뒷면에 숨어서 먹습니다. 그리고 잎을 다 먹으면 슬슬 기어 약속이라도 한 듯이 다른 잎사귀로 옮겨 갑니다. 그러고는 줄 맞춰 나뭇잎에 매달려 잎 가장자리를 먹기 시작합니다. 먹성이 얼마나 좋은지 붉나무 작은 잎(소엽) 하나를 순식간에 먹어 치웁니다. 남은 건 잎자루뿐이네요. 그리고 서둘러 다른 잎으로 떼 지어 옮긴 뒤 또 잎사귀 하나를 작살냅니다. 그래서 녀석들이 휩쓸고 지나간 잎사귀는 초토화되고, 남겨진 잎맥에는 배설물만 지저분하게 묻어 있습니다. 몸집이 작지만 수십 마리가 떼를 지어 하루 종일 먹어대기 때문이지요.

그런데 재미있는 일이 벌어지는군요. 애벌레 몸이 걸쭉하게 반죽된 진흙 같은 분비물로 덮이고 있습니다. 뭘까요? 이 분비물은 바로 애벌레 똥입니다. 녀석이 잎을 먹고 똥을 싸서 자기 몸에 똥칠을 하고 있는 것입니다. 살짝 만지니 애벌레가 가슴다리로 나뭇

왕벼룩잎벌레 애벌레가 꽁무니로 똥을 싸고 있다.

잎을 꼭 붙잡고 배를 좌우로 세차게 흔들어 위협을 합니다. 왼쪽을 건들면 왼쪽으로 배를 구부리고, 오른쪽을 건들면 오른쪽으로 배를 구부리며 몸부림을 칩니다. 몸부림이 얼마나 힘찬지 몸뚱이에 뒤집어쓴 똥들이 일부 떨어져 나갑니다.

똥을 만져 보니 미끈미끈, 끈적끈적합니다. 살짝 역겨운 냄새가 나는데 붉나무 잎 냄새와 비슷합니다. 그런데 애벌레들은 똥을 싸서 어떻게 온몸에 바를까요? 손도 없는데 말입니다. 애벌레는 배를 요긴하게 사용합니다. 배 끝을 위로 들어 올려 요리조리 움직이며 똥칠을 합니다. 그렇다면 애벌레 몸에 붙은 똥을 벗겨 내면 어떻게 반응할까요? 당연히 보수 공사를 합니다. 알몸이 된 애벌레는 처음엔 당황해서 이리저리 숨을 곳을 찾아 기어 다닙니다. 하지만 정신을 차리고 이내 똥을 싸기 시작합니다. 꼭 순대처럼 생긴 긴 똥을 말이지요.

녀석들 배 끝 항문에는 돌기가 있습니다. 이 돌기가 붙은 배 끝을 위쪽, 왼쪽, 오른쪽 방향으로 자유자재로 바꿀 수 있습니다. 녀석이 싸는 똥은 '항문 돌기'에 착 달라붙어 있습니다. 그리고 가래떡처럼 한 가닥 한 가닥 뽑아냅니다. 똥을 쌀 때마다 똥 붙은 항문 돌기를 위아래, 좌우로 방향을 바꾸기 때문에 결국 순대 같은 똥은 애벌레 등과 옆구리에 빼곡히 들러붙습니다. 몸에 붙인 똥 가닥은 꼭 뱀이 똘똘 똬리를 튼 것 같습니다. 똥은 물기가 있는 것처럼 반질반질 윤이 나고, 흐물거리지도 뭉그러지지도 않으면서 등짝이며 옆구리며 단단히 붙어 있습니다. 그 까닭은 똥이 말피기관에서 분비된 얇은 막으로 감싸여 있기 때문입니다.

왕벼룩잎벌레 애벌레가 똥을 뒤집어쓰고 개옻나무 잎을 먹고 있다.

왕벼룩잎벌레가 사는 법

왕벼룩잎벌레 애벌레가 똥을 뒤집어쓰고 붉나무 잎을 먹고 있다.

이렇게 자기 몸에 똥칠하며 먹이를 실컷 먹은 애벌레는 두 번 허물을 벗으며 부쩍부쩍 커갑니다. 흥미롭게도 애벌레 몸 색깔은 먹은 식물 종류에 따라 다릅니다. 모두 옻나무 가족을 먹고 살지만 옻나무나 개옻나무를 먹고 있는 애벌레는 노란색을 띠고, 붉나무를 먹고 있는 애벌레는 청보라색을 띱니다.

대략 한 달 만에 다 자란 애벌레는 나뭇잎 생활을 끝내고 이제는 헤어져야 할 시간입니다. 다 자란 애벌레는 따로따로 흩어져 땅으로 내려갑니다. 번데기를 만들기 위해서지요. 땅속에서 애벌레는 침으로 흙 알갱이들을 버무려 흙방을 만듭니다. 그리고 그 속에서 애벌레 때 입었던 옷을 벗고 번데기로 탈바꿈합니다. 연구실에서 기르다 보면 페트리 디쉬 바닥에 깔아 둔 휴지 속으로 파고 들어갑니다. 휴지 부스러기를 침으로 버무려 엉성하게 방을 만든 뒤 그 속에서 번데기가 됩니다.

한 보름쯤 지나면 번데기에서 어른벌레가 태어나는데, 날개돋이 하는 시기는 보통 8월 말쯤부터 10월 사이입니다. 날개돋이 한 어른 왕벼룩잎벌레들은 잠깐 모여 살다가 흩어져 저마다 혼자 생활합니다. 늦여름이 되면 짝짓기를 시작하는데, 가을에도 녀석들의 짝짓기 모습을 심심찮게 볼 수 있습니다. 어른 왕벼룩잎벌레는 건드리기는커녕 가까이만 다가가도 땅으로 뚝 떨어져 혼수상태에 빠집니다. 다시 말하면 가짜로 죽는 현상인 가사 상태에 빠집니다. 아니면 높이 뛰어올라 도망가기도 합니다. 사람 허벅지에 해당하

왕벼룩잎벌레 애벌레는 붉나무 잎을 먹으면 몸이 파랗고, 개옻나무 잎을 먹으면 몸이 노랗다.

날씨가 메마르자 왕벼룩잎벌레 애벌레 몸을 덮은 똥이 말라 휘어졌다.

는 다리의 넓적다리마디가 벼룩처럼 알통이 배어 있어 높이 뛸 수 있습니다. 다 위험을 피해 살아남기 위해서지요.

어른 왕벼룩벌레는 8월 말부터 10월 중순 사이에 짝짓기를 합니다. 짝짓기 시기는 개체의 발육 상태에 따라 다릅니다. 짝짓기를 마친 암컷은 대개 9월에 들어서면 알을 낳기 시작합니다. 알은 어떻게 낳을까요? 주로 여러 가지 옻나무류 줄기에서 나뭇가지가 뻗어 나온 틈새에 흠집을 내고 알을 낳습니다. 낳은 알들은 뭉쳐 있는데, 알을 낳을 때마다 부속샘에서 분비물을 내어 알을 덮습니다. 알로 추운 겨울을 지내고 나면, 이듬해 4월 중순에 애벌레가 깨어나 옻나무류(옻나무과) 잎을 먹기 시작합니다.

옻나무 독이 오히려 고마워

그런데 왕벼룩잎벌레 애벌레는 하필이면 똥으로 자기 몸을 치장할까요? 적으로부터 자신을 방어하기 위해서입니다. 왕벼룩잎벌레 애벌레는 다른 애벌레보다 몸집이 제법 큽니다. 다 자라면 15센티미터가 넘으니 말입니다. 또한 나뭇잎에 달라붙어 식사를 해야 하니 천적 눈에 쉽게 띕니다. 그래서 온몸에 똥을 뒤집어써 새똥인 양 변장하고는 '나 맛없어.' 하고 외치는 것이지요.

인간을 비롯한 동물과 식물은 적으로부터 자신을 보호할 기술이 있어야 살아남을 수 있습니다. 붉나무 잎에 사는 생물들도 자신을 천적으로부터 지키려고 몸부림칩니다. 붉나무 또한 생존을 위해 자기방어를 해야만 합니다. 자신을 뜯어 먹으려는 곤충을 쫓아내려고 붉나무는 위험한 독성 물질을 스스로 만듭니다. 특히 붉나무와 한 가족인 옻나무는 사람이 만지기만 해도 가려움증을 일으키는 톡시코덴드론(Toxicodendron)이란 독을 잎사귀뿐 아니라 나무 이곳저곳에 모아 두고 있습니다.

그렇다면 곤충은 푸짐한 옻나무 밥상을 앞에 두고 옻나무가 뿜어내는 독에 당하고만 있을까요? 당연히 극복합니다. 왕벼룩잎벌레는 옻나무류 독성 물질에 오랫동안 적응해 왔습니다. 그 결과로 옻나무류는 녀석들에게 유일한 먹이이자 최고의 먹이가 되었고, 옻나무류의 독성 물질을 식욕 촉진제로 이용합니다.

이렇게 왕벼룩잎벌레는 여러 가지 옻나무류만 먹음으로써 자연스럽게 옻나무 독성에 적응하지 못한 다른 곤충과 먹이 경쟁을 피할 수 있습니다. 왜냐하면 다른 곤충은 옻나무 독성에 적응하지 못했기 때문에, 옻나무가 아닌 다른 식물을 먹잇감으로 선택하기 때문입니다. 한술 더 떠서 왕벼룩잎벌레는 천적을 막기 위해 옻나무의 방어 물질을 이용하기까지 합니다. 녀석들 똥에는 옻나무가 가진 독성 물질이 들어 있어 천적의 공격을 막아 줍니다. 실제로 개미는 왕벼룩잎벌레 애벌레 똥에 있는 독성 물질 때문에 공격을 포기하고 도망갑니다. 똥을 이용한 변장술, 똥의 독성 물질로 천적을 따돌리는 것, 이런 전략을 가지고 있었기에 녀석들은 지구 상에 계속 살고 있는 것입니다.

그럼에도 불구하고 왕벼룩잎벌레를 노리는 천적은 어디에나 있습니다. 포식성 벌, 기생벌, 거미, 육식성 노린재, 그리고 새 들까지 여기저기서 왕벼룩잎벌레를 노립니다. 그들이 공격하면 왕벼룩잎

기생벌이 왕벼룩잎벌레 애벌레를 찾아왔다. 기생벌이 배를 구부려 왕벼룩잎벌레 애벌레 몸속에 알을 낳고 있다.

벌레는 꼼짝없이 포식자의 밥이 됩니다. 포식자가 왕벼룩잎벌레를 잡아먹지 않으면, 녀석들의 개체 수는 한없이 늘어나 옻나무류는 남아나지 않고 초토화될 것이 빤합니다. 결국 새와 같은 포식자가 왕벼룩잎벌레 수를 일정한 수준으로 조절해 줌으로써 옻나무를 중심으로 한 먹이망이 건강해질 수 있는 것입니다.

왕벼룩잎벌레 애벌레는 정말 많은 똥을 쌉니다. 몸집이 크니 다른 종류 애벌레와 비교하면 똥의 양이 많은 편입니다. 그 똥은 식물에게 거름이 되기도 하고 미생물이나 똥을 먹는 부식성 생물들의 먹이가 되기도 합니다. 자연 세계에서는 똥 하나도 버릴 게 없습니다. 먹이를 스스로 생산하는 생명의 근원인 녹색식물, 그 식물을 먹는 곤충, 그 곤충을 잡아먹고 사는 포식자, 그들이 싼 똥, 똥을 먹는 미생물처럼 이 모든 생명은 보이지 않는 먹이 전쟁을 치르면서 생태계 고리를 균형 있고 건강하게 이어 줍니다. 이제 산길을 가다 만난 옻나무나 붉나무 한 그루도 무심히 보고 지나갈 일이 아닙니다. 생물들이 벌이는 치열한 삶의 현장이니 말입니다.

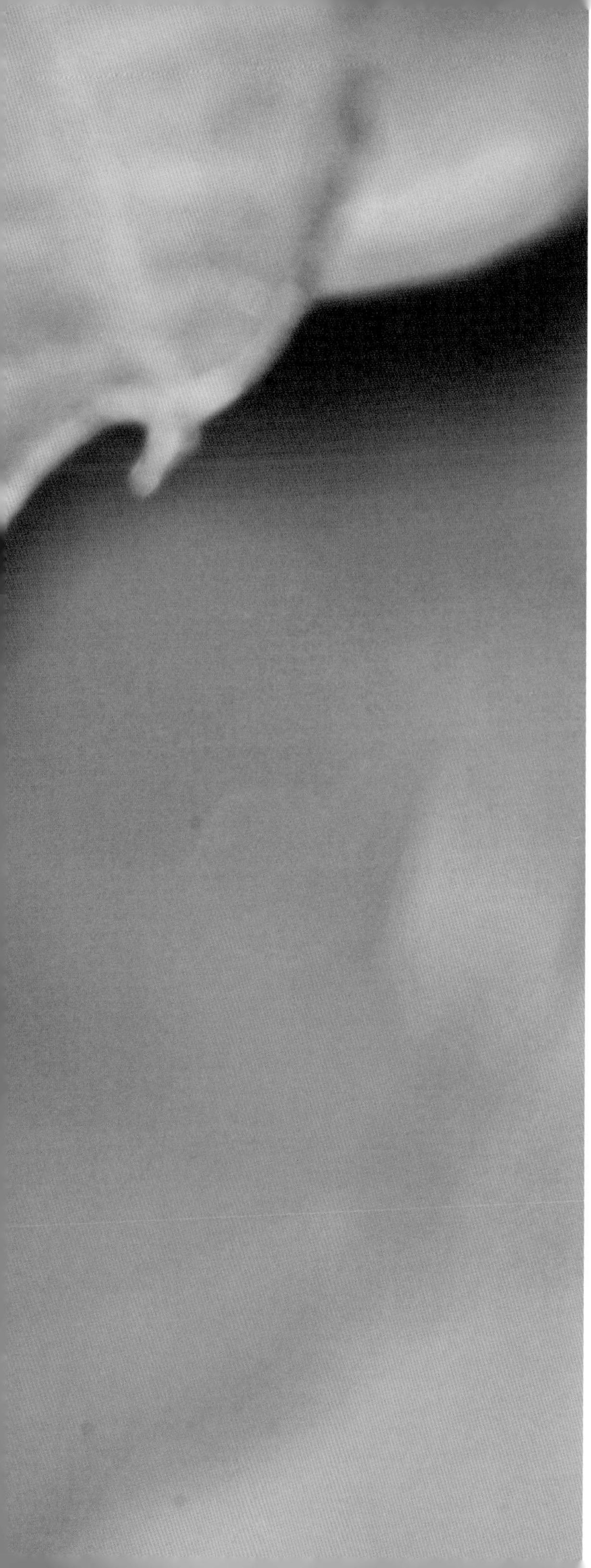

솜씨 좋은
재단사

왕거위벌레

왕거위벌레 암컷

왕거위벌레 암컷은 수컷보다 목이 더 짧습니다.

초여름 날 숲속 오솔길은 곤충 백화점입니다.
각양각색의 곤충들이 나름의 방식대로 살아가느라 바쁩니다.
잎사귀를 열심히 먹는 녀석, 짝짓기에 골몰하는 녀석,
인기척에 놀라 땅으로 굴러떨어지는 녀석,
잎을 말아 아기 방을 꾸미는 녀석 들로 북적댑니다.
용케도 거위벌레가 집 짓는 광경을 구경한다면 행운입니다.
숲길 어디서나 잘 마주치는 녀석은 왕거위벌레입니다.
밤나무 잎이나 상수리나무 잎에 앉아
고개를 멀대처럼 삐쭉이 들고 있는 모습이
영락없이 기린과 닮았습니다.
왕거위벌레는 몸길이가 1센티미터를 족히 넘으니
곤충치고는 제법 큰 편입니다.
마치 누굴 기다리듯
목을 쭉 빼고 있는 것처럼 보이는데,
재밌게도 암컷보다 수컷 모가지가 더 깁니다.

왕거위벌레 수컷

요람 만들 잎사귀 고르기

왕거위벌레는 1년에 단 한 번 애벌레 집인 요람을 만들며 번식합니다. 먹이식물은 참나무류, 오리나무류나 자작나무류 같은 큰키나무입니다. 여러 종류의 나무에서 살다 보니 종이 다른 곤충들과 서식지 쟁탈전도 벌입니다. 하지만 종종 오리나무류를 먹고 사는 다른 거위벌레들과 서식지가 겹칠 경우에는 일정 지역을 서로 나누어 사용하는 지혜를 발휘합니다.

왕거위벌레 어른벌레와 애벌레는 다 같이 잎사귀를 먹는데, 저마다 다른 밥상에서 식사를 합니다. 어른벌레는 잎 표면에서, 애벌레는 돌돌 말아 놓은 잎 속에서 식사합니다. 어른벌레의 주메뉴는 갈참나무, 신갈나무, 졸참나무 같은 참나무류나 밤나무 잎사귀입니다. 그것도 새로 난 지 얼마 안 되는 연한 잎만 주로 골라 먹는데, 긴 목을 숙여 주둥이를 잎에 박고 잎살을 씹어 먹습니다. 큰턱으로 잎 한쪽에 구멍을 내고 찔끔 먹고는 자리를 옮겨 또 구멍을 내며 먹습니다. 그래서 왕거위벌레 어른벌레가 먹고 난 잎에는 곰보처럼 큰 구멍이 숭숭 뚫려 있습니다. 어른벌레와 달리 애벌레는 어미가 겹겹이 말아 놓은 잎을 한 겹씩 한 겹씩 뜯어 씹어 먹습니다.

이렇게 왕거위벌레는 잎을 먹는 여느 곤충과 달리 새끼가 먹고 자랄 잎을 둘둘 말아 요람(집)을 만듭니다. 요람 재료는 밤나무, 참나무류, 오리나무류 같은 나무 잎입니다. 그렇다면 왕거위벌레는 어떻게 새끼가 먹고 자랄 숙주 식물을 찾아낼까요? 숙주 식물을 찾아올 때는 숙주 식물이 내뿜는 방어 물질 냄새를 맡고 옵니다.

하지만 일단 도착하면 잎 생김새, 딱딱한 정도, 두께나 크기 따위를 꼼꼼히 따져 집 재료를 고릅니다. 이렇게 집 지을 잎을 선택할 때는 어미 몸 가운데 특히 머리와 가슴, 앞다리 생김새가 매우 중요한 역할을 합니다. 주둥이가 튼튼하고 다리가 잘 발달된 어미는 딱딱하고 커다란 잎사귀도 척척 말아 올리지만, 몸집이 작고 힘이 약한 어미는 좀 더 부드럽고 작은 잎사귀를 선택해야 하니까요. 왕거위벌레 몸은 누구 못지않게 크고 튼튼해서 대체로 밤나무 잎처럼 두껍고 질긴 잎사귀도 마다하지 않고 잘 말아 올려 애벌레 집을 만듭니다.

왕거위벌레가 상수리 잎과 떡갈나무 잎에 구멍을 내며 갉아 먹었다.

인내심을 갖고 찬찬히 왕거위벌레가 요람을 만드는 노동 현장을 훔쳐보세요. 재미있는 풍경이 눈앞에 펼쳐집니다. 왕거위벌레는 굉장히 세밀하게 정해진 순서에 따라 흐트러짐 없이 집을 만드는 뛰어난 건축가입니다. 설계도가 없는 데도 설계도에 맞춰 짓는 것보다 더 능숙하게 집을 짓습니다. 다행히도 수년 전에 거위벌레 학자가 자세히 연구해 거위벌레의 집 짓는 행동과 습성이 알려졌습니다.

어미 왕거위벌레가 맨 처음 하는 일은 사전 답사, 즉 요람 만들 잎사귀 고르기입니다. 왕거위벌레 암컷은 먹이식물을 찾아와 잎 위를 왔다 갔다 걸어 다닙니다. 잎에 벌레 먹은 데는 없는지, 집을 짓기에 크기는 알맞은지, 잎이 싱싱한지, 잎이 두꺼운지 얇은지 따위를 수사관처럼 조사합니다. 일단 합격이면 잎사귀 주맥을 타고 잎자루 쪽으로 걸어 올라가 두리번거립니다. 잎사귀 어디를 재단하면 좋을지 위치를 가늠하기 위해서지요. 이때 혹시라도 마음에 안 들면 주저 없이 포기하고 다른 잎으로 날아갑니다. 심지어는 잎

왕거위벌레 수컷이 밤나무 잎을 갉아 먹고 있다.

왕거위벌레가 갈참나무 잎으로 애벌레가 지낼 집을 지었다.

을 재단하고 있을 때도 적당치 않다고 생각되거나 적의 방해를 받으면 미련 없이 버리고 다른 잎을 찾아 옮겨 갑니다.

집 공사는 어떻게 하나

애벌레 집 지을 잎사귀 선정이 끝나면 어미는 잎 가장자리 쪽으로 가서 강력한 큰턱으로 주맥을 향해 잎을 자르기 시작합니다. 주맥을 기준으로 오른쪽 부분과 왼쪽 부분을 한 차례씩 재단하는데, 오른쪽부터 자르기도 하고, 왼쪽부터 자르기도 합니다. 이렇게 재단을 해 잎사귀를 위쪽, 아래쪽으로 나눈 뒤 녀석은 잎 뒷면으로 갑니다. 그리고 잎 뒷면 주맥을 일정한 간격으로 씹어 상처를 냅니다. 또한 잎 가장자리도 씹어 상처를 내는데, 이것은 나중에 집 바닥이 되는 부분입니다. 이렇게 주맥과 잎 가장자리에 상처를 내면 물 흐름이 막혀 잎이 시듭니다. 그러면 잎을 말아 올리기가 훨씬 쉽습니다.

어미는 주맥을 기준 삼아 아래쪽 잎사귀 끝부분부터 말기 시작합니다. 멍석 말듯이 곧장 빙글빙글 말면서 올라가는 것이 아니라, 주맥 양편 잎살을 자기 쪽으로 모으면서 말아 올라갑니다. 집 바닥 부분을 정확히 가공하면서 말이지요. 집을 만들 때 접착제가 따로 필요 없습니다. 말린 잎 틈에 잎을 끼워 넣으면서 말기 때문에 집이 펴지지 않습니다. 완성된 집을 보면 잎 뒷면이 겉이 되고 잎 앞

왕거위벌레가 밤나무 잎을 말아 집을 지었다.

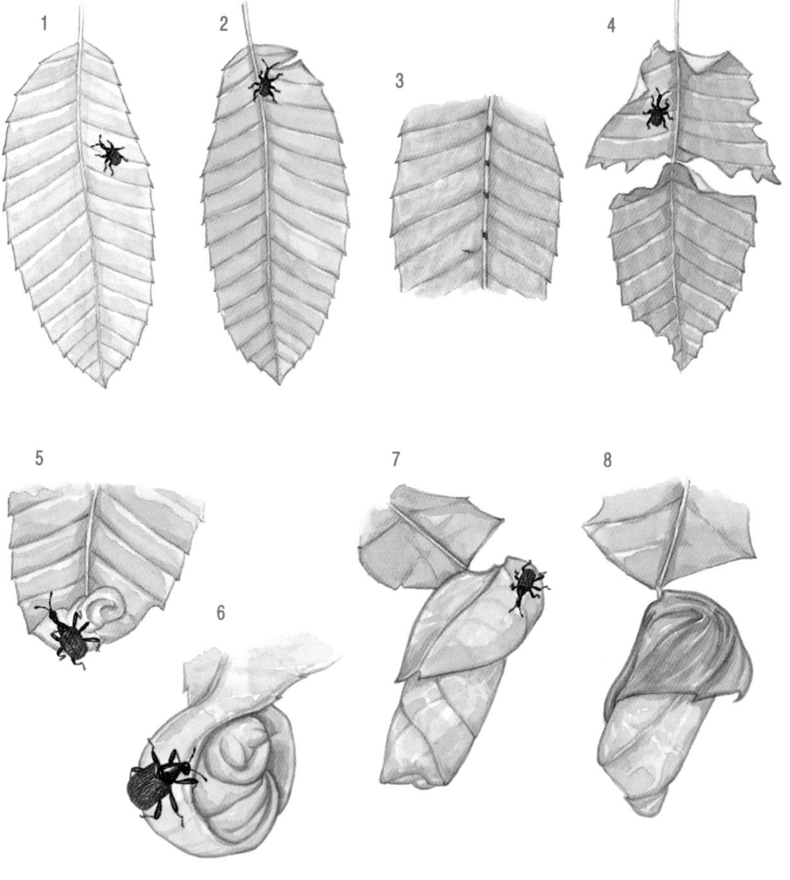

왕거위벌레의 집 짓는 과정

1. 왕거위벌레 암컷이 새끼 밥인 숙주 식물 냄새를 맡고 도착하면 잎사귀의 크기, 상태 등을 점검한다.
2. 애벌레 집으로 알맞은 잎을 고르면 재단할 부분을 가늠해 자르기에 들어간다.
   주맥을 중심으로 양쪽 잎을 재단한다. 크게 집 뚜껑 역할을 할 윗부분과 방 역할을 할 아랫부분으로 나눈다.
3. 재단이 끝나면 잎맥과 가장자리를 군데군데 씹어 집 짓기 좋도록 잎사귀를 시들게 한다.
   재단이 잘못되었으면 다시 새 잎을 찾아 같은 과정을 되풀이한다.
4. 잎사귀 아랫부분에서 양쪽 잎을 앞으로 모으며 말기 시작한다.
5. 한 차례나 두 차례 만 뒤 알을 낳고 계속 잎사귀를 말아 새끼 집을 만든다.
6. 이미 잘라 놓은 잎사귀 윗부분으로 애벌레 집을 둘러 감싸며 마무리를 한다.
7. 1에서 6까지의 과정이 끝나면 애벌레 집이 완성된다.

면이 안쪽이 됩니다.

왕거위벌레 암컷은 이렇게 집을 만들면서 알을 낳습니다. 잎을 두 번에서 세 번쯤 말아 올린 다음 말린 잎사귀에 구멍을 뚫고 산란관을 꽂아 알을 낳습니다. 집을 풀어 보면 정확하게 집 가운데 부분에 알이 놓여 있습니다. 왕거위벌레의 85퍼센트 정도가 집 하나에 알을 하나씩 낳습니다. 두 개 낳는 녀석들도 있지만 10퍼센트 정도로 드문 편입니다.

이렇게 알을 낳은 뒤 잎을 마저 말아 올린 다음 마무리 작업을 기막히게 합니다. 마지막에는 처음에 잘라 둔 위쪽 잎사귀를 끌어당겨 뒷면이 안쪽이 되게 하면서 집을 휘감아 고정시킵니다. 이렇게 하면 집 윗부분이 잎으로 감싸입니다. 마치 뚜껑처럼 말이지요. 그리고 이렇게 해야 집이 풀어지지 않습니다. 드디어 원기둥처럼 생긴 집이 완성되었습니다.

왕거위벌레 알

검정거위벌레

포도거위벌레

왕거위벌레

등빨간거위벌레

분홍거위벌레

싸리남색거위벌레

느릅나무혹거위벌레

어깨넓은거위벌레

요람은 애벌레의 밥상이자 집

시간이 지나면 집이 말라 가랑잎처럼 부서지지 않을까요? 요람은 대개 나뭇가지에 매달려 있지만, 때때로 바닥에 떨어질 때도 있습니다. 집을 만들 때 주맥을 군데군데 씹어 상처를 냈지만 적은 양이나마 수분이며 영양물질이 잎에 남아 있어 애벌레 기간과 번데기 기간 동안 심하게 시들지는 않습니다. 또 요람이 몇 겹으로 겹쳐져 있기 때문에 요람 속의 수분 손실이 적어 애벌레가 충분히 먹을 양이 됩니다. 땅에 떨어진 요람은 땅이 머금고 있는 물기 덕에 잘 시들지 않습니다. 이런 이유로 잎은 부서질 정도로 시들지 않고, 되레 곰팡이 균이 피어납니다. 그래서 애벌레들은 균이 섞인 잎을 먹는 것으로 여겨집니다.

왕거위벌레가 어른으로 날개돋이 해서 잎사귀 집에서 나오고 있다.

어미 왕거위벌레가 집 한 개를 만드는 데 시간은 얼마나 걸릴까요? 1시간 40분에서 2시간쯤 걸립니다. 오랜 시간 힘을 많이 써 가며 정성 들여 집을 만드는 것이지요. 그러면 아빠 왕거위벌레는 무슨 일을 할까요? 아빠 거위벌레는 짝짓기만 했지 집 만드는 일을 돕지 않습니다. 다만 엄마가 집을 만드는 동안 자주 찾아와 망을 봅니다. 아마도 다른 수컷이 자기 유전자를 건네받은 암컷에게 접근하기 못하게 하려는 의도인 것 같습니다.

왕거위벌레도 여느 곤충들과 마찬가지로 암컷이 주도적으로 그들만의 세상을 만들어 갑니다. 알을 몸속에서 만들고, 짝짓기 한 뒤 알을 낳고, 애벌레 키울 집을 만드느라 오랫동안 힘들게 일합니다. 이렇게 요람을 만드는 까닭은 알과 애벌레, 번데기를 보호하기 위해서입니다. 요람을 만들기까지 많은 시간과 노력이 들기 때문에 왕거위벌레는 알을 적게 낳습니다. 적게 낳은 알을 안전하고 확실하게 기르기 위해 중노동도 마다하지 않는 왕거위벌레의 생존 전략이 위대해 보일 뿐입니다.

참나무 가지를
싹둑 자르는

도토리거위벌레

도토리거위벌레

도토리거위벌레는 주둥이가 아주 깁니다.

어렸을 적 뒷산에는 볼거리가 많아 자주 놀러 갔습니다.
그 시절에는 놀잇감이 없어 뒷산이 놀이터나 다름없었지요.
가을에는 도토리가 주된 장난감이었습니다.
구슬치기도 하고, 팽이도 만들고,
성냥으로 이어서 로봇도 만들고, 빌딩도 지었습니다.
또 상수리나무에서 열리는 탐스럽게 큰 상수리를 주워서
집으로 가져와 묵을 쑤어 달라고 어머니한테 조르기도 했습니다.
그런데 가을이 되기도 전에 가지에 달린 채 땅에 떨어진
상수리 도토리가 많아 그것도 주워서 날랐습니다.
그럴 때마다 어머니는 그건 '버러지' 먹은 것이라며
도로 갖다 버리라고 하셨지요.
그 '버러지'가 다름 아닌 도토리거위벌레였습니다.

갈참나무

도토리에 구멍 뚫어 알 낳기

도토리거위벌레는 말 그대로 도토리를 먹고 사는 거위벌레입니다. 도토리는 여러 가지 참나무에서 열립니다. 갈참나무, 졸참나무, 신갈나무, 상수리나무, 떡갈나무 같은 참나무류는 숲이 있는 곳이면 어디든지 있습니다. 그러니 도토리거위벌레 밥은 지천에 깔린 셈이지요. 도토리거위벌레는 몸길이가 1센티미터쯤 되어 큰 편입니다. 온몸에는 회색빛 털이 나 있고, 주둥이가 유난히 깁니다. 어른벌레는 7월부터 9월까지도 활동하는데, 특히 무더운 여름에 집중적으로 나옵니다. 하지만 키가 워낙 큰 참나무류에서 사니 어른벌레를 보기란 그리 쉽지 않습니다. 더구나 도토리에 알 낳는 장면을 보았다면 그날은 운수 대통한 날입니다.

거의 모든 거위벌레류는 잎을 접어 요람을 만듭니다. 하지만 요람을 만드는 여느 거위벌레와 달리 도토리거위벌레는 요람이 아닌 열매에 알을 낳습니다. 말하자면 '열매 곤충'이지요. 즉 도토리거위벌레 어른은 잎을 먹지만, 애벌레는 열매를 먹고 삽니다. 여름철 도토리는 완전히 여물지 않아 제법 연합니다. 그래서 도토리거위벌레가 알을 낳기에 딱 좋습니다. 이 시기에 알을 낳으면 힘이 덜 든다는 것을 녀석들이 알고 있는 것이지요. 물론 도토리도 다 익으면 밤처럼 딱딱해집니다. 그런데 여름철 도토리는 비록 덜 익었어도 도토리 껍질은 딱딱합니다. 그 껍질을 어떻게 뚫고 알을 낳는지 몹시 궁금합니다.

녀석들 주둥이가 몸 절반이나 될 만큼 긴 것은 다 까닭이 있습니다. 도토리에 구멍을 깊이 뚫으려면 주둥이가 길어야 하고, 껍질을 뚫으려면 큰턱이 잘 발달되어 있어야겠지요? 그렇습니다. 도토리거위벌레의 긴 주둥이는 큰턱이 잘 발달되어 구멍을 잘 뚫을 수 있습니다. 특히 큰턱에는 날카로운 이빨이 나 있어서 드릴 역할을 하는 것 같습니다. 거의 모든 곤충은 이빨이 큰턱 안쪽에만 나는데, 녀석 이빨은 큰턱 바깥쪽에도 나 있어 딱딱한 껍질을 뚫거나 나뭇가지를 자를 때 아주 쓸모가 많습니다.

후덥지근한 여름날, 암컷이 갈참나무 도토리가 달린 나뭇가지에 나타났습니다. 녀석은 나뭇가지 표면에 기다란 주둥이를 꽂고 움찍움찍하면서 홈을 냅니다. 나뭇가지가 꺾이려 할 즈음 홈 파는 것을 멈추고 둘레에 와 있던 수컷과 짝짓기를 합니다. 짝짓기를 마친 암컷은 자르다 만 나뭇가지에 달린 도토리로 다가가 긴 주둥이를 도토리깍정이(각두)에 꽂고 홈을 팝니다. 초록색 도토리는 아직 여물지 않아 홈을 파기가 제법 쉽습니다. 이때 수컷은 암컷을 따라와 지키고 있습니다. 물론 도토리에 구멍 뚫는 걸 도와주지는 않지만 암컷이 알을 무사히 낳을 때까지 아무런 방해를 받지 않도록 지키는 것으로 생각됩니다. 자기 유전자를 지키기 위해 또 다른 수컷이 다가와 암컷과 짝짓기 하지 못하게 막으려는 속셈입니다. 하지만 예외는 있는 법이죠. 때때로 무심한 수컷은 알 낳는 암컷을 보초 서지 않고 다른 암컷을 만나러 가 버리기도 합니다.

암컷은 긴 주둥이로 도토리깍정이를 뚫은 뒤 이어 도토리 껍질을 뚫습니다. 그리고 도토리 속까지 푹 들어갈 만큼 깊숙이 구멍을 뚫습니다. 이때 큰턱 바깥 가두리에 난 이빨로 도토리 속을 쏠아 구멍을 넓힙니다. 이렇게 뚫린 구멍을 '산란공'이라 합니다. 알 낳

도토리거위벌레가 상수리에 구멍을 뚫고 알을 낳았다.

을 분만실 공사가 끝나자마자 녀석은 몸을 180도 돌려 배 끝에서 산란관을 빼내 구멍에 꽂고 알을 하나 낳습니다. 알을 낳은 뒤에도 암컷의 진기명기가 펼쳐집니다. 놀랍게도 어미는 구멍을 뚫을 때 생긴 부스러기를 주둥이로 긁어모아 알 낳은 구멍을 막습니다. 그 일을 마치면 암컷은 자르다 만 나뭇가지로 다시 가서 나뭇가지를 주둥이로 마저 잘라 땅에 떨어뜨립니다. 떨어진 가지의 잘린 곳은 매우 예리합니다. 알은 대체로 도토리 한 개에 하나만 낳습니다.

이렇게 알 하나 낳는 데 에너지를 많이 쓰다 보니 녀석은 알을 많이 낳을 수 없습니다. 한꺼번에 무더기로 알 낳는 곤충들보다 낳는 알 수가 적습니다. 다행히도 딱딱한 껍질로 씌워진 도토리 속에서 애벌레가 자라니 천적 눈에도 덜 띄고, 천적 공격도 덜 받게 됩니다. 게다가 도토리 속에 있으니 변화무쌍한 환경 영향을 크게 받지 않아서 알을 적게 낳아도 가문을 이어 가는 데는 문제가 없습니다. 이렇게 알을 낳은 어미 도토리거위벌레의 힘들고 희생적인 노고에 감탄할 뿐입니다.

도토리거위벌레가 알을 낳은 상수리나무 가지를 말끔하게 잘랐다.

도토리거위벌레 애벌레의 원룸 생활

암컷은 알 낳은 도토리를 왜 땅에 떨어뜨릴까요? 다 자란 노숙 유충이 땅속에서 겨울을 나기 때문입니다. 노숙 유충은 종령 애벌레가 다 자라 번데기가 되기 직전의 애벌레입니다. 막 허물 벗은 초기 종령 애벌레와 구분하기 위해 사용하는 용어지요. 알 낳은 도토리가 나무에 그대로 매달려 있으면 나중에 그 큰 나무에서 자그마한 애벌레가 땅으로 내려오는 길이 만 리 길을 가는 거나 마찬가지입니다. 길을 제대로 찾아 내려오는 것도 문제고, 그 사이 바람에 날려 가거나 비에 쓸려 가고, 천적 눈에 띄어 잡아먹힐 수도 있습니다. 암컷이 나뭇가지를 잘라 떨어뜨리는 것은 도토리거위벌레에게는 대단히 중요한 생존 전략입니다.

땅에 떨어진 도토리 속 알에서 깨어난 애벌레는 도토리 원룸에서 먹고 싸고 자는 것까지 해결합니다. 땅에 떨어진 도토리는 수분이 날아가면서 딱딱해집니다. 하지만 애벌레는 어미처럼 큰턱이

도토리거위벌레가 갈참나무 가지를 잘라 놓았다.

도토리거위벌레가 도토리에 알을 낳고 잘라 놓았다.

굉장히 발달해서 단단해진 도토리를 잘 갉아 먹습니다. 20일 넘게 도토리 밥을 먹고 나면 종령 애벌레가 됩니다. 밤바구미류 애벌레인 밤벌레가 밤을 파먹고 빠져나간 것처럼 종령 애벌레가 빠져나간 도토리를 쪼개 보면 속이 제법 비었고, 똥 부스러기가 남아 있습니다.

종령 애벌레는 강한 큰턱으로 도토리 껍질에 구멍을 뚫고 도토리를 탈출해 바깥세상으로 나옵니다. 바깥세상 구경도 잠시, 곧바로 땅속으로 약 7센티미터에서 11센티미터까지 파고 들어가 흙방을 만들고 겨울잠에 빠져듭니다. 이때가 7월 하순부터 10월 하순경입니다. 그리고 자그마치 약 10달 동안이나 흙방에서 잠을 자다가 이듬해 5월 말부터 9월 초순까지 깨어나 번데기가 됩니다. 그리고 5월 말부터 9월 말 사이에 비로소 도토리거위벌레 어른벌레가 탄생합니다. 나무 열매에 알을 낳고, 안전한 열매 속에서 먹고 자고, 추운 겨울을 땅속 흙방에서 보내고, 날 좋을 때 무사히 어른벌레로 날개돋이 하니 녀석들의 번식 전략이 참 기막힐 뿐입니다.

인간과 곤충의 도토리 빼앗기

도토리거위벌레 애벌레가 도토리 속을 파먹고 있다.

인간과 곤충은 오랜 세월 동안 먹잇감을 두고 경쟁해 왔습니다. 도토리거위벌레도 예외는 아닙니다. 도토리는 인간에게도 귀중한 먹을거리입니다. 예전에는 지금처럼 먹을 것이 넉넉하지 않았습니

도토리거위벌레가 잎사귀 가장자리에서 날아올랐다.

다. 그래서 도토리로 음식을 만들어 모자란 식량을 대신했습니다. 특히 가뭄으로 흉년이 들었을 때 산속에는 도토리가 많이 열려 대체 식량 노릇을 톡톡히 했습니다. 벼는 비가 많이 내려야 잘 자라지만, 도토리는 비가 오지 않아야 많이 열립니다. 왜냐하면 참나무류 꽃은 바람이 꽃가루받이를 시켜 주는 풍매화입니다. 날씨가 가물고 맑아야 꽃가루받이가 잘 되기 때문입니다.

곤충 역사와 인간 역사를 비교해 보면 도토리거위벌레가 도토리를 먼저 먹고 살았습니다. 어찌 보면 인간이 도토리거위벌레 먹이를 탐낸 셈입니다. 녀석들 입장에서 보면 인간이 자기들 먹이를 가로채고, 그것도 모자라 독한 약을 뿌려 댑니다. 또 해충을 없애기 위해 땅 위에 떨어진 도토리 나뭇가지를 모두 거둬 태운다고도 합니다. 그럼에도 불구하고 도토리거위벌레는 아직까지 인간의 간섭을 피해 꿋꿋이 대를 이어 살아가고 있습니다. 도토리거위벌레는 도토리를 분해시켜 자연으로 돌려보내 거름이 되게 합니다. 또한 그들보다 힘이 센 포식자의 밥이 됩니다. 이제 여름 산길에서 땅에 떨어진 도토리 나뭇가지를 보면 주워서 사람들 발길이 적은 숲속으로 던져 볼 일입니다.

식물 혹 속에서
조용히 사는

벌레혹 곤충

칡덩굴에 알 낳는 배자바구미

벌레혹 곤충인 배자바구미가 칡덩굴에 알을 낳으면, 그 줄기가 혹처럼 불룩 불거집니다.

꽃의 계절 봄이 지나가면 산과 들은 초록색으로 뒤덮입니다.
산을 오르고 들판을 거닐면 풀과 나무들의 살랑거리는 냄새가
코끝을 간질입니다. 그 풋풋한 향기를 색깔로 치자면 연두색이라 할까요?
이즈음 풀숲은 갖가지 곤충들로 떠들썩합니다.
식물 잎사귀를 아삭아삭 먹는 녀석, 힘없는 작은 곤충을 노리는 녀석,
꽃꿀을 따는 녀석, 거품 속에서 식물즙을 마시는 녀석,
모두들 식사하느라 분주합니다.
이들과 달리 아무도 모르게 죽은 듯이 조용히 식사하는 곤충도 있습니다.
조금만 관심을 기울이면 식물 잎이나 줄기에
혹이 달려 있는 것을 볼 수 있습니다.
혹은 크기도 가지가지, 모양도 가지가지, 색깔도 가지가지입니다.
침 모양, 성이 나 붉게 피어오른 여드름 모양,
반달 주머니 모양, 사과 모양, 동그란 구슬 모양, 젖꼭지 모양,
수탉 벼슬 모양, 솜사탕 모양, 무릎 모양처럼 다양합니다.
이 혹이 바로 벌레혹입니다. 한자로 '충영(蟲癭)'이라고 합니다.

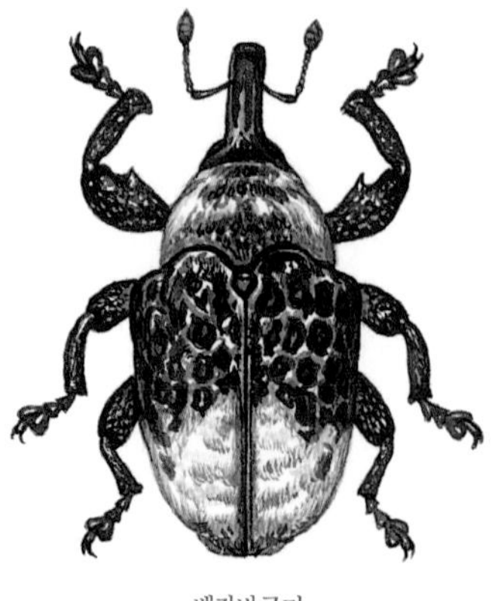

배자바구미

지구에 터 잡은 벌레혹 곤충

식물은 벌레혹 곤충의 침입을 받으면 식물 자신의 조직에 이상을 일으켜 혹 같은 모양으로 바뀝니다. 식물이 곤충 침입에 저항하느라 세포와 조직 수를 늘려 병적으로 뚱뚱하고 비대하게 만드는데, 이것이 바로 벌레혹입니다. 벌레혹은 누가 만들까요? 식물이 만들지만 벌레혹을 만들게 유도하는 생물은 바이러스, 박테리아, 균, 선충, 곤충, 진드기처럼 여러 가지입니다. 그중에서 곤충 때문에 만들어지는 경우가 가장 많습니다.

곤충은 오랜 시간을 두고 식물과 떼려야 뗄 수 없는 특수한 관계로 동맹해 왔습니다. 곤충은 최대 먹이 창고인 식물을 효과적으로 이용하기 위해 갖가지 먹이 전략을 세웁니다. 초식성 곤충 가운데 아주 특별하고 기발한 먹이 전략을 세우고 살아가는 곤충이 벌레혹 곤충입니다. 벌레혹 곤충은 식물의 세포와 조직이나 기관에 혹과 같은 불룩한 구조물을 만들게 하는 곤충입니다. 벌레혹 곤충이 식물을 먹으면 그 자극으로 혹이 만들어지기 때문에 식물보다 곤충이 혹 형성에 훨씬 더 이바지합니다.

현재까지 알려진 벌레혹 곤충은 13,000종쯤 됩니다. 이 숫자는 지구에 살고 있는 곤충의 약 2퍼센트에 해당되니 벌레혹 곤충 수는 많은 편입니다. 정식으로 학계에 보고되지 않은 종까지 합하면 이보다 훨씬 더 많을 것입니다. 벌레혹 곤충의 대표 주자는 벌류, 파리류, 매미류입니다. 드물게 딱정벌레인 바구미류, 총채벌레류도 벌레혹을 만들게 합니다.

버드나무 벌레혹

벌레혹의 모양과 세포 구조는 굉장히 복잡하고 다양합니다. 상대적으로 분화되지 않은 세포들 덩어리인 과도기형 벌레혹(intermediate galls)부터 뚜렷하게 조직화된 완성형 벌레혹(determinate galls)까지 다양합니다.

식물과 벌레혹 곤충의 한판 싸움

벌레혹은 곤충의 자극을 받아 식물에서 처음 만들어집니다. 거의 모든 벌레혹 곤충 암컷은 산란관을 꽂아 알을 낳으면서 식물에 상처를 냅니다. 또는 먹이식물을 먹으면서 식물에 상처를 냅니다. 식물은 알 같은 이물질이 자기 몸 안으로 들어오기 무섭게 본능적으로 방어 체계를 가동합니다. 식물 속으로 알이 들어오면 알 둘레 식물 조직이 세포 분열 하면서 부풀어 올라 알을 에워쌉니다. 사람 몸에 병원균이 들어오면 백혈구가 일제히 병원균을 포위하는 것처럼 말입니다. 또 그 알에서 애벌레가 깨어나 식물 조직을 먹어도 애벌레 둘레 식물 조직이 병적으로 세포 분열 하면서 부풀어 올라 애벌레를 감쌉니다. 그러면 식물의 상처 난 부분에 벌레혹이 생기기 시작합니다. 새로 생긴 벌레혹은 끊임없이 자라면서 불룩하게 커다란 방을 만듭니다. 벌레혹은 식물 입장에서 보면 자신을 방어하기 위해 만드는 것이고, 곤충 입장에서 보면 식물이 만든 방을 자기 애벌레 집으로 쓰는 것입니다.

신기하게도 벌레혹 곤충의 애벌레가 식물 조직을 먹으면 먹을수록 벌레혹은 더욱더 발달합니다. 시간이 지날수록 먹이가 더 풍성해지니 애벌레로서는 눈물 나게 고마운 일입니다. 벌레혹의 분열 조직은 애벌레 먹이 활동에 자극을 받으면 더욱 활성화됩니다. 만일 애벌레가 죽거나 다 자라서 혹을 빠져나가면 그때야 비로소 벌레혹도 성장을 멈춥니다.

버드나무 벌레혹 속에 사는 잎벌류 애벌레

결국 식물은 곤충 침입에 맞서고자 자기 조직을 병적으로 변화시켜 비대한 벌레혹을 만들고, 곤충은 그 벌레혹을 자신의 훌륭한 서식처로 삼습니다. 운동경기로 치면 1회전에서는 곤충이 식물을 공격하고, 2회전에서는 식물이 벌레혹을 만들어 방어합니다. 이로써 곤충과 식물의 경쟁은 무승부입니다. 현재는 3회전이 진행되고 있는데, 곤충이 식물이 만든 벌레혹 속에서 편안히 먹고 자라고 있으니, 곤충이 판정승으로 이긴 셈입니다. 하지만 생태계는 변수가 많아 앞날을 정확히 알지 못합니다. 앞으로 벌어질 4회전에서는 어떤 일이 일어날지 아무도 모릅니다.

밤나무에 생긴 밤나무혹벌 벌레혹과 그 속에 사는 밤나무혹벌 애벌레

곤충이 벌레혹을 계속 이용할지, 아니면 식물이 자기 조직 속에 사는 벌레혹 곤충을 제압할지 참 궁금합니다. 어쨌든 지금은 적을 방어하기 위해 만들어진 벌레혹이 오히려 적의 보금자리가 된 셈입니다. 인간 잣대로 보니 곤충 세계에도 인생 역전이란 게 존재하는군요.

벌레혹 모양새로 곤충 알아맞히기

벌레혹 곤충으로는 진딧물류, 바구미류, 나방류, 파리류, 기생벌류가 있습니다. 벌레혹 크기와 모양이 매우 다양한 까닭은 벌레혹 곤충의 먹이 습성이 저마다 다르기 때문입니다. 그러다 보니 식물 종류, 벌레혹 모양, 벌레혹이 만들어진 위치만 보고도 벌레혹 속에

어떤 곤충이 살고 있는지 알 수 있습니다.

예를 몇 가지 들어 보겠습니다. 초여름 날, 버찌가 열린 벚나무 잎사귀를 기웃거리다 보면 큰 송편처럼 생긴 빨간 주머니가 달려 있습니다. 바로 사사키잎혹진딧물이 만든 벌레혹입니다. 녀석의 입은 먹이를 베어 씹어 먹는 입이 아니라 찔러서 즙을 빨아 먹는 입입니다. 애벌레가 어른벌레가 되면 벌레혹 밖으로 빠져나가야 할 텐데, 사방이 막혀 있으면 어떻게 될까요? 빠는 입으로 아무리 벌레혹을 쿡쿡 찔러 봤자 구멍이 날 턱이 없습니다. 그런데 신기하게도 녀석이 들어 있는 벌레혹은 처음부터 한쪽이 열린 채 만들어집니다.

벚나무 잎에 생긴 벌레혹이다. 사사키잎혹진딧물 애벌레가 살고 있다.

가을 무렵에 산길을 걷다 보면 칡넝쿨이 혹처럼 부풀어 있는 것을 볼 수 있습니다. 이 혹은 배자바구미가 만든 벌레혹입니다. 이 벌레혹을 자세히 살펴보면 사방이 꽉 막혀 있습니다. '줄기 벌레혹'은 양분이 많은 조직 층으로 이뤄져 있어 애벌레는 영양이 풍부한 방에서 살아갑니다. 벌레혹이 처음 만들어질 때는 방이 얇은 벽으로 둘러싸여 있습니다. 얇다 해도 방 벽에는 목질부, 체관부, 표피층이 모두 있습니다. 벌레혹은 애벌레가 커 갈수록 점점 커져서 나중에는 방 벽이 아주 두꺼워집니다. 하지만 배자바구미 어른벌레는 사방이 막혀 있고, 벽이 두꺼워도 걱정할 것이 없습니다. 단단한 큰턱으로 벌레혹 벽을 뜯어 구멍을 낼 수 있으니까요.

몇몇 벌레혹은 흔한지라 모양만 봐도 누가 만든 벌레혹인지 알 수 있습니다. 참나무류에 달린 사과처럼 생긴 벌레혹은 얼마나 먹음직스러운지 탐이 날 정도입니다. 이것은 혹벌이 만든 벌레혹입니다. 큰 것은 지름이 5센티미터가 넘습니다. 혹벌이 만든 벌레혹

칡덩굴 벌레혹 속에 살던 배자바구미 새끼가 어른벌레가 되어 벌레혹을 뚫고 밖으로 빠져나갔다.

은 보통 잎에 달리기 때문에 잎 한쪽이 부풀어 있습니다. 하지만 가끔은 잎이 제 모습을 잃고 완전히 뒤틀린 경우도 있습니다. 벌레혹이 잎이 아니라 잎줄기에 생겨서 그렇습니다.

솜사탕처럼 생긴 극동쑥혹파리 벌레혹과 그 속에 사는 극동쑥혹파리 애벌레

또 재미있게 생긴 벌레혹도 있습니다. 쑥 줄기에는 솜사탕처럼 생긴 벌레혹이 생깁니다. 이것은 극동쑥혹파리가 만든 벌레혹인데, 반으로 갈라 보면 벌레혹 속에 방이 몇 개 있습니다. 그 방마다 구더기 같은 애벌레가 들어 있습니다. 물론 극동쑥혹파리 애벌레입니다. 늦가을에 극동쑥혹파리 벌레혹을 자세히 관찰해 보면 혹 사이사이에 바늘 같은 구멍이 나 있습니다. 극동쑥혹파리 애벌레가 어른벌레가 되어 날아간 구멍입니다.

순백색의 때죽나무 꽃이 질 무렵이면 때죽나무에 바나나처럼 생긴 벌레혹이 주렁주렁 열립니다. 때죽나무납작진딧물이 만든 벌레혹입니다. 바나나 한 송이를 따 보면 벌레혹의 세계가 한눈에 들어옵니다. 진딧물이 만든 벌레혹이다 보니 바나나 끝 쪽에 구멍이 나 있습니다. 벌레혹 하나를 반으로 갈라 보니 때죽나무납작진딧물 애벌레가 바글바글 들어 있습니다. 녀석들은 방 안에서 식물즙을 빨아 먹으며 한 달 넘게 삽니다. 그리고 어른벌레가 되면 뻥 뚫린 구멍으로 날아갑니다. 애벌레가 없는 벌레혹은 누런빛으로 바뀌면서 시듭니다. 더 이상 진딧물이 식물을 자극하지 않으니 벌레혹이 자라지 않기 때문이지요.

이 바나나 벌레혹은 6월 중순쯤부터 만들어지기 시작합니다. 처음 만들어질 때는 자그마한 바나나가 열리고 그 방 안에는 알에서 깨어난 암컷만 한두 마리 있습니다. 그런데 암컷들이 끊임없이 애벌레를 낳으면서 벌레혹은 커져 가고 그 안은 애벌레로 붐빕니다.

때죽나무에 생긴 벌레혹이다. 때죽나무납작진딧물이 살고 있다.

한 달쯤 자란 벌레혹은 길이가 15밀리미터가 넘고, 그 속에는 50마리쯤 되는 애벌레가 삽니다. 그리고 7월 말쯤에 모두 어른벌레가 되어 벌레혹 끝에 나 있는 구멍으로 빠져나갑니다.

벌레혹 속은 안전지대

벌레혹 곤충이 혹을 유발하는 습성은 굴나방류나 굴파리류 같은 광부 곤충이 잎사귀에 굴을 파는 습성에서 진화한 것 같습니다. 또한 매미나 총채벌레처럼 식물 표면에서 먹이를 먹는 곤충 습성에서 비롯된 것이 아닐까 추정합니다.

그렇다면 곤충이 벌레혹 속에서 사는 장점은 무엇일까요? 벌레혹 곤충이 얻는 이익은 굉장히 많습니다. 벌레혹 곤충 애벌레는 벌레혹 조직을 먹고 삽니다. 어른벌레가 되기 위해 영양가 높은 음식을 먹어야 하는데, 거의 모든 벌레혹은 식물의 다른 조직보다 영양가가 높습니다. 당도가 높은 탄수화물, 질 높은 단백질과 풍부한 지방이 들어 있기 때문입니다. 그러니 정상적인 식물 조직을 먹는 것보다 벌레혹 조직을 먹으면 훨씬 영양가 높은 음식을 섭취하게 됩니다. 연구에 따르면 정상적인 식물 조직을 먹는 진딧물류보다 벌레혹 조직을 먹는 벌레혹 진딧물류가 자식을 더 많이 낳아 키웁니다.

때죽나무 벌레혹 구멍으로 때죽나무납작진딧물을 잡아먹으러 알락수염노린재가 찾아왔다.

뿐만 아닙니다. 벌레혹은 그 속에 사는 곤충에게 훌륭한 안전지대입니다. 곤충들이 맞닥뜨리고 사는 환경은 늘 척박합니다. 그런데 벌레혹 안쪽 방은 바깥세상보다 온도나 습도 변화가 적습니다. 게다가 내리쬐는 자외선, 몰아치는 비바람도 피할 수 있습니다. 그래서 벌레혹 곤충이 더 안전하게 살 수 있습니다. 어른벌레가 되어 벌레혹을 벗어날 때까지 아무 탈 없이 살 수 있는 보호 지대인 것이지요. 특히 잎 표면에 만들어진 진딧물 벌레혹은 새끼 진딧물을 정상적인 식물 표면에서 지내는 것보다 미세 기후로부터 훨씬 더 안전하게 보호해 줍니다.

개머루 잎에 생긴 벌레혹

또 다른 장점도 있습니다. 벌레혹은 곤충이 포식 곤충으로부터 몸을 숨길 수 있는 피신처가 되어 병원균이나 포식자, 기생 곤충류의 공격을 잘 막아 줍니다. 특히 나무껍질처럼 딱딱한 벌레혹인 경우에는 그 어떤 기생자나 포식자도 접근하기 어렵습니다.

하지만 벌레혹이 완벽한 안전지대는 아닙니다. 벌레혹 속에 애벌레가 있다는 것을 어떻게 알았는지 기생성 천적이 기막힐 정도로 잘 찾아냅니다. 흥미롭게도 기생성 천적은 종마다 기생 방법이 다릅니다. 어떤 기생성 천적은 맨 처음 벌레혹 형성을 유도했던 곤충을 잡아먹는 포식 기생자(parasitoid)입니다. 포식 기생자 알에서 깨어난 애벌레들은 숙주인 벌레혹 곤충 애벌레 속살을 다 파먹어 결국에는 죽음에 이르게 합니다. 또 다른 기생성 천적은 벌레혹 곤충의 자극을 받아 만들어진 벌레혹 조직을 먹으며 영양분을 섭취하는 방문 기생자(inquilines)입니다. 방문 기생자 애벌레는 벌레혹을 만드는 곤충이 아니니 벌레혹 형성을 유도하지 않지만 때때로 방문 기생자 애벌레들이 벌레혹을 먹으면 벌레혹이 기형적으로 자라면서 원래의 벌레혹 곤충을 죽게도 만듭니다.

갈참나무에 생긴 벌레혹이다. 사과나무혹벌 애벌레가 살고 있다.

붉나무에 생긴 벌레혹이다. 꽃오배자면충 애벌레가 살고 있다.

벌레혹 방에 두 종류 애벌레가 있으면, 틀림없이 한 종은 벌레혹 곤충 애벌레이고, 나머지 한 종은 포식 기생자 애벌레들이거나 방문 기생자 애벌레들입니다.

벌레혹은 어떻게 만들어질까?

아직까지 벌레혹 곤충의 어떤 자극 때문에 벌레혹이 만들어지고, 또 어떻게 자라게 되는지 뚜렷하게 밝혀지지 않았습니다. 지금까지 벌레혹에 대해 알려진 내용을 간추려 설명하면 이렇습니다.

(1) 곤충의 입틀 모양에 따라 다르게 만들어집니다.

딱정벌레류나 나방류는 뜯어서 씹어 먹는 입, 각다귀나 진딧물 종류는 찔러서 빨아 먹는 입입니다. 이렇게 생김새가 다른 입들은 벌레혹이 만들어지는 데 기계적으로 영향을 줍니다. 가령, 진딧물처럼 찔러서 빨아 먹는 입을 가진 곤충이 만든 벌레혹은 한쪽이 뻥 뚫려 있고, 혹바구미류처럼 뜯어서 씹어 먹는 입을 가진 곤충이 만든 벌레혹은 나무줄기의 두꺼운 벽으로 만들어집니다.

(2) 곤충의 화학적인 자극이 벌레혹 형성에 관여한다고 보고 있습니다.

버들잎에 생긴 벌레혹이다. 버들혹응애 애벌레가 살고 있다.

곤충에게서 나오는 화학적 분비물은 여러 가지입니다. 침샘에서 나오는 분비물, 항문에서 나오는 배설물, 보조샘에서 나오는 분비

수양버들 가지에 생긴 벌레혹이다. 수양버들혹파리 애벌레가 살고 있다.

물 같은 것들이 있습니다. 이것들은 서로 다른 방식으로 식물의 세포, 조직, 기관에 자극을 줍니다. 진딧물 벌레혹 곤충을 예로 들면, 진딧물이 식물즙을 빨아 먹기 위해 주둥이를 꽂으면 침샘에서 침샘 물질이 분비되어 주둥이를 통해 흘러나옵니다. 침샘 물질에는 아미노산, 식물 성장 조절 물질인 옥신, 페놀계 화합물, 페놀 옥시다아제(phenol oxidases) 따위가 들어 있습니다. 이런 물질들이 식물을 자극해 벌레혹을 유도할 것이라고 추정합니다.

(3) 거의 모든 벌레혹에는 옥신과 시토키닌 같은 호르몬이 들어 있습니다.

그런데 이 호르몬이 벌레혹 곤충들이 먹이를 먹을 때 벌레혹 속으로 들어간 것인지, 아니면 곤충의 자극을 받아 식물 스스로 생산해 낸 것인지, 아니면 벌레혹 형성 과정에서 우연히 생겨난 것인지 아직 모릅니다.

(4) 벌레혹은 식물의 거의 모든 부분에서 만들어집니다.

잎, 줄기, 뿌리, 꽃눈, 잎눈, 심지어 열매에서도 만들어집니다. 그중에서 벌레혹 곤충의 50퍼센트 정도가 잎사귀에서 벌레혹을 유도합니다.

바닷가 모래밭에서 자라는 순비기나무 잎에 생긴 벌레혹이다. 면충류 애벌레가 살고 있다.

3장

버섯을 먹는 곤충

양푼만 한
말굽버섯에서 사는

도깨비거저리

도깨비거저리 수컷

도깨비거저리 수컷은
가슴에 뿔처럼 돋은 돌기가 2개 있습니다.

아무도 알아주지 않고,
관심조차 기울이지 않는 버섯살이 곤충들.
이들을 연구하다 보니 버섯을 거의 날마다 조사하게 됩니다.
같은 버섯이라도 계절마다 찾아오는 곤충이 조금씩 다르기 때문이지요.
봄에 따는 버섯, 여름에 따는 버섯,
가을에 따는 버섯, 겨울에 따는 버섯,
그 버섯 속에는 계절마다 다른 곤충들이
도란거리는 얘기가 들어 있습니다.
특히 가을 버섯은 곤충들의 사생활을 밝히기에 딱 좋습니다.
버섯살이 곤충들은 가을 버섯에서 겨울날 준비를 합니다.
그래서 버섯 속에 알도 있고, 애벌레도 있고,
적으나마 번데기도 있고, 어른벌레도 있습니다.
겨우내 가을 버섯과 연구실에서 생활하다 보면
그들의 감춰진 비밀 얘기를 들을 수 있습니다.

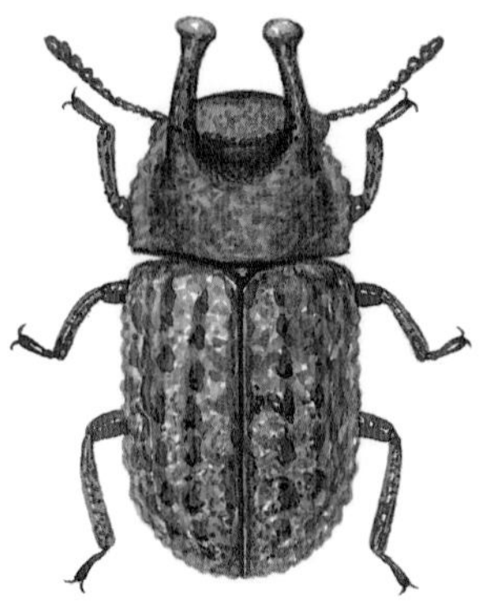

도깨비거저리

말굽버섯과 도깨비거저리 처음 만나던 날

하늘 높은 가을입니다. 코흘리개 시절, 소가 끄는 달구지에 누워 보았던 가을 하늘은 눈부시게 파랬습니다. 하얀 뭉게구름이라도 피어나면 덩달아 구름에 올라타 하늘을 떠다녔지요. 40년이나 지났어도 그때나 지금이나 가을 하늘은 똑같습니다. 끝없이 높고 꾹 짜면 푸른 물이 나올 듯합니다.

이 멋진 가을날에 버섯 따려고 산으로 갑니다, 연구를 하려니 어쩔 수가 없습니다. 맑고 선선한 바람까지 불어 주면 버섯도 잘 따집니다. 그런 날은 온 세상이 제 것처럼 보이지요. 하지만 비가 오면 버섯 따기가 망설여집니다. 비에 젖은 버섯을 가져오면 보송보송하게 말려야 하니 일이 커집니다.

버섯을 따는 까닭은 버섯에 사는 곤충들을 보기 위해섭니다. 녀석들의 사생활을 들여다보려면 절대적인 인내심이 필요합니다. 버섯 썩는 냄새를 견뎌야 하고, 실내에서 날리는 포자도 먹어야 하고, 알맞게 온도도 맞춰야 하고, 적당한 때를 골라 물도 줘야 합니다. 그 가운데 무엇보다도 부지런함이 가장 중요합니다. 버섯살이 곤충도 살아 있는 생물이라 아기 키우듯이 잘 돌봐야만 잘 큽니다.

10월 어느 멋진 날, 광릉 국립수목원에서 행운이 덩굴째 굴러 들어왔습니다. 눈에 불을 켜고 버섯을 찾던 중 서어나무에 주렁주렁 붙어 있는 커다란 버섯을 발견했습니다. 정말 거짓말 안 하고 냉면 담는 양푼만 했습니다. 그것도 한두 개가 아닙니다. 하늘로 치솟은 나무에 언뜻 세어도 열 개가 훨씬 넘게 매달려 있었습니다. 대박이 터진 겁니다. “어머, 어머. 저게 뭐야? 세상에……. 저거 말굽버섯 아냐?” 도감에서만 구경하던 말굽버섯입니다. ‘도감 사진과 사뭇 다른데…….’ 이놈은 사진보다 실물이 훨씬 더 멋있습니다. 말굽버섯은 버섯살이 곤충과 관련해 미국과 유럽에서 가장 많이 연구된 버섯입니다. 그래서 늘 궁금하던 차였습니다. 우리나라에서는 정말 귀하거든요. 오매불망, 자다가도 꿈에 그리던 그런 말굽버섯을 이렇게 만나다니 도대체 진정이 안 됩니다.

말굽버섯은 어떻게 생겼을까요? 말굽버섯은 이름 그대로 말굽 모양이거나 종 모양, 둥그런 산 모양처럼 여러 모양으로 생겼습니다. 색깔은 진한 밤색이고, 크기는 엄청 크고 두껍습니다. 어떤 말굽버섯은 너비가 50센티미터가 넘고, 갓 두께도 20센티미터가 넘습니다. 멀리서 보면 둥그런 냉면 사발 반쪽이 나무에 걸려 있는 것 같습니다.

—
갈참나무에서 자란 말굽버섯

말굽버섯은 반드시 나무에서만 자라는 버섯입니다. 썩은 나무뿐 아니라 살아 있는 나무에도 붙어서 나무의 영양물질을 흡수하며 자랍니다. 나무에 기생하는 것이지요. 또 말굽버섯은 얼마나 단단한지 버섯이라기보다 거의 나무에 가깝습니다. 나무처럼 딱딱하고 질겨서 연구실로 데려가려고 일부를 아무리 쪼개려 해도 손만 아플 뿐 끄떡도 안 합니다. 곤충들이 그토록 딱딱한 버섯을 어떻게 뚫고 들어갔는지 도무지 이해가 안 갑니다.

이 말굽버섯에는 누가 살고 있을까요? 정말이지 궁금하기 짝이 없습니다. 유럽과는 달리 우리나라에서는 전혀 연구가 되지 않았습니다. 눈앞에 떡 버티고 있는 말굽버섯에 특이한 곤충이 살 것 같은 예감이 들어 마구 가슴이 뜁니다. 버섯살이 벌레 수사관이 되어 말굽버섯을 자세히 보고 또 봅니다. 이리 훑어보고 저리 훑어보고. 아! 뭔가가 있습니다. 역시 있었군요.

서리태 콩만 한 곤충이 말굽버섯 갈라진 틈에 딱 붙어 있습니다. 색깔도 거무튀튀하고 피부가 오돌토돌 두꺼비처럼 생긴 게 영락없는 거저리입니다. 아니! 더 자세히 보니 가슴팍에 칼처럼 생긴 멋진 뿔이 두 개 달려 있습니다. 꿈에 그리던 도깨비거저리입니다. 귀하디귀한 도깨비거저리, 눈 씻고 찾아봐도 안 보이는 도깨비거저리, 연구실 표본 상자에 날카로운 핀을 가슴에 꽂은 채 보관되어 있는 그 도깨비거저리. 그것도 몇 마리 없어 애지중지 간직하고 있는 도깨비거저리. 오매불망 찾던 그 도깨비거저리를 만났으니 행운도 이만저만한 행운이 아닙니다.

도깨비거저리와 합숙

도깨비거저리 수컷은 가슴에 뿔이 2개 있다. 수컷 등에는 응애가 잔뜩 붙어 있다.

조심스럽게 집으로 데려온 도깨비거저리와 말굽버섯은 이제부터 내 가족입니다. 말굽버섯을 플라스틱 통에 넣었습니다. 나무에서 자라는 민주름버섯류는 땅에서 자라는 주름버섯류와 달리 쉽게 썩지 않아서 버섯살이 곤충을 관찰하기가 좋습니다. 도깨비거저리는 야행성이어서 밝은 것을 굉장히 싫어합니다. 그래서 플라스틱 통 위에 검은 재킷을 덮어 주었습니다. 저녁 시간마다 관찰하는데, 어른벌레 몇 마리가 말굽버섯 아랫면에 모여 버섯 조직을 갉아 먹습니다.

녀석들 생김새는 정말로 희한합니다. 수컷 가슴에 잘생긴 뿔이 앞으로 쭉 뻗어 있습니다. 뿔 끝에는 노란 털 다발이 꽃술처럼 달려 있지요. 그뿐이 아닙니다. 온몸이 울퉁불퉁 자갈돌을 깔아 놓은 것 같습니다. 딱 봐도 영락없는 도깨비, 그것도 굉장히 깜찍한 아기 도깨비 같습니다.

녀석들은 위험을 느끼면 더듬이며 다리며 모든 부속지를 배 쪽에 있는 홈 속에 도르르 말듯 움츠려 집어넣고 죽은 듯이 꼼짝하지 않습니다. 이런 현상을 가사 상태라 하는데, 일시적으로 혼수상태에 빠져 있습니다. 그러다가 1분쯤 지나면 꿈틀거리며 일어나 엉금엉금 도망칩니다. 그뿐이 아닙니다. 가사 상태에 빠져 있는 것도 모자라 고약한 냄새를 마구 뿜어 댑니다. 배 끝부분에 있는 방어 물질 샘은 화학 무기 저장고입니다. 위험을 느끼면 방어 물질 샘에서 화학 폭탄을 가차 없이 터뜨립니다. 이때 고약한 냄새도 함께

도깨비거저리 암컷은 가슴에 뿔이 없다.

뿜어져 나옵니다. 이 기체에는 산성 물질인 벤조퀴논이 들어 있어 냄새가 시큼합니다. 그 냄새가 묻은 손을 다른 사람 코에 들이대면 모두 기겁을 합니다. 냄새는 제법 오래도록 남아 있어 한참 맡으면 멀미가 나려고 합니다.

한번은 도깨비거저리가 어떤 버섯을 잘 먹나 알아보려고 연구실에서 태어난 50마리를 실험 세트장에 풀어놓았더니 위험을 감지한 50마리가 한꺼번에 화학 폭탄을 터뜨립니다. 이때 뿜어내는 냄새에 속이 메스껍고 어지러워 죽을 뻔했습니다. 이만하면 포식자를 질리게 할 만큼 성능 좋은 화학 무기인 게 증명된 거지요.

도깨비거저리는 말굽버섯 표면을 갉아 먹으면서 짝을 찾습니다. 눈이 맞은 녀석들이 여기저기서 짝짓기를 하네요. 버섯이 하도 크다 보니 같은 공간에서 여러 쌍이 짝짓기를 해도 서로에게 방해가 되지 않습니다. 짝짓기를 마친 암컷은 버섯의 갈라진 틈, 썩은 부분, 갓 뒷면에 있는 포자를 만드는 기관인 관공(tube) 구멍에 배 끝

도깨비거저리가 위험을 느끼자 다리를 오므리고 죽은 듯이 꼼짝하지 않는다.

을 대고 알을 낳습니다.

그런데 문제가 생겼습니다. 애벌레를 관찰해야 하는데, 참 이러지도 저러지도 못합니다. 애벌레는 버섯 속에 있고, 말굽버섯은 웬만한 나무보다 더 두툼하고 딱딱하고 가죽처럼 질깁니다. 버섯살이 곤충을 연구하는 데 가장 큰 어려움이 버섯 속에서 일어나는 일을 밖에서 관찰할 수 없다는 것입니다.

애벌레를 관찰하려면 버섯을 쪼개야 하는데 어떻게 할까요? 할 수 없이 톱질을 하기로 했습니다. 말굽버섯이 반으로 동강 나면 도깨비거저리 사는 곳이 망가지지만 연구자로서 어쩔 수 없는 선택입니다. 애벌레가 어떻게 생겼는지, 자라면서 모습이 어떻게 바뀌는지, 어떤 행동을 하는지, 허물은 몇 번 벗는지, 번데기는 어떻게 생겼는지, 어른벌레가 날개돋이 하기까지 며칠이 걸리는지 따위를 하나하나 알아내야 합니다.

또 생활사가 잘 알려지지 않은 생물을 연구하거나, 처음 발견한 생물을 연구할 때는 그 생물을 살려 보낼 수가 없습니다. 녀석이 얼마나 살다 죽는지, 죽어 갈 때 모습, 죽은 뒤 모습 같은 한살이 전 과정을 관찰하고 기록해야 합니다. 귀한 생물일수록 더더욱 살려 보낼 수 없는 처지여서 전 죽으면 지옥에 갈 거라고 입버릇처럼 되뇌고는 합니다.

이렇게 연구가 이뤄져야 응용과학 분야에서 활용할 수 있고, 특히 생물의 먹이와 서식 환경을 제대로 보전해 생물 다양성을 지킬 수 있습니다.

처음 밝혀진 도깨비거저리의 사생활

도깨비거저리 2령 애벌레

애벌레들이 다칠세라 슬근슬근 톱질해 잘라 내니 말굽버섯 속은 도깨비거저리의 왕국입니다. 곳곳에 방이 만들어져 있고, 그 속에 애벌레들이 들어 있습니다. 몇 층이나 될까요? 도깨비거저리는 공간만 있으면 층층이 굴을 파고 들어가 방을 만들었습니다. 방 속에서 애벌레는 몸을 U자 모양으로 구부린 채 쉬고 있습니다. 방이 좁고 타원형이어서 그렇습니다. 사진을 찍으려고 애벌레를 살짝 건드렸더니 좌우로, 위아래로 심하게 꿈틀댑니다. 물론 앞으로도 잘 가지만, 배 끝 쪽에 돌기가 있어 후진도 할 줄 압니다. 하지만 굴속에서 지내다 보니 이동할 일이 적어서인지 재빠르지는 않습니다. 애벌레는 굴속에서 말굽버섯을 갉아 씹어 먹습니다. 굴속에는 과립형으로 생긴 검은 똥이 가득 쌓여 있습니다. 예로부터 먹는 곳과 싸는 곳을 가까이 두지 말라고 했는데, 굴속에서 생활하니 어쩔 수 없나 봅니다.

애벌레는 몸이 커지면서 방 확장 공사를 합니다. 재밌는 것은 방을 늘릴 때 절대로 다른 애벌레 방을 침입하지 않습니다. 4령까지 자란 애벌레는 자신이 쓰던 방에서 번데기가 됩니다. 번데기도 애벌레처럼 투명한 우윳빛이고 속이 다 들여다보입니다.

한 열흘쯤 지나니 번데기에서 어른벌레가 나옵니다. 이때는 겉모습만 어른벌레지 아직 어른 노릇을 못합니다. 몸이 말랑말랑해서 최소한 일주일은 지나야 단단해집니다. 몸이 굳을 때까지 녀석들은 방 안에서 태평하게 쉬기만 하면 됩니다. 몸이 완전히 마르면

도깨비거저리 종령 애벌레

도깨비거저리 수컷이 짝짓기를 하려고 암컷에게 다가가고 있다.

강력한 큰턱으로 딱딱한 버섯을 뚫기도 하고, 느슨한 구멍을 찾기도 하면서 버섯 밖으로 나옵니다. 그리고 버섯 표면을 갉아 먹으면서 굶주린 배를 채웁니다.

몇 달 동안 녀석들과 함께 지내면서 매주 현미경 불빛 아래서 머리 둘레며 몸길이를 재고, 여러 가지 실험도 했습니다. 마음속으로 녀석들을 달래면서요. '우리나라에서 처음 하는 실험이니 불편해도 좀 참으렴.' 우여곡절을 겪으며 관찰해 보니, 도깨비거저리가 알에서 어른벌레가 되기까지 거의 석 달이 걸렸습니다. 석 달 동안의 사생활은 고스란히 기록되고 사진까지 찍혀 녀석의 평생 프로필이 만들어졌습니다. 알 크기와 색깔, 애벌레의 신체 사이즈, 애벌레의 삶, 번데기, 똥, 방 모양, 별난 행동과 습성, 좋아하는 먹이버섯까지 녀석의 사생활이 다 밝혀졌습니다.

한반도의 소중한 기록 표본

10월 말에 말굽버섯과 함께 우리 집으로 이사 온 도깨비거저리는 겨울잠을 자지 않고 따뜻하게 겨울을 났습니다. 이듬해 5월, 말굽버섯에 도깨비거저리가 200마리도 훨씬 넘게 득실거렸습니다. 이제 말굽버섯은 거의 분해되어 질긴 겉가죽 껍질만 남았습니다. 도깨비거저리들 밥이자 안락한 보금자리인 말굽버섯이 거의 다 바스러졌습니다. 자연의 이치대로 분해되어 땅으로 다시 돌아간 것

도깨비거저리가 짝짓기를 하고 있다.

이지요. 문제는 도깨비거저리입니다. 졸지에 밥도 집도 잃은 녀석들에게 아쉬운 대로 주변에서 흔한 아까시재목버섯을 먹이로 차려줬습니다. 헛수고였습니다. 녀석들은 입맛이 까탈스러워 말굽버섯 말고는 다른 버섯 밥은 잘 안 먹습니다. 애간장만 태우는 동안 몇몇 녀석들은 생을 마감했습니다. 하는 수 없이 이미 죽은 녀석들은 표본으로 만들어 잘 보관하고, 나머지 살아 있는 녀석들은 애초에 말굽버섯을 발견했던 숲에 놓아주었습니다. 연구실에 소중하게 보관하고 있는 녀석들 표본에 처음 발견된 장소와 날짜가 적힌 라벨을 달아 주었습니다. 한반도에 살았다는 기록이 되어 후손들에게 전해질 녀석들이니 비록 죽음을 맞이했지만 영원히 살아있다 해도 틀린 말은 아닙니다.

날개돋이를 기다리는 도깨비거저리 번데기 등 쪽과 배 쪽 모습

도깨비거저리의 위기

말굽버섯은 크기가 워낙 커서 웬만한 크기의 나무에서는 살지 못합니다. 오래된 숲속 늙은 나무에서 자라는데, 주로 자작나무에 붙어서 삽니다. 자작나무는 한대성 식물이어서 남녘 지역에는 별로 없습니다. 말굽버섯이 서어나무나 참나무류 같은 활엽수에서 나긴 해도 남녘에서는 굉장히 보기 드문 버섯입니다. 더구나 우리나라에는 오래된 숲이 그리 많지 않습니다. 몇 십 년 동안 계속된 개발로 오래된 숲이 거의 다 사라졌습니다. 거기에다 숲 바닥을 너

도깨비거저리가 균에 감염되어 죽었다.

무도 깨끗이 정리해 놓아서 수명이 다해 쓰러진 나무를 쉽게 찾을 수도 없습니다. 미관상 보기 좋지 않다며 숲과 공원 바닥에 나무가 쓰러지면 모두 치워 버립니다. 상황이 이렇다 보니 가뜩이나 보기 드문 말굽버섯이 이 땅에서 자라기란 하늘의 별 따기입니다. 곤충들에게 말굽버섯은 말 그대로 호박이 넝쿨째 굴러온 밥상입니다. 버섯이 그렇게 크니 곤충들이 이사 갈 필요 없이 오래도록 한집에서 먹이 걱정 없이 살 수 있습니다. 북미 지역에 나는 말굽버섯에는 150종이 넘는 곤충이 산다고 알려졌습니다. 어마어마한 숫자입니다. 광릉 숲에서 가져온 말굽버섯 하나에도 딸린 곤충 식솔이 얼마나 많은지 모릅니다. 특히 입맛이 까다로운 도깨비거저리에게 말굽버섯은 으뜸 먹이입니다. 그런데 우리 땅에서 도깨비거저리가 언제까지 활개 치며 살 수 있을지, 그 해답은 우리 인간이 가지고 있습니다.

도깨비거저리 온몸에 응애가 붙어 있다.

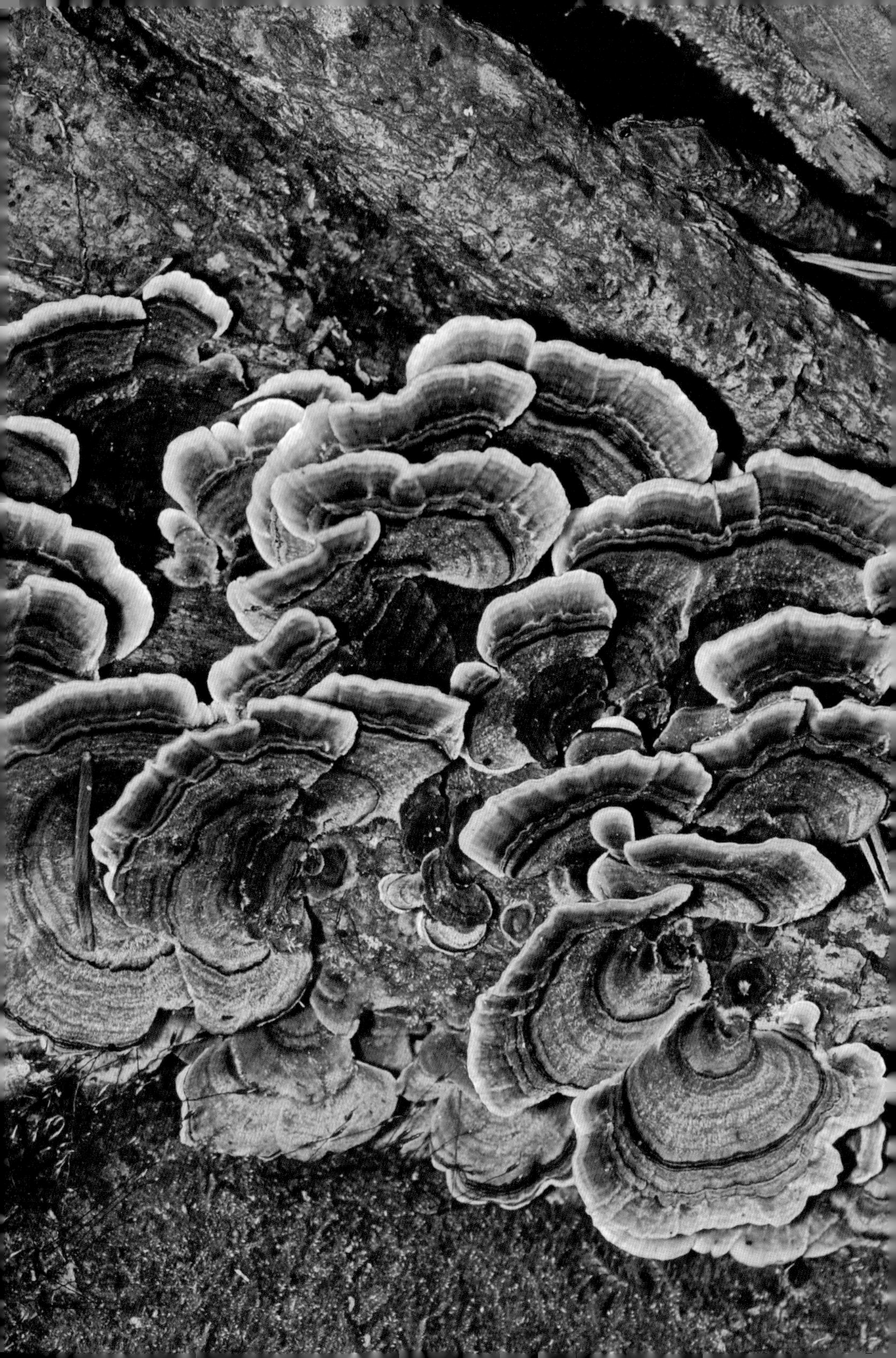

정말 작아도
있을 건 다 있는

애기버섯벌레

구름버섯

애기버섯벌레가 사는 구름버섯입니다.
생김새가 마치 구름이 피어난 것 같습니다.

야외에서 풀잎이나 나뭇잎을 먹고 사는 곤충들을 만나면
뜨거운 감동이 몰려옵니다. 찬란히 빛나는 아름다운 몸 색깔,
밥 먹는 귀여운 모습, 짝짓기 하려고 서로 살피는 모습,
곤충을 잡아먹는 매서운 모습을
두 눈으로 금방 똑똑히 볼 수 있으니까요.
그런데 숲속 버섯에 사는 곤충을 관찰하다 보면
갑갑할 때가 많습니다. 버섯 속에 곤충들이 파묻혀 사니
도대체 눈으로 볼 수가 있어야 말이지요.
버섯을 이리 보고 저리 보아도 숲속이 어두워 자세히 보이지 않습니다.
게다가 버섯 속에 사는 곤충들은 거의 크기가 작습니다.
그중에서도 "제일 작은 곤충 왕"을 뽑으라면
단연 우승을 차지할 녀석이 있습니다.
바로 애기버섯벌레입니다.

구름송편버섯

깨알처럼 작아도 있을 건 다 있다

어른 애기버섯벌레는 얼마나 작은지 몸길이가 2밀리미터를 겨우 넘는 녀석이 부지기수이고, 아무리 커 봤자 5밀리미터를 넘지 못하는데 5밀리미터 되는 녀석은 드뭅니다. 그러니 현미경으로 봐야 녀석들이 어떻게 생겼는지 알 수 있습니다.

애기버섯벌레과(Ciidae)에 속하는 녀석들은 모두 버섯을 주식으로 먹습니다. 개체 수로 따지면 거짓말 조금 보태서 숲속에서 관찰되는 버섯살이 곤충 절반이 이 녀석들입니다. 애기버섯벌레들의 먹이는 거의 나무에 나는 딱딱한 버섯입니다. 단단하고 질긴 버섯은 잘 썩지 않아 애기버섯벌레에게 훌륭한 집이 되어 줍니다. 수명이 긴 버섯이어야 애벌레가 어른벌레가 될 때까지 먹여 주고 재워 줄 수 있기 때문입니다. 만일 버섯 수명이 짧아 금세 썩어 녹아 버리면 애벌레는 자라는 도중에 굶어 죽습니다.

애기버섯벌레가 사는 버섯은 뚱뚱한 버섯부터 삐쩍 마른 버섯까지 다양합니다. 말굽버섯처럼 두께가 50센티미터나 되는 버섯에서도 살고, 두께가 0.1밀리미터쯤 밖에 안 되는 종잇장처럼 얇은 메꽃버섯부치에서도 용케 살아갑니다. 그 얇은 버섯 속에 굴을 파고 말입니다. 얇은 버섯 무리에서 빼면 서러울 구름버섯에도 수없이 모여듭니다. 구름버섯은 두께가 1~2밀리미터밖에 안 됩니다.

애기버섯벌레는 버섯 속에서 살 수 있게 몸을 적응시켰습니다. 몸 생김새는 원통형이고, 더듬이는 다른 딱정벌레에 비해 한두 마디 짧습니다. 게다가 더듬이에는 버섯 속에서 서로 교신할 수 있게

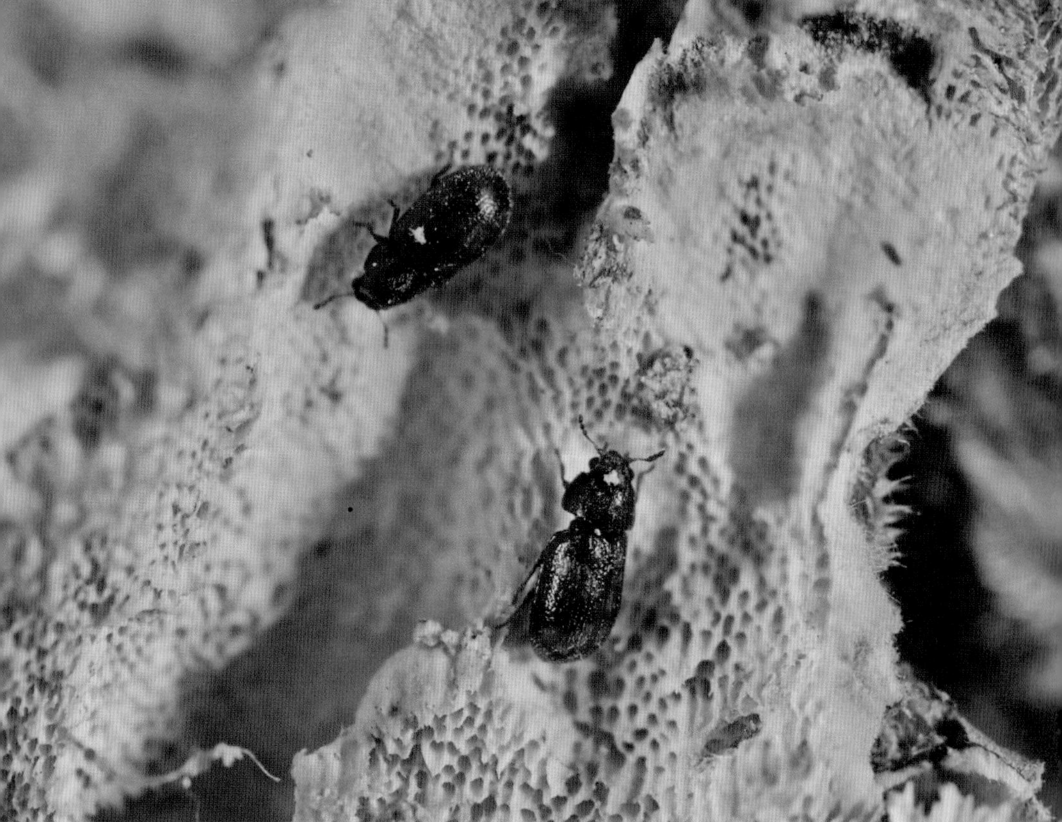

애기버섯벌레

감각 기관이 붙어 있어 깜깜한 버섯 속에서도 짝을 찾을 수 있습니다. 재밌는 것은 수컷은 머리와 가슴팍에 뭉뚝한 뿔처럼 생긴 돌기가 나 있습니다. 버섯에 굴을 팔 때도 사용하고, 수컷이 암컷 관심을 끌어낼 때도 이용합니다. 그 자그마한 머리에다 어떻게 뿔까지 달 생각을 했는지 신기합니다. 그뿐만이 아닙니다. 녀석 다리는 땅딸막합니다. 밀폐된 버섯 속을 돌아다니려면 긴 다리보다 짧은 다리가 훨씬 편할 테지요. 짧은 다리로 얼마나 바지런히 버섯 속을 누비고 다니는지 모릅니다.

애벌레도 어른벌레와 함께 한 버섯 밥상에서 식사를 합니다. 알에서 깨어난 애벌레는 색깔이 보통 우윳빛이고, 버섯이 두껍든 얇든 상관없이 버섯 속으로 굴을 파고 들어가 방을 만듭니다. 그리고 방 속에서 열심히 방 벽인 버섯 살을 뜯어 씹어 먹으며 자랍니다. 번데기도 그 방에서 만듭니다. 애벌레에서 어른벌레가 되기까지 한 달쯤 걸리는데, 딱정벌레류 버섯살이 곤충 세계에서 한살이 기간이 엄청 빠른 편입니다. 그러다 보니 버섯 한 조각에도 발 디딜 틈 없을 만큼 애벌레, 번데기, 어른벌레가 북적거립니다. 버섯을 쪼갤 때마다 버섯을 헤집고 다니는 어른벌레들과 얇은 버섯 속 방 안에서 얌전히 지내는 애벌레와 번데기들이 꿈틀댑니다.

폭 3센티미터, 길이 5센티미터 크기의 버섯 한 조각에 최소한 20마리가 넘는 애기버섯벌레가 살고 있으니까요. 이 모든 게 녀석들 몸이 작기 때문에 가능한 일이지요. 그러다가 먹이가 부족해지면 어른벌레들은 다른 버섯을 찾아 떠나지만, 애벌레는 굶어 죽습니다.

버섯 설거지 담당 조

애기버섯벌레는 나무에서 자라는 거의 모든 민주름버섯류에서 발견됩니다. 간혹 땅에서 나는 주름버섯류에서도 보이지만, 잘 마른 버섯에서만 발견됩니다. 거의 모든 애기버섯벌레는 버섯 설거지 담당 조입니다. 대부분 다른 곤충이 살다가 떠난 거의 썩은 버섯을 자신들 집으로 잘 이용합니다. 대개 녀석들은 다른 곤충과 함께 살아가는 경우가 많은데, 몸이 워낙 작다 보니 다른 곤충이 먹다 남기거나 버린 부패된 버섯을 먹어 치우며 그곳에 터를 잡고 삽니다. 몸집이 작으니 잘게 분해된 버섯 조각에서도 한살이를 성공적으로 마칠 수 있기 때문입니다. 예를 들면 두껍고 딱딱한 말굽버섯에서 도깨비거저리 같은 큰 곤충이 더 이상 먹을 게 없어 다른 버섯으로 떠나면, 애기버섯벌레가 이사를 옵니다. 분해되어 썩은 말굽버섯은 애기버섯벌레들에게 좋은 집이기 때문입니다. 또 애기버섯벌레 중에는 썩지 않은 버섯을 찾아가는 녀석들도 있지만, 그리 많지 않습니다. 썩지 않은 버섯에서 내뿜는 독과 싸워야 하기 때문입니다. 그동안 관찰하고 연구해 보니 아무래도 녀석들은 적당히 썩어 있는 버섯에 잘 몰립니다. 썩은 버섯에는 버섯이 내뿜는 방어 물질이 적고, 버섯 조직이 어느 정도 분해되어 비교적 덜 딱딱하니 먹기가 쉽기 때문입니다.

큰애기버섯벌레가 구름버섯을 갉아 먹고 있다.

연구하기도 어려운 애기버섯벌레

아직 우리나라에서는 애기버섯벌레에 대해 알려진 게 그리 많지 않습니다. 나무에서 자라는 버섯에서 가장 많이 살고 있는데도 말입니다. 워낙 작은 데다 버섯 속에 숨어 사니 채집하기도 힘들고, 설령 연구실로 데려온다 해도 직접 키워야 하는 번거로움이 있기 때문입니다. 말하자면 시간 품과 발품을 팔아야 녀석의 한살이를 들여다볼 수 있는 것이지요. 게다가 너무 작아서 현미경으로 몇 십 배 확대해 봐도 종을 구분하기가 쉽지 않습니다. 하지만 숲속에 가면 버섯 속에 언제나 녀석들이 끼어 있습니다. 지금도 제 책방에서 녀석들이 무럭무럭 자라고 있습니다. 십수 년 전부터 애기버섯벌레를 직접 키우며 먹이버섯을 알아냈습니다. 그간 10여 종을 학계에 발표해 우리나라에도 애기버섯벌레가 있다는 사실을 알렸습니

구름버섯에 사는 애기버섯벌레 애벌레

다. 머지않아 10여 종을 더 논문으로 발표할 예정인데, 그러면 우리나라에도 스무 종 넘는 애기버섯벌레가 살고 있는 셈입니다.

애기버섯벌레의 연구 과정은 수행과도 같습니다. 무엇보다 크기가 너무 작아 몸을 해부하기 힘들기 때문이지요. 그러다 보니 연구 중에 웃지 못할 일이 종종 일어납니다. 곤충은 생식기가 서로 잘 맞는, 같은 종끼리만 짝짓기를 할 수 있습니다. 다시 말하면 생식기가 다르면 서로 다른 종인 거지요. 애기버섯벌레 겉모습을 다 들여다보고 나서 마지막으로 종 구분을 하기 위해 생식기를 분리해 내야 하는데 걱정이 앞섭니다. 2밀리미터 남짓 되는 녀석들의 생식기를 도대체 무슨 수로 털끝 하나 다치지 않게 온전히 떼어낼 수 있을까? 보나 마나 생식기 크기가 어른벌레보다 열 배 이상 작을 텐데 말입니다. 마음을 다잡고 몇 마리 시도해 보았습니다. 역시나

애기버섯벌레 애벌레가 흰구름버섯을 갉아 먹고 있다.

실패했습니다. 아무리 해부를 해도 생식기를 온전히 분리할 수 없었습니다. 할 수 없이 경험 많은 스승님께 도움을 청해 생식기 분리에 성공했습니다. 생식기는 먼지 티끌만큼 작다 보니 배율 높은 광학현미경이 아니면 볼 수가 없습니다. 생식기를 현미경으로 이리저리 관찰하니 놀랍기만 합니다. 얇은 걸로 치면 습자지보다 더 얇고, 그 조그마한 생식기에 물방울무늬도 있고, 털도 나 있습니다.

그런데 때때로 예상치 못한 사건이 일어납니다. 그림을 그려야 하는데 생식기 분실 사고 발생! 얼마나 난감한지 당해 보지 않은 사람은 그 심정을 모릅니다. 정작 본인이 잘못해 놓고도 속에서 불이 나 머리가 빙빙 돌 지경입니다. 못 찾으면 다시 처음부터 작업할 수밖에요.

버섯의
최대 분해자

애기버섯벌레는 번식력이 굉장히 왕성합니다. 어느 버섯 하나에 터를 잡으면 그 버섯이 작살날 때까지 먹어 치웁니다. 어른벌레는 종종 버섯 뒷면에 모여 먹기도 하고, 애벌레가 파 놓은 굴을 돌아다니며 먹기도 하고, 스스로 버섯 속에 굴을 파고 들어가 먹기도 합니다. 물론 애벌레는 모두 버섯 속에 굴을 파면서 먹습니다. 이렇게 대부분 버섯 속에서 생활하기 때문에 겉으로 보면 녀석들이 먹은 흔적이 잘 드러나지 않습니다. 버섯 뒷면 겉에 붙어 있는

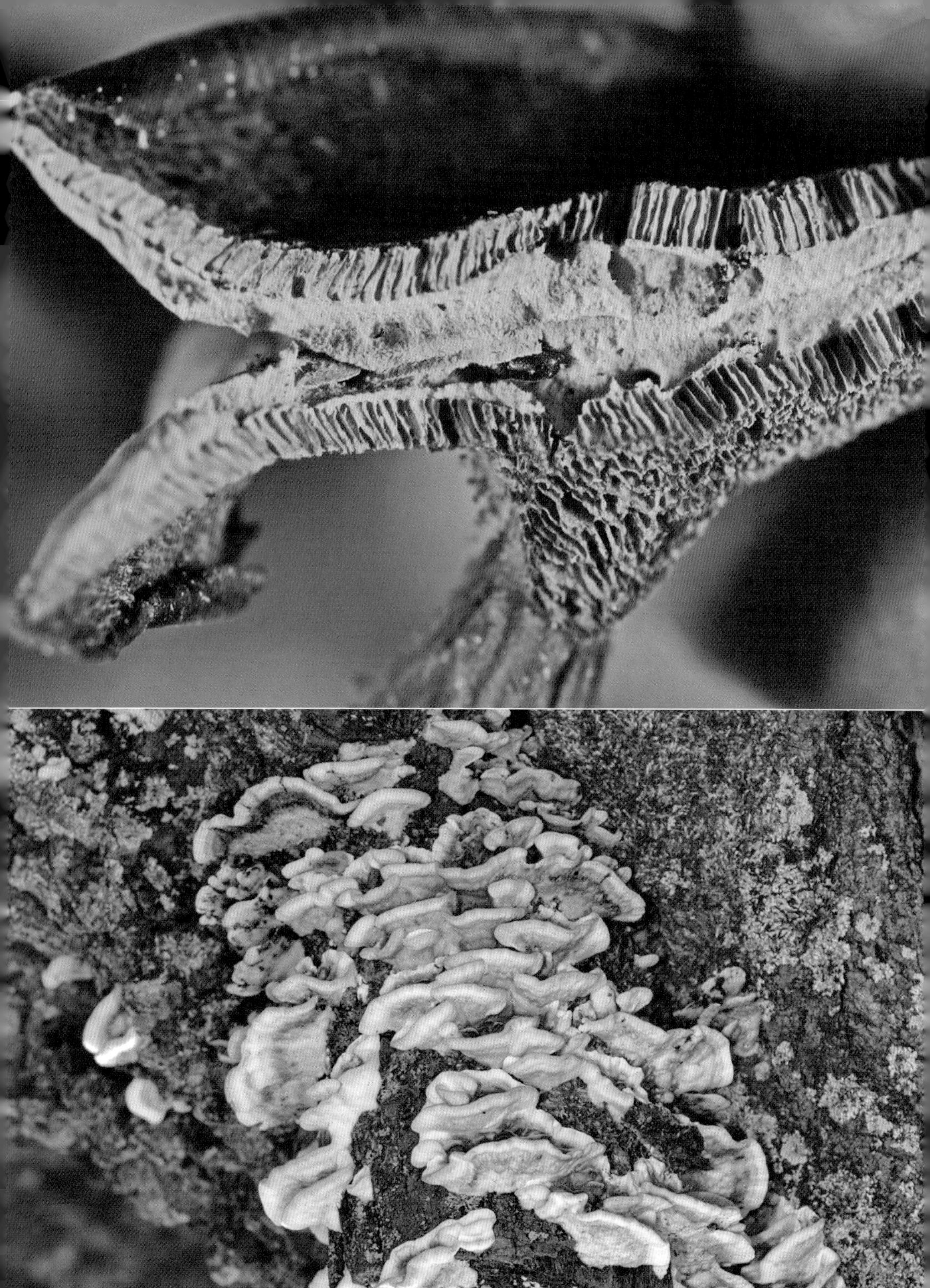

애기버섯벌레가 사는 줄버섯

똥 부스러기를 보고서야, 또 버섯이 꽤 분해되었다는 것을 확인하고서야 비로소 버섯살이 곤충이 살고 있다는 것을 알 수 있습니다. 가끔 버섯 뒷면 겉이 주걱으로 살짝 긁은 것처럼 파여 있는 것을 볼 수 있습니다. 이것은 어른벌레가 먹은 흔적입니다.

애기버섯벌레는 먹성이 좋아 버섯 종류를 가리지 않고 다 잘 먹지만, 때로는 입맛이 까다로워 편식하는 녀석들도 있습니다. 편식쟁이들은 자기가 특히 좋아하는 버섯이 내뿜는 냄새를 용케 알아채고 숙주 버섯(먹이버섯)을 찾아냅니다. 애기버섯벌레는 숲속에 흩어져 있는 버섯에서 부지런히 먹고, 부지런히 알을 낳아, 자기 유전자를 대대손손 퍼뜨립니다. 자나 깨나 아무도 거들떠보지 않는 수많은 버섯에서 소리 소문 없이 자신의 왕국을 거대하게 건설하고 있습니다. 그 과정에서 딱딱한 버섯이 자잘하게 분해되고, 버섯 먹고 싼 똥이 다른 생물의 거름이 되니 애기버섯벌레는 숲속 생태계에서 보석과도 같은 존재입니다. 하도 작다 보니 사람들은 녀석들이 지구 상에 살고 있는지조차 모르지만, 애기버섯벌레는 묵묵히 숲속 생태계 일원으로서 버젓하게 살아가고 있습니다.

몸은 작아도 역할은 크다

애기버섯벌레가 겨울구멍장이버섯 속에서 살고 있다.

애기버섯벌레가 숲속에서 중요한 역할을 한다는 사실을 유럽이나 북미 지역에서는 이미 알고 그들을 높이 평가하고 있습니다. 사

기생벌류가 애기버섯벌레에 알을 낳으려 기다리고 있다.

람들 욕심으로 점점 줄어드는 숲을 조금이라도 살려 보고자 생태계의 최종 분해자 무리인 버섯살이 곤충에 관심을 갖는 것이지요. 인간의 개입으로 흙이 파헤쳐지고 나무와 풀이 베어지면서 숲은 황폐화됩니다. 먹이식물이 사라지면 초식 곤충이 사라지고, 초식 곤충이 사라지면 포식자들도 사라집니다. 상위 포식자인 새소리가 들리지 않는 텅 빈 숲, 심하게 훼손된 숲 바닥에서 소리 없이 버섯이 자라납니다. 여기저기 흩어져 있는 나뭇가지와 쓰러진 나무에서 포자가 싹을 틔우고 있습니다. 그러면 생태계 분해자인 버섯살이 곤충들이 찾아와 버섯을 먹으며 버섯을 분해시키고 똥을 싸면서 숲의 흙을 기름지게 합니다. 토양 생물 또한 버려진 식물 조각, 죽은 버섯살이 곤충을 분해하면서 흙을 기름지게 합니다. 어렵사리 뿌리를 내린 아기 식물이 흙 속의 영양분을 흡수하고 광합성을 하면서 자라나면 더 많은 초식 곤충이 찾아들고, 초식 곤충이 많아지면 이들을 먹이로 삼는 포식자들이 하나둘 나타납니다. 하위 포식자, 상위 포식자까지. 이제 숲에서 새소리가 들립니다. 숲이 살아난 것입니다.

숲속에 먹이가 풍부해지면 그만큼 다양한 생물들이 모여 들고, 탄생과 죽음이 잦아지면서 물질 순환이 활발하게 일어납니다. 생태계가 균형을 잃고 병드는 가장 큰 원인은 인간의 지나친 간섭입니다. 숲을 그대로 놔두기만 해도 수많은 생명이 먹고 먹히면서 저들끼리 알아서 훌륭한 먹이망을 유지해 나가는데 말입니다.

개미가 애기버섯벌레 애벌레를 끌고 가고 있다.

저절로 웃게 만드는 환각제

갈황색미치광이버섯을 먹는 곤충

갈황색미치광이버섯

갈황색미치광이버섯이 비에 젖어 반들반들합니다.

무더운 여름날, 숲속은 버섯들로 한창입니다.

비가 내린 후 습기가 많아지고 기온까지 높아지면

숲속 바닥은 온통 버섯 잔치입니다.

오솔길 한쪽에 썩은 나무가 묻혀 있나 봅니다.

썩은 나무에 버섯이 한 다발 나 있습니다.

이름도 재밌는 갈황색미치광이버섯입니다.

썩은 나무에서 막 솟아나는 달걀 같은 아기 버섯

삿갓 모자를 쓴 것 같은 청소년 버섯

우산처럼 갓을 활짝 편 장년 버섯

일부분이 썩어 녹아내리기 시작한 노인 버섯처럼

모양은 다르지만 모두 갈황색미치광이버섯입니다.

갈황색미치광이버섯

독버섯
갈황색미치광이버섯

오늘도 틈만 나면 들르는 동구릉에 갑니다. 강렬한 햇볕이 내리쬐는 7월이지만, 숲속은 그늘져 어두컴컴합니다. 숲에 들어서면 얼씨구나 사람이로구나! 하며 냄새 맡고 쏜살같이 달려온 모기들이 새까맣게 달라붙어 피를 빨아 먹습니다. 한 손으로 모기를 때려잡으면서 숲 바닥에 깔린 버섯들을 들여다보고 있으면 가려운 것도, 무더운 것도 다 잊습니다.

갈황색미치광이버섯은 갓에서부터 버섯 자루인 대까지 녹색빛이 도는 황토색이라 눈에 확 띕니다. 갓 표면은 벨벳처럼 아주 부드럽고, 다 자란 녀석은 갓 표면이 쑥쑥 갈라져 있습니다. 갓을 뒤집어 보니 주름살이 빽빽하고, 색깔이 진한 황토색인 걸 보니 포자도 황토색이 분명합니다. 그러고 보니 땅에 포자 가루가 떨어졌는지 버섯이 난 자리가 온통 누르스름합니다.

버섯에 관심이 많은 사람들이 자주 묻는 질문이 있습니다. "이 버섯 독버섯이에요? 먹을 수 있어요?" 갈황색미치광이버섯도 독버섯일까요? 네, 먹어서는 안 되는 독버섯입니다. 갈황색미치광이버섯에서는 아무 냄새도 나지 않습니다. 맛이 쓰다는데 먹어 보질 못했습니다. 버섯을 먹으면 신경에 이상이 생겨 환각 증상을 일으키기 때문입니다. 이 버섯을 먹고 발작이 일어나면 실성한 것처럼 끊임없이 웃어 댄다고 합니다. 웃어 대며 꿈과 환상의 세계에 도취되게 만드니 '신의 버섯'이기도 하고, 몽롱한 세계로 빠져들어 마치 꿈을 꾸듯이 황홀 지경에 빠지게 한다니 '마약'이기도 한 셈입니다.

버섯 속에 어떤 독성 물질이 들었기에 그럴까요? 바로 실로시빈(psilocybin) 때문입니다. 갈황색미치광이버섯을 비롯해 환각 증상을 일으키는 버섯이 여럿 있는데, 모두 이 물질이 들어 있습니다. 실제로 중남미 지역에서는 무당이 환각성 버섯을 먹고 환각 상태에서 무속 의식을 치르기도 하고, 병 치료제로도 사용합니다. 실로시빈은 치명적인 독이 아니어서 중독되었어도 어느 정도 시간이 지나면 저절로 낫습니다. 웃음이 쏟아진다 하니 먹고 싶은 충동이 일어납니다.

곤충들도 환각 상태에 빠질까

곤충도 갈황색미치광이버섯을 먹으면 환각 증상이 일어날까요? 아니 갈황색미치광이버섯을 먹고 사는 곤충이 있기나 할까요? 물론 있습니다. 그것도 여러 종류가 있습니다. 갈황색미치광이버섯을 슬그머니 뒤집어 보세요. 식사 중이던 딱정벌레들이 화들짝 놀라 얼른 주름살 사이로 숨어 버립니다. 주름살 사이를 살살 헤집어 보면 벌레들이 이리저리 도망 다니느라 북새통입니다. 알락애버섯벌레, 풍뎅이붙이류, 밑빠진벌레류, 파리류 애벌레, 톡토기류 같은 벌레들이 마치 잔칫집에 초대된 것처럼 갈황색미치광이버섯 밥상에 모두 모여 식사를 합니다. 이 독버섯은 인간에겐 환각제지만, 곤충에게는 신선한 영양 만점 음식입니다.

하지만 곤충들에게 걱정이 하나 있습니다. 먹다 남은 맛있는 버섯 영양밥을 오래오래 보관할 수가 없으니 말입니다. 썩고 있는 나무 그루터기나 살아 있는 나무뿌리 둘레에서 자라는 갈황색미치광이버섯 수명이 매우 짧기 때문입니다. 돋은 지 2~3일 지나면 썩기 시작하기 때문에 오래 살아 봤자 닷새를 넘기지 못하고 흐물흐물 썩어 버립니다. 버섯 세계의 하루살이인 셈이지요. 그러니 곤충들이 이 버섯에 터를 잡고 한살이를 한다는 건 불가능해 보입니다. 그럼에도 파리목의 버섯파리류는 갈황색미치광이버섯에서 성공적으로 한살이를 마칩니다. 도대체 어떤 생존 전략을 세웠기에 수명이 짧은 버섯에서 한살이를 마칠 수 있는 걸까요?

갈황색미치광이버섯 갓 아랫면 주름살 속에서 누런 포자가 만들어진다.

버섯파리류는 갓이 채 펴지지도 않은 어린 버섯에 알을 낳습니다. 버섯 자루 속에도 낳고, 주름살 안쪽에도 낳고, 버섯 자루가 연

갈황색미치광이버섯
어린 버섯

포자가 잔뜩 나온
갈황색미치광이버섯

활짝 피어단
갈황색미치광이버섯

썩어 가는
갈황색미치광이버섯

결되어 있는 갓의 두툼한 안쪽 부분에도 낳습니다. 알을 낳은 곳들은 모두 두께가 두꺼운 곳들입니다. 두꺼운 부분은 얇은 부분보다 천천히 썩고, 먹을 조직도 많기 때문에 애벌레에게 유리합니다. 애벌레가 버섯을 조금이라도 더 먹을 수 있으니까요. 어미 버섯파리류의 빛나는 전술이지요. 파리류 애벌레는 지극히 짧은 기간만 버섯을 먹고 삽니다. 갈황색미치광이버섯의 짧은 수명에 맞춰 애벌레 기간을 보내야 하기 때문입니다. 그래서 버섯파리류 애벌레는 버섯을 먹기 시작해 단 며칠 만에 다 자라 종령 애벌레가 됩니다. 성장 속도가 이렇게 빠른 것은 수명이 짧은 버섯이 썩기 전에 애벌레 시기를 마쳐야 하기 때문입니다. 그래서 애벌레는 버섯이 썩어 흐물흐물해지기 직전까지 악착같이 먹고는 버섯이 썩을 즈음이면 땅속으로 내려가 번데기가 됩니다.

연구실에서 갈황색미치광이버섯을 키우며 파리류 애벌레를 관

갈황색미치광이버섯을 먹는 파리류 애벌레

찰하기란 거의 불가능합니다. 환경에 예민한 버섯이 하루도 못 가 흐물흐물 질척거리며 썩기 때문에 애벌레가 모두 익사하고 맙니다. 버섯파리류 애벌레 습성과 버섯파리류 한살이 과정을 하나하나 밝힐 수 없는 것이 아쉬울 뿐입니다.

갈황색미치광이버섯을 먹고 사는 곤충들

버섯파리류 외에도 딱정벌레목 가문의 애버섯벌레과 집안 식구인 알락애버섯벌레를 갈황색미치광이버섯에서 만난 것은 뜻밖입니다. 알락애버섯벌레는 커 봤자 5밀리미터도 안 되지만, 굉장히 눈치가 빨라 인기척만 나도 잽싸게 도망치는 곤충입니다. 몸은 길쭉한 타원형이며 부드럽고 짧은 털이 북슬북슬 덮여 있습니다. 검은 딱지날개에는 붉은 점이 예쁘게 찍혀 있습니다. 어른벌레는 버섯에서 짝짓기를 하고 버섯에 알을 낳습니다. 알에서 나온 애벌레는 버섯을 먹고 버섯 속에서 번데기가 됩니다. 그러니 녀석들은 늘 외쳐 댑니다. "버섯 없으면 못 살아."

보통 알락애버섯벌레는 나무에 나는 딱딱한 버섯에서 평생을 살며, 한살이를 마치기까지 보통 한 달 넘게 걸립니다. 그래서 수명이 짧아 며칠 못 가고 썩어 버리는 주름버섯류보다 수명이 길고 단단한 민주름버섯류에서 사는 것이 유리합니다. 민주름버섯류는 딱딱하기 때문에 흐물흐물 녹으면서 썩지 않고, 오랜 시간에 걸쳐 서서히 썩어 가며 분해됩니다. 그런데 갈황색미치광이버섯에서 녀석들이 발견되었으니 뜻밖이지요. 갈황색미치광이버섯을 샅샅이 뒤져 보니 알락애버섯벌레 애벌레도 눈에 띕니다. 연구실로 데려와 키워 보려 했지만 버섯이 썩어 애벌레 습성을 관찰하는 데 실패했습니다.

갈황색미치광이버섯에 찾아온 알락애버섯벌레

그럼 녀석들이 어떻게 갈황색미치광이버섯에서 살 생각을 했을까요? 갈황색미치광이버섯은 비록 수명이 짧지만 버섯 조직이 그나마 두꺼운 편입니다. 그래서 주변이 건조하면 더디게 썩거나 일부가 말라 버릴 수도 있습니다. 알락애버섯벌레 입장에서는 버섯 수명이 짧더라도 말라 버리면 애벌레가 성장할 때까지 계속 먹이 창고가 될 수 있고, 번데기를 거쳐 날개돋이 할 때까지도 썩지 않을 가능성이 있으니 굳이 마다할 까닭이 없습니다. 녀석이 워낙 작아서 마른 버섯 하나라도 먹이로 충분하니까요. 혹시 먹이가 모자라더라도 애벌레는 활동성이 좋고, 어른벌레는 날개가 달려 있어 다른 버섯을 찾아갈 수 있습니다. 녀석이 갈황색미치광이버섯이 썩다가 일부 말라 버릴 수도 있다는 걸 어떻게 알았는지 신기할 따름입니다.

갈황색미치광이버섯에서 밑빠진벌레류도 찾았습니다. 녀석은 땅에서 나는 버섯이나 나무에 돋는 버섯에서 곧잘 발견되는 편입니다. 운 좋게도 녀석이 부드러운 버섯 살을 먹는 장면을 포착했습니다. 주로 밑빠진벌레는 수액이 흐르거나 허연 균사체가 피어나는 나무껍질에서 만날 수 있습니다. 하지만 밑빠진벌레류는 먹이 습성을 포함해 애벌레 생활 습성이 완전히 밝혀지지 않았습니다. 특히 버섯에 사는 밑빠진벌레류의 생존 전략은 앞으로 밝혀야 할

갈황색미치광이버섯을 찾아온 밑빠진벌레류

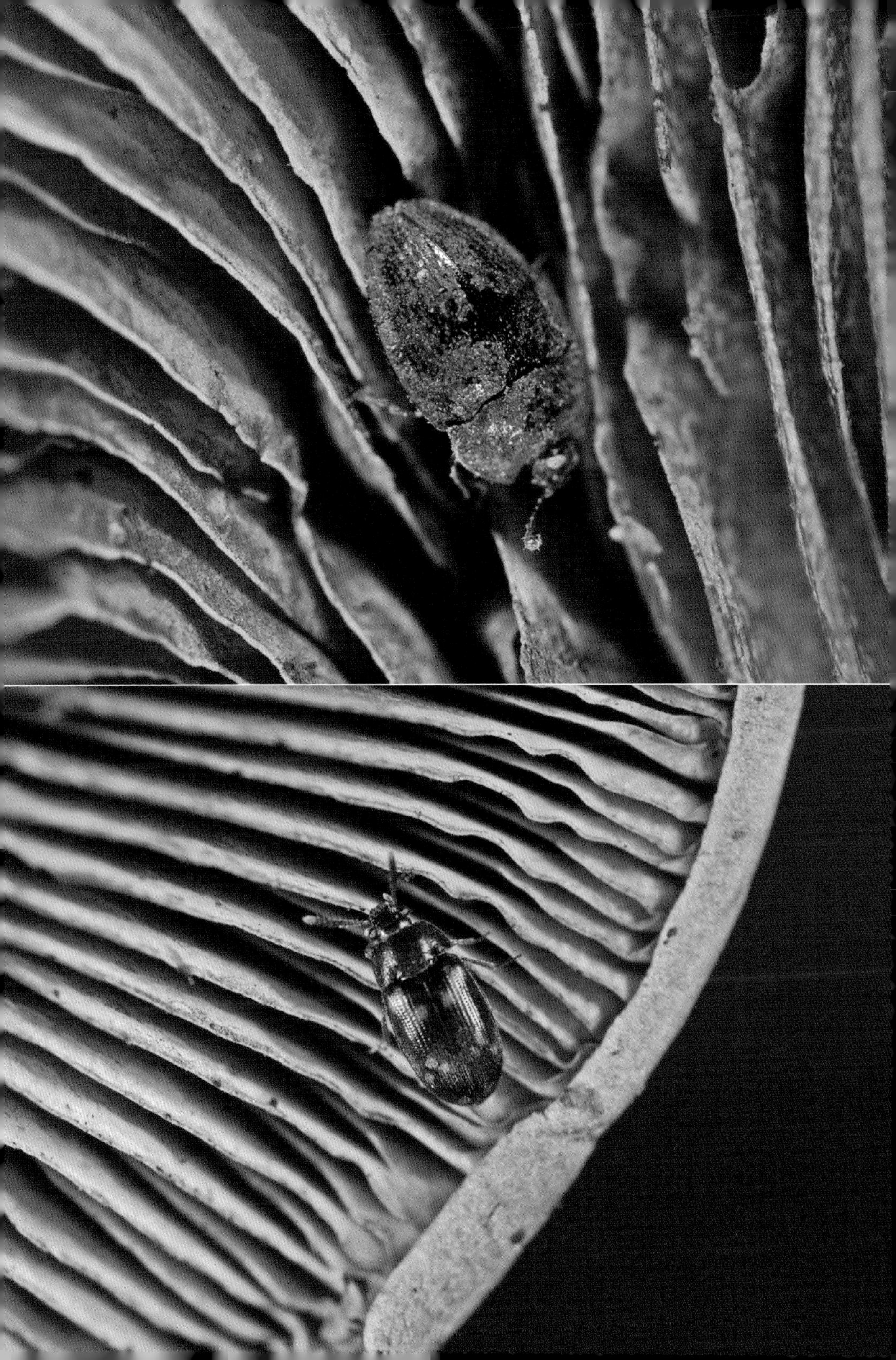

숙제로 남아 있습니다.

버섯살이 곤충들이 살고 있으니 이들을 잡아먹으려고 풍뎅이붙이류가 갈황색미치광이버섯에 왔습니다. 풍뎅이붙이류는 육식성이라 자기보다 작은 곤충을 먹고 삽니다. 녀석들은 버섯이란 버섯은 가리지 않고 찾아다니며 버섯파리류 애벌레나 톡토기 같은 곤충들로 배를 채웁니다. 버섯파리류 애벌레는 며칠 살아 보지도 못하고 풍뎅이붙이 같은 포식자에게 먹히고 맙니다. 특히 버섯이 썩기 시작하면 똥 냄새 비슷한 냄새가 코를 찌릅니다. 풍뎅이붙이는 이 냄새를 귀신같이 맡습니다. 썩기 시작한 버섯에는 통통하게 살찐 곤충 애벌레가 많다는 걸 알아차린 거지요. 그러고 보면 버섯 속에서 산다 해서 안전한 것은 아닙니다.

아무르풍뎅이붙이는 버섯이나 나무속에 사는 곤충을 잡아먹는다.

포유동물을 공격하는 독버섯

버섯 입장에서는 곤충보다 인간을 포함한 포유동물이 훨씬 무서운 천적일 것입니다. 거의 모든 곤충은 버섯의 포자 가루를 몸에 묻혀 성실히 퍼뜨려 주지만, 포유동물은 그 반대일 수 있습니다. 버섯살이 곤충 어른벌레는 버섯이 썩어 더 이상 먹을 수 없으면 다른 버섯으로 옮겨 가는데, 이때 둘레에 있는 나무나 땅에 포자를 떨어뜨립니다. 하지만 포유동물은 버섯을 통째로 먹어 치우거나 심하게 망가뜨려 버려 버섯이 포자를 생산하고, 포자를 퍼뜨리는 작업을 방해합니다. 그래서 버섯이 만들어 내는 독은 곤충보다는 포유동물을 공격하는 쪽으로 진화해 온 것으로 여겨집니다. 버섯은 종족을 지키기 위해 포유동물만 물리치면 된다고 생각했는지도 모릅니다. 아직까지는 버섯의 독성 방어 물질에 취약한 생물이 포유동물이니까요. 반면에 곤충들은 독이 있든 말든 상관하지 않고 열심히 먹고 번식합니다. 포유동물에게는 독버섯이지만 곤충에게는 그저 맛있는 밥일 뿐입니다.

살아 있는 버섯 속의
보석

흑진주거저리

삼색도장버섯

흑진주거저리 집은 삼색도장버섯입니다.

숲속에는 언제나 바람이 솔솔 붑니다.
그 바람에 살짝 시큼하면서 조금은 자극적인 냄새가 실려 옵니다.
바로 거저리 냄새입니다. 거저리를 찾아 산속을 헤매기 시작한 지
2년째 되던 해에 체득한 거저리 향기입니다.
거저리 향기가 바람에 날리는 숲은 늘 거저리들로 북적입니다.
돌이켜 보니 버섯살이 곤충에 사로잡혀 살아온 지도
벌써 20년이 다 되어 갑니다.
사십 넘긴 나이에 험난한 길에 뛰어든 세월…….
그 시간은 세상일과 담쌓고 산 세월이기도 합니다.
사실 우리나라 풍토에서 순수 과학을 한다는 건 쉬운 일이 아닙니다.
숲속에서 남모르게 자라는 버섯 속 곤충을 쫓아다니는 일은
눈물 날 만큼 외롭고 고된 연구 작업입니다.
하지만 그간 알려지지 않은 버섯살이 곤충들의 비밀을
대하고 있노라면 무아지경에 빠지곤 합니다.
그럴 때면 배고픈 것도, 시간 가는 것도,
세상 밖 복잡한 일도 죄다 머릿속에서 지워집니다.

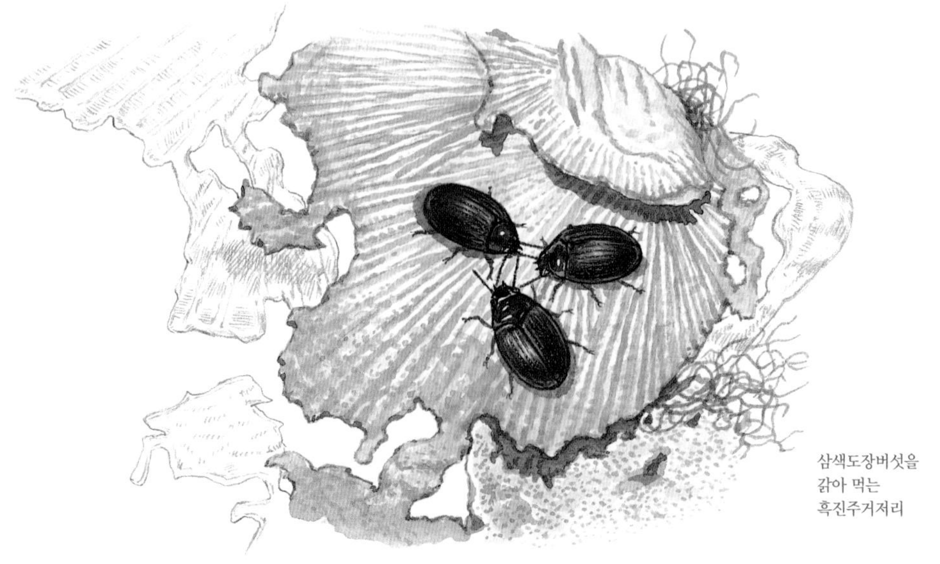
삼색도장버섯을
갉아 먹는
흑진주거저리

살아 있는 진주 보석
흑진주거저리

오늘도 버섯을 찾아 숲에 갑니다. "버섯벌레들아, 내가 간다. 어서 나와 나랑 놀자." 땅에 누워 썩은 나무를 도배한 반달 모양의 삼색도장버섯이 멀리서도 한눈에 들어옵니다. 오늘도 대박이 터질 것 같은 예감. 삼색도장버섯은 우리나라 방방곡곡 어디든 썩은 나무만 있으면 납니다. 녀석의 갓 윗면은 짙은 밤색과 붉은색이 겹고리무늬를 이루고 있습니다. 아랫면은 주름살로 가득 채워져 있고, 주름살 속에는 포자가 들어 있습니다. 신기하게도 삼색도장버섯은 적게는 몇 십 개에서 많게는 수백 개가 겹쳐지며 층층이 자라나 마치 기와지붕을 보는 것 같습니다.

삼색도장버섯은 딱딱하고 가죽질처럼 질겨 좀처럼 쪼개지지도, 찢어지지도 않습니다. 단단하니 잘 썩지도, 부서지지도 않아 수명이 오래갑니다. 버섯살이 곤충이 평생 살아도 될 만큼 수명이 길어서 살기에 딱 좋습니다. 삼색도장버섯에는 어떤 곤충이 살까요? 당연히 많은 곤충이 몰려듭니다. 특히 흑진주거저리가 삼색도장버섯을 통째로 전세 내다시피 하며 터를 잡고 살아갑니다.

삼색도장버섯을 조심스럽게 뒤집어 보면 타원형으로 생긴 새까만 벌레가 버섯 주름살에 다닥다닥 붙어 있습니다. 몸에 기름칠이라도 한 것처럼 반짝거리는 데다 몇 마리씩 모여 있어 금방 눈에 띕니다. 흑진주거저리입니다. 티끌 없이 말끔한 까만 몸이 보석처럼 반짝여서 정말이지 '흑진주' 같습니다. 녀석들은 평생을 버섯에서 삽니다. 버섯을 떠나서는 하루도 살 수가 없지요. 녀석들은 특히 삼색도장버섯과 줄버섯을 매우 좋아합니다. 어두컴컴한 버섯 속에서 사니 평생 햇빛 볼 일도 없고, 먹이만 충분하면 돌아다닐 일도 없습니다. 엉덩이가 얼마나 무거운지 그저 버섯 먹이만 있으면 꼼짝 않고 한곳에서 뭉그적거립니다. 이렇게 버섯 속에서 살고 있으니 숲속에서 녀석들의 사생활을 들춰 보기란 여간 힘든 일이 아닙니다. 더구나 밤에 활동하는 야행성이어서 그들의 사생활은 어둠 속에 묻혀 있습니다.

도대체 녀석들이 어떻게 그 어두컴컴하고 퀴퀴한 냄새 나는 버섯 속에서 살아가는지 신기하기도 하고 궁금하기도 합니다. 생각다 못해 녀석들을 데려오기로 했습니다. 흑진주거저리를 버섯과 함께 집으로 데려오면 가족들이 질색을 할 텐데 말입니다. 삼색도장버섯 특유의 냄새도 썩 좋지 않을 뿐더러 간혹 관리 소홀로 썩기라도 하면 온 집 안은 버섯 썩는 냄새, 영락없는 똥 썩는 냄새로 진동하기 때문입니다.

흑진주거저리 암컷은 머리에 작은 돌기가 있다.

입양한 흑진주거저리는 별 탈 없이 잘 자라며 자신의 사생활을 아낌없이 보여줍니다. 녀석들은 어둠 속에서도 용케 암컷과 수컷이 만나 짝짓기를 합니다. 수컷이 암컷의 미끈미끈한 등에 올라타서는 30분이 넘도록 비좁은 버섯 살 틈에서 도대체 떨어질 생각을 안 합니다. 짝짓기가 끝나면 암컷은 버섯 살 안쪽 빈틈에 알을 낳습니다. 신기하게도 알을 낳은 암컷들은 죽지 않고 몇 주 더 삽니다. 수컷도 마찬가지입니다. 이렇게 오래 사는 것은 곤충 세계에서 그리 흔한 경우는 아닙니다.

알에서 깨어난 애벌레는 버섯 속을 헤집고 다니며 버섯 밥을 먹습니다. 애벌레는 밀웜(meal worm)하고 비슷하게 생겼습니다. 밀웜은 우리가 흔히 동물 먹이로 주는 갈색거저리 애벌레입니다. 갈색거저리 애벌레인 밀웜과 흑진주거저리 애벌레는 같은 거저리과 혈통이니 서로 닮은 건 당연하지요. 기다란 몸통에, 반질거리는 피부에, 깜찍한 더듬이가 달린 머리는 정말 착하고 순하게 생겼습니

흑진주거저리 수컷은 머리에 뿔이 달렸다.

흑진주거저리
애벌레

다. 눈치도 빠르고, 아주 날쌘 데다 리듬체조 선수처럼 유연하기까지 합니다. 살짝 건드리기만 해도 몸을 좌우로, 위아래로 거세게 몸부림치고는 재빨리 도망갑니다. 항문 쪽에 뾰족하게 튀어나온 작은 항문관(anal tube)으로 버섯을 꽉 잡으면서 앞으로 뒤로 재빨리 움직이며 미꾸라지같이 잘도 도망 다닙니다. 이렇게 빠릿빠릿하니 애벌레들은 집을 따로 짓지 않고 떠돌이 생활을 합니다.

버섯 이곳저곳을 유연한 몸으로 쑤시고 들어가 먹고 싸고, 아무데나 허물을 벗어 던지며 제멋대로 삽니다. 가만히 보고 있으면 자유인이 따로 없습니다. 그런데 애벌레들이 우글우글 많다 보니 먹이가 모자라면 자기 종족을 잡아먹기도 합니다. 동족상잔의 비극이지요. 딱딱한 버섯을 잘 발달된 큰턱으로 씹어 먹으니 연한 애벌레 먹기란 식은 죽 먹기입니다. 하지만 애벌레들은 날개가 없어 먹이를 찾아 손쉽게 이동할 수 없으니 먹이가 모자라면 결국에는 모두 죽습니다.

이렇게 일 년 동안 자식처럼 함께 살며 흑진주거저리는 그간 알려지지 않았던 귀한 정보를 주었습니다. 알에서부터 번데기를 거쳐 어른벌레가 되는 전 과정, 새끼와 부모의 습성과 행동 양식, 그리고 방어 전략까지 모두 공개했습니다. 허물은 세 번 벗고, 애벌레 기간은 50일쯤 됩니다. 다 큰 애벌레 몸길이는 12밀리미터쯤 되고, 번데기 방은 따로 없고 버섯 속 아무 곳에서나 번데기가 됩니다. 알에서 어른벌레가 되기까지 70일쯤, 어른벌레 수명은 석 달쯤 됩니다. 밥은 적당히 썩은 버섯 살입니다. 생활 방식은 집도 절도 없는 떠돌이 자유인이고, 똥은 머리카락처럼 기다랗게 쌉니다. 이 기록은 '흑진주' 이름만큼이나 값진 보석입니다.

흑진주거저리
번데기와 애벌레들

머리카락 같은 똥으로 방어벽을 치고

곤충을 키우며 연구하다 보면 몰라서 실수할 때가 많습니다. 몇 년 전 흑진주거저리를 처음 키울 때였지요. 녀석들이 버섯을 먹고 살다 죽은 자리에는 꼭 머리카락 같은 곰팡이가 기다랗게 피어 있었습니다. 당연히 버섯에서 핀 곰팡이거니 싶어 눈길도 안 줬습니다. 그런데 그게 아니었습니다. 어느 날 현미경 아래에서 애벌레를 관찰하는 순간 꽁무니에서 머리카락 같은 게 길게 나오고 있었습니다. 똥? 세상에! 곰팡이가 아니고 똥이었습니다. 그동안 곰팡이라고 생각했던 것이 흑진주거저리 애벌레가 싸 놓은 똥이라니!

모든 곤충은 먹은 음식을 다 흡수하지 않습니다. 필요 없는 찌꺼기는 몸 밖으로 내버립니다. 똥은 곤충 자신에게 굉장히 해롭습니다. 혹시 기생충이나 전염병을 옮기는 균이 살고 있을지 모르기 때문입니다. 식사와 배설을 한군데에서 하지 말라는 규칙은 거의 모든 곤충에게 본능적으로 통합니다. 하지만 흑진주거저리는 자기 식당인 버섯에 마치 머리카락을 뭉쳐 놓은 것처럼 똥(filament-typed feces)을 수북이 쌉니다. 항문에서 나오고 있는 똥을 재 봤더니 15센티미터가 넘습니다. 몸길이보다 열 배가 넘는 긴 똥을 싸다니! 그것도 애벌레 평생 동안. 똥은 잘 부스러지지도 않고 차곡차곡 버섯에 쌓이는데, 녀석들 몸이 커 갈수록 똥의 양도 많아지고 똥도 굵어집니다. 급기야 다 뜯어 먹혀 가죽질만 남은 버섯은 온통 똥 더미로 덮여 있습니다. 똥도 언제 쌌느냐에 따라 모습이 다릅니다. 오래된 똥은 윤기 없이 푸슬푸슬하고 색깔도 거무스름합니다.

새로 싼 똥은 윤기가 흐르고 탄력이 있어 잘 끊어지지 않으며, 똥 색깔은 먹은 버섯의 포자나 버섯 조직 색과 비슷합니다. 삼색도장버섯은 포자와 조직이 갈색이니 똥도 진한 갈색, 아교버섯을 먹고 싼 똥은 아교버섯의 포자 색인 연분홍빛이 도는 흰색입니다. 그래서 버섯에 쌓인 똥의 양과 색깔을 보면 애벌레 나이가 몇 령인지, 죽었는지, 죽었다면 언제 죽었는지 대충 알 수 있습니다.

똥을 보니 실험해야겠다는 생각이 절로 듭니다. 과연 버섯의 어떤 부분을 먹는지 알고 싶었던 차에 똥을 분해하기로 했습니다. 똥 한 가닥을 잘게 으깨 염색 처리한 다음 천 배율 광학현미경으로 똥의 실체를 관찰했습니다. 의외로 똥에는 포자가 거의 없고 균사 조직만 자잘하게 부서져 섞여 있었습니다. 녀석들은 포자가 들어 있는 자실층(hymenium)은 잘 안 먹고 불임 기관인 버섯 조직(context), 즉 버섯 살을 즐겨 먹는 것이지요.

흑진주거저리 애벌레가 싸 놓은 똥

그런데 흑진주거저리 애벌레가 이렇게 긴 똥을 싸는 까닭이 따로 있을까요? 바로 자신을 보호하기 위해서입니다. 녀석들이 먹는 버섯은 두께가 얇은 데다 나무에 덜렁 매달려 있습니다. 애벌레가 제아무리 버섯에 잘 붙어 있다 해도 버섯에서 떨어질 수도 있고, 천적한테 들킬 수도 있습니다. 그래서 녀석들은 똥을 잔뜩 싸 버섯과 버섯 사이에, 버섯과 버섯이 붙어 있는 나무 사이에, 갓 아래쪽 주름에도, 갓 위쪽 표면에도 어디 할 것 없이 버섯을 긴 똥으로 얼기설기 쌉니다. 이렇게 똥들이 서로 엉켜 차곡차곡 쌓이다 보니 버섯은 똥 더미 속에 갇힌 꼴이 되고, 녀석들은 똥 사이사이로 돌아다닙니다.

똥으로 방어벽을 쳤으니 천적이 쉽게 침입할 수 없습니다. 똥 벙커는 흑진주거저리의 최고 은신처이자 보호 시설이며 수호천사인 셈입니다. 더구나 머리카락 같은 똥으로 얼기설기 방어벽을 만드

흑진주거저리 앞번데기(전용). 번데기가 되기 직전에 몸속에 있는 찌꺼기를 빼 몸이 줄어들었다.

니 공기도 잘 통하고, 자유자재로 드나들 수 있습니다. 바람이 불거나 비가 내려도 똥 벙커 속에 숨어 있으면 안전합니다. 그뿐이 아닙니다. 똥 더미가 지지대 역할을 해 줘 애벌레가 허물을 잘 벗을 수 있게 도와줍니다. 또 번데기 방을 따로 만들지 않고 똥 더미에서 편안하게 번데기가 됩니다. 푹신한 쿠션 같은 똥 더미에 누워 있는 번데기를 보고 있으면 마치 포대기에 쌓인 아기를 보는 것 같습니다. 번데기 껍질을 벗고 어른벌레가 되면 몸이 단단하게 굳을 때까지 꼼짝 않고 그대로 똥 더미에서 쉽니다.

나는 것보다
걷는 게 더 좋아

거저리들은 거의 경보 선수나 마찬가지입니다. 날개가 있으니 급하면 날아가는 게 더 빠를 텐데 굳이 걸어갑니다. 사는 곳이 비좁은 버섯 속이다 보니 날기보다 걷는 것이 더 쉽습니다. 어른벌레가 위험을 느끼면 재빠르게 뒤뚱거리며 걸어서 도망갑니다. 그러다가 잡히면 더듬이나 다리를 오그리고 혼수상태(가사 상태)에 빠지면서 냄새가 고약한 방어 물질을 뿜어 댑니다. 거저리는 배 끝부분에 방어 물질 샘이 있습니다. 위험에 처하면 즉석에서 화학 물질을 제조해 내뿜습니다. 화학 물질의 주성분은 벤조퀴논인데, 시큼한 냄새에 여러 다른 냄새들이 섞여 이상한 냄새가 납니다. 몸집이 큰 녀석일수록 방어 물질을 더 많이 뿜어 대니 냄새가 더 고약합니

다. 그래도 여전히 내게는 향긋한 냄새입니다.

연구실에서 키우던 녀석들이 탈출할 때가 종종 있습니다. 녀석들은 천장을 걸어 다니거나, 벽을 타고 절벽 등반을 하거나, 화장실 벽에 착 달라붙어 있습니다. 녀석들이 아무리 걷기를 좋아한다지만 가끔은 밤에 켜 놓은 천장 등불에 날아들 때도 있습니다. 날개가 넉 장 멀쩡하게 붙어 있으니 마음만 먹으면 언제든 날 수 있습니다. 버섯을 다 먹어 치우면 멀리 떨어진 버섯까지 날아서 이동하겠지요. 그 먼 거리를 행군하며 가기는 역부족일 테니까요.

흑진주거저리는 오로지 버섯만 먹고 사는 버섯 분해자입니다. 그것도 편식을 해서 썩은 나무에서 자라는 몇몇 버섯을 좋아합니다. 흑진주거저리와 버섯은 찰떡궁합을 자랑하면서 숲속의 썩은 나무를 분해합니다. 버섯은 썩은 나무를 분해하고 흑진주거저리는 버섯을 분해합니다. 분해된 유기물은 또다시 식물의 영양분이 됩니다. 그런데 숲 바닥에서 쓰러져 썩어 가는 나무들을 보고 얼마 지나 다시 그곳에 찾아가면 나무가 없어져 버립니다. 썩은 나무를 먹고 사는 버섯과 버섯을 먹고 사는 벌레까지 모두 함께. 다 어디로 갔을까요? 일부는 어느 숯불갈비집, 어느 별장의 벽난로, 어느 찜질방, 어느 모닥불 행사장으로 갔겠지요? 우리들이 숲 바닥에 깔린 잔 나뭇가지며 아름드리 통나무를 굳이 치우지 않아도 숲속 생물들은 썩은 물질을 분해해 청소합니다. 버섯 한 조각으로도 충분히 만족하는 흑진주거저리도 숲속에서 자신이 맡은 역할을 오늘도 충실히 하고 있습니다.

1|2
3

1. 나도진주거저리와 덕다리버섯
2. 볼록진주거저리와 꽃구름버섯
3. 진주거저리와 송편버섯류

4장

똥, 시체, 썩은 물질을 먹는 곤충

똥을 먹고 사는

분식성 곤충

애기뿔소똥구리 수컷

애기뿔소똥구리 수컷은
머리에 기다란 뿔이 솟았습니다.

어린 시절을 돌이켜 보면
똥밭에서 보낸 거나 마찬가지입니다.
닭똥, 개똥, 고라니 똥, 멧토끼 똥, 염소 똥,
지렁이 똥, 돼지 똥, 소똥, 사람 똥…….
집이 산 밑에 있다 보니 뒷산은 야생 동물로 붐볐고
어머니는 가축을 풀밭에 놓아 키우셨습니다.
그러니 집 밖에만 나가면 널린 게 똥이었습니다.
동물들에게는 따로 화장실이 필요 없습니다.
땅만 있으면 아무 데서나 실례.
그런 똥이 싫었지만, 더 싫었던 게 있었습니다.
사람 똥을 천연덕스럽게 즐겨 먹는 개.
아무리 똥개라지만
그 모습에 비위가 상해 토하기 일쑤였으니까요.
동물 똥에 영양분이 많다는 걸 안 건
그로부터 수십 년이 지나서였습니다.

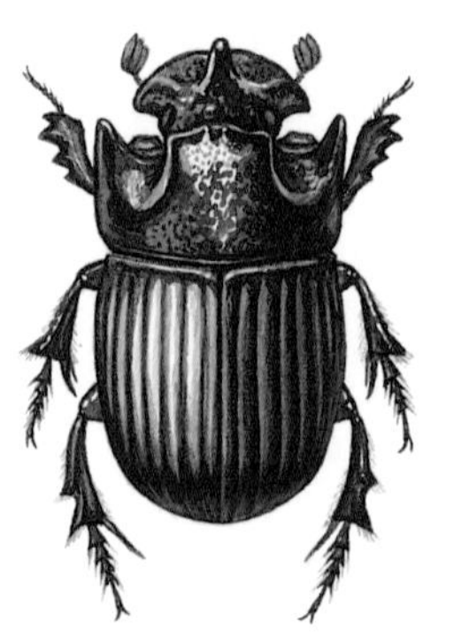

애기뿔소똥구리

섬에서 만난 애기뿔소똥구리

우리 집이 농삿집이다 보니 소 한두 마리는 꼭 키웠습니다. 기계로 농사짓던 시절이 아니니 힘든 일을 대신하는 소를 부모님은 하늘 떠받들듯이 지극 정성으로 돌보았습니다. 여름이면 꼴을 베다 먹이고, 겨울이면 짚을 썰어 여물을 쑤어 먹였습니다. 아버지는 논에 나갈 때마다 막둥이인 나를 소달구지에 태우고 다녔습니다. 달구지에 앉으면 어린 눈에 소 꽁무니만 실룩실룩 보였습니다. 그래서 소가 똥 싸는 걸 자주 보았습니다. 어떤 때는 소가 얼마나 급했는지 걸어가면서 꼬리를 쳐들고 빈대떡 같은 똥을 쌉니다. 얼마나 많이 싸 대는지 묽은 똥이 땅에 줄줄 쏟아질 때마다 '철퍼덕, 철퍼덕, 철퍼덕.' 그 소리가 참 경쾌했습니다. 그렇게 들판에 널린 소똥에 소똥구리가 몰려 있던 광경이 지금도 눈에 선합니다. 똥 위에서 꾸물거리니 더러워 잡지는 못하고 쪼그리고 앉아 구경만 했었지요. 물구나무선 채로 해처럼 동그란 똥 덩어리를 굴리고 다니는 소똥구리들을요.

소똥을 굴리는 소똥구리가 전설이 된 지 한참이 되었습니다. 수년 전부터 소똥구리를 보았다는 얘기가 들리지 않지만 아직은 멸종했다고 단정 지을 수 없어 멸종위기종으로 보호하고 있습니다. 그래서인지 똥을 먹는 소똥구리 종류에 부쩍 관심들이 많아졌습니다. 이제는 '무슨 무슨 소똥구리' 소리만 들려도 귀를 번쩍 세웁니다. 발견 자체가 하늘의 별 따기나 마찬가지가 되어 버렸으니까요. 불과 30년 전만 해도 소똥을 굴리고 다니는 소똥구리 모습은 일상

에 불과했는데 말입니다.

뿔소똥구리 수컷과 암컷. 수컷은 머리에 큰 뿔이 나 있다.

소똥구리는 족보상 딱정벌레목 가문의 소똥구리과 집안 식구로 서양에서는 똥벌레(dung beetles)라 부릅니다. 우리나라에 사는 소똥구리과 식구는 모두 33종으로 그 가운데 똥 구슬을 만들어 굴리는 녀석은 달랑 3종입니다. 이름을 대 보면 몸집이 굉장히 크고 몸길이가 30밀리미터쯤 되는 왕소똥구리, 몸길이가 16밀리미터쯤 되어서 중간 크기인 소똥구리와 몸길이가 12밀리미터쯤 되어서 가장 작은 긴다리소똥구리입니다. 지금 이 녀석들은 모두 우리 땅에서 사라져 가고 있어 멸종위기종으로 정해 놓고 보호하고 있습니다. 다행히 긴다리소똥구리는 사람들 발길이 잘 닿지 않는 강원도 산골에서 가뭄에 콩 나듯 이따금 발견되고 있습니다. 또한 몇몇 연구 기관에서 우리나라 소똥구리와 똑같은 유전자를 가진 몽골산 소똥구리를 가져와 다양한 복원 연구를 하고 있습니다.

그러다 보니 사라져 버린 소똥구리를 대신해 애기뿔소똥구리가 주목을 받은 지 꽤 되었습니다. 환경부에서 달아 준 '멸종위기종 2급'이란 찬란한 훈장을 달고 말입니다. 급한 대로 국외반출금지종, 멸종위기보호종으로 보호하고 있지만 그들 서식처가 사라지면 훈장을 단들 아무 소용이 없습니다.

이름 그대로 애기뿔소똥구리는 활처럼 멋지게 휘어진 뿔을 달고 다닙니다. 수컷 머리에 상아처럼 생긴 뿔이 길게 내뻗어 꼭 코뿔소처럼 생겼습니다. 소똥과 말똥은 이미 오래전부터 애기뿔소똥구리의 밥이었습니다. 애기뿔소똥구리는 똥 경단을 만들어 굴리지 않고, 똥을 아무렇게나 뭉쳐 똥 아래 땅속에 파 놓은 애벌레 방으로 곧바로 가져갑니다. 지금도 제주도 목장에서는 녀석들이 말똥으로

똥풍뎅이류 암컷

맘 놓고 식사를 합니다. 몇 년 전 제주도에 머물 때 묵었던 숙소 둘레를 밤부터 새벽까지 조사한 적이 있습니다. 밤새도록 불빛에 날아든 애기뿔소똥구리와 데이트를 했지요. 보고 뒤돌아서면 또 한 마리가 부웅 소리 내며 가로등에 달려들어 땅에 뚝 떨어지고, 또 날아와 뚝 떨어졌습니다. 밤이슬로 흠뻑 젖어 숙소로 돌아와 현관에 도착하니 애기뿔소똥구리 몇 마리가 나뒹굴고 있었습니다. 운도 없지, 오가는 사람들 발에 밟힌 거지요.

요즘은 가축들이 들판에서 신선한 풀을 뜯어 먹지 않고 우리 안에 갇혀 사료를 먹고 그 안에서 똥을 쌉니다. 설령 들판에 나가 똥을 싸더라도 구충제가 들어간 사료를 먹고 싼 똥입니다. 그러니 예민한 분식성 곤충이 그 똥으로 새끼를 키우는 데 빨간불이 켜졌습니다. 소똥구리류는 더 이상 그런 똥에 몰려들지 않습니다. 들판에서 자란 초식 동물 똥에는 식물의 영양물질이 풍부하고 셀룰로오스가 많아 소똥구리들이 똥 경단을 잘 빚을 수 있습니다. 또 분식성 곤충 애벌레는 장에 사는 세균의 도움으로 셀룰로오스 섬유질을 잘 소화시킵니다. 하지만 사료를 먹고 싼 똥에는 섬유질이 없어 쉽게 부서지니 똥을 잘 뭉칠 수 없습니다.

이렇게 똥 사정이 바뀌면서 소똥이나 말똥만을 고집하던 애기뿔소똥구리들에게 현실은 살기를 포기해야 할 만큼 절박했습니다. 마침내 애기뿔소똥구리가 먹이 재료를 바꿔 다른 동물 똥으로 새끼 방을 만들기 시작했습니다. 물론 간간이 생태 관광지에서 개똥에서 애기뿔소똥구리를 봤다는 소문이 들리지만 직접 본 적은 없습니다. 요즘 개들도 태반이 사료를 먹고 자랄 텐데, 애기뿔소똥구리 밥으로는 개똥도 여의치 않겠지요.

창뿔소똥구리 수컷

애기뿔소똥구리는 멸종위기종으로 보호받고 있다.

밥상 차리기에 머리 아픈 애기뿔소똥구리에게 희소식이 날아왔습니다. 섬에 흑염소가 많다는 소식이죠. 흑염소는 들판에 놓아 키워 신선한 식물을 뜯어 먹습니다. 그러니 염소 똥은 애기뿔소똥구리에게 똥 뭉치를 만들기에 안성맞춤입니다. 염소 똥은 동글동글 작지만, 똥을 무더기로 한꺼번에 쌉니다. 그래서 애기뿔소똥구리가 똥 아래에 굴을 파고 새끼 방을 만들기에 제격입니다. 그래서인지 육지와 떨어진 외딴섬에서 애기뿔소똥구리가 발견되기 시작했습니다. 그림 같은 풍도, 몇 사람밖에 살지 않는 굴업도, 먼바다 파도 속에 싸인 대청도 같은 섬에서 말입니다. 그 섬에 있는 바닷가 모래 언덕이나 풀밭에서 흑염소가 풀을 뜯는 모습은 흔히 볼 수 있는 풍경입니다.

굴속에 똥칠하는 애기뿔소똥구리

보통 곤충들은 암컷 혼자서 새끼를 낳습니다. 그런데 애기뿔소똥구리 육아법은 독특합니다. 암컷과 수컷이 힘을 합쳐 함께 새끼 방을 만들고, 그것도 모자라 함께 새끼 방을 돌봅니다. 식사를 하러 똥을 찾아온 암컷과 수컷은 똥 위에서 짝짓기도 합니다. 짝짓기가 끝나면 암컷보다 힘이 센 수컷이 똥 덩어리 바로 밑에 긴 굴을 팝니다. 굴 파는 일이 쉽지는 않을 터인데, 굴을 판 뒤에 굴속 통로 벽에 페인트칠하듯 똥을 매끄럽게 바릅니다. 일종의 포장도로인 셈이지요. 흙이 무너지지 않게 해서 똥 덩어리를 무사히 굴속 방까지 들여오려는 것입니다. 수컷이 굴 공사를 마치면 암컷이 그 포장도로를 따라 우아하게 굴속으로 들어가고, 수컷은 똥 더미에서 똥을 소시지 모양으로 길게 잘라 냅니다. 그렇게 자른 똥을 굴 입구로 옮긴 뒤 굴속으로 가져가 암컷에게 전달합니다. 똥 덩어리를 받은 암컷은 똥을 몇 개로 잘라 똥 주먹밥을 빚은 뒤 한쪽 끝을 우묵하게 만듭니다. 그리고 움푹 파인 곳 속에다 배 끝을 대고 알을 낳습니다. 똥 주먹밥 하나에 알을 하나씩 낳습니다. 2~4일 지나 알에서 깨어난 애벌레는 똥을 파먹으며 똥 속으로 들어가고, 똥 속에서 식사하며 어른벌레가 될 때까지 지냅니다. 똥 속이 식당이자 침실이고, 화장실인 셈입니다. 똥을 먹으며 무럭무럭 자란 애벌레가 두 번 허물을 벗으면 종령 애벌레가 됩니다. 종령 애벌레는 똥을 더 먹은 뒤 똥 속에서 거의 움직이지 않고 번데기가 됩니다. 애벌레와 번데기로 똥 속에서 두 달쯤 지내면 어른벌레가 됩니다. 놀랍게도 그동안 어미는 굴속에서 알이 들어 있는 똥 경단을 돌봅니다. 아쉽게도 대부분의 생활이 땅속에서 일어나고 어른벌레를 볼 수 있는 시기도 짧아 소똥구리를 직접 키우며 관찰하지 않는 이상 자세한 습성을 알기란 어렵습니다.

보라금풍뎅이는 사람 똥도 좋아한다.

사람 똥이면 어때?

보라금풍뎅이는 이름만 들어도 몸 색깔이 얼마나 매혹적일지 상상이 됩니다. 보라금풍뎅이는 이름처럼 보랏빛을 많이 띠는 풍뎅이지요. 자수정 못지않게 보랏빛이 반짝반짝 빛나 굉장히 화려합니다. 따뜻한 봄, 산길을 걷다 보면 '부웅' 하고 힘차게 날아가는 풍뎅이 소리에 신경이 곤두섭니다. 언뜻 보아도 몸집이 큽니다. 몸길이가 2센티미터나 되니 곤충 세계에서는 대형 곤충입니다. 육중한 몸으로 하늘을 나니 멀리서도 시선이 집중됩니다. 햇빛 세례를 받아 보라색이 찬란히 빛나 금세 눈에 확 띕니다. 녀석이 뚝 떨어진 곳을 추적해 보았지만, 나뭇잎과 풀들이 덮인 땅속으로 숨어 버려 번번이 놓치게 됩니다. 녀석은 앞다리가 넓적하게 잘 발달되어 있어 땅을 잘 팝니다. 특히 기온이 내려가는 밤에는 추위를 피해 땅속으로 파고 들어갑니다.

그러다 보니 보라금풍뎅이를 만나려면 똥을 찾는 게 더 빠릅니다. 녀석들은 똥이면 사족을 못 쓰기 때문입니다. 혹시 산에서 급

보라금풍뎅이는 배 쪽 모습.

하게 똥을 눈 적이 있나요? 몇 분 지나지 않아 똥 냄새를 맡고 날아드는 곤충들을 본 적이 있나요? 어디선가 솔솔 똥 냄새가 나면 구린내를 따라가 보세요. 똥 먹느라 정신없는 보라금풍뎅이를 만날지도 모릅니다. 그것도 사람들이 으슥하고 비밀스러운 곳에 싸 놓은 똥을 굉장히 좋아합니다.

말똥에 모인 똥파리가 짝짓기를 하고 있다.

곤충 연구가 직업이다 보니 똥 냄새가 나면 그냥 지나치질 못합니다. 그런데 그 똥에서 주둥이 박고 식사하는 녀석들을 잡기란 참 꺼림칙합니다. 맨손으로는 더더욱 그렇고, 핀셋으로 잡을 수도 없으니 겨우 카메라를 들이대며 사진을 찍는데, 접사 촬영은 못하고 멀리서 찍습니다. 그것도 냄새 안 맡으려고 숨을 멈추고 말입니다. 곤충을 찾아다니다 보면 피하고 싶은 것 중 하나가 솔직히 사람 똥입니다. 묽은 똥이든, 뱀처럼 똬리 튼 똥이든 다 역겹습니다. 왜 그런지 구역질이 올라와 견딜 수가 없습니다. 그런 사람 똥을 맛나게 먹는 곤충이 저토록 매혹적이고 화려한 보라금풍뎅이라니…….

보라금풍뎅이는 사람 똥을 비롯해 어떤 짐승이 싼 것이든 상관 않고 똥만 있으면 좋아라고 달려옵니다. 그러다 보니 보라금풍뎅이는 초식 동물이 많은 들판에 약속이나 한 듯이 모여듭니다. 녀석들의 감각기는 매우 특별해서 바람에 섞여 날아오는 똥 냄새를 잘 알아챕니다. 특히 똥에서만 나오는 특이한 냄새인 부타논(2-butanone)을 귀신처럼 탐지하지요. 똥은 동물 배 속에서 소화되어 나오니 먹기도 좋고, 완전히 분해된 것이 아니니 영양도 풍부합니다. 화려한 보라금풍뎅이에게 똥은 더없이 소중하고 훌륭한 먹이입니다.

렌지소똥풍뎅이 수컷이 소똥을 파먹고 있다.

분식성 곤충
그들은 똥 청소부

팔랑나비류가 멧돼지 똥을 빨아 먹고 있다.

모든 생물은 먹으면 똥을 쌉니다. 액체성 분비물은 땅으로 스며들어 땅속 생물과 식물 뿌리에 영양분을 제공하며 분해됩니다. 문제는 땅 위에 남겨진 똥. 다행히 똥을 먹이로 먹는 분식성 생물이 있어 그 많은 똥들을 잘게 분해시킵니다. 이 똥을 먹이로 삼는 분식성 곤충이 없다면 어떻게 될까요? 세상천지가 똥밭으로 변할 것입니다. 초식 동물과 육식 동물이 싼 똥은 분식성 생물에겐 삶을 영위하고 대를 잇게 해 주는 소중한 먹이입니다. 분식성 생물이 그 많은 똥을 먹어 치우니 정말 대단한 일을 하는 것입니다. 분식성 생물 중에서 특히 소똥구리류와 보라금풍뎅이는 똥 분해자 대열에서 첫 번째 그룹에 속합니다. 그들이 먹은 똥은 몸속에서 소화되어 흡수되고, 또 남은 것은 밖으로 배설됩니다. 이 똥은 처음 먹은 똥보다 잘게 분해된 상태입니다. 또 그 배설물은 다른 생물 차지가 됩니다. 그렇게 해서 누군가의 똥은 여러 생물들을 거치며 분해되어 다시 자연으로 돌아갑니다. 생산자인 식물과 소비자인 동물과 더불어 분해자 분식성 곤충은 생태계의 물질 순환에 직접 관여해 먹이망을 튼실하게 만들고 유지시킵니다. 분식성 곤충의 중요성은 천만 번, 억만 번 강조해도 부족합니다. 아마도 그들이 사라지면 지구는 똥으로 가득 찬 똥 지구가 될지도 모를 일입니다.

대모송장벌레가 사람 똥을 먹고 있다.

죽은 시체 밥상에
몰려오는

부식성 곤충

반날개류

반날개류는 주검을 먹고 사는 구더기나 송장벌레류 애벌레를 사냥합니다.

세상 모든 생물은 죽습니다.
몇 백 년 넘게 사는 나무에서부터
몇 달도 못 사는 곤충에 이르기까지 때가 되면 모두 죽습니다.
그래서 숲과 들판은 탄생과 죽음이 늘 공존합니다.
한쪽에서는 죽어 가고, 한쪽에서는 그 죽음을 토대로 태어납니다.
곤충 강의를 하다 보면 청중 반응이 딱 두 가지입니다.
졸거나 아니면 열정적인 눈빛으로 고개를 끄덕이거나.
그런데 조는 사람을 깨우는 비법이 있습니다.
시체 냄새를 맡고 찾아오는 벌레 얘기입니다.
시체 가운데 특히 사람 시체 이야기가 단연 인기입니다.
눈살을 찌푸리면서도 시체 밥상에서 일어나는
흥미진진한 곤충 이야기에 모두 귀를 쫑긋 세웁니다.
버려진 시체가 거의 썩어 문드러져 형체를 알 수 없어도
시체에 몰려든 곤충들을 잘 조사하면
시체의 죽은 날짜를 가늠할 수 있다는 얘기에
연신 감탄사를 연발하면서 말입니다.

이마무늬송장벌레

시체 분해자 부식성 곤충

지금까지 알려진 지구 상의 모든 동물을 종 수로 비교하면 곤충이 4분의 3이나 됩니다. 그 많은 곤충 중에서 죽은 생물을 자잘하게 분해하는 녀석들이 있습니다. 바로 부식성 곤충입니다. 생물은 물질대사를 하고 자손을 번식하는 존재이니 식물도, 동물도, 버섯이나 곰팡이 같은 균도, 아메바 같은 원생동물도 포함됩니다. 이들은 모두 한 번은 반드시 죽습니다. 그게 자연의 이치입니다. 놀랍게도 시체를 분해하는 동물 종 가운데 85퍼센트가 곤충입니다. 정말 대단한 숫자가 아닐 수 없습니다. 수많은 생물 시체를 먹고 분해시키는 생물 중에서 곤충 종 수가 가장 많다니, 곤충이 정말 대단하다 싶습니다.

넓적송장벌레

달리는 차량 바퀴에 무참히 짓눌린 개구리 시체, 무슨 이유에선지 죽어 뻣뻣해진 새 시체, 자기보다 몇 십 배나 작은 개미에게 끌려가는 지렁이 시체 등 사고든 자연사든 모든 생물의 시체는 누군가에게 먹히면서 썩어 갑니다. 이집트 피라미드 주인공이 영원히 살려고 아무리 몸부림친들 누군가의 먹이가 되는 것을 막을 수 없습니다.

시체 밥상의 1등 손님 파리류

동물 시체에서는 굉장히 특별한 '죽음의 냄새'가 납니다. 죽음의 냄새 성분은 탄산가스, 암모니아, 황화수소 등인데, 사람에게는 역겹지만 죽음의 냄새를 전문적으로 찾아다니는 곤충들에게는 입맛을 돋우는 냄새입니다. 썩은 유기물을 먹는 검정파리과나 송장벌레과 같은 곤충에게 말이죠.

시체가 썩기 시작하면 그 냄새는 부식성 곤충 레이더망에 즉각 걸려들어 수많은 곤충이 무섭게 달려옵니다. 하지만 시체 먹는 곤충들이 한꺼번에 달려드는 것은 아닙니다. 찬물 먹는 데도 위아래 순서가 있듯이 시체를 먹는 데도 순서가 정해져 있습니다. 시체가 썩은 정도에 따라 몰리는 곤충이 저마다 다르기 때문입니다.

상처 하나 없이 죽은 시체의 모습은 처음에는 살아 있을 때와 별 차이가 없습니다. 먹이로 치면 신선하지요. 이것을 눈치채지 못할 곤충이 아닙니다. 신선한 시체에서 풍기는 냄새를 맡고 가장 먼저 날아오는 녀석은 검정파리과의 금파리류(금파리속 *Lucilia*)입니다. 금파리류는 구릿빛, 에나멜빛, 사파이어빛 등이 총천연색으로 빛나 색깔이 화려합니다. 녀석은 죽은 지 10분도 채 안 되는 시체로 기다렸다는 듯이 여기저기서 날아옵니다. 금파리는 시체의 이쪽저쪽으로 날았다 앉았다 하면서 시체에서 흘러나오는 피나 분비물을 핥아 먹느라 정신이 없습니다. 그러다가 서로 눈이라도 맞으면 암컷과 수컷은 시체 위에서 짝짓기도 합니다. 시체 위에서 나누는 사랑은 그들에게 이상할 것이 하나도 없습니다. 시체는 먹이이자 신혼방이고, 분만실이자 육아실이기 때문입니다. 짝짓기를 마친 암컷은 눈, 코, 입, 똥구멍 같은 시체의 구멍이나 상처 난 부분처럼 물기 많은 곳에 알을 낳습니다. 알은 낳자마자 하루도 안 걸려 부화합니다. 알의 부화 속도가 얼마나 빠른지 알 낳은 지 12시간 정도

두꺼비 주검을 핥아 먹는 금파리류

만 지나도 애벌레가 깨어납니다. 애벌레는 알에서 나오자마자 입 갈고리가 달린 머리를 시체 조직에 처박고 소화 효소를 분비해 액화시킨 다음 천천히 먹기 시작합니다. 파리는 어른벌레와 애벌레 입 모양이 다릅니다. 구더기는 한 쌍의 입 갈고리를 이용해 음식을 먹습니다.

두꺼비 주검을 핥아 먹는 쉬파리류

금파리가 시체에 도착할 즈음 앞뒤로 쉬파리과의 쉬파리류(쉬파리속 *Sarcophaga*)도 시체에 하나둘 도착합니다. 쉬파리류도 시체에 앉았다 날았다 하면서 시체즙을 맘껏 핥아 먹습니다. 역시 녀석들도 시체가 다 부패해 없어지기 전에 알을 낳아야 합니다. 한시도 지체할 수 없는 상황입니다. 서둘러 수컷과 암컷은 짝을 찾고 시체에서 신방을 차립니다. 짝짓기를 마친 암컷은 시체 위를 정찰하듯이 날아다닙니다. 왜 이렇게 날아다닐까요? 지금은 그냥 날아다니는 것이 아니고 암컷이 새끼를 낳는 중입니다. 쉬파리는 시체에 내려앉지도 않고 날면서 새끼를 낳는데, 금파리와 달리 알이 아니라 애벌레를 낳습니다. 시체 위를 붕붕 날면서 낙하산 투하하듯 파리목 곤충 애벌레인 구더기를 시체 구멍이나 상처에 떨어뜨립니다. 어미는 몸속에서 구더기가 알을 깨고 나오면 곧바로 몸 밖으로 떨어뜨리는 것이지요.

쉬파리 애벌레는 시체에서 애벌레 시기를 다 마쳐야 합니다. 또 쉬파리 애벌레는 신선하고 물기 많은 시체를 먹습니다. 당연히 어미는 신선한 시체에서 새끼가 자라도록 해야겠지요. 그래서 어미는 방금 죽어 막 썩기 시작한 시체를 찾아와서 알이 아니라 애벌레를 낳습니다. 한시가 급한 것입니다. 시체에 떨어지기 무섭게 쉬파리 애벌레들은 곧바로 물기 많은 시체 속을 꾸물꾸물 파고 들어가

쉬파리류 짝짓기

식사를 합니다. 쉬파리 애벌레는 금파리 애벌레보다 훨씬 활동적이어서 이리저리 움직이며 포식자를 용케도 잘 피합니다.

파리류(파리목) 애벌레는 다른 곤충보다 굉장히 빨리 자랍니다. 물컹거리고 물기 많은 먹이를 좋아하기 때문에 시체가 굳어지기 전에 신선한 살을 충분히 먹고 몸을 살찌워 성장을 끝내야 합니다. 녀석들은 부지런히 먹으면서 두 차례 허물을 벗습니다. 자라는 속도를 예로 들면, 쉬파리속 애벌레는 시체 속에서 4일쯤 살고, 쉬파리과의 올파르티아속(*Wohlfahrtia*) 애벌레는 10일쯤 삽니다. 또 금파리 애벌레는 짧게는 4일, 길게는 일주일쯤 시체에서 삽니다.

다 자란 애벌레는 번데기가 될 준비를 합니다. 이때가 되면 전혀 밥을 안 먹고 번데기 만들 장소를 찾아 헤맵니다. 다리가 퇴화되어 잘 움직이지 못해 지렁이처럼 온몸으로 꿈틀꿈틀 기면서 시체를 떠납니다. 그러고는 시체 아래의 부드러운 흙 속으로 파고 들어가 흙을 잘 개고 다져 방을 만든 뒤 그 속에서 번데기가 됩니다. 혹시라도 썩어 가는 동물 시체를 떠들어 본 적이 있나요? 시체를 들춰 보면 땅속으로 들어가려고 모인 구더기 수백 마리가 우글우글합니다. 번데기가 되려고 모두 모인 것이지요. 땅속에서 번데기가 되는 까닭은 시체에 몰려든 포식자를 피하는 데 더 낫기 때문입니다. 번데기 기간은 땅속이 땅 위보다 안전해 애벌레 기간보다 더 깁니다. 금파리속과 쉬파리속 번데기는 흙 속에서 1~2주 지낸 뒤 어른벌레로 날개돋이 해 땅 위로 나옵니다. 사람들이 눈길을 주지 않지만 삶을 향한 열정은 누구 못지않은 구더기입니다. 포식자를 피하는 나름의 생존 전략에 큰 박수를 보냅니다.

파리가 먹다 남겨둔 시체 밥상에는 어떤 곤충이 올까?

파리류 새끼들이 시체를 먹기 전부터 박테리아가 시체에서 활동을 합니다. 죽은 시체를 놓고 곤충과 박테리아는 한판 먹이 경쟁을 벌입니다. 박테리아는 어디서 온 것일까요? 죽기 전에 몸속에서 살았던 녀석들입니다. 생물이 죽으면 박테리아들은 시체 조직에서 물질대사를 계속하며 가스를 뿜어냅니다. 시체는 가스로 가득 차 부풀어 오르고, 이때쯤에 가스 냄새를 맡고 금파리와 쉬파리를 비롯해 알락파리과나 집파리과 파리까지 떼 지어 몰려듭니다. 얼마 지나지 않아 시체는 어른벌레와 수많은 구더기들의 먹이 동산으로 바뀝니다.

고라니 주검을 곰보송장벌레 애벌레가 뜯어 먹고 있다.

이렇게 파리류가 시체를 먹어 치우면 딱정벌레목 곤충이나 벌

쥐 주검에 찾아온
금파리류

죽은 유혈목이를 먹고 있는
곰보송장벌레

매미나방 애벌레를 먹고 있는
넉점박이송장벌레

죽은 두꺼비 위에서
짝짓기를 하고 있는
대모송장벌레

목 곤충인 개미가 속속 시체 밥상에 도착합니다. 송장벌레류, 반날개류, 풍뎅이붙이류, 똥풍뎅이류, 수시렁이류, 개미류 따위가 찾아옵니다. 이들은 시체를 먹기도 하고, 시체 속에 우글거리는 곤충을 잡아먹습니다. 특히 송장벌레류(송장벌레과)는 파리류와 달리 큰턱으로 시체를 야금야금 씹어 먹습니다. 그러니 물기가 있는 신선한 시체든 부패가 진행되어 물기가 빠진 시체든 가리지 않고 식사를 합니다.

포식 곤충이 이 광경을 나 몰라라 할 까닭이 없지요. 이제 포식 곤충이 대거 등장합니다. 그들 중에서 가장 많이 눈에 띄는 녀석은 누구일까요? 단연 반날개류입니다. 시체를 건드리기라도 하면 득실거리는 반날개가 화들짝 놀라 재빨리 도망칩니다. 얼마나 잽싼지 눈 깜짝할 사이에 바람같이 사라집니다. 반날개는 구더기 사냥꾼입니다. 낫같이 생긴 무시무시한 큰턱으로 먹이를 보는 족족 잡아먹습니다. 날기도 잘해 여기저기 아주 빨리 돌아다니며 구더기 사냥에 몰두합니다.

반날개뿐만 아닙니다. 송장벌레류와 풍뎅이붙이도 구더기를 노립니다. 실컷 먹으면서 시체 여기저기에 알을 낳습니다. 알에서 깨어난 딱정벌레목 가문 애벌레들은 시체 조직을 먹으며 무럭무럭 자랍니다. 또 개미는 포식 곤충이 먹다 버린 구더기, 살아 있는 구더기, 파리류의 알까지 물고 갑니다. 개미의 무시무시한 큰턱에 꽉 물려 끌려가는 구더기는 왼쪽, 오른쪽으로 심하게 꿈틀거리며 몸

1	2
3	4

1. 고라니 주검에 창뿔소똥구리 암컷이 찾아왔다.
2. 고라니 주검에 폭탄먼지벌레가 찾아왔다.
3. 고라니 주검에 좀풍뎅이붙이가 찾아왔다.
4. 고라니 주검에 대모송장벌레가 찾아왔다.

부림을 칩니다. 살고 싶어서 말이지요. 이렇게 마구 잡아먹으니 반날개, 풍뎅이붙이, 개미 같은 곤충은 구더기가 가장 무서워하는 사냥꾼들입니다.

또 있습니다. 곤충 세계에도 기는 놈 위에 뛰는 놈 있고, 뛰는 놈 위에 나는 놈이 있습니다. 나는 놈의 정체는 기생 곤충. 기생 곤충은 시체에 모여 있는 곤충들을 호시탐탐 숨어서 노립니다. 틈만 나면 쥐도 새도 모르게 곤충에게 다가와 알을 낳습니다. 구더기뿐 아니라 딱정벌레목 애벌레나 어른벌레도 가리지 않고 말입니다.

시간이 흘러 시체가 꾸둑꾸둑 마르기 시작할 무렵이면 반날개나 송장벌레 같은 곤충 애벌레는 성장해 몸집이 커지고 시체 위를 활발하게 기어 다녀서 눈에 확 띕니다. 이들 애벌레 역시 시체나 다른 곤충 애벌레와 어른벌레, 알까지 먹습니다. 딱정벌레목 곤충은 대개 포식성이어서 이들이 나타날 즈음부터 포식 곤충의 시대가 열립니다. 특히 구더기가 입이 떡 벌어지게 우글거리니 포식 곤충에게는 더없이 좋은 밥상입니다.

두꺼비 주검에 왕반날개가 찾아왔다.

수시렁이와 토양생물들

이제 여러 생물들이 먹어 치워 분해된 시체는 처음 무게의 10퍼센트 정도밖에 안 됩니다. 시체 조직은 거의 분해되고 남은 것이라곤 뼈, 털, 그리고 가죽 정도입니다. 이것들은 분해가 잘 안 되니 곤충들이 먹지 못하고 남겨 둔 것입니다. 간혹 수시렁이과 곤충이 찾아와 가죽질을 먹기도 하지만 이맘때는 찾아오는 곤충이 거의 없습니다. 이제부터는 시체가 놓인 땅속 토양 동물의 시대입니다.

시체가 썩으면서 여러 구멍에서 흘러나온 시체즙은 땅속으로 스며듭니다. 이 액체에는 파리 구더기가 발생시킨 암모니아 성분도 들어 있습니다. 그러니 시체 아래 흙은 당연히 알칼리성을 띱니다. 정말 신기하게도 시체가 땅에 놓이자마자 땅속 생물들은 얼른 자리를 피합니다. 그리고 그 빈자리에 시체즙을 분해시키는 전문 토양 생물꾼들이 찾아옵니다. 시체에 어떤 토양 생물이 찾아올까요? 진드기가 대표 선수입니다. 진드기도 일일이 거론할 수 없을 만큼 종류가 많습니다. 가루진드기 같은 녀석은 땅속 조류나 곰팡이 또는 시체가 썩으면서 발생한 여러 물질을 먹습니다. 또 어떤 진드기는 시체를 먹는 작은 생물들까지 잡아먹기도 합니다. 진드기뿐만 아니라 어떤 때는 가냘프고 어여쁘게 생긴 나비류가 끼어들기도 합니다. 이들 나비는 시체 둘레 축축한 땅에 빨대 주둥이를 대고 몸에 필요한 무기 물질을 쭉쭉 빨아 먹습니다.

범인을 잡아 주는 법의학 곤충

앞서 말했듯이 동물이 죽으면 시체가 부패하는 정도에 따라 각기 다른 곤충들이 찾아듭니다. 곤충들 입맛이 저마다 다른 까닭은 먹이 경쟁을 피하기 위한 곤충들 나름의 사려 깊은 전략입니다. 재미있게도 이런 곤충들의 전략이 인간 세계에서는 의문의 죽음을 풀어 주는 열쇠가 됩니다. 아무도 모르게 버려진 시체의 모든 미스터리를 곤충이 대신 말해 줍니다. 시체에 몰려드는 곤충들을 세밀하게 관찰하면 죽은 시기 등 시체에 관한 많은 정보를 얻을 수 있습니다. 이렇게 곤충을 이용해 사망 시간을 추정해 미궁에 빠진 사건 수사에 도움을 주는 학문이 법의학입니다. 시체를 찾아오는 곤충 연구는 법의학에서 기본입니다. 한참 전에 《파리가 잡은 범인》

동물 주검에 찾아오는 유리둥근풍뎅이붙이

이란 제목으로 번역 출간된 책에는 법의학 곤충에 대한 많은 이야기가 담겨 있습니다.

지구 상의 모든 생물은 태어나고 죽는 과정을 꼭 거칩니다. 한번 세상에 나오면 죽어야 하는 것이지요. 그러니 죽고 난 뒤 시체가 문제가 됩니다. 똥과 마찬가지로 시체를 분해시키는 생물이 없다면 어떻게 될까요? 그야말로 지구는 시체밭이 되겠지요. 사람들 정서상 시체를 먹는 곤충을 보면 누구나 징그럽고, 끔찍하고, 혐오감을 느낍니다. 하지만 그럴 일만은 아닙니다. 시체를 먹고 사는 곤충이 있기에 생태계가 제대로 순환합니다. 시체를 맛있게 먹어 깨끗이 치워 주는 청소부가 있기에 균형 잡힌 생태계가 유지되는 것이지요. 실제로 고생물학자와 곤충학자는 지구에 처음 나타난 곤충은 죽은 식물이나 죽은 동물을 먹고 사는 잡식성 청소부였을 것으로 생각합니다. 지금도 이들 청소부 곤충들은 시체를 자잘하게 조각내 다른 생물을 키우는 거름을 만들고 있습니다.

시체도 먹고
똥도 먹는

알락파리류

알락파리류

알락파리류는 아랫입술이 넓적한 주걱처럼 크게 발달했습니다. 입술이 클수록 액즙을 모아 빨아들이기가 쉽습니다.

여름날 산과 들길을 걸을 때면
심심찮게 갖가지 생물들의 시체와 똥을 볼 수 있습니다.
발라당 뒤집혀 죽은 두꺼비 시체,
죽어서도 광택 나는 풍뎅이 시체, 지렁이 시체,
다리 쭉 뻗고 있는 새 시체, 고라니 똥, 너구리 똥, 멧돼지 똥…….
사람들은 이들을 보면 행여 밟기라도 할까 봐
얼른 코 막고 자리를 피합니다.
하지만 시체와 똥을 피하기는커녕
맛보려고 달려드는 곤충들이 있습니다.
마침 7월 초순에 산골마을 산길을 오르다 소똥을 만났습니다.
똥을 싼 지 한참 지났는지 똥 겉이 굳어 있습니다.
사람에게는 더러운 똥이 곤충들에게는 영양 만점 밥이 됩니다.
똥 위에서 파리들이 날았다 앉았다 정신이 없네요.
얌전히 앉아 똥즙을 핥아 먹는 녀석,
똥 속에 머리를 처박고 엉덩이를 하늘로 쳐들고 있는 녀석.
이 똥 밥상에 몰려든 파리는 대부분
알락파리류였습니다.

너구리똥

알락파리류의 다양한 먹거리

알락파리는 이름처럼 날개에 광택이 나는 알록달록한 무늬가 있습니다. 그런데 녀석은 정말 이상하게 생겼습니다. 겹눈은 잠자리, 날개는 매미, 딱딱한 몸은 딱정벌레입니다. 이 곤충들 특징을 본떠 컴퓨터로 조작한 외계 곤충 같습니다. 특히 돼지 코처럼 생긴 주둥이가 압권입니다. 얼마나 길쭉하게 뻗어 나왔는지 마치 방독면을 쓴 외계인을 떠오르게 합니다. 그에 비해 배는 둥그스름하고 짧아 귀엽기까지 합니다.

어른벌레는 주로 그늘지고 식물이 빽빽하게 자란 곳 아래쪽이나 식물 잎 위에서 쉽니다. 그러다가 꽃이나 썩어 가는 과일, 썩어 가는 동물 시체와 똥을 찾아와 식사를 합니다.

그런데 알락파리류 한살이와 습성은 알려진 게 별로 없어 사생활이 베일에 싸여 있습니다. 특히 애벌레는 더욱 그렇습니다. 지금까지 녀석들은 신선한 과일, 썩은 과일, 썩은 식물, 똥, 콩과 식물의 뿌리혹, 썩어 가는 동물 시체와 사람 시체에서 발견되었습니다. 아마도 이런 곳에 알을 낳는 것으로 짐작됩니다. 특히 어떤 알락파리류(*Platystomitids*) 애벌레는 흙 속을 헤집고 다니며 뿌리혹을 먹고 삽니다. 뿌리혹은 공기 중에 있는 질소를 고정시키는 능력이 뛰어나기 때문에 질소 성분이 듬뿍 들어 있는 영양 식품입니다. 한 그루의 뿌리에만도 뿌리혹이 수백 개씩 달려 있으니 영양 만점 먹거리가 흙 속에 깔려 있는 셈이지요. 그래서 땅콩 같은 열매나 루이보스 티(rooibos tea)를 생산하는 농가에서는 골칫거리 해충입니다.

루이보스 차나무 뿌리와 공생하는 뿌리혹을 먹어 치우기 때문이지요. 심지어 호주에 살고 있는 유프로소피아속(*Euprosopia*) 알락파리 애벌레는 딱정벌레 번데기를 먹기도 하고, 필리핀과 파푸아뉴기니 등지에 분포하는 엘라소가스터속(*Elassogaster*) 알락파리는 메뚜기 알집을 공격하기도 합니다. 많은 알락파리류가 호주나 아프리카 같은 열대 지역에 살고 있고, 우리나라에는 15종이 알려졌습니다.

멧돼지 똥에 알락파리류가 모였다.

외계인 닮은 알락파리 주둥이

알락파리 주둥이가 희한하게 생긴 것은 아랫입술 때문입니다. 아랫입술이 굉장히 커서 외계인처럼 보이지요. 알락파리를 비롯한 거의 모든 파리 주둥이는 기본적으로 액즙을 핥아 먹는 스펀지형(흡취형, 吸取形)입니다. 스펀지형 주둥이는 꿀이나 다른 액즙을 핥아서 빨아들이는 데 딱 알맞습니다. 마른 꿀, 설탕 같은 고체 먹이도 액체로 만들어 먹습니다. 설탕을 발견하면 알락파리는 아랫입술을 설탕 위에 누르고 침을 토해 눅눅하게 녹인 다음 핥으면서 빨아들입니다. 이렇게 핥으면서 빨아 먹는 것은 주둥이 맨 아래쪽에 주걱처럼 넓적한 아랫입술이 붙어 있기 때문입니다. 아랫입술에는 해면 같은 입술판(순판, labella)이 잘 발달되어 있습니다. 이 입술판 표면에는 미세관(식구, food channel)이 퍼져 있는데, 이 가느

알락날개파리도 멧돼지 똥에 모였다.

다란 관을 통해 액즙을 빨아들입니다. 다시 말해 가느다란 관이 펴져 있는 입술판으로 액체성 먹이를 핥아 빨아들이는 것이지요. 이 미세관은 늘어난 아래쪽 목구멍(하인두)과 위쪽 목구멍(상인두) 경판이 바뀐 것으로 식도로 뻗어 있습니다. 알락파리는 입술판을 이용해 액즙을 모아 식도로 넘깁니다. 아랫입술 입술판이 넓을수록 액즙을 모으기가 쉽습니다. 그래서 녀석들의 아랫입술이 주걱처럼 넓적하게 바뀐 것입니다. 또 짝짓기 할 때 아랫입술은 성적인 매력을 높이기도 합니다. 이런 특이한 입틀을 가졌기 때문에 알락파리는 시체나 똥, 썩은 물질 등을 찾아와 그 즙을 먹습니다. 똥이나 시체 따위에서 나오는 즙에는 영양물질이 많으니 알락파리에게 훌륭한 밥인 셈입니다.

알락파리류가 나방류 주검을 먹고 있다.

육감적인 짝짓기 행동

알락파리의 짝짓기 모습은 생김새만큼이나 별납니다. 우아한 춤을 추며 상대방을 유혹하고, 사랑스러운 애무로 암컷을 홀리고, 그런 다음 황홀하고 진한 사랑을 나눕니다. 알락파리류 수컷과 암컷은 짝짓기 때가 되면 나뭇잎이나 풀잎 같은 곳에 날아옵니다. 성페로몬에 이끌려 상대방이 있는 장소로 찾아온 것이지요. 처음에 수컷은 10센티미터 넘게 떨어져 암컷 기분을 살피면서 암컷 둘레를 맴돕니다. 암컷은 수컷에게 아무런 관심이 없다는 듯이 망중한을 즐깁니다. 주둥이로 앞다리를 핥기도 하고, 앞다리로 얼굴 세수도 하고, 더듬이를 앞다리에 끼워 훑어 내며 청소도 합니다.

잠시 뒤 멈칫거리던 수컷이 본격적으로 암컷 관심을 끌어내려고 합니다. 알락파리 짝짓기는 수컷의 춤 실력이 좌우합니다. 수컷이 춤을 추기 시작합니다. 수컷은 암컷 앞쪽에서 춤을 추면서 암컷에게 점점 다가가 암컷 사정거리 안에 들어갑니다. 날개를 접었다 폈다 하면서 등 위로 접어 올리기도 하고, 옆구리에 닿을 만큼 죽 펴기도 하고, 암컷이 잘 감상하도록 한참 동안 날개를 활짝 펼쳐 두기도 하고, 날개를 펼쳤다 접었다 되풀이하기도 합니다. 이렇게 날개를 움직이는 까닭은 날개 무늬와 색깔로 상대방 환심을 사고, 같은 종임을 확인시키는 것입니다. 수컷은 날개 춤을 추다가 힘이 들면 쉬기도 합니다. 쉬면서 자기 더듬이나 다리 같은 곳을 매만지며 암컷에게 무관심한 척도 합니다.

그러다가 다시 암컷에게 다가갑니다. 암컷을 마주 보고 날개를 퍼덕거리고, 파르르 떨기도 합니다. 앞다리를 흔들기도 하고, 빠른 템포로 걸었다 느린 템포로 걸었다 하고, 앞뒤로 왔다 갔다 하기도 하고, 주둥이를 내밀었다 들였다 하면서 암컷에게 점점 가까이 다가갑니다. 그러면서 은근슬쩍 암컷 몸을 건드리기도 합니다. 더듬이가 짧으니 다리가 쓸모 있게 쓰이는 것이지요.

알락파리류가 짝짓기를 하고 있다.

수컷 춤이 마음에 들었는지 암컷이 짝짓기를 허락한 것 같습니다. 이때를 놓칠세라 수컷이 눈치 빠르게 암컷 몸 위로 올라탑니다. 일단 암컷 몸 위에 올라가면 좀처럼 떨어지지 않습니다. 수컷 다리에는 털이 빽빽이 나 있어 암컷 몸을 꽉 잡을 수 있기 때문입니다. 이제 수컷이 더욱 대담해졌습니다. 기다란 주둥이를 쭉 내밀어 암컷 몸 이곳저곳에 입맞춤을 합니다. 간혹 암컷 생식기를 핥기도 합니다. 등에 올라타서도 이런 행동을 하는 것은 암컷의 흥미를 더욱 끌어내고, 흥분을 고조시켜 짝짓기를 성공적으로 마치기 위한 것입니다. 번식이 지상 과제인 어른 알락파리에게는 매우 중요한 행동입니다.

이제 분위기가 무르익었는지 수컷이 생식기를 꺼내 암컷 생식기에 집어넣습니다. 짝짓기 중에도 암컷과 수컷은 주둥이를 길게 빼 입맞춤을 합니다. 처음에는 잠깐잠깐 마주 대다가 점점 입맞춤이 입체적으로 바뀝니다. 기다란 주둥이를 꽈배기처럼 꼬고, 두툼하고 넓적한 아랫입술을 느물거리며 밀착시킵니다. 보고 있으면 굉장히 육감적으로 느껴집니다. 마치 달팽이가 느릿느릿 몸을 꼬며 짝짓기 하듯이 말입니다. 누군가 방해를 하지 않으면 수시로 입맞춤을 하면서 짝짓기를 계속합니다.

알락파리류가 짝짓기를 하면서 서로 입맞춤을 하고 있다.

수컷은 오랫동안 짝짓기 하면서 암컷을 붙들어 두는 것이 자기

유전자를 남기는 데 유리합니다. 알락파리류 수컷이 입맞춤을 자주 하는 것은 짝짓기를 오랫동안 하기 위한 수단인 것 같습니다.

없어서는 안 될 생태계 분해자

알락파리류 어른벌레는 썩은 시체, 죽은 식물, 똥을 즐겨 먹는 부식성 곤충이자 분식성 곤충입니다. 한마디로 잡식성이죠. 생태계 먹이 구성원 가운데 죽은 물질이나 배설물을 먹어 치우니 분해자이기도 합니다. 또 녀석들이 식사할 때 잘게 쪼개진 부스러기는 미생물이나 박테리아의 먹이가 되어 더 잘게 분해됩니다. 이렇게 분해된 유기물은 땅으로 되돌아가 다른 생물이 살아가는 데 필요한 에너지를 제공합니다. 알락파리류 같은 분해자가 줄어들거나 사라지면 우리 지구는 동식물 시체나 똥으로 가득 차 있을지도 모를 일입니다.

우리가
하루만 산다고?

하루살이의 비밀

하루살이 앞모습

하루살이는 입이 완전히 퇴화되어
아무것도 먹을 수가 없습니다.

강과 가까운 곳에 산 지 한참 됩니다.
밤공기가 살갗을 살랑살랑 간질이는 느낌이 좋아
초여름 밤이면 자주 산책을 나갑니다.
한강으로 가는 길에는 많은 식당들이 있습니다.
이맘때가 되면 어김없이 볼 수 있는 풍경이 있습니다.
식당마다 입구 곳곳에 줄줄이 매달아 놓은 찐득이 테이프.
벌레 잡는 자외선 전기 제품에서는
탁…… 탁…… 탁…… 탁…… 소리가 끊임없이 들립니다.
"이놈의 날파리…… 어떻게 싸그리 없앨 방법이 없는지…… 원."
반찬에 떨어지는 벌레를 재빠르게 손으로 집어
바닥으로 팽개치는 반찬 가게 아주머니의 푸념 소리가 들립니다.
이렇게 초여름부터 음식 장사하는 사람들을 귀찮게 하는 '날파리'는
어떤 곤충일까요? 바로 하루살이 어른벌레입니다.
많은 사람들이 하루살이를 날파리라고 생각합니다.
어른 하루살이는 물이 많은 호수, 강가, 실개천 둘레에 모여드는데,
특히 밤에는 불빛만 보면 부리나케 달려옵니다.

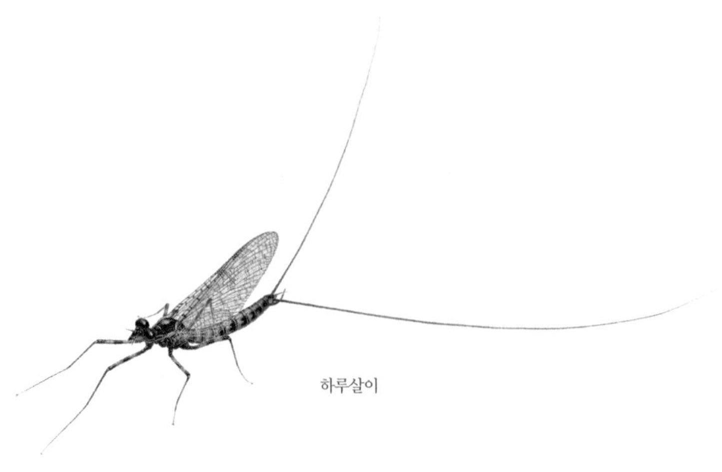
하루살이

아주 오래 사는 하루살이 애벌레

하루살이는 이름값을 제대로 합니다. 많은 사람들이 하루밖에 못 사는 곤충으로 여기고 있으니 말입니다. 아마도 어른벌레로 태어나 며칠 못 살고 금방 죽어서 붙은 이름인 듯합니다. 어른 하루살이는 며칠밖에 살지 못하지만, 애벌레는 몇 년 동안이나 오래오래 물속에서 삽니다. 어른벌레 몸은 매우 연약하며, 날개는 배와 직각이 되게 위로 올리고, 가늘고 긴 꼬리를 배 끝에 달고 있습니다. 이렇게 어른벌레는 땅 위에서 사는 육상 곤충이고, 애벌레는 물속에서 생활하는 수서 곤충이지요. 하루살이는 알 단계, 애벌레 단계, 아성충(subimago) 단계, 어른벌레 단계를 거치면서 한살이를 마칩니다.

그럼 하루살이 애벌레는 물속에서 어떻게 살고 있을까요? 하루살이 애벌레가 사는 물속 세상은 다양합니다. 콸콸 흐르는 계곡물, 큰 돌이나 바위에 부딪쳐 뱅그르르 휘어 도는 여울, 천천히 흐르는 시냇물이나 강물, 물 흐름이 굉장히 느린 호수나 연못 어디에서나 삽니다.

알에서 깨어난 애벌레는 누구 도움 없이 혼자서 물속에서 살아야 합니다. 태어나자마자 물 흐름에 따라 떠내려와 강이나 연못 바닥에 쌓인 부착 조류(algae), 나뭇잎 같은 식물 조각, 부식질 같은 미세한 유기물 부스러기를 주워 먹으면서 말입니다. 힘없고 연약한 애벌레가 드넓고 거친 물속에서 살아가기란 결코 쉬운 일이 아닙니다. 그래서 애벌레 몸은 험난한 물살을 이겨 내며 살아가도록 적응되었습니다. 물살 저항을 줄이고, 좁은 돌 틈바구니를 헤집고 다녀야 하니 몸통이 납작한 종들이 생겨났습니다. 또 어떤 녀석들은 6개 다리 끝마디에 발톱이 붙어 있어 강바닥을 기어 다니기에 유리하고, 물풀이나 돌멩이 따위를 꼭 잡을 수 있어 물에 떠내려가지 않습니다. 더구나 배 끝마디에는 꼬리털이 두세 개 붙어 있어 물속에서 균형을 잘 잡을 수 있습니다. 특이하게도 하천 바닥 땅속에서 사는 녀석들은 땅 파기 좋게 큰턱과 다른 부속지가 굉장히 발달했습니다.

납작하루살이류 애벌레들

그런데 문제는 호흡입니다. 물속에서는 땅에서처럼 산소를 마음대로 이용할 수 없습니다. 그래서 하루살이 애벌레 배마디에는 아가미가 붙어 있습니다. 아가미는 총 4쌍에서 7쌍 있습니다. 아가미가 있으면 물속으로 녹아든 산소를 이용할 수 있습니다. 녀석들은 이 아가미를 움직여 물을 순환시킵니다. 그렇게 하면 물속에 녹아 있는 산소가 좀 더 쉽게 몸속으로 퍼집니다.

하루살이 애벌레는 얼마나 오래 살까요? 보통은 1년에서 2년을 삽니다. 어떤 녀석들은 3년을 살아야 비로소 어른이 된다 하니 곤충치고는 '장수' 하는 셈입니다. 놀라운 사실이 또 있습니다. 하루살이 애벌레는 적게는 일곱 번에서 많게는 칠십 번이나 허물을 벗습니다. 허물은 질긴 큐티클로 되어 있습니다. 애벌레는 자라면서 몸이 커지기 때문에 적당한 때에 허물을 벗지 못하면 죽습니다. 추운 겨울에는 애벌레들이 따뜻한 물속을 찾아 뭉쳐 있다가 여름이 가까워지면 흩어져 저마다 먹이를 찾아 제 갈 길을 떠납니다.

하루살이 암컷 배 꽁무니에 알 덩어리가 달려 있다.

덜 자란 아성충
다 자란 성충

다 자란 애벌레는 어른벌레로 다시 태어날 준비를 합니다. 안갖춘탈바꿈을 하는 하루살이는 번데기 시기 없이 곧바로 어른벌레로 탈바꿈합니다. 보통은 천적 눈을 피해 어두운 때를 틈타 애벌레 시절 입고 있던 허물을 벗고 어른벌레가 됩니다. 하지만 이때의 하루살이 겉모습은 진짜 성충과 똑같지만, 아직 덜 자란 '아성충' 즉 버금 성충입니다. 특이하게도 하루살이는 청소년기, 즉 아성충 시기를 거치는 유일한 곤충이지요.

하루살이 아성충은 어른이 안 된 미성년자여서 날개 색깔은 뱀 허물을 뒤집어쓴 것처럼 흐릿하고 희끄무레합니다. 더구나 이때는 아무것도 안 하고 풀이나 나뭇잎에 매달려 쉽니다. 아성충 시기는 성적으로 성숙하지 않아서 짝짓기를 못합니다. 아성충 기간도 딱 하루! 하루만 지나면 미성년 하루살이는 허물을 벗고 어른 하루살이로 탈바꿈합니다. 머리에서 등까지 나 있는 탈피선이 벌어지면서 어른 하루살이가 빠져나옵니다. 마치 종령 애벌레가 허물을 벗으며 날개돋이 하듯 말입니다.

드디어 어른이 된 하루살이 몸에는 빛이 돌고 날개도 투명합니다. 좌우 날개를 배와 직각이 되게 위로 올린 하루살이 모습은 우아하다 못해 도도하기까지 합니다. 우아한 날개, 유난히 기다란 배, 배 끝마디의 긴 꼬리털, 짧은 더듬이와 아름다운 겹눈. 이 모든 게 조화를 부려 앉아 있는 모습이 늘씬합니다.

동양하루살이 아성충

그런데 어른 하루살이에게 붙어 있는 입은 더 이상 입이 아닙니

하루살이 아성충

다. 녀석들은 살아 있는 동안 금식해야 합니다. 왜 그럴까요? 하루살이 입은 완전히 퇴화되어 아무것도 먹을 수가 없습니다. 아성충도 마찬가지입니다. 소화 기관은 몸속에 있지만 먹지를 못 하니 기능이 바뀌었습니다. 소화관에는 풍선처럼 공기가 가득 차 있어 날개가 약한 하루살이가 중력 영향을 덜 받고 쉽게 날 수 있도록 도와 줍니다.

굶고서 어떻게 자식을 낳을 수 있을까요? 어른 하루살이는 먹지 않기 때문에 오래 못 삽니다. 누가 하루살이라고 이름 붙였는지 기막히게 지었지요. 어른벌레는 아주 짧은 생애 동안 몸속에 비축된 에너지를 씁니다. 어른 하루살이로 태어난 까닭은 단 하나, 알 낳는 일! 먹을 수도 없고 먹을 필요도 없습니다. 짝짓기 하고 알만 낳으면 임무 끝입니다.

하루살이 말고도 입이 없어 먹지 못하고 짝짓기 한 뒤 알 낳고 죽는 곤충이 또 있습니다. 눈앞에서 어른거리듯이 날아다닌다는 뜻으로 '눈에노리'라고도 하는 깔따구입니다.

죽음의 무도회장에서 벌어지는 집단 춤

하루살이 아성충이 마지막 허물을 벗고 어른벌레로 날개돋이 하고 있다.

물속에서 애벌레 생활을 마치면 하루살이 애벌레 수백 마리 이상이 한꺼번에 날개돋이를 합니다. 그리고 어른 하루살이가 된 뒤에 집단으로 모여 춤을 추며 짝을 찾습니다. 어른벌레의 유일한 존재 이유는 짝짓기입니다. 그런데 하루살이는 어른벌레로 날개돋이해 세상으로 나오는 순간 죽음이 기다리고 있습니다. 짝짓기를 하고 알을 낳고는 바로 죽기 때문입니다. 심지어 짝짓기 도중에 죽기도 하니 말입니다.

저녁노을 가시고 강가나 하천에 어스름한 어둠이 내려오면, 하루살이가 떼 지어 모여들어 춤 파티를 엽니다. 수백 마리가 높은 하늘을 오르락내리락하며 집단 춤을 춥니다. 짝짓기가 목적인 춤이지요. 어른 하루살이는 살아 있는 시간이 얼마 안 되니 암컷과 수컷이 만날 수 있는 무도회를 엽니다. 주로 수컷이 무도회를 주선해 날개돋이 하자마자 떼 지어 습지를 에워싸고 집단 춤을 춥니다. 튀어 오르고, 위로 올라갔다 아래로 내려왔다 하면서 암컷을 무도회에 초대합니다. 이렇게 떼 지어 춤을 추어야 암컷이 수컷을 쉽게 찾을 수 있습니다. '나 홀로 춤'보다 '집단 춤'을 추는 게 짝을 찾는 데 훨씬 유리합니다. 현란한 수컷들의 집단 춤을 보고 암컷은 가까운 풀밭이나 나무에 앉아 있다가 날아오릅니다. 살아 있는 시간이 짧다 보니 서로를 찾아다니며 시간을 허비하지 않기 위한 어른벌레들의 지혜로운 전략이지요.

이렇게 집단 춤을 보고 암컷이 날아오면 수컷은 유난히 큰 눈으로 곧바로 암컷을 발견합니다. 암컷과 수컷은 날면서 서로 부둥켜안고 짝짓기에 들어갑니다. 수컷은 암컷 아래에서 암컷 목을 긴 다리로 꼭 잡고선 암컷과 성공적으로 짝짓기를 합니다. 짝짓기를 효과적으로 할 수 있도록 수컷 다리는 암컷 다리보다 훨씬 길고, 암컷을 잘 발견할 수 있도록 눈도 훨씬 큽니다. 짝짓기를 마친 수컷은 그 자리에서 죽어 아래로 툭 떨어집니다. 수컷 시체가 물 위에

여러 가지 하루살이

떠다니기도 하고 길바닥에 나뒹굴기도 합니다. 그리고 짝짓기를 마친 암컷은 곧바로 물로 날아가 물속에 알을 낳습니다. 역시 하루살이 세계는 명이 짧으니 속전속결입니다.

사실 하루살이는 목숨 걸고 짝짓기를 합니다. 짝짓기를 하려고 추는 집단 춤은 포식자 눈에 금방 띌 수밖에 없으니까요. 그뿐인가요? 그들의 짝짓기는 죽음을 부릅니다. 짝짓기를 마친 하루살이 앞에 다가온 죽음! 짝짓기를 한 수컷은 땅 위나 물 위에 처참히 떨어져 다른 곤충의 밥이 됩니다. 죽는 것은 암컷도 마찬가지입니다. 암컷은 알을 낳은 뒤, 심지어 알을 낳는 도중에도 죽습니다. 결국 하루살이 수컷이 연 무도회는 죽음으로 가는 파티인 셈입니다. 날개돋이 해서 짝짓기를 일찍 하면 그만큼 일찍 죽을 테고, 조금이라도 늦게 짝을 만나면 수명이 좀 길어질 테지요. 하지만 아무리 길어도 3일을 못 넘깁니다.

이렇게 목숨 걸고 낳은 알들은 온전하게 잘 클까요? 아닙니다. 알에서 애벌레까지 애벌레에서 아성충까지, 아성충에서 어른 하루살이가 될 때까지 수많은 고난을 겪어야 합니다. 참으로 비극적인 운명을 타고난 거지요. 그럼에도 자기 DNA를 이어 가야 하니 모든 위험을 무릅씁니다.

더 재미있는 사실이 있습니다. 하루살이 생식기는 여느 곤충과 매우 다르게 생겼습니다. 수컷은 페니스 두 개와 정소 두 개를 가지고 있습니다. 페니스 하나는 정소 하나와 이어져 있습니다. 그러니 암컷도 질 두 개와 난소 두 개를 갖는 것은 당연한 이치겠지요. 암컷의 질도 난소 하나하나와 이어져 있습니다. 그래서 짝짓기를 할 때는 수컷 생식기 두 개가 두 개의 암컷 생식기 안으로 들어가

게 됩니다. 왜 그렇게 진화했는지 그저 신기할 뿐입니다.

하루살이의 생태적 역할

하루살이는 짧은 성충 시기를 빼놓고는 온 생애를 애벌레로 보냅니다. 하루살이 애벌레 먹이는 조류나 물속에 있는 식물 부스러기입니다. 그리고 자신은 수많은 물속 생물의 먹이가 됩니다. 아성충과 성충도 잠자리, 박쥐, 새 같은 육상 포식자의 밥이 됩니다. 물속에서나 땅 위에서나 하루살이는 힘센 포식자의 밥이 됩니다.

깡충거미가 하루살이를 잡아먹고 있다.

애소금쟁이가 물에 떨어져 죽은 하루살이를 먹고 있다.

애벌레는 물속 생활을 하기 때문에 담수 생태계에서 매우 중요한 역할을 합니다. 특히 사는 곳이 다양해 물속 환경과 수질 오염 정도를 평가할 수 있는 생물학적 지표종으로도 이용됩니다. 차갑고 깨끗한 골짜기에서 사는 녀석, 완만히 흐르는 폭이 넓은 강물에서 사는 녀석, 더러워진 연못이나 오염된 하천이나 강 하류에서 사는 녀석처럼 종에 따라 서식지가 저마다 달라 물의 오염 정도를 판단할 수 있습니다.

그런데 말입니다. 이렇게 생태계에서는 없어서는 안 될 식구인데, 어른 하루살이는 귀찮은 곤충으로 낙인찍혔습니다. 불빛에 날아드는 습성, 집단 춤을 추느라 떼 지어 몰려다니는 습성 때문에 강과 가까운 곳에서는 하루살이 시체 더미가 문제를 일으킵니다. 하루살이는 독 물질을 가지고 있지 않지만 떼 지어 다니다 죽기 때문에 수북이 쌓인 시체 더미는 정서적으로 혐오감을 줍니다. 또 해외에서는 하루살이 시체가 쌓인 도로에서 차가 미끄러져 충돌 사고가 일어난다고 합니다.

생태계에서 중요한 역할을 하고, 공해에 민감해 인간에게 환경 오염을 알려 주는 고마운 하루살이. "지금처럼 빠른 속도로 환경이 오염된다면 하루살이 볼 날도 많지 않을 것이다." 하면 허풍일까요? 지금은 사람들이 귀찮게 하지만, 먼 훗날에는 전설 속의 곤충이 될지도 모를 일입니다.

5장

곤충을 먹는 곤충

뜀박질하며
먹이 잡는

길앞잡이

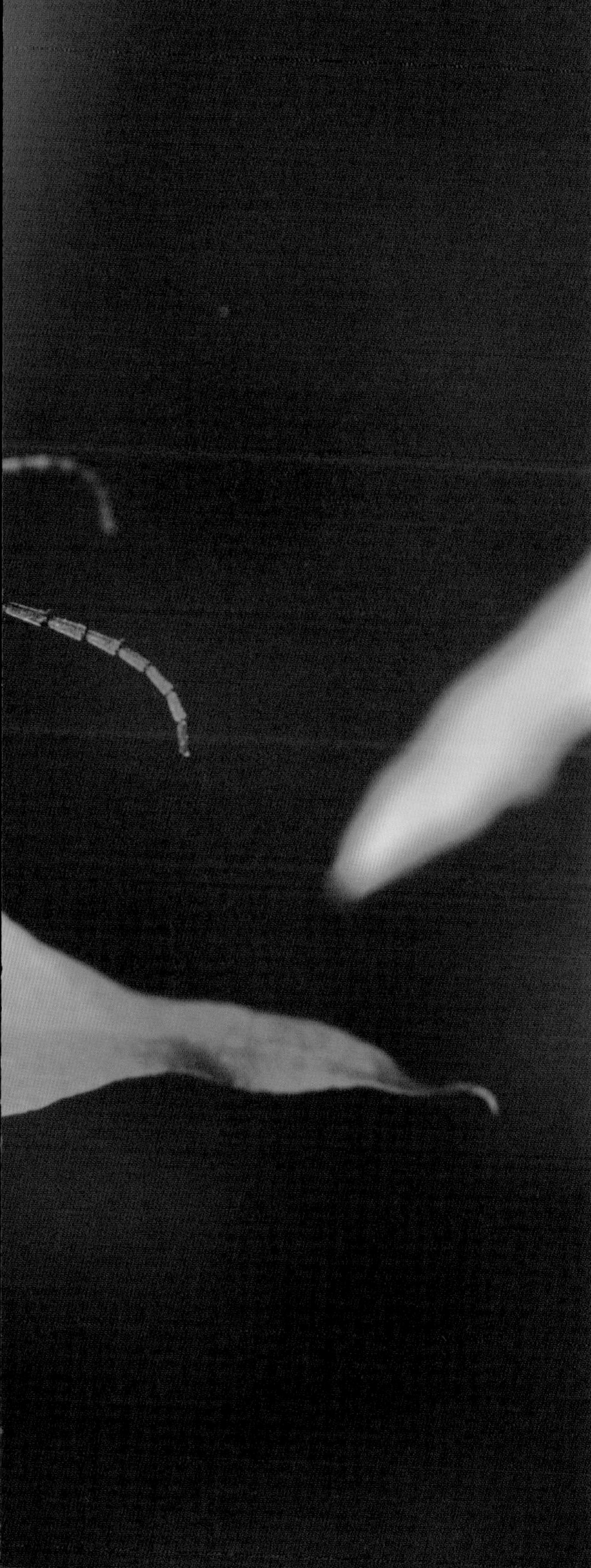

길앞잡이

길앞잡이가 나무에 올라가 쉬고 있습니다.

군에 간 아들에게서 오랜만에 전화가 왔습니다.
훈련소 생활 끝내고 처음 부대 배치 받았을 때는
매일같이 전화하더니 점점 뜸해지던 터라 반가웠습니다.
대뜸 손가락 한 마디만 한 무지개색이 휘황찬란한 벌레를 보았는데
혹시 길앞잡이가 아니냐고 묻습니다.
연병장 마당에 앉아 있는 길앞잡이를 쫓아갔더니
잽싸게 날아가 땅에 앉고, 또 쫓아가니 또 도망가 약이 올랐답니다.
도망 다니는 모습에 호기심 발동한 최고참 선임 병사가 쫓아가다가
용케도 한 마리를 산 채로 잡는 데 성공했는데,
당황한 길앞잡이가 최고참 손을 냅다 꽉 물어 버렸답니다.
이번에는 선임 병사가 당황한 그 틈에 녀석이 도망가 버렸다며 수다를 떱니다.
며칠째 연병장에 떼 지어 나타났는데,
아마도 부대 밖 뒷동산에서 소풍 나온 것 같다고 합니다.
그래서 뒷동산에 올라가 보라고 했더니
거긴 부대 밖이어서 나가면 탈영인데,
탈영을 부추기는 엄마도 다 있냐며 너스레를 떱니다.

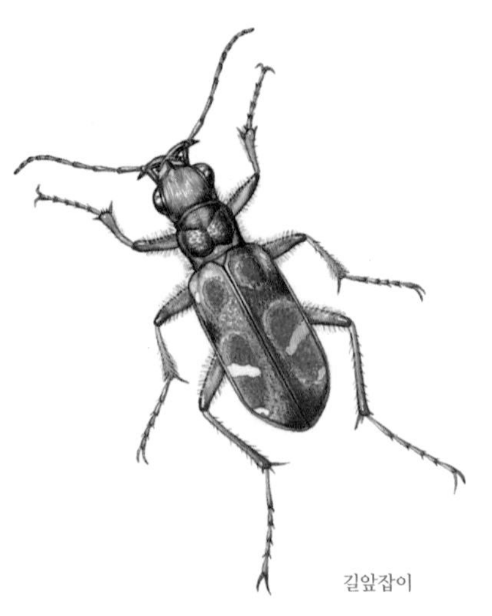
길앞잡이

길 위에서
나누는 사랑

산길을 장악하는 곤충계의 산적, 길앞잡이를 본 적 있나요? 앉아 있는 녀석 곁으로 살금살금 다가가면 벌써 저만큼 날아서 도망가 서너 걸음 떨어진 땅 위에 내려앉습니다. 또 쫓아가면 힐끗 쳐다보는 듯하다가 '나 잡아 봐라.' 하면서 또 앞으로 날아가 포르르 땅에 앉습니다. 맹랑하게도 사람보다 꼭 몇 발짝 앞에 내려앉습니다. 그런 특이한 행동이 길을 안내하는 길잡이 같아서 아예 이름도 길앞잡이라고 붙였습니다. 재미있게도 북한에서는 '길당나귀'라고 부릅니다. 길 위에서 긴 다리로 껑충껑충 뛰어다니는 모습이 영락없이 당나귀를 닮았으니 딱 맞는 이름이지요. 또한 먹이를 발견하면 쏜살같이 달려들어 사냥하는 모습이 호랑이 같다 해서 영어 이름은 '타이거 비틀(tiger beetle)'이라고도 합니다. 이렇게 곤충 이름 짓는 데도 사람들 생각이나 문화에 따라 저마다 다릅니다.

햇빛이 쨍쨍 내리쬐는 길 위에서 길앞잡이 암컷과 수컷이 만났습니다. 언뜻 봐서는 암수가 구분이 안 가지만 자세히 보면 수컷은 노란색 큰턱이 더 깁니다. 큰턱 길이가 아마도 몸 전체 길이에서 4분의 1 정도가 될 듯싶습니다. 그런데 이 수컷은 성질이 급해서인지 암컷에게 아무런 공도 들이지 않고 무작정 덮치려고 합니다. 암컷 허락도 없이 등에 올라타고는 기다란 큰턱으로 암컷을 꽉 물어 옴짝달싹 못하게 합니다. 얼마나 교묘한지 앞가슴과 날개 사이에 파인 곳을 물어 암컷이 도망가려야 도망갈 수가 없습니다. 암컷이 싫다며 뒷다리로 발길질하지만, 수컷은 아는지 모르는지 꿈적도

길앞잡이 수컷이 큰 턱으로 암컷을 물고 짝짓기를 하고 있다.

안 합니다. 뒷발질하던 암컷도 지쳤는지 조용해졌습니다. 수컷이 배 끝을 천천히 구부리더니 생식기를 꺼냅니다. 얼마나 큰지 제 몸길이에 삼분의 일이나 됩니다. 수컷은 반질거리는 생식기를 활처럼 구부려 암컷 배 끝마디에 있는 생식기에 정확하게 찔러 넣습니다. 이때 암컷도 배 끝을 위로 올려 협조합니다. 그런데 수컷은 얼마나 집요한지 짝짓기가 끝났는데도 암컷을 덥석 문 채로 놓아주지를 않습니다. 다른 수컷의 접근을 막아 암컷과 짝짓기를 못하게 하려는 것입니다.

땅속에 숨은 사냥꾼 길앞잡이 애벌레

길앞잡이 어미는 부드러운 땅속에 알을 하나씩 하나씩 따로 낳습니다. 그리고 부화한 애벌레는 더 깊이 수직으로 굴을 파고 들어가 살아갑니다. 애벌레 집은 땅바닥에서 쉽게 찾을 수 있습니다. 사람들 발길이 뜸한 평평한 땅이나 나지막하게 경사진 땅에 구멍이 있습니다. 만일 운 좋게도 길앞잡이 애벌레 구멍을 찾았다면 낚시질을 해 보세요. 강아지풀 줄기로 낚싯대를 만들어 구멍 속에 넣으면 뭔가가 덥석 붙잡습니다. 그러면 천천히 조심스럽게 낚싯대를 끌어 올려 보세요. 큼직한 길앞잡이 애벌레가 낚였습니다. 애벌레 역시 큰턱이 어미 못지않게 낫같이 생겨 위협적입니다. 녀석은 어두운 땅속에서 생활하다 밝은 세상에 끌려 나오니 당황했는지

아이누길앞잡이가 짝짓기를 하고 있다.

길앞잡이가 사는 구멍에서 길앞잡이 애벌레가 땅 밖으로 사냥하러 나왔다.

자꾸 땅속으로 기어 들어가려고 합니다.

어두운 땅속 굴에서 길앞잡이 애벌레는 어떻게 살아갈까요? 녀석의 땅굴은 그 자체로 덫입니다. 덫 속에 몸을 숨기고는 감나무에서 물렁 감이 떨어지듯 지나가는 벌레들이 덫 속으로 쏙 빠지길 기다립니다. 운 좋게 먹이가 덫 속에 빠지면 길앞잡이 애벌레는 굴속에서 먹이를 큰턱으로 덥석 뭅니다. 또 먹이가 덫 속에 빠지는 듯하다가 발이 구멍 가장자리에 걸리기라도 하면, 윗몸을 굴 밖으로 쭉 빼내어 가위 같은 큰턱으로 사냥감을 쏜살같이 거머쥐고 굴 안으로 끌고 들어갑니다. 또 기다리다 못한 성질 급한 애벌레들은 대담하게도 배 끝만 구멍에 걸친 채 땅 위로 몸을 거의 다 드러내 놓고 사냥을 합니다.

이렇게 사냥한 먹이는 굴 안으로 끌고 들어가 어미가 하는 방식대로 소화 효소를 집어넣고 흐물흐물해질 때까지 기다립니다. 음식이 다 되면 주둥이를 박고 속살을 빨아 먹고는 딱딱해서 소화가 안 되는 큐티클 찌꺼기는 굴 밖 가까이에 내다 버립니다. 이렇게 자란 애벌레는 번데기가 되었다가 가을쯤에 날개돋이 해 어른벌레가 됩니다. 그런데 어른벌레가 되고 나서도 곧바로 굴 밖으로 나오지 않고 번데기 방에서 휴면 상태로 지내다가 이듬해 봄에 나와 활동합니다.

길앞잡이 애벌레도 어른벌레처럼 큰턱이 크고 날카롭다.

참 희한한 것은 땅속 굴에 숨은 애벌레 자세입니다. 잠도 서서 자고, 밥도 서서 먹고, 똥도 서서 쌉니다. 몸 하나 겨우 빠져나갈 수 있는 좁은 땅굴에서 애벌레는 먹이를 기다리며 어른이 될 때까지 서서 지냅니다. 머리부터 배 끝까지 흙벽에 대고 서 있습니다. 그 좁은 공간에서 그러고 있으니 몸 생김새도 특이합니다. 엉덩이와 어깨는 등 뒤쪽 흙벽에 기대고, 다리로는 앞쪽 흙벽을 붙잡습니다. 특히 다섯 번째 배마디 등 쪽에 나 있는 커다란 혹 두 개가 흙벽에 단단히 딱 붙어 몸이 굴 아래로 떨어지지 않도록 버텨 줍니다. 이뿐만 아닙니다. 이 혹은 먹잇감을 낚아채려고 굴 밖으로 몸을 내밀 때 흙벽에 맞닿아 있어 몸이 다 빠져나가지 않도록 돕는 역할도 합니다. 온몸이 빠져나가는 것을 막는 기막힌 장치죠. 평생을 단 한 번도 누워 보지 못하니 애벌레가 꼭 고행하는 수행자 같습니다.

아무리 뜀박질 잘해도 허점은 있다

길앞잡이 애벌레는 굴속에 몸을 숨기고 사냥을 하는데, 어른벌레는 어떻게 먹이를 잡을까요? 애벌레 때와 전혀 딴판입니다. 탁트인 길에서 온몸을 드러내 놓고, 그것도 벌건 대낮에 사냥을 합니다. 녀석은 발놀림이 유별나게 빠릅니다. 굉장히 빨리 달려 마치 날아가는 것 같은 착각이 들 정도입니다. 사람으로 치자면 단거리 육상 신기록 보유자죠. 물론 어른 길앞잡이는 위험을 피할 땐 날기도 잘합니다. 제아무리 빨리 달린들 어찌 나는 것만 할까만, 길앞잡이는 맹렬한 기세로 달려가 길 위에 있는 힘없는 곤충들을 잡아먹습니다. 땅 위를 낮게 날고 있거나 기어가거나 걷거나 뛰고 있는 벌레들을 발견하면 달음박질치며 맹추격합니다.

그런 길앞잡이에게도 약점이 있습니다. 얼마 전 계룡산 아래 텃밭에서 길앞잡이가 파리 사냥 삼매경에 빠져 있는 모습을 구경한 적이 있습니다. 희한하게도 낮게 날고 있는 파리를 부리나케 쫓아가다가 갑자기 멈춥니다. 잠시 멈칫하더니 쫓아가고, 또 잠시 멈칫하더니 쫓아가고. 날고 있는 먹잇감을 쉬지 않고 쫓아가도 놓칠 판에 가다 서다를 되풀이합니다. 왜 길앞잡이는 맛있는 밥을 코앞에 두고도 단박에 쫓아가지 않고 주춤주춤할까요.

길앞잡이는 때때로 앞이 보이지 않습니다. 바람처럼 먹이를 쫓는 중에 순간적으로 시력을 잃고 눈 뜬 장님이 되는 거지요. 너무 빨리 달리다 보니 길앞잡이 겹눈이 사냥감의 상을 만드는 데 필요한 빛 입자를 충분히 모으지 못하기 때문입니다. 너무 빨리 달리는 것도 문제가 되네요. 그러니 길앞잡이는 잠시 멈춰서 겹눈에 다시 빛을 모으고 사냥감을 또 쫓아가야 합니다. 너무 빨리 달려도 탈. 사는 게 쉽지만은 않습니다. 다행히도 길앞잡이 걸음이 워낙 빨라

참뜰길앞잡이가 나방 애벌레를 잡아 먹고 있다.

몇 번 쉬어도 절대 사냥감을 놓치지 않습니다.

아이누길앞잡이 머리에 날카로운 큰턱이 있다. 위험을 느끼자 입에서 시커먼 물을 내뿜고 있다.

길앞잡이가 빨리 달리면서 먹이를 잡는 것은 그만큼 시력이 좋기 때문입니다. 길앞잡이도 다른 곤충이나 사람과 마찬가지로 시각이 아주 중요한 감각입니다. 길앞잡이 겹눈 생김새만 보아도 사냥하는 데 시각이 얼마나 중요한지 얼른 알 수 있습니다. 녀석의 겹눈은 매우 커서 머리 절반이나 차지합니다. 더구나 양쪽 눈이 개구리 왕눈이처럼 머리 바깥쪽으로 툭 튀어나와 눈 면적이 아주 넓습니다.

길앞잡이 눈도 사람 눈처럼 렌즈를 통해 빛을 모아 시신경으로 전달합니다. 그런데 길앞잡이 눈은 척추동물 눈처럼 두 개가 아니라 아주 많습니다. 겹눈에는 많은 낱눈이 모여 있습니다. 각각의 낱눈은 둥근 모양이 아니라 육각형 모양입니다. 반구형인 겹눈 표면을 빈틈없이 메워 표면적을 최대한 이용하려면 낱눈 하나하나가 육각형 벌집 같은 모양이어야 유리합니다.

이들 육각형 낱눈들은 빛을 감지해 각각의 픽셀을 만들어 냅니다. 픽셀은 특정한 빛과 색을 가진 동영상 이미지의 최소 해상도 단위입니다. 그러므로 낱눈 하나하나가 만들어 내는 상은 제각각 다릅니다. 하지만 낱눈이 집결된 겹눈은 단일체로 반응합니다. 결국 여러 방향을 바라보는 낱눈들의 메시지가 최종적으로 종합되어 비로소 사물의 전체 상이 만들어집니다. 당연히 낱눈이 많으면 많을수록 사물이 뚜렷하게 잘 보입니다. 낱눈마다 맺히는 상이 조금씩 다르고 더 섬세하게 대상에 집중할 수 있으니 낱눈이 많을수록 해상도가 좋습니다. 그래서 달리며 사냥감을 추적하는 길앞잡이는 겹눈의 표면적을 넓혀 시력을 높이는 쪽으로 진화해 온 것입니다.

길앞잡이 요리법

발 빠른 사냥꾼 길앞잡이는 먹이를 잡아서 어떻게 요리해 먹을까요? 보기만 해도 섬뜩할 정도로 무시무시한 큰턱으로 와작와작 씹어 먹을까요? 아닙니다. 우악스럽게 생긴 것과는 달리 요리를 해 먹습니다. 우선 사냥한 전리품을 끝이 날카롭고 안쪽으로 휘어진 예리한 큰턱으로 꽉 뭅니다. 이때 큰턱 안쪽에 나 있는 여러 개의 이빨이 발버둥 치는 먹잇감을 꽉 잡아 꼼짝 못 하게 합니다. 그런 뒤 낫처럼 생긴 큰턱을 먹잇감에 쿡 찔러 소화 효소를 넣어 요리하기 시작합니다. 소화 효소는 큰턱샘에서 분비되어 큰턱 안쪽에 파인 홈을 타고 먹이 속으로 흘러듭니다. 이제 먹이는 흐물흐물한 암죽으로 바뀝니다. 요리가 끝나고 밥상이 차려지면, 마침내 길앞잡이는 우아하게 앉아 식사를 합니다. 먹기 좋게 부드러워진 밥을 먹을 때는 작은턱수염과 작은입술수염들이 나서서 음식을 입으로 밀어 넣으면서 흘리지 않도록 도와줍니다. 식사는 덤불같이 몸을 숨길 수 있는 곳에서 하는데, 위험이 닥치면 먹이를 물고 다른 곳으로 서둘러 피합니다. 물론 몸에서도 소화액이 분비되어 먹은 음식을 소화시킵니다.

늘어나는 포장도로
줄어드는 길앞잡이

길앞잡이류(길앞잡이과)는 대부분 강가, 바닷가 모래밭, 골짜기, 산자락 둘레 흙길처럼 모래나 부드러운 흙이 있는 곳에서 살아갑니다. 특히 사람들 간섭이 적은 탁 트인 땅을 무척 좋아합니다. 애벌레는 땅에 구멍을 파 지나가는 먹이를 기다려야 하고, 어른 길앞잡이는 흙바닥을 달리면서 먹이를 잡아야 하기 때문이지요. 문제는 길앞잡이가 살아갈 수 있는 땅이 점점 없어지고 있습니다. 산길도 언제부터인가 포장되기 시작했고, 조그만 개천 둘레에도 산책길이며 자전거 길이 부쩍 많이 만들어지고 있습니다. 바닷가 모래언덕에도 개발 바람이 불어 도로가 나고 건물이 들어섭니다. 길앞잡이가 살 수 있는 서식 공간이 점점 줄어들고 있는 것이지요.

길앞잡이가 나무에 올라가 쉬고 있다.

사람들이 땅을 이용할 때 그 땅에 곤충들이 살고 있다는 사실을 많이 잊어버립니다. 풀밭이 줄어들면 초식 곤충이 큰 타격을 받습니다. 초식 곤충이 줄어들면 길앞잡이 사냥터에 사냥감이 줄어들고, 흙길이 포장되면 길앞잡이 사냥터가 사라집니다. 길앞잡이 어른벌레와 애벌레 모두 포식성 곤충입니다. 초식 곤충이나 자기보다 힘이 약한 육식성 곤충을 잡아먹고, 거미나 새들의 밥이 됩니다. 자연의 먹이망을 길앞잡이와 같은 작은 곤충들이 안정적으로 이어 주어야만 지구 생태계가 균형을 유지할 수 있습니다. 얼마 남지 않은 도시 외곽 지역 흙길에서 맘껏 뜀박질하는 길앞잡이를 만난다면 큰 행운입니다.

매혹적인
포식자

홍날개

홍날개 수컷

홍날개는 더듬이가 빗살처럼 갈라졌습니다.

산에는 진달래가 한창입니다.
따스한 봄바람이 디디고 지나간 산은
그야말로 울긋불긋 꽃 대궐입니다.
진달래 꽃그늘 숲 바닥에는 자잘한 꽃들이
봄바람에 살랑이고 화사하게 햇살이 쏟아집니다.
그 사이로 쓰러진 아름드리 갈참나무가 거뭇거뭇 썩어 가고 있습니다.
갈참나무 위로 포르르 내려앉는 빨간색 곤충들이
봄 햇살만큼이나 곱습니다.
얼른 나무 곁으로 다가가 앉았습니다.
또 수사관이 되어 나무껍질 위를 꼼꼼히 들여다봅니다.
역시나 나무껍질 위를 부지런히 돌아다니는 곤충은 홍날개.
날이 따뜻해지니 긴 겨울잠에서 깨어나
빨간 옷 곱게 차려입고 봄 소풍 나왔습니다.

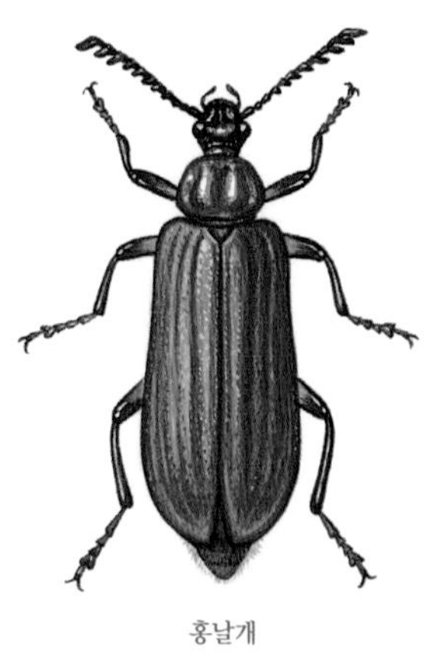
홍날개

홍날개는 무엇을 먹고 살까?

곤충들은 오랜 적응 기간을 통해 먹이에 따라 서식지를 나누어 가집니다. 식물을 먹는 무리, 버섯을 먹는 무리, 썩은 나무를 먹는 무리처럼 곤충들 서식지는 무엇을 먹느냐에 따라 정해집니다. 곤충들은 서로 다른 먹이를 선택함으로써 먹이 경쟁도 피하고 서식지 쟁탈전도 피합니다. 자연 공간을 나누어 사용함으로써 공존의 길을 가고 있는 것이지요.

홍날개 어른벌레와 애벌레는 먹이와 사는 공간이 조금 다릅니다. 우선 어른벌레부터 알아볼까요? 어른벌레는 잡식성입니다. 어른벌레 주둥이는 씹는 입이어서 작은 곤충도 씹어 먹고, 꽃가루도 씹어 먹습니다. 어른벌레가 사는 목적은 알을 낳아 자손을 퍼뜨리는 것이므로, 애벌레에 비하면 수명이 짧습니다. 그 기간 동안 보통 숲과 그 둘레를 돌아다니며 자신보다 약한 곤충을 잡아먹습니다. 이른 봄에 많이 나오는 파리류, 썩은 나무껍질 속에 사는 나무좀류, 썩은 나무껍질 위를 어슬렁거리는 밑빠진벌레류 같은 자신보다 힘이 약한 곤충을 잡아먹습니다. 사는 곳이 썩은 나무가 많은 숲 둘레이다 보니 먹이도 숲 바닥이나 썩은 나무에 터를 잡고 사는 곤충들을 즐겨 먹습니다. 하지만 겨울을 난 어른벌레가 활동하는 시기는 이른 봄이어서, 먹이 곤충이 모자라면 꽃에 모여들어 꽃가루를 먹기도 합니다.

홍날개 애벌레는 어른벌레와 달리 썩은 나무속에서 삽니다. 같은 나무에 살아도 썩은 정도에 따라 또는 나무 부위에 따라 저마다

홍날개 애벌레

다른 곤충이 삽니다. 예를 들면, 사슴벌레 애벌레는 가장 깊은 나무 속에서 살고, 홍날개 애벌레는 나무껍질 바로 밑에서 삽니다. 땅에 쓰러져 썩어 가는 나무껍질은 대개 느슨하게 붙어 있어 손으로 떼어 내도 쉽게 벗겨집니다. 껍질을 벗기면 나무 속살 겉에서 연노랑색이 도는 납작한 애벌레를 볼 수 있습니다. 이 애벌레가 홍날개 애벌레입니다. 길쭉한 몸에 테이프를 붙여 놓은 것처럼 얇고 납작해서 금방 눈에 띕니다. 아직은 홍날개가 흔한 편이라 보통 나무껍질을 벗기면 크고 작은 홍날개 애벌레를 서너 마리 볼 수 있습니다.

홍날개 애벌레는 씹어 먹는 주둥이로 썩어 가는 나무껍질 밑 조직을 씹어 먹습니다. 썩어 가는 나무에는 탄수화물, 지방, 단백질 같은 필수 영양소가 들어 있지만, 살아 있는 나무에 비하면 영양소가 비교적 덜 풍부합니다. 특히 단백질을 만들어 내는 데 필요한 질소 함량이 적은 편이라 나무 조직을 많이 먹어야 합니다. 그러니 홍날개 애벌레는 몸집을 불리기 위해 많은 양의 나무 조직을 먹습니다. 또 셀룰로오스와 리그닌이 많은 음식을 먹으니 몸속에 이들을 분해시키는 공생균이 있을 것으로 추정합니다. 실제로 썩어 가는 통나무 나무껍질을 떠들어 보면 홍날개 애벌레 둘레에는 녀석이 먹고 지나간 흔적과 먹고 싸 놓은 똥 부스러기들로 가득합니다. 이렇게 나무 조직을 좋아하는 홍날개 애벌레의 왕성한 식성 때문에 견고한 나무껍질도 서서히 분해되어 느슨하게 잘 벗겨집니다. 홍날개 애벌레는 한편으로는 썩어 가는 나무에서 에너지를 얻고, 또 한편으로는 썩어 가는 나무를 더 자잘하게 분해해 물질 순환에 한몫을 합니다. 숲 생태계에서 중요한 분해자인 것입니다.

홍날개 번데기가 날개돋이가 가까워져 몸빛이 거무스름하게 바뀌었다.

아리따운 홍날개 짝짓기

홍날개는 보통 땅에 쓰러져 썩어 가는 나무에서 짝짓기를 합니다. 그런데 죽은 채 서 있는 나무줄기에서 홍날개 두 마리가 마주쳤습니다. 썩은 나무껍질 위를 걸으면서 더듬이를 휘휘 저어댑니다. 뭔 일이 일어난 것 같습니다. 아! 맞선을 보는군요. 암컷이 두꺼운 빗살 모양 더듬이를 이리저리 움직이며 앞쪽으로 걸어갑니다. 맞은편에 있는 수컷은 얇고 가느다란 빗살 모양 더듬이를 휘날리는 폼이 멋집니다. 아마도 암컷이 내뿜은 성페로몬에 이끌려 왔을 테지요. 이렇게 암컷과 수컷이 마주 서니 신랑 신부가 초례청에 들어선 것 같습니다.

수컷이 암컷에게 한눈에 반했나 봅니다. 수컷이 성큼성큼 아리따운 암컷에게 다가갑니다. 그러고는 뚝 멈춰 서서 더듬이를 아래위로 움직이고, 머리까지 숙였다 쳐들었다 합니다. 한참을 그러더니 앞으로 돌진해 암컷 눈앞에다 더듬이를 들이댑니다. 암컷이 당황했는지 자기 더듬이를 뒤로 확 젖히고 수컷을 경계합니다. 수컷이 왼쪽으로 움직이자 자기는 오른쪽으로 움직이며 줄곧 수컷을 정면으로 바라보며 더듬이를 뒤로 젖힌 채로 탐색합니다. 그 모습이 '내가 이기나 네가 이기나, 어디 한 번 해보자.' 하며 기선 싸움하는 것 같습니다.

그렇게 2분쯤 수컷을 살펴보더니 암컷 마음이 움직였나 봅니다.

1. 홍날개 수컷과 암컷이 짝짓기 전에 서로를 살피고 있다.
2. 홍날개 수컷이 암컷 머리 쪽으로 올라타고 있다.
3. 홍날개 수컷이 암컷 등에 타고 짝짓기를 하고 있다.

뒤로 젖힌 더듬이를 앞으로 빼더니 수컷 더듬이와 부딪칩니다. 수컷도 이에 화답하듯 함께 더듬이를 부딪칩니다. 마치 칼싸움을 하듯이 말이죠. 애정 표현치고는 좀 거친 듯 합니다. 재미있게도 더듬이를 부딪치다가 큰턱으로 서로의 더듬이를 물기도 합니다. 특히 암컷이 수컷 더듬이 아래쪽을 핥습니다. 왜 그럴까요? 수컷 더듬이에서는 분비 물질이 나옵니다. 암컷이 핥아 먹는 것을 보니 수컷의 선물인 셈이네요. 그러고 1분쯤 지났을까? 수컷이 암컷 머리 쪽으로 기어 올라가려 합니다. 하지만 암컷이 얼른 피합니다.

아무래도 수컷이 인내심을 가져야 할 것 같습니다. 수컷은 또다시 자기 더듬이를 암컷 더듬이에 부딪치고, 큰턱으로 더듬이를 깨물며 짝짓기 허락을 받으려고 애씁니다. 또다시 수컷은 암컷 머리 쪽으로 돌진해 가슴 등짝에 올라타려 합니다. 이번에는 성공합니다. 수컷은 암컷 등에 오르자마자 재빨리 몸을 180도 돌려 암컷 가슴을 다리로 꼭 껴안습니다. 얼마나 급했던지 등에 올라탄 지 30초도 안 되어 수컷 배 끝에서 생식기가 쑥 빠져나와 암컷 생식기 속으로 미끄러지듯 들어갑니다. 수컷은 더듬이를 뒤로 젖히고 있고, 암컷은 더듬이를 앞으로 쭉 내뻗고 있습니다. 만난 순간부터 짝짓기에 성공하기까지 채 5분도 걸리지 않았습니다.

그런데 희한한 일이 벌어집니다. 암컷 등에 업힌 수컷이 갑자기 번지 점프하듯 몸을 뒤로 젖힙니다. 암컷은 나무껍질에 그대로 붙어 있고, 수컷은 자기 생식기를 암컷 생식기에 꽂은 채 공중에 대롱대롱 매달려 있습니다. 바람이 불어와 허공에서 뱅그르르 도는데도 떨어지지 않습니다. 이런 자세에서도 수컷 생식기가 암컷 생식기로 들어갔다 나왔다 되풀이하면서 정자를 넘기고 있습니다.

서 있는 나무줄기에서 짝짓기를 하다 보니 수컷이 마치 번지 점프하듯 암컷에게 생식기를 꽂은 채 매달려 있다.

그런 모습이 안쓰러워 핀셋으로 살짝 수컷을 집어 나무껍질을 붙잡도록 해 주었는데, 예상이 빗나갔습니다. 수컷은 곧장 조금 전처럼 번지 점프를 합니다. 이번에는 암컷이 붙어 있는 나무껍질을 조심스럽게 떼 내어 땅바닥에 내려놓았습니다. 여전히 수컷은 암컷 배 꽁무니에 매달려 있습니다. 그랬더니 이번에는 서로 반대쪽을 바라보며 짝짓기를 계속합니다. 이렇게 두 차례 핀셋으로 건드렸는데도 녀석들은 대범하게도 끝까지 짝짓기를 하고 마칩니다. 힘이 들었는지 암컷 몸에서 빠져나온 수컷 생식기가 한동안 몸 밖에 나와 있습니다. 잠시 뒤 정신 차린 수컷이 부리나케 나무껍질 밑으로 기어 들어갑니다. 야외 관찰을 하면서 종종 이런 실험도 하게 되는데, 홍날개에게 참 미안했습니다.

땅에 내려와서도 서로 떨어지지 않고 서로 반대쪽을 바라보며 짝짓기를 하고 있다.

곤충은 생식기 위치에 따라 짝짓기 자세가 다릅니다. 홍날개는 수컷이 암컷 등 위에 올라가 생식기를 넣은 뒤 몸을 뒤로 젖혀 배가 하늘을 향하도록 합니다. 이런 짝짓기 자세는 수컷과 암컷의 생식기 위치 때문입니다. 수컷이 이런 자세를 취해야 정자를 안정적으로 암컷에게 넘길 수 있습니다. 보통은 땅에 쓰러진 썩은 나무줄기 위쪽에서 하는데, 이 경우는 서 있는 나무줄기에서 하다 보니 마치 번지 점프하는 자세로 암컷에게 매달려 있게 된 것입니다.

칸타리딘을 도둑질하는 수컷

곤충도 결혼을 할 때 혼수품을 장만할까요? 일부 곤충들은 합니다. 홍날개의 경우, 수컷이 마련해 암컷에게 짝짓기 전에 선물합니다. 이 선물은 단순히 구애용이 아니라 태어날 자식을 위한 육아용입니다. 앞서 말했듯이 암컷은 수컷이 주는 선물인 분비물을 핥아 먹습니다. 이 분비물 성분은 무엇일까요? 바로 칸타리딘입니다. 칸타리딘은 강력한 독성 물질이어서 사람의 상처 난 곳에 닿으면 물집이 생기고 피부가 헐어 버립니다. 사람 몸속으로 많은 양이 들어오면 혈관을 확장시키고, 중추 신경을 마비시킵니다. 예전부터 사람들은 칸타리딘을 여러 가지 질병 치료제로 사용해 왔습니다.

홍날개 수컷은 칸타리딘을 더듬이에 있는 머리샘(cephalic gland)에서 분비합니다. 짝짓기에 앞서 더듬이를 부딪칠 때 맛보기로 암컷에게 조금 건네줍니다. 수컷이 칸타리딘을 분비하면 칸타리딘 냄새를 맡은 암컷이 자기 더듬이에 묻은 칸타리딘을 핥습니다. 홍날개 암컷은 칸타리딘 맛을 봐야 수컷을 받아들입니다. 만일 수컷이 칸타리딘을 내놓지 않으면 퇴짜를 놓습니다. 달려드는 수컷을 떼어 내며 짝짓기를 거부합니다.

이렇게 맛보기로 찔끔 건네준 수컷은 짝짓기를 하면서 칸타리딘을 본격적으로 암컷에게 전달합니다. 수컷은 생식기 옆에 있는 보조 생식샘(accessory gland)에 칸타리딘을 가득 저장해 두었다가 정자와 함께 암컷 생식기 속으로 건네줍니다. 그러니 수컷 입장에서는 자기 대를 이어 줄 정말 마음에 드는 암컷을 찾아야만 선물을 합니다.

암컷은 스스로 칸타리딘을 만들면 될 텐데, 왜 수컷에게서 건네받는 것일까요? 암컷은 칸타리딘을 만들어 낼 수 없습니다. 더 놀

홍날개 수컷이 둥글목남가뢰에게 다가가 독을 핥고 있다.

라운 것은 수컷도 칸타리딘을 만들어 내지 못합니다. 다시 말하면 수컷이 어디선가 칸타리딘을 구해야만 한다는 것입니다.

칸타리딘을 스스로 만드는 곤충은 딱정벌레목 가문의 가뢰과 집안 식구들입니다. 그중 남가뢰류는 땅속에서 겨울을 나고 이른 봄에 땅 위로 올라옵니다. 홍날개 수컷은 남가뢰가 칸타리딘 공장을 차린 걸 어떻게 알았는지 훔칠 궁리를 합니다. 똑똑한 홍날개는 남가뢰가 지나다니는 길을 찾아내 길목을 지키고 있다가 남가뢰를 발견하면 조심조심 다가갑니다. 남가뢰가 초식성이라 해도 몸집이 홍날개보다 훨씬 크기 때문에 남가뢰를 제압하거나 죽여서 먹기는 힘듭니다. 그저 몰래 다가가 날개와 다리, 몸통이 연결된 관절 부위에서 흘러나오는 물질을 핥아 칸타리딘을 얻습니다.

스스로 칸타리딘을 못 만든다고 앉아서 걱정할 일이 아닙니다. 수컷은 칸타리딘을 훔치면 되고, 암컷은 수컷에게서 건네받으면 모든 것이 해결됩니다. 칸타리딘이 없으면 가문이 문을 닫게 되니 홍날개에겐 절박한 문제입니다. '필요하면 구하라! 훔쳐서라도 구하라!' 혹시 홍날개 가문의 가훈이 아닐지.

그런데 스스로 만들어 내지 못하는 칸타리딘을 굳이 훔쳐 오는 까닭은 무엇일까요? 없으면 없는 대로 살면 될 걸. 그건 별난 자식 사랑 때문이지요. 아빠 홍날개로부터 칸타리딘 선물을 받아 엄마 홍날개가 낳은 알에는 칸타리딘 물질이 듬뿍 들어 있습니다. 칸타리딘은 무당벌레 무리나 딱정벌레 무리 같은 포식자들을 물리치는 데 효과가 탁월합니다. 암컷은 알을 보호하기 위해 칸타리딘을 훔친 수컷하고만 짝짓기를 하고, 수컷은 자기 유전자를 남기기 위해 두 팔을 걷어붙이고 훔쳐 오는 것이지요. 비록 스스로 만들지는 못하지만 훔친 칸타리딘이 수컷에게서 암컷으로, 암컷에게서 알로 드라마틱하게 전달됩니다. 거칠고 험한 자연 세계에서 자손을 남기기 위해 남이 만들어 낸 독성 물질을 이용하는 홍날개의 기발한 전략! 그저 입이 다물어지지 않을 뿐입니다. 생각해 보면 그 기나긴 세월 동안 수컷들이 무던히도 도둑질을 한 셈입니다.

홍날개는 왜 빨갈까?

빨간 홍날개. 햇빛을 받으면 광택까지 나 더욱 빨갛습니다. 왜 눈에 쉽게 띄는 화려한 옷을 입었을까요? 경고색 흉내를 낸 것입니다. 보통 화려한 색을 띤 곤충들은 몸속에 매우 독한 방어 물질을 가지고 있습니다. 포식자가 이 독성 물질을 먹게 되면 토하거나 죽을 수도 있습니다. 무당벌레의 화려한 색깔도 포식자들에게 '나 독 있으니 잡아먹지 마.' 하는 경고색입니다. 그런데 몸빛이 화려해도 별다른 독성 물질을 가지고 있지 않은 곤충도 있습니다. 대표적인 곤충이 홍날개입니다. 몸 색깔만 빨갛지 사실은 독이 없는 허당입니다. 빨간 옷을 걸치고 포식자들에게 허세를 부리는 것이지요. 이것은 홍날개의 흉내 내기 전략, 즉 '베이츠 흉내 내기(batesian mimicry)'전략입니다. 베이츠 흉내 내기는 힘없는 곤충이 포식자들이 싫어하는 독액이나 해로운 물질을 가진 화려한 곤충을 흉내 내는 행동입니다. 보통 화려한 색깔을 가진 종들은 몸속에 강력한 화학 물질을 품고 있기 때문입니다.

그렇다면 누구를 흉내 냈을까요? 모델은 홍반디입니다. 딱정벌레목 가문의 홍반디과 식구들은 대개 몸빛도 화려한 빨간색이고, 독성 물질도 가지고 있어서 포식자들이 가까이 가려고 하지 않습니다. 홍날개는 별다른 무기가 없다 보니 포식자를 쫓아내기 위해 홍반디 몸빛을 흉내 냈습니다. 그런데 참 궁금한 것이 있습니다. 왜 홍날개는 방어 물질이 없는 걸까요? 오랜 세월 살아오면서 방어 물질의 필요성을 절박하게 느꼈을 텐데요. 먼 조상이 방어 물질을 갖고 있지 않았어도 여러 세대를 거치면서, 변화하는 환경에 적응하면서 홍날개 스스로 방어 물질을 만들어 낼 수도 있었을 텐데 말이죠. 방어 물질이 없어도 생존하는 데, 후손을 남기는 데 별문제가 없었기 때문일까요? 그래도 그렇지, 자신을 지키는 무기라고는 남한테서 방어 물질 훔치기, 날개 색깔 흉내 내기가 전부네요. 그래도 그게 통했으니 지금껏 대대손손 별 탈 없이 살아왔겠지만 포식성 곤충의 무기치고는 참 소박하기 이를 데 없습니다.

개미가 홍날개 애벌레를 공격하고 있다.

수레의 자그마한 톱니가 되어

쓰러진 나무 앞에 앉으면 작은 우주가 보입니다. 나무껍질 위에 모여든 벌레들, 나무껍질 아래에 둥지를 튼 벌레들, 썩어 가는 나무속에서 꼬물꼬물 살아가는 애벌레들 모두 쓰러진 나무에 집을 만들고, 그 속에서 밥을 먹고 삽니다. 쌩쌩했던 나무가 쓰러져 죽어 가는 과정은 수많은 생물을 먹여 살리는 과정이기도 합니다. 1센티미터도 안 되는 작은 홍날개가 썩은 나무를 무대로 살아가는 모습은 참 경이롭습니다. 생태계 먹이망에서 차지하는 지위는 크지 않지만 먹이망 아래 단계 생물들의 수를 조절하고 거대한 나무를 분해시켜 새로운 생명이 탄생하도록 돕습니다. 숨 가쁜 자연의 질서 속에서 수레바퀴의 자그마한 톱니가 되어, 위대한 자연법칙의 수레를 구르게 합니다.

황머리털홍날개
수컷

풀숲을 날아다니는
전갈

밑들이

밑들이 수컷

밑들이 수컷은 꽁무니를
전갈 꼬리처럼 치켜올립니다.

6월 숲속은 갖가지 생명들로 붐빕니다.
봄에 나왔던 곤충들이 낳은 새끼들이
무럭무럭 자라나고 있으니까요.
특히나 이른 아침에 숲속을 거니는 기분은 매우 색다릅니다.
고즈넉한 산안개, 분주한 새들의 지저귐,
맑은 풀 이슬, 짙은 풀 향기,
풀잎에 숨은 벌레들이 기분을 돋웁니다.
무엇보다도 이슬에 젖어 풀잎에 매달린 벌레들과
찬찬히 얘기 나눌 수 있어 참 좋습니다.

밑들이 암컷

외계인 닮은 밑들이

마침 풀잎에 앉아 몸을 말리고 있는 밑들이와 딱 마주쳤습니다. 이름만 들어도 범상치 않을 것 같은 밑들이. 곤충 중에는 특이하게 생긴 녀석들이 많은데, 이 녀석 생김새는 엽기적이어서 꼭 외계인 같습니다. 곡괭이 같은 긴 주둥이가 땅을 향해 뻗은 모습이 코끼리 코를 닮았다고나 할까. 아! 도요새 부리와 더 많이 닮았군요. 주둥이 끝에는 빨래집게처럼 생긴 큰턱까지 붙어 있습니다. 더 엽기적인 것은 전갈 꼬리처럼 생긴 수컷 밑들이의 꽁무니입니다. 수컷 밑들이 배 끝마디는 마치 전갈 꼬리처럼 생겼습니다. 다른 곤충과 비교하면 배마디치고는 참 엽기적으로 생긴 것입니다. 물론 녀석은 전갈과는 아무 상관이 없습니다.

수컷 밑들이 배 끝마디는 보일 듯 말 듯한 잔털로 빽빽이 덮여 있습니다. 모두 세 마디로 되어 있는데, 첫째 마디와 둘째 마디는 길쭉하고 셋째 마디는 공처럼 약간 둥글고 큽니다. 그리고 맨 끝에 커다란 발톱이 붙어 있습니다. 수컷 밑들이 배 끝마디는 늘 하늘을 향해 치켜들려 있습니다. 배 끝마디를 위쪽으로 말듯이 구부려 바로 앞 배마디 위에 올려놓으니 괴기스럽기까지 합니다. 배 끝마디가 너무 길다 보니 돌아다닐 때 거추장스러워서 이렇게 말고 있나 봅니다. 암컷 배 끝마디는 수컷과 마찬가지로 길긴 하지만 세 마디 모두 얇고, 수컷과 달리 늘 쭉 펴져 있습니다. 수컷 배 끝마디가 치켜들려 있는 모습을 보고 하늘을 향해 '밑을 들고 있다' 해서 '밑들이'라고 이름 지었고, 영어로는 '전갈파리(scorpionfly)'라고 합니다.

밑들이의 밥상

밑들이는 굉장히 날렵합니다. 행동이 빠른 데다 눈치까지 빨라 미세한 움직임에도 화들짝 놀라 잽싸게 날아 도망갑니다. 밥 먹을 때도 남이 볼세라 얼마나 서두르는지 눈 깜짝할 사이에 먹어 치웁니다. 나뭇잎이나 줄기에 다닥다닥 떼 지어 붙어 있는 가루이 같은 작은 곤충을 먹을 때는 주둥이 끝에 있는 큰턱을 오므렸다 폈다 하면서 잎 표면을 훑듯이 쓸면서 먹습니다. 먹이 찾느라 나뭇잎 표면에 주둥이를 대고 쓸며 걸어 다니는 모습이 마치 도요새가 긴 부리로 갯벌 바닥을 훑고 다니는 모양새와 많이 닮았습니다.

녀석들은 주로 힘없는 작은 곤충을 잡아먹는 육식성이지만, 먹성이 좋아 아무거나 잘 먹습니다. 녀석들 밥상에는 파리류, 진딧물, 나비류 애벌레, 딱정벌레 같은 곤충들이 주메뉴로 올라오지만 먹이가 모자랄 때는 꽃가루, 열매, 식물 새순이나 이끼도 먹습니다. 죽어 있든, 살아 있든 그냥 먹을 수 있는 음식이면 긴 주둥이를 처박고 먹어 댑니다. 세상에 못 먹을 게 하나도 없는 것 같습니다. 밥상머리에서 끼적대며 편식을 안 하니 참 기특한 녀석입니다. 그래도 녀석들 주식은 동물이어서 육식성에 가까운 잡식성이라고 할 수 있지요. 이렇게 먹이 종류가 다양하니 변화무쌍한 환경에도 아주 잘 적응할 수 있습니다. 환경이 안 좋아 먹이가 줄어들더라도 이것저것 먹으며 배를 채울 수 있으니까요.

—
밑들이류 암컷

밑들이류 수컷이 나비를 잡아먹고 있다.

수컷의 선물 공세

처음 만나자마자 다짜고짜 선물을 요구하는 곤충이 있습니다. 밑들이가 그 주인공입니다. 밑들이 암컷은 수컷이 먹이를 준비해 두어야만 짝짓기를 합니다. 마치 수컷이 짝짓기를 하기 위해 암컷에게 줄 선물을 준비하는 것처럼 보입니다. 그것도 먹이가 커야 합니다. 먹이가 작고 마음에 들지 않으면 암컷은 퇴짜를 놓습니다. 그래서 수컷은 곤충 애벌레, 죽은 곤충이나 잘 익은 열매 따위를 발견하면 그 앞에서 떡 버티고 서서 지킵니다. 다른 수컷이 얼씬도 못 하게 말입니다. 암컷에게 줄 선물을 마련하면 암컷을 불러들이기 위해 곧바로 성페로몬을 내뿜습니다.

6월 어느 날, 정말 우연히 황다리독나방 애벌레를 지키고 있는 수컷 밑들이와 맞닥뜨렸습니다. 운수 대통한 날입니다. 이런 장면을 보기가 쉽지 않으니 행운이 덩굴째 굴러 들어왔습니다. 황다리독나방 애벌레는 나무줄기에 매달려 있다가 밑들이한테 들키고 말았습니다. 한쪽은 죽음을 앞두고 있고, 다른 한쪽은 후손을 낳을 준비를 하고 있으니 묘한 대조를 이룹니다. 그런데 이게 웬일입니까? 수컷이 긴 주둥이를 애벌레 몸에 찌르고 허겁지겁 먹기 시작합니다. 암컷에게 결혼 선물로 줄 혼수품을 암컷이 시식도 하기 전에 먼저 맛을 보네요. 하지만 수컷도 먹어야 사니 어쩔 수 없는 일이겠죠. 맛을 보는 것도 잠깐, 잠시 뒤 어디선가 수컷의 성페로몬 냄새에 이끌려 암컷이 씩씩하게 등장합니다. 수컷이 혼수품 맛을 미리 보면서 성페로몬을 내뿜어 댔기 때문이지요.

밑들이류 입은 도요새 부리처럼 아주 길쭉하다.

암컷이 수컷 페로몬 냄새를 맡고 먹잇감 둘레로 다가왔다.

암컷이 나타나자 수컷은 식사를 딱 멈춥니다. 잠시 묘한 긴장감이 감돌고, 암컷은 멀찍이 떨어져 수컷이 지키고 있는 황다리독나방 애벌레를 바라봅니다. 수컷은 암컷을 마주 보고는 더듬이를 휘휘 저으며 혼수품을 전달할 기회만 노립니다. 1분도 채 지나지 않아 암컷이 애벌레 쪽으로 조심조심 걸어옵니다. 아마도 선물이 마음에 들었나 봅니다. 암컷은 애벌레 몸에 곧바로 주둥이를 푹 찔러 넣습니다. 구애 과정도 없이 암컷이 선물만 보고 짝짓기를 허락한 것입니다. 이렇게 선물 증정식은 싱겁게 끝나 버렸고, 이제 남은 건 짝짓기 하기.

혼수품인 애벌레를 먹는 데 온통 정신이 팔린 암컷에게 수컷이 이따금 날개를 파르르 떨며 다가갑니다. 암컷 옆에 나란히 서자마자 수컷은 말아 올린 배 끝마디를 순식간에 펴더니 길게 늘이며 생식기를 꺼내 암컷의 배 끝마디에 쿡 찔러 넣습니다. 그러자 암컷도 가늘고 긴 배 끝마디를 길게 늘여 수컷 생식기가 잘 들어가도록 돕습니다. 밀고 당기는 게임도 없이 눈 깜짝할 사이에 짝짓기도 싱겁게 끝났습니다.

암컷에게
선물을 주는 까닭

암컷이 수컷이 마련한 혼수품을 살펴보고 있다.

이렇게 수컷이 마련한 선물은 암컷의 고픈 배를 채워 주는 역할을 합니다. 수컷은 손수 사냥한 먹이를 암컷에게 먹여 자기 정자와 수정된 수정란이 튼튼하게 발육되도록 돕습니다. 알이 건강하게 발육되려면 영양분이 필요하기 때문이지요. 그렇다면 혼수품이 클수록 암컷이 좋아할까요? 그렇습니다. 밑들이 암컷은 식사하는 중에만 짝짓기를 허락하기 때문에 수컷 입장에서는 선물이 클수록 자기 유전자를 넘겨주는 데 유리합니다. 대부분의 곤충처럼 밑들이도 여러 상대와 짝짓기를 합니다. 문제는 암컷과 맨 나중에 짝짓기 한 수컷 정자가 가장 먼저 수정에 이용됩니다. 암컷 정자 주머니에는 짝짓기 한 순서대로 정자가 저장되기 때문에 가장 나중에 짝짓기 한 수컷 정자가 맨 앞쪽에 있게 됩니다. 그래서 밑들이 수컷은 자기 정자가 수정에 이용되도록 암컷이 다른 수컷과 짝짓기를 못 하게 해야 합니다. 수컷 밑들이가 할 수 있는 일은 큰 먹잇감을 암컷에게 선물해 오랫동안 짝짓기 하면서 암컷을 잡아 두는 것입니다. 재미있게도 어떤 수컷은 암컷이 먹다 남긴 선물을 다른 암컷과 짝짓기 하는 데 이용합니다.

암컷이 수컷이 마련한 먹이를 먹자 수컷이 꽁무니를 암컷 꽁무니에 대고 짝짓기를 하고 있다.

난해한 짝짓기 자세

그런데 밑들이의 짝짓기 자세는 너무 난해해 설명하기가 참 난감합니다. 암컷과 수컷이 한쪽 방향을 보고 나란히 앉은 상태에서 수컷이 생식기를 암컷 생식기에 넣습니다. 완전히 삽입되면 수컷이 암컷과 각도가 90도가 되게 몸을 틉니다. 암컷과 수컷의 짝짓기 자세가 '엘(L)' 자처럼 되는 것입니다. 처음부터 다시 보면 수컷은 암컷과 나란히 앉아 있기 때문에 자기 배를 비틀어 암컷 배에 댄 뒤, 배 끝마디에서 생식기를 빼 암컷 배 끝마디에 있는 생식기에 넣습니다. 이때 수컷은 빨래집게 같은 발톱으로 암컷 배 끝마디를 단단히 잡습니다. 그 상태로 수컷은 몸을 90도 회전시켜 자리를 잡습니다.

녀석들의 짝짓기 자세가 여느 곤충과 다른 것은 암컷과 수컷 생식기 위치가 다르기 때문입니다. 암컷 생식공은 배 아래쪽에 있지만 수컷 생식공은 배 위쪽에 있습니다. 수컷이 배 끝마디를 암컷 배 아래쪽으로 가져가 생식기를 삽입했으니 수컷 자세가 상당히 불편합니다. 그래서 수컷은 휘어진 배를 바로잡기 위해 몸을 90도 틀어 자세를 편히 잡는 것입니다.

밑들이 짝짓기 장면은 완전 특종감이니 카메라를 들이댑니다. 카메라 플래시가 터져도, 카메라 셔터 소리가 요란해도 짝짓기는 계속됩니다. 암컷은 여전히 식사에 정신을 쏟고 있습니다. 수컷은 먹지도 못하고 입맛만 다시며 암컷을 지킵니다. 암컷은 약 30분에 걸쳐 선물을 다 먹어 치우자 수컷에게서 떨어집니다. 드디어 기나

밑들이류가 짝짓기를 하고 있다. 암컷은 작은 먹잇감을 먹고 있다.

긴 짝짓기가 끝났습니다. 암컷은 다른 곳으로 풀쩍 날아가고, 수컷은 흔적만 남은 선물 둘레를 빙빙 돌며 서성입니다.

짝짓기를 마친 암컷은 알을 낳습니다. 암컷 배는 끝으로 갈수록 가늘어지기 때문에 땅속에 알을 낳기에 안성맞춤입니다. 알은 한 곳에 한 개씩 낳거나 100개를 무더기로 낳습니다. 알에서 깨어난 애벌레는 나비 애벌레와 비슷하게 털이 잔뜩 났거나 구더기처럼 생겼습니다. 애벌레는 썩은 나무, 숲이 우거진 습지나 진흙 속에서 유기 물질을 먹고 산다고 알려져 있습니다. 밑들이에 대한 전반적인 연구는 거의 이뤄지지 않아 앞으로 많은 연구가 필요합니다.

당돌한 밑들이

북미나 호주에서는 밑들이 행동 연구가 간간이 이뤄졌습니다. 연구 사례들을 살펴보면, 밑들이는 강도짓을 잘합니다. *Panorpa*속에 속하는 어떤 밑들이 수컷은 죽은 곤충을 먹고, 그 곤충에게서 얻은 물질로 굉장히 큰 침샘(salivary gland)에서 분비물을 만들어 냅니다. 수컷은 그 분비물을 선물로 암컷에게 건네는데, 이것이 혼수품 선물입니다. 그런데 어떤 수컷들은 그 선물을 훔쳐 오기도 하고, 때때로 거미의 먹이 창고를 서슴지 않고 습격합니다. 그러고는 거미가 거미줄에 묶어 저장해 놓은 곤충을 슬그머니 훔쳐 와 선물로 주기도 합니다. 이렇게 훔쳐 만든 선물을 다른 수컷이 훔쳐 가지 못 하게 지키면서 성페로몬을 내뿜어 암컷을 불러들입니다.

그런데 밑들이 수컷 중에는 선물도 없이 암컷과 강제로 짝짓기 하는 녀석도 가끔 있다고 합니다. 이 경우에 수컷은 선물을 준비하지 않고 암컷에게 돌격합니다. 그리고 자기 배 끝에 붙어 있는 빨래집게 같은 발톱으로 암컷 날개나 다리를 움켜잡고는 버둥대는 암컷 생식기에 자기 생식기를 넣어 정자를 쏟아 낸다고 합니다. 암컷이 아무리 저항을 해도 막무가내입니다.

그렇다고 암컷이 아무 대책이 없는 것은 아닙니다. 암컷은 자기 나름대로 꾀를 냅니다. 암컷은 강제로 짝짓기 한 수컷 정자가 자기 생식관을 통과하지 못하게 차단합니다. 생식관은 정자나 알이 통과하는 기관입니다. 놀랍게도 원치 않은 임신을 사전에 막는 것이지요. 암컷이 수컷 정자가 자기 생식관을 통과하지 못하도록 막으니 정자는 제 역할을 못하고 죽습니다.

밑들이의 미래

밑들이는 중간 포식자입니다. 식물이 광합성으로 만들어 낸 영양물질을 먹고 자라는 초식 곤충들을 주로 잡아먹고 삽니다. 그러면서 그들 자신은 거미, 벌, 잠자리, 사마귀, 새들의 밥이 됩니다. 먹이 그물에서 초식 곤충과 새와 같은 상위 포식자 사이에서 고리를 이어 주는 중간 포식 역할을 하는 것이지요. 그뿐만 아니라 밑들이는 죽어 있는 동물 시체도 곧잘 먹습니다. 죽은 시체를 분해해 청소하는 분해자 역할을 성실히 수행해 생태계에서 물질 순환을 돕습니다.

밑들이가 사는 환경은 다른 곤충보다 제법 까다롭습니다. 그늘진 숲속이나 습기가 많은 곳에서 녀석들 애벌레가 오랫동안 살아가기 때문입니다. 또한 밑들이는 애벌레와 어른벌레가 저마다 다른 방식으로 살아가기 때문에 환경 변화에 큰 영향을 받습니다. 알이 땅속에서 깨어나면 애벌레는 땅 위를 덮고 있는 가랑잎 속의 빈틈이나 유기물이 많은 땅 위를 돌아다니며 죽은 곤충이나 애벌레, 알 따위를 찾아 먹습니다. 어른벌레는 풀 위를 오가며 곤충을 잡아먹습니다.

밑들이가 게거미에 잡혔다.

사람 눈에는 작아 보이는 공간도 그들에겐 대를 이어 살아갈 소

밑들이가 들풀거미에 잡혔다.

중한 보금자리입니다. 그곳의 땅을 뒤엎고 풀숲을 없애는 것은 밑들이에게 치명적입니다. 나무 하나를 베더라도, 길을 하나 내더라도, 땅에 삽질을 한 번 하더라도 이제는 그 땅에 의지하며 살아가는 생명들을 한 번 더 기억해야 할 때입니다.

몸이 작아도
사냥꾼인

노랑무늬의병벌레

노랑무늬의병벌레

노랑무늬의병벌레는 몸집은 작지만
다른 곤충을 잘 잡아먹습니다.

어느 초여름 날, 경상도 예천으로 곤충 조사를 나갔습니다.
오전 조사를 마치고 낙동강을 따라
다른 조사지로 이동하던 길이었습니다.
낙동강은 굽이굽이 산모퉁이를 휘어 감으며 흐릅니다.
유연한 곡선으로 흐르는 물가에는 모래밭이 펼쳐지고
강가 언덕에선 버드나무가 축축 늘어져 바람에 하늘거립니다.
조사고 뭐고 이참에 한번 늘어져 보자 싶어
차를 세우고 버드나무 그늘 아래에 앉아 봅니다.
강물은 한가롭고, 살랑살랑 부는 강바람이 하도 부드러워
몸에 착착 감깁니다.
낭만 타령도 잠시. 아! 그런데 이게 웬일입니까?
바로 앞에 있는 버들잎을 무대 삼아
노랑무늬의병벌레 두 마리와 마주쳤습니다.
직업병이 도집니다.
순식간에 곤충 관찰 모드로 전환해 카메라를 들이댑니다.

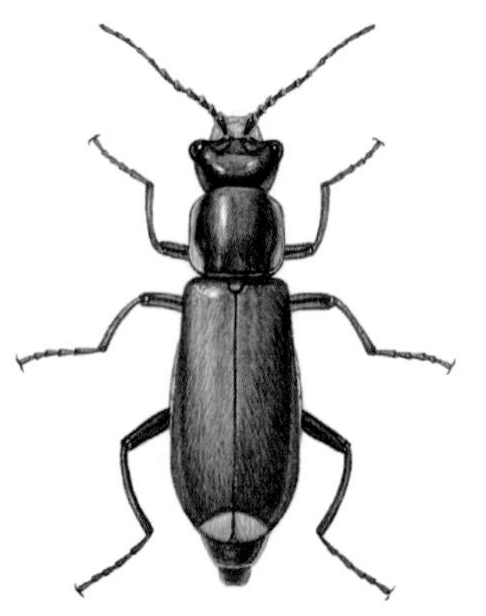
노랑무늬의병벌레

노랑무늬의병벌레 밥상

노랑무늬의병벌레는 몸길이가 5밀리미터쯤밖에 안 되는 작은 곤충입니다. 몸 색깔은 녹색을 띤 남색으로 광택까지 납니다. 게다가 입틀 둘레, 더듬이 일부분, 앞가슴등판 테두리, 날개 끝부분과 다리 일부분이 노란색으로 곱게 꾸며져 화려합니다.

노랑무늬의병벌레는 무엇을 먹고 살까요? 아무거나 잘 먹는 잡식성입니다. 녀석의 주된 식성은 육식성이지만, 먹이가 모자랄 때는 꽃가루도 먹습니다. 녀석들은 몸이 작아도 어른벌레와 애벌레 모두 다른 곤충을 잡아먹는 명사냥꾼입니다. 적당히 휘어진 큰턱에 어금니까지 있어 다른 곤충을 잡아먹기에 안성맞춤입니다. 노랑무늬의병벌레는 진딧물, 매미충 같은 몸이 연약하고 자잘한 곤충이 많은 보리밭이나 습한 풀밭에서 많이 볼 수 있습니다. 진딧물이나 작은 파리류처럼 자기보다 약한 곤충을 잡아 발달된 큰턱으로 씹어 먹습니다. 특히 보리나 밀 같은 농작물에도 많이 나타나는데, 농작물에 피해를 주는 진딧물 같은 해충을 잡아먹기 위해서입니다. 두 말할 것도 없이 농가에 골칫거리인 해충을 잡아 주니 녀석은 살아 있는 농약으로 대우받을 만하지요.

하지만 노랑무늬의병벌레는 때때로 꽃에 모이기도 합니다. 특히 겨울을 난 뒤 이른 봄에 먹잇감이 모자랄 때는 꽃에 모여들어 꽃가루를 큰턱으로 씹어 먹습니다. 영양 만점인 꽃가루로 영양을 보충하는 것이지요. 꽃을 찾는 또 다른 까닭은 마음에 드는 짝을 만나고 심지어 꽃가루를 먹으러 오는 다른 곤충들을 잡아먹기 위해서

노랑무늬의병벌레가 갯메꽃 꽃가루를 먹고 있다. 노랑무늬의병벌레는 육식성이지만 배가 고프면 꽃가루도 먹는다.

입니다. 실제로 야외에서 관찰해 보면 꽃가루를 먹는 습성보다 포식성 습성이 더 강합니다.

애벌레 또한 자유롭게 돌아다니며 나무좀 같은 나무속에 사는 곤충을 잡아먹고 삽니다. 주로 애벌레는 나무껍질 밑이나 가랑잎 더미에서 발견되는데, 균류나 작은 절지동물을 잡아먹고 사는 것으로 알려졌습니다. 의병벌레과 곤충들은 숲 둘레에서도 발견되지만 바닷가 모래 언덕이나 갯벌 주변에서 자라는 염생 식물 둘레에서도 관찰됩니다. 아쉽게도 국내에는 아직까지 의병벌레과를 연구하는 연구자가 없는 실정이라 이 분야는 미개척 분야입니다. 아마도 연구가 제대로 이뤄지면 그들의 생활사, 서식지 특성, 습성 따위가 많이 밝혀질 것입니다.

수컷의 끈질긴 구애

버들잎 위에 노랑무늬의병벌레 두 마리가 마주 섰습니다. 녀석들은 서로를 마주 보며 더듬이를 휘두르며 성큼성큼 다가옵니다. 얼마나 더듬이를 내두르는지 분위기가 살벌해지려 합니다. 원수는 외나무다리에서 만난다더니, 금방이라도 한 방 날릴 태세입니다. 과연 이 녀석들은 서로 원수 사이일까요? 아닙니다. 지금 맞선 보는 중입니다. 둘째 더듬이 마디가 풍선처럼 부푼 녀석이 수컷인데, 사고를 당했는지 뒷다리 두 개가 없습니다.

노랑무늬의병벌레가 작은 곤충을 잡아먹고 있다.

마주 선 녀석들은 잠시 멈칫멈칫합니다. 그러다가 드디어 수컷이 행동을 개시합니다. 수컷이 먼저 더듬이를 암컷 더듬이에 과감히 부딪칩니다. 특히나 더듬이 마디 아래쪽을 집중적으로 부딪치는군요. 암컷도 싫지는 않은지 자기 더듬이를 조용히 움직입니다.

노랑무늬의병벌레 수컷과 암컷이 풀잎 위에서 만났다.

그러기를 여러 차례 하더니 자신감을 얻었는지 수컷이 강력한 큰턱으로 암컷 더듬이를 깨물기 시작합니다. 암컷은 그런 수컷이 마음에 들었는지 앞다리로 수컷 앞가슴을 껴안습니다. 잠시 떨어진 뒤 수컷은 또다시 암컷 더듬이를 깨물며 암컷 마음을 사로잡으려고 공을 들입니다.

드디어 수컷이 점점 대담해져 암컷에게 주둥이를 쑥 내밉니다. 암컷도 따라서 주둥이를 쭉 내밉니다. 두 주둥이가 서로 맞닿았습니다. 그러다가 또다시 수컷이 더듬이로 암컷 더듬이를 부딪치고 주둥이를 내밀어 암컷과 입맞춤합니다.

짧은 시간에 입맞춤과 더듬이 깨물기 행동이 잇달아 계속됩니다. 그런데 긴급 상황이 발생했습니다. 수컷이 흥분했는지 저돌적으로 구애를 하는 바람에 암컷이 자꾸 뒤로 밀려납니다.

버들잎 끝에 이르자 사랑에 취해 있던 암컷이 버들잎 아래도 뚝 떨어져 버렸네요. 깜짝 놀라 풀숲으로 훌쩍 날아가 버리는 암컷을 수컷이 멀거니 바라보고 있습니다. 수컷은 허탈했는지 다른 곳으로 뚜벅뚜벅 걸어갑니다.

암컷과 수컷이 서로 살펴보고 있다.

수컷이 암컷에게 분비물을 맛보게 한다. 수컷에게 밀려 암컷이 잎 끝까지 밀려갔다.

수컷이 암컷 더듬이를 자극하고 있다.

암컷이 분비물을 맛본 뒤에
다시 서로 살펴보고 있다.

수컷이 암컷에게 다시
분비물을 선물하고 있다.

더듬이 접촉과 입맞춤의 비밀

도대체 그 넓은 들판에서 어떻게 암컷과 수컷이 만났을까요? 수컷 더듬이 두 번째 마디는 왜 부풀어 있을까요? 짝짓기 전에 왜 더듬이에 부딪치고 주둥이를 마주 대는 걸까요? 노랑무늬의병벌레는 시각과 페로몬을 이용해 처음 만납니다. 먼저 암컷이 풍기는 성페로몬에 이끌린 수컷이 찾아옵니다. 그리고 암컷을 만나면 수컷은 교미자극페로몬(aphrodisiac)을 더듬이에서 내뿜습니다. 교미자극페로몬은 일종의 최음제인데, 암컷을 유혹하는 사랑의 묘약입니다. 수컷은 교미자극페로몬을 풍선처럼 부푼 더듬이 주머니 속에 꽁꽁 숨겨 놓고 다니다가 암컷을 만나면 두 번째 더듬이 마디에서 내뿜습니다. 그래서 수컷은 풍선 같은 두 번째 더듬이 마디가 암컷 더듬이에 닿도록 집중적으로 자기 더듬이를 암컷 더듬이에 부딪칩니다.

수컷의 교미자극페로몬 냄새를 맡고도 수컷을 퇴짜 놓는 암컷이 있을까요? 그렇습니다. 교미자극페로몬을 맡더라도 암컷은 수컷이 마음에 들지 않으면 퇴짜를 놓습니다. 이런 것을 보면 곤충 세계에서 암컷의 선택권이 상당히 막강하지요.

그러면 주둥이는 왜 마주 대는 것일까요? 짝짓기에 들어가기 전에 진한 입맞춤을 하는 것은 분비샘에서 나온 분비물을 먹여 주기 위해서입니다. 수컷 이마 쪽에서 스며 나온 이 사랑의 묘약을 암컷에게 건네주며 짝짓기 허락을 받으려는 것이지요.

이렇게 자손을 남기는 일은 공이 많이 들어가고 많은 에너지가 소모되는 과정입니다. 기나긴 세월 동안 이 땅에서 살아올 수 있었던 것은 자신들만의 적응 방법을 적절히 발전시켜 온 결과입니다.

천적을 피하는 위장 전술

이렇게 다른 곤충을 포식하는 노랑무늬의병벌레는 누구의 먹이가 될까요? 사마귀, 벌, 잠자리처럼 자기보다 힘이 센 곤충입니다. 그리고 그보다도 더 무서운 새들의 밥이 됩니다. 먹고 먹히는 전쟁이 고요한 풀밭에서 소리 없이 벌어집니다. 그렇다면 노랑무늬의병벌레는 천적에게 한 번도 저항하지 못하고 순순히 밥이 될까요? 그렇지 않습니다.

노랑무늬의병벌레도 나름대로 포식자를 피할 묘책을 가지고 있습니다. 몸이 강렬한 금속성 광택이 나면서 화려한 것은 포식자들에게 '내 몸에 독이 있어.' 하는 메시지를 전하는 것입니다. 일종의 경고색을 가지고 있는 셈입니다. 희한한 것은 노랑무늬의병벌레에게는 포식자들을 위협할 만한 특이한 무기가 있습니다. 앞가슴과 뒷가슴 옆구리에는 주황색 샘(gland) 주머니가 있는데, 평상시에는 몸속에 들어 있어 눈에 잘 띄지 않습니다. 하지만 위험을 느끼면 지체 없이 강렬한 주황색 주머니를 몸에서 꺼내 뒤집어 포식자를 겁먹게 합니다. 이렇게 작고 힘없는 곤충이 할 수 있는 일이란 화려한 색으로 몸을 최대한 부풀려 포식자를 쫓아내는 일이지요.

노랑무늬의병벌레는 위험하면 몸속에 숨은 빨간 살갗 주머니를 밖으로 드러낸다.

자연의 세계는 냉정할 만큼 철저하고 빈틈없는 질서 속에서 돌아갑니다. 먹이망만 해도 그렇습니다. 먹이망 맨 아래 단계인 생산자 무리는 식물입니다. 광합성을 하여 영양분을 만들어 내는 식물을 먹기 위해 초식성 곤충이 찾아듭니다. 초식성 곤충이 많아지면 식물을 다 먹어 치워 식물이 사라지면 어쩔까 걱정할 필요는 없습니다. 왜냐하면 초식성 곤충을 잡아먹는 더 힘센 사냥꾼이 있기 때문이지요. 포식자가 그 곤충을 잡아먹음으로써 초식 곤충의 개체수가 적절히 조절됩니다. 초식성 곤충에는 크기가 작아 연약한 녀석부터 몸집이 커 힘센 녀석까지 종류가 많이 있습니다. 크고 힘센 녀석들은 잠자리나 사마귀 같은 사냥꾼의 밥이 되고, 진딧물이나 가루이와 같은 연약한 녀석들은 노랑무늬의병벌레와 같은 꼬마 사냥꾼의 밥이 됩니다. 이들 사냥꾼들도 결국은 새나 개구리나 뱀 같은 상위 포식자들의 밥이 됩니다.

우리 둘레에 풀 한 포기 없다면? 생명이 존재하지 않는 땅은 생각만 해도 끔찍합니다. 지금도 길바닥에 있는 잡초 한 포기에서도 먹고 먹히는 먹이 전쟁이 일어나고 있습니다.

자식에게 지극하고
헌신적인 아빠

물자라

물자라

물자라가 가뭄 동안
연못 바닥에서 지내다 나왔습니다.

풀숲에 들어서면 사람 인기척에 놀라
여기저기서 작은 생물들이 툭툭 튀며 숨느라 아우성입니다.
나방, 메뚜기, 여치, 노린재, 거미 들뿐만 아닙니다.
풀숲 구석 연못가에 가만히 앉아만 있어도 게아재비, 송사리,
소금쟁이, 물땡땡이, 송장헤엄치게, 물자라 같은
물속의 작은 생물들이 이리저리 숨을 곳을 찾느라 분주합니다.
이렇게 우리 둘레에는 곤충을 비롯한 작은 생물들이 우글거립니다.
왜 이리 많을까요?
현문우답 같지만 종류도 많고 새끼를 많이 낳기 때문입니다.
게다가 태어나 새끼 낳고 죽을 때까지 걸리는 기간이 굉장히 짧아
일 년에도 여러 차례 세대를 이어 가는 경우가 다반사입니다.
이렇게 한 세대가 빠르게 돌아가니 어미는 새끼를 돌볼 시간이 없습니다.
알만 낳아 놓고는 힘이 빠져 죽고 말지요.
그렇다고 어미가 새끼를 돌보지 못해 발을 동동거리지도 않습니다.
되레 한 개라도 더 많이 알을 낳아 자손을 늘릴 궁리를 합니다.
천적에게 잡아먹히더라도 새끼가 살아남을 확률을 높이기 위해서이지요.
그런데 늘 예외는 있는 법. 땅 위에서는 뿔노린재류가 모성애를,
물속에서는 물장군과 물자라가 부성애를 경쟁하듯
새끼에게 쏟아붓습니다. 그들의 자식 사랑이 워낙 유별나서
보고 있으면 마음이 뭉클해집니다.

물자라

물자라의 물속 생활

노린재목에 속하는 몇몇 종류는 새끼를 키우는 데 대단한 노력을 기울입니다. 에사키뿔노린재 어미는 산초나무나 층층나무 같은 여러 가지 나뭇잎에 알을 낳고는 무사히 부화할 때까지 돌봅니다. 물장군도 엄마가 물가의 나무줄기나 돌에 알을 낳으면 아빠 물장군이 알이 부화할 때까지 지킵니다. 또 있습니다. 아빠 물자라는 엄마 물자라가 낳은 알이 부화할 때까지 등에 지고 다니며 지극정성으로 보살핍니다.

물자라 어른벌레와 애벌레는 모두 평생을 물속에서 삽니다. 진수서성 곤충이지요. 어쩌다 물자라는 물속 생활을 하게 되었을까요? 일부 노린재류는 식물질을 먹는 초식성에서 동물의 체액을 먹는 육식성으로 진화했습니다. 물론 이들 모두는 땅 위에서 살았습니다. 그런데 어느 시기엔가 땅 위에 살던 일부 포식성 노린재류가 물속 생활을 하게 되었습니다. 물자라, 물장군, 소금쟁이, 게아재비, 장구애비 같은 곤충이 그들입니다. 땅 위에도 먹이가 있는데, 굳이 땅을 두고 물속에서 살기로 마음먹은 까닭이 무엇일까요? 물가에 살던 녀석들이 물속에도 먹이가 넉넉하니 들락날락하다가 물속 생활에 좀 더 적응한 녀석들이 생존에 더 유리해지면서 지금까지 줄곧 살아온 것은 아닐까 추론해 볼 수 있습니다. 하지만 아직 그 이유가 밝혀지지 않았습니다.

육상에는 곤충 종류가 워낙 많아 먹이 경쟁이 심합니다. 하지만 물속은 육상보다 곤충 종류가 훨씬 적어 먹이 경쟁이 덜합니다. 또

한 새, 거미, 사마귀 같은 다양한 육상 포식자들을 피하는 데도 더 좋습니다. 물론 다양한 종류의 물고기나 도롱뇽 같은 포식자의 밥이 될 수도 있지만, 육상에 있는 포식자보다 그 숫자가 적습니다. 뿐만 아닙니다. 물속 환경은 육상보다 계절에 따른 온도 차이가 크지 않습니다. 물속이 덜 추우니 변온 동물인 곤충에게는 이로운 것이지요. 또한 물속 환경이 안 좋아지면 날개가 있으니 날아올라 환경이 좋은 물을 찾아 이동할 수 있습니다. 그래서 몸 생김새가 물속 생활에 맞게 바뀌었지만 날개를 여전히 가지고 있습니다. 어른벌레가 되어 물 표면에서 생활하는 녀석들은 마음만 먹으면 날 수 있고, 물속에 사는 거의 모든 어른벌레도 물 밖으로 나와 날개가 마르면 언제든 날아갈 수 있습니다.

물자라를 보면 가장 먼저 눈에 띄는 것이 물의 저항을 덜 받도록 바뀐 유선형 몸입니다. 몸이 유선형이다 보니 머리도 세모꼴로, 겹

물자라가 노랑어리연꽃 잎사귀 아래에서 쉬고 있다.

눈도 세모꼴로 찌그러져 물살을 잘 가르며 헤엄칠 수 있습니다. 또한 뒷다리도 헤엄치기에 알맞게 바뀌었지요. 길이로 따지자면 앞다리보다 두 배나 더 길고, 종아리마디와 발목마디에는 노 젓기 좋게 잔털이 한 방향으로 빽빽하게 나 있습니다. 노까지 갖췄으니 타고난 수영 선수인 셈입니다.

그 밖에도 물자라 다리는 요모조모 쓰임새가 많아 먹이를 잡는데 요긴하게 쓰입니다. 앞다리가 낫처럼 생겨 먹이를 낚아채면 꼭 끌어안아 버립니다. 게다가 발끝에 날카로운 발톱이 두 개 있어 한 번 잡은 먹이는 절대 놓치는 법이 없습니다. 나머지 다리는 잡은 먹이가 도망가지 못하도록 붙드는 역할을 합니다. 앞다리는 주 사냥용이고, 가운뎃다리와 뒷다리는 사냥 보조용입니다.

물자라 애벌레가 잠자리류 애벌레를 잡아먹고 있다.

그러면 물자라는 물속에서 무엇을 먹고 살까요? 녀석들은 시냇물이나 연못 같은 잔잔한 물에 살면서 자기보다 힘이 약한 녀석들

을 잡아먹습니다. 작은 물고기, 올챙이, 달팽이, 잠자리 애벌레, 하루살이 애벌레, 작은 물방개 종류 따위를 닥치는 대로 먹습니다. 이렇게 물자라가 물속에서 거침없이 사냥할 수 있는 데는 주둥이 또한 큰 몫을 합니다. 물자라는 노린재류여서 뾰족한 주둥이로 먹잇감을 찔러 제압합니다.

물자라는 사냥한 먹이를 어떻게 요리할까요? 일단 물자라는 먹잇감을 사냥하면 그 자리에서 앞다리로 부둥켜안고 약한 부분인 배마디 관절에 날카로운 침 주둥이를 푹 찌릅니다. 침에 찔린 먹잇감은 필사적으로 발버둥 칩니다. 그러건 말건 물자라는 눈도 깜짝하지 않고 소화 효소를 집어넣어 요리하기 시작합니다. 노린재류가 그렇듯이 물자라의 뾰족한 주둥이에도 관이 두 개 있습니다. 하나는 밥을 먹는 빨대 역할을 하고, 다른 하나는 소화제를 집어넣는 주사기 역할을 합니다. 소화액 주사를 맞은 먹이는 서서히 몸 조

물자라가 송장헤엄치게를 부둥켜안고 잡아먹고 있다.

직이 파괴되면서 물러집니다. 마치 진한 죽처럼 말이죠. 요리가 다 되면 먹는 일만 남았습니다. 물자라는 죽을 유유자적 빨아 먹으며 배를 채웁니다.

또 궁금한 게 있습니다. 도대체 물자라는 물속에서 어떻게 숨을 쉬며 살까요? 물속에는 산소가 녹아 있지만 아가미가 없으니 들이마실 수가 없습니다. 물속에 사는 모든 곤충들은 과거에 땅 위에서 공기 호흡을 하며 살았습니다. 물속 생활에 적응한 뒤에도 이들 곤충은 여전히 공기 호흡을 합니다. 이것은 물속 곤충들 조상이 육지에서 살았다는 증거이기도 합니다. 불행히도 물속 곤충은 물속에서 산소를 이용할 수 없습니다.

수서 곤충의 호흡 방법은 다양합니다. 잠깐 모기와 잠자리, 하루살이의 경우를 볼까요? 녀석들은 물속에 알을 낳습니다. 알에서 깨어난 애벌레는 어미에게 없는 아가미가 달려 있어 아가미 호흡을 합니다. 그런데 물 밖 생활을 시작하는 성충이나 아성충 단계부터는 기관으로 공기 호흡을 합니다. 이처럼 한살이 과정을 물에서도 하고 육지에서도 생활하는 녀석들을 '반수서성 곤충'이라고 합니다. 이와 달리 물자라처럼 한살이를 모두 물속에서 하는 곤충은 '진수서성 곤충'이라고 부릅니다.

아가미가 없는 물속 곤충은 물속에 있다가 산소가 떨어지면 물 위로 올라와 공기 중의 산소를 가져가야 합니다. 물속을 돌아다니다 산소가 떨어지면 물 위로 올라와 산소를 가져갑니다. 물속을 들여다보고 있으면 종종 물자라가 물 위로 올라와 배 끝에 공기 방울을 매달고는 다시 물속으로 쏜살같이 들어갑니다. 물자라도 여느 물속 곤충처럼 숨관(호흡관)이 배 끝에 있습니다. 아주 짧은 숨관이 하나도 아니고 두 개씩이나 붙어 있습니다. 물 밖 공기를 모으는 것도 예술입니다. 물낯으로 떠올라서 머리는 물속에 처박고 비스듬히 물구나무선 채로 배 끝을 물 위로 내밀어 공기를 빨아들입니다. 그러면 공기 방울이 꽁무니에 방울방울 생겨납니다. 또 공기 방울을 만들면서 겉날개를 살짝 벌려 주면 공기 방울이 죄다 모여듭니다. 겉날개를 벌리면 겉날개와 배 사이에 빈 공간이 생겨 산소를 저장하기에 알맞습니다. 공기 방울을 저장하는 모습을 보면 정말이지 영리하기 이를 데 없습니다. 물론 애벌레는 날개가 없으니 몸에 난 잔털 사이에 공기 방울을 모읍니다.

아빠 등에 탄 물자라 알

곤충 수컷들 대부분은 자식을 돌보지 않습니다. 하지만 아빠 물자라는 적극적으로 종족 번식 프로젝트에 참여합니다. 우선 물자라 수컷과 암컷은 물속에 물결을 일으켜 서로 교신도 하고 구애도 합니다.

서로 눈이 맞으면 수컷이 암컷 등 뒤에 올라타 사랑을 나눕니다. 대략 30분에서 50분쯤 걸립니다. 짝짓기가 끝나면 잠시 뒤 암컷은 수중 분만을 시작합니다. 분만실은 넓적한 수컷 등 위입니다. 수컷은 암컷 배 밑으로 파고 들어가 암컷이 자기 등 위에 알을 낳기 편한 자세를 잡도록 합니다. 드디어 분만 시작. 암컷은 수컷의 널찍

한 등 위에 알들이 서로 떨어지지 않도록 붙이면서 줄 맞춰 낳습니다. 분만이 끝나면 암컷은 나 몰라라 하고 어디론가 사라집니다. 이제 알을 돌보는 건 아빠 차지입니다. 아빠 물자라는 알을 등에 업고 다니며 정성껏 돌봅니다. 암컷이 낳은 알을 등에 지고 다닌다고 '알지기'라는 별명이 붙었습니다. 아빠 물자라는 이따금 물 위로 올라와 알이 썩지 않도록 산소를 공급하고, 배자 발생이 잘 되도록 햇볕을 쬐여 따뜻하게 해 줍니다. 알이 공기와 닿으면 알 껍질에 뚫린 작은 구멍인 기공을 통해 산소가 알 속으로 들어갑니다. 또한 알에는 난각, 난황막, 왁스층 등 물속 환경을 잘 견디도록 여러 장치가 되어 있습니다. 물론 방수도 됩니다.

재미있게도 아빠가 알을 업고 또 짝짓기를 하는군요. 아빠가 한꺼번에 업을 수 있는 알 수는 80개쯤 됩니다. 암컷 물자라는 한 번에 80개나 되는 알을 낳지 않습니다. 그래서인지 아빠는 드러내 놓고 여러 암컷과 짝짓기를 합니다. 처음 짝짓기 한 암컷처럼 수컷 등 위에 알을 낳은 암컷은 다른 곳으로 사라집니다. 그러면 아빠는 또 다른 암컷과 짝짓기를 하고 등에 알을 낳아 달라고 합니다. 이렇게 짝짓기와 알 낳기를 되풀이하는 동안 아빠 등은 알로 빼곡히 채워져 빈자리를 찾아볼 수 없습니다. 알들 무게를 모두 합하면 아빠 몸무게보다 두 배나 더 나갑니다.

아무리 물속이라 하더라도 아빠 물자라가 알을 업고 헤엄치는 건 쉽지 않습니다. 별일 없으면 물가 물풀이나 가랑잎 따위에 붙어서 반신욕을 합니다. 자기 몸은 물에 잠기게 하고 알은 물 위로 나오게 해 공기가 술술 잘 통하도록 합니다. 이때 천적 눈에 띄어 붙잡히기라도 하면 지금까지 노력은 도로 아미타불입니다. 이럴 때는 삼십육계 줄행랑이 최고입니다. 아빠 물자라는 재빨리 물속으로 들어가 물풀에 몸을 숨깁니다.

알을 업고 다니는 동안 아빠 물자라는 거의 먹지 않습니다. 알을 등에 지고 있으니 예전처럼 민첩하지 못해 사냥하기가 쉽지 않기 때문입니다. 그러니 자나 깨나 오로지 알들만 알뜰살뜰 돌보며 남은 일생을 다 바치는 것이지요. 물론 먹잇감이 눈앞에 있으면 사냥해 고픈 배를 채웁니다. 알에서 애벌레가 깨어날 때가 되면 아빠는 물 위로 알들을 살짝 내밀고 새끼가 무사히 알 밖으로 나올 수 있도록 꼼짝도 안 하고 기다려 줍니다. 그러다가 새끼가 한 마리 한 마리 깨어 나올 때마다 아빠는 몸을 흔들어 알에서 쉽게 빠져나올 수 있도록 도와줍니다. 자기 정자가 들어간 수정란을 직접 업어 키우는 물자라가 안쓰럽기까지 합니다. 이렇게 새끼가 모두 알에서 빠져나와 물속으로 헤엄쳐 들어가면 아빠 물자라는 물속으로 들어

수컷 물자라가 알을 등에 업고 다니고 있다.

가 몸을 숨깁니다.

다른 수서 곤충들은 물속에 알을 낳는데, 왜 이 녀석은 아빠 등에 낳는 방식으로 적응해 왔을까요? 참으로 물자라의 세계는 궁금한 것이 많습니다. 그 까닭이 언젠가는 밝혀지겠지만, 자기 유전자를 대대손손 남기기 위해 먹기를 포기하고 굶으면서 알을 지키는 수컷 물자라의 육아 일기는 감동적인 드라마를 한 편 보는 것 같습니다.

건강한 물속 생태계 조절자

포식성 곤충은 사막처럼 건조한 곳에서부터 연못과 저수지처럼 물이 많은 곳까지 모든 곳에서 살고 있습니다. 그들이 먹이를 사냥하는 방법도 다양하게 진화해 왔습니다. 끈질기게 뒤쫓아 잡아먹는 놈, 숨어서 기다리는 놈, 함정을 만들어 사냥하는 놈처럼 말입니다. 물자라는 몸을 숨기고 기다리거나 헤엄쳐 돌아다니며 먹이를 사냥합니다.

물속에는 식물성 플랑크톤에서부터 척추동물인 물고기까지 많은 생물들이 터를 잡고 살아갑니다. 이들은 물속을 떠나서는 살 수 없습니다. 육상과 마찬가지로 물속에서도 먹고 먹히는 치열한 먹이 전쟁이 매일 일어납니다. 물속 동물 가운데 식물성 플랑크톤(물속 미생물)은 물속 먹이 사슬에서 맨 아랫부분을 차지합니다. 식물

수컷 물자라가 물벌레를 잡아먹고 있다.

성 플랑크톤은 엽록체를 가지고 있기 때문에 햇빛 에너지와 물속에 녹아 있는 이산화탄소를 이용해 산소와 영양분을 만들어 냅니다. 광합성을 하는 것이지요. 식물성 플랑크톤은 일차적으로 동물성 플랑크톤 같은 작은 생물들의 밥이 되고, 동물성 플랑크톤은 자기보다 큰 하루살이 애벌레, 물벼룩 같은 벌레에게 잡아먹히고, 이들 또한 자기보다 힘센 사냥꾼의 밥이 됩니다.

물자라는 물속 먹이망의 중간 포식자입니다. 날도래, 작은 물방개, 작은 물고기, 달팽이 같은 자기보다 힘이 약한 생물을 잡아먹고, 한편으로는 자기보다 힘이 센 물장군, 장구애비, 물고기, 새들의 밥이 됩니다. 특히나 장구애비는 물자라 킬러인데, 도망치는 물자라를 끝까지 끈질기게 쫓아가 잡아먹습니다.

우리 둘레에는 연못이나 둠벙 같은 서식지가 웬만큼 남아 있어 물자라를 흔하게 볼 수 있습니다. 하지만 하루가 멀다 하고 이곳 저곳에서 개발이란 명목으로 땅을 뒤엎고, 숲을 없애고, 물속에 흙을 쏟아붓고 있으니 언제 그들의 삶터가 사라질지 모릅니다. 또 아빠 물자라가 알을 돌보는 것을 보려고 별생각 없이 잡아서 집으로 가져오는 경우도 많습니다. 하지만 작은 어항 속에 가둬 두고 키울 생각은 하지 말아야겠지요? 그들 또한 인간과 마찬가지로 그들만의 자연 속 서식지에서 자유롭게 살아갈 권리가 있기 때문입니다. 가까운 이웃 나라 일본에서는 개체 수가 급격히 줄어들어 준절멸위기종으로 지정된 지 한참 되었습니다. 우리나라에서도 이런 일이 일어나지 않으란 법은 없습니다.

수컷 물자라가 등에 알을 짊어진 채 가시고기를 잡아먹고 있다.

찌르기 명수

다리무늬침노린재

다리무늬침노린재

다리무늬침노린재는 이름 그대로
다리에 검은색, 흰색 무늬를 가지고 있습니다.
덩치는 약 15밀리미터쯤 되니 큰 편이고,
주둥이에 바늘 같은 침이 달려 있습니다.

누구나 어린 시절에는 무서워하는 대상이 있습니다.
곰쥐, 호랑이, 뱀, 도깨비처럼 말이죠.
저도 코흘리개 시절에 유난히 무서워한 게 있었습니다.
침. 보기만 해도 무서운 침이었습니다.
칭얼대며 보채거나 고집 피울 때마다 아버지가 침놓는다며
쌈지에서 침을 꺼내는 시늉이라도 할라치면
겁먹고 얌전히 꼬리를 내리곤 했습니다.
그리고 몇 십 년이 흘러 곤충들과 놀다 보니 그 추억이 떠오릅니다.
들길이나 산길을 걷다 보면 무서운 침을 가진 노린재를
흔히 볼 수 있기 때문입니다.
녀석이 침을 가졌다 해서 침노린재라고 부릅니다.
침노린재 가운데 우리 눈에 가장 많이 띄는 녀석은
다리무늬침노린재입니다.
한번은 맨손으로 다리무늬침노린재를 잡았다가 보기 좋게 찔렸습니다.
손에 통증이 짜르르…….
얼마나 따갑고 아프던지 정신이 아찔할 정도였습니다.
찔린 손가락 부위는 연필심이 박힌 것처럼 까맣게 바뀌었고,
따갑고 아픈 증상이 몇 시간 갔으니 침의 위력을 증명한 셈이지요.

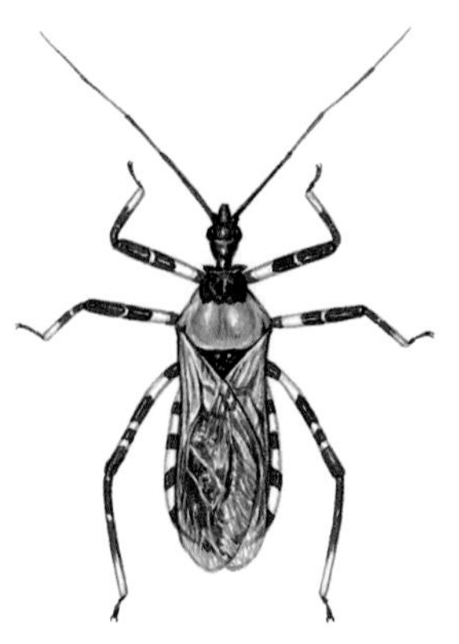

다리무늬침노린재

풀밭의 소리 없는 사냥꾼

풀이 우거진 숲길은 곤충들과 데이트하기 좋습니다. 풀잎을 이리저리 뒤지면 곤충들이 툭툭 튀기도 하고 놀라 날아가기도 합니다. 때마침 잡아먹을 벌레 없나 두리번거리는 다리무늬침노린재와 딱 마주쳤습니다. 녀석들은 먹잇감을 찾느라 여기저기 분주하게 기웃거립니다. 잠시 뒤 태평한 떼허리노린재 등장. 아무것도 모르는 떼허리노린재가 풀잎 위로 산책을 나왔습니다. 떼허리노린재를 포착한 다리무늬침노린재 몸짓이 바빠졌습니다. 떼허리노린재를 노려보며 주둥이 침을 정조준합니다. 순간 긴장감이 감돕니다. 아직도 떼허리노린재는 자신이 먹이 제물이 되는 것도 눈치 채지 못하고 천하태평입니다. 인정사정 볼 것 없이 공격! 드디어 다리무늬침노린재는 뾰족한 침을 떼허리노린재 몸통에 정확히 찌릅니다. 처음에는 저항하며 발버둥 치지만 점점 몸에서 힘이 빠집니다. 제 몸만큼이나 큰 먹잇감을 단번에 해치우는 다리무늬침노린재의 사냥술에 입이 떡 벌어집니다. 순식간에 눈앞에서 벌어진 날쌘 사냥 장면은 소름 끼칠 정도로 살벌했습니다.

다리무늬침노린재는 침을 먹이의 어느 부위에 어떻게 찌를까요? 먹이를 발견하면 기다란 침 주둥이를 쑥 찔러 꽂으며 소화 효소를 집어넣어야 하는데, 침도 아무 곳에나 꽂으면 효과가 떨어지는 법이지요. 몸 중에서 급소를 찾아 꽂아야 효과 만점입니다. 그래서 대부분 먹이의 머리와 가슴 사이 관절에 침을 꽂습니다. 특히 딱정벌레목의 경우 딱딱한 날개나 머리에는 침이 잘 들어가지 않

다리무늬침노린재가 때허리노린재를 잡아먹고 있다.

아 관절 부분에 꽂는 것이지요. 곤충은 마디동물이어서 머리와 가슴 사이, 가슴과 배 사이, 여러 개의 배마디 사이, 몸통과 다리 같은 부속지 사이 등이 연결막으로 이어져 있습니다. 다리무늬침노린재가 날개 덮인 등 쪽보다 몸 아래쪽 관절이 몸에서 가장 약한 곳이란 것을 어찌 알았을까요?

여러 마디로 된 주둥이를 쭉 뻗어 먹잇감에 꽂은 자세가 영락없이 공사장에 있는 굴착기입니다. 이렇게 다리무늬침노린재는 천천히 먹잇감을 녹여 요리를 만듭니다. 메뉴는 암죽. 암죽 요리가 완성되자 이제 푸짐한 식사를 즐기는 일만 남았습니다. 이쯤 되면 식사하는 다리무늬침노린재를 기념 촬영하는 것도 빼놓을 수 없지요. 카메라를 들이대니 눈치 빠른 녀석이 먹이를 주둥이에 꽂은 채 풀잎 뒤로 도망갑니다. 밥상이 무거운데 주둥이가 괜찮을까?

다리무늬침노린재는 어떤 종류의 곤충들을 즐겨 먹을까요? 입맛이 까다로워 주로 살아 있는 생물만 잡아먹습니다. 나비류 애벌레, 잎벌레, 진딧물, 무당벌레, 노린재 들처럼 자기보다 힘없는 곤충이면 종류를 가리지 않고 먹어 치웁니다.

진딧물은 아주 작고 만지기만 해도 톡 터질 것처럼 피부가 연약합니다. 다리무늬침노린재는 주둥이를 손쉽게 진딧물 몸에 푹 찔러 넣을 수 있습니다. 진딧물은 처음에는 움찔거리며 저항하지만 이내 힘이 빠져 죽어 가고, 다리무늬침노린재는 여유 있게 식사를 합니다. 진딧물 말고도 녀석들이 좋아하는 밥은 나비류나 잎벌류 애벌레입니다. 애벌레들도 피부가 약한 편이라 다리무늬침노린재가 주둥이 침을 꽂기에 딱 좋습니다. 거기에다 날개가 없어 재빨리 도망가지도 못 하고, 나비류 애벌레는 몸집이 커서 한 마리만 잡아

다리무늬침노린재가 오리나무잎벌레를 잡아먹고 있다.

도 푸짐하게 식사를 즐길 수 있습니다. 녀석들에겐 정말 훌륭한 먹이입니다. 녀석에게 잡힌 애벌레는 처음엔 오른쪽, 왼쪽으로 몸을 심하게 흔들며 몸부림을 칩니다. 하지만 그것도 잠시뿐, 애벌레는 다리무늬침노린재의 소화 효소 때문에 속살이 천천히 죽처럼 묽어지면서 죽어 갑니다. 먹이가 흐물흐물해지면 다리무늬침노린재는 식사를 하기 시작합니다. 침으로 애벌레 암죽을 빨아 먹는 동안 애벌레는 점차 속이 비어 껍질이 축축 늘어집니다. 다리무늬침노린재는 애벌레 속살을 다 빨아 먹은 뒤 껍질을 내버립니다.

침 같은 주둥이

노린재류의 가장 큰 특징은 뭐니 뭐니 해도 침처럼 생긴 뾰족한 주둥이입니다. 그런 주둥이를 가졌으니 액체 먹이만 먹을 수 있습니다. 먹잇감은 식물이 됐든 동물이 됐든 아무 상관없습니다. 식물을 먹는 녀석들은 식물즙을 빨아 먹고, 동물을 먹는 녀석들은 동물 체액을 빨아 먹습니다. 화석 기록에 따르면 노린재류는 먼 옛날 고생대 페름기에 지구에 등장했고, 중생대 쥐라기와 백악기를 거쳐 번성했을 것으로 추정합니다. 또한 노린재류의 머리가 아래로 향해 있고, 뾰족한 주둥이가 흡수형인 것으로 미루어 조상이 식물즙을 빨아 먹는 초식성 곤충이고, 그중에서 일부 노린재 무리가 자기보다 약한 곤충 같은 동물 체액을 먹는 포식성으로 분화된 것으로

다리무늬침노린재 애벌레가 침처럼 뾰족한 주둥이를 몸 밑에 숨기고 있다.

보입니다. 침처럼 생긴 주둥이로 식물의 딱딱한 세포벽도 뚫었으니 작은 곤충 몸을 뚫는 것도 가능했을 것입니다. 특히 중생대 백악기 이후 꽃 피는 현화식물이 번성하면서 먹이 환경이 바뀜에 따라 일부 노린재 식성이 초식성에서 육식성으로 진화한 것이겠지요.

침 같은 주둥이로는 먹이를 씹을 수가 없으니 빨아 먹어야 합니다. 빠는 주둥이라는 점에서는 같지만 초식을 하느냐, 육식을 하느냐에 따라, 한마디로 먹이 차이에 따라 주둥이 생김새 등이 달라집니다. 초식성 노린재는 잎사귀나 열매, 줄기에서 식물즙을 먹으니 주둥이가 매끈하고 뾰족한 침 모양입니다. 그리고 육식성 노린재 주둥이보다 좀 단순합니다. 침 길이도 짧은 편이고, 식사를 하지 않을 때는 머리와 가슴 사이에 파인 홈 속에 주둥이를 집어넣습니다. 마치 칼집에 칼을 넣듯이 말입니다.

또한 초식성 노린재 밥인 식물은 여기저기에 깔려 있습니다. 그러니 먹이를 찾아 헤맬 필요가 없어 활동성이 떨어집니다. 그저 먹이식물에 자리 잡고 식사를 즐기면 됩니다. 또한 먹이가 풍부하니 다른 초식성 곤충이나 자기 동족과 먹이 경쟁을 심하게 하지 않아도 됩니다. 다만 자신을 먹이로 삼는 포식자를 요리조리 잘 피하고 숨으면 됩니다. 몸 생김새도 식물즙을 먹을 수 있게 적응했습니다. 다리에 난 털과 가시털이 식사할 때 식물을 잘 붙잡을 수 있도록 돕습니다. 그리고 빼놓을 수 없는 것은 초식성 노린재가 오랜 시간에 걸쳐 식물의 독성 물질에 적응해 왔다는 사실입니다.

포식성 노린재 먹이는 초식성 노린재 먹이와 다릅니다. 먹이가 식물이 아니라 동물입니다. 초식성 곤충을 비롯해 자기보다 힘없는 동물들을 잡아먹습니다. 먹이가 식물처럼 일정한 장소에 있지

검정무늬침노린재가 풍뎅이류를 잡아먹고 있다.

도 않고, 한곳에 모여 있지도 않고, 자기 몸을 숨기기도 하고 피하기도 하고 도망가기도 합니다. 그러니 포식성 노린재는 먹잇감을 찾아 돌아다녀야 하고, 보이는 족족 그때그때 잡아먹어야 합니다. 그래서 육식성 노린재가 초식성 노린재보다 훨씬 활동적입니다.

또한 먹이가 달라지다 보니 포식성 노린재는 외모와 힘도 초식성 노린재와 달라졌습니다. 움직이는 먹이를 잡아야 하니 행동이 매우 빠릅니다. 예를 들면 먹이를 보면 재빨리 걷고, 먹이에 순식간에 침을 꽂고, 위험하면 바람처럼 잎이나 줄기 뒤로 숨습니다. 녀석들 머리는 먹잇감을 여러 각도에서 잡기 좋게 앞으로 향해 있습니다(전구식). 그리고 머리에 붙어 있는 침 주둥이는 초식성 주둥이보다 두껍고, 휘어져 있고, 길이도 더 깁니다.

그런데 문제는 잡은 먹이를 어떻게 먹을 것인가입니다. 즙을 빨아 먹던 주둥이였으니 씹을 수도 없습니다. 그래서 녀석들은 소화 효소를 먹잇감에 주입해 먹잇감을 죽처럼 만드는 방법을 터득했습니다. 육식성 노린재 주둥이에는 관이 두 개 있습니다. 한쪽 관으로는 먹이를 쭉쭉 빨아 먹고, 다른 관으로는 소화 효소(타액)를 내뿜습니다. 신기하게도 소화 효소는 먹잇감 몸속에 들어가자마자 모든 조직을 분해하기 시작합니다. 점차 몸속 신경계가 제 기능을 잃으면서 발버둥 치던 먹이가 조용해집니다. 소화 효소는 침샘에서 만들어지며, 몸 기관과 조직의 주요 성분인 단백질이나 지질을 분해하는 효소가 많이 들어 있습니다. 먹이는 이 소화 효소 때문에 속살이 흐물흐물해지며 죽어 갑니다. 아예 먹이를 소화시켜 죽처럼 만들어 먹는 것이죠. 먹이 곤충 입장에서는 몸에 독이 들어오는 것입니다. 초식성 곤충이 식물 독성에 적응했듯이 육식성 곤충도 소화 효소를 개발해 먹이 동물을 빨아 먹는 데 적응했습니다.

그렇다면 노린재 주둥이는 포유동물 피를 빨아 먹는 모기 주둥이와 닮았을까요? 그렇지 않습니다. 모기 주둥이는 윗입술이 포유동물 피부를 찌르는 침으로 바뀌었습니다. 하지만 노린재 주둥이는 작은턱과 큰턱이 바뀐 것입니다. 그래서 모기 주둥이와 입틀 구조가 다릅니다. 친척 관계가 아닌 생물들이 비슷한 환경에 살다 보니 모양이 비슷한 주둥이를 갖게 되었을 뿐 전혀 다른 방식으로 적응한 것입니다.

노린재는 '안갖춘탈바꿈'을 합니다. 애벌레가 번데기를 거치지 않고 곧바로 어른벌레가 되는 거지요. 애벌레는 성장하면서 허물을 여러 차례 벗습니다. 알에서 막 깨어난 노린재 애벌레와 어른벌레는 몸 크기만 다를 뿐 생김새가 거의 비슷합니다. 그러다 보니 풀밭에서 노린재를 만나면 어른벌레인지 애벌레인지 구분이 안 갈

다리무늬침노린재가 짝짓기를 하고 있다.

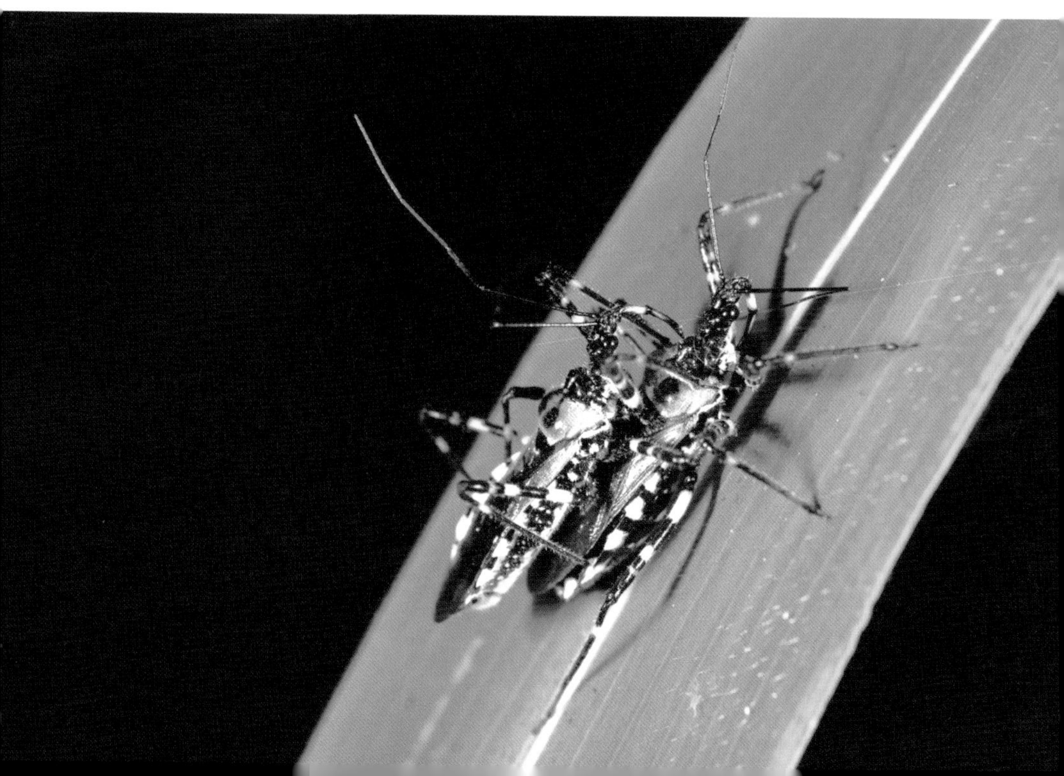

다리무늬침노린재 애벌레가 애꽃벌류를 잡아먹고 있다.

수도 있습니다. 하지만 헷갈릴 필요 없습니다. 날개가 있는지 없는지만 확인하면 되니까요. 어린 애벌레는 겉으로 보기에 날개가 없지만, 몸속에 날개 싹이 있습니다. 날개 싹은 애벌레가 성장할수록 점점 자라다가 종령 애벌레가 마지막 허물을 벗고 어른벌레로 날개돋이 할 때 비로소 다 자란 날개 모습을 갖춥니다.

재밌게도 노린재류(노린재목)는 어른벌레나 애벌레 모두 같은 먹이를 먹습니다. 어른 노린재든 노린재 애벌레든 먹이에 침 같은 주둥이를 꽂고 식사를 합니다. 다리무늬침노린재 애벌레도 자기보다 힘없는 곤충을 잡은 뒤 소화 효소를 주입해 죽처럼 만들어 빨아 먹습니다. 어미 다리무늬침노린재와 똑같이 말입니다.

화학 폭탄 제조의 귀재

노린재를 만지면 역한 냄새가 풍겨 나옵니다. 노린재 냄새는 워낙 지독해서 한 번만 맡아도 잊을 수가 없습니다. 그 고약한 냄새가 '노린내' 같다 해서 '노린재'라고 부르니 그럴 만도 합니다. 그러면 노린재가 독특한 냄새를 풍기는 까닭은 무엇일까요? 자신을 방어하기 위해서입니다. 노린재는 위험을 감지하면 고약한 냄새를 풍겨 적을 쫓아냅니다.

다리무늬침노린재 종령 애벌레

노린재는 몸의 어느 부분에 방어 물질이 들어 있을까요? 애벌레와 어른벌레는 각각 다른 곳에 냄새 분비샘이 있습니다. 애벌레 시절에는 날개가 발달 중에 있어서 배가 날개로 다 덮여 있지 않습니다. 그래서 분비샘이 배 등 쪽 표면에 열려 있습니다. 하지만 어른벌레가 되면 날개가 배를 다 덮어 버리기 때문에 분비샘이 다른 곳에 있습니다. 어른벌레 배 쪽 가슴의 중간 부분에 커다란 분비샘이 하나 있고, 냄새를 뿜어 대는 분비 구멍은 뒷다리와 맞붙어 있는 뒷가슴 양옆에 한 개씩 있습니다. 분비샘과 분비 구멍은 몸 안에서 서로 이어져 있습니다. 분비 구멍으로 발사되는 노린재의 방어 물질인 화학 폭탄은 냄새가 굉장히 지독합니다. 그래서 냄새를 맡게 되면 꽤 오랫동안 역겨운 냄새가 코에서 진동해 속이 메슥거릴 정도입니다.

다리무늬침노린재가 날개돋이 한 뒤 아직 몸이 굳지 않았다.

노린재 냄새가 오랫동안 지속되는 데는 다 까닭이 있습니다. 녀석은 자신이 개발한 화학 폭탄을 교묘하게 쏘아 댑니다. 냄새 물질은 약간 액체성이어서 공기 속으로 빨리 퍼져 나가지 않고, 몸 둘레에서 천천히 퍼집니다. 우리가 노린재를 손으로 잡으면 수증기에 손을 댔을 때처럼 촉촉한 무언가가 손에 묻은 느낌이 듭니다. 특이하게도 분비 구멍 바로 옆에는 스펀지처럼 냄새 물질을 흡수할 수 있는 큐티클 층이 있습니다. 이 큐티클 층은 굉장히 정교하게 만들어져 냄새 물질이 스멀스멀 잘 스며듭니다. 노린재가 분비 구멍으로 내뿜은 냄새 물질은 일부는 공기와 천천히 섞이고, 일부는 큐티클 층에 흡수된 뒤 주변으로 천천히 퍼집니다. 그래서 노린재를 잡았을 때 냄새 물질이 손에 묻게 되는 것이지요.

거기에다 녀석들은 적이 건드리는 방향으로 화학 폭탄을 쏩니다. 몸 오른쪽과 왼쪽 모두에 분비 구멍이 있으니 가능합니다. 폭탄먼지벌레보단 능수능란하지 못하지만 몸 방향을 바꿔 적을 향해

껍적침노린재

극동왕침노린재

홍도리침노린재

우단침노린재

뿜어 댑니다.

초식 곤충에게 무서운 사냥꾼 식물에게는 수호천사

다리무늬침노린재는 숲속 풀밭이나 나뭇잎 사이를 어슬렁거리며 먹잇감을 찾아다닙니다. 힘없는 곤충들에게는 매우 두려운 존재입니다. 아마도 힘없는 곤충들은 제발 마주치지 말기를 바랄지도 모릅니다. 다리무늬침노린재가 자기보다 힘이 약한 곤충만 잡아먹는 것은 사냥 무기가 날카로운 주둥이뿐이어서 그렇습니다. 그래서 잎벌 애벌레, 나비 애벌레, 잎벌레 애벌레, 진딧물, 매미충처럼 식물 잎을 먹는 초식성 곤충이 단골 메뉴입니다. 말하자면 생태계 먹이망에서 2차 소비자입니다.

캘리포니아대학교에 넬슨(Eric Nelson)의 연구에 따르면 쐐기노린재류(Nabis spp.)가 진딧물 개체군 성장에 영향을 준다고 밝혔습니다. 일부 진딧물은 쐐기노린재에게 잡아먹히기도 하지만, 일부는 잡아먹히지 않기 위해 식물로부터 떨어져 방어를 합니다. 이런 방어 행동 때문에 결국 진딧물 죽음은 늘어나고 생식 활동은 줄어듭니다. 또 넬슨은 쐐기노린재가 진딧물을 잡아먹지 못하도록 일부 쐐기노린재 주둥이를 없애고 실험을 했습니다. 결과는 마찬가지로 진딧물 개체군 성장이 줄어들었습니다. 즉 포식성 노린재류가 존재하는 것만으로도 진딧물 성장과 생식 활동이 영향을 받습니다. 식물 입장에서는 자기 즙을 빨아 먹고 사는 진딧물을 잡아먹으니 영양분을 덜 빼앗기며 성장할 수 있습니다.

이렇듯 포식성 다리무늬침노린재는 곤충에겐 무서운 존재지만 식물에겐 환영받는 존재입니다. 식물들은 침노린재만 나타났다 하면 함박웃음을 지을지도 모릅니다. 자기를 시도 때도 없이 뜯어 먹는 잎벌레류, 나비류 애벌레 같은 곤충들을 침 한 방으로 잡아먹으니 얼마나 좋겠습니까? 식물 입장에서 보면 늠름한 '수호천사'입니다. 초식성 곤충이 아무리 많다 해도 다리무늬침노린재 같은 포식자가 있기 때문에 식물이 다 뜯어 먹히지 않고 살아남을 수 있습니다. 포식 곤충 활동으로 초식 곤충 개체 수가 자연스럽게 조절돼 식물과 균형이 맞춰지는 것이죠.

또한 다리무늬침노린재는 상위 포식자에게 먹이 제물이 됩니다. 말벌, 사마귀, 거미, 새들에게는 귀중한 양식입니다. 상위 포식자에게 잡아먹히지 않으려고 강력한 방어 물질을 뿜어 대지만 힘센 포식자들은 아랑곳하지 않습니다.

그게 자연의 순리입니다. 햇빛을 이용해 영양물질을 만들어 내는 식물, 그 식물을 먹고 사는 잎벌레 같은 1차 소비자, 1차 소비자를 먹고 사는 다리무늬침노린재 같은 2차 소비자, 2차 소비자를 먹고 사는 새 같은 3차 소비자, 3차 소비자를 먹고 사는 최상의 포식자, 그리고 생산자와 소비자 모두를 흙 속으로 돌려보내는 부식성 동물이나 세균 같은 분해자, 이들이 얽히고설켜 생태계의 물질 순환이 자연스럽게 이뤄집니다.

다른 생물과 마찬가지로 다리무늬침노린재 또한 생태계의 조절자로서 톡톡히 제 역할을 해내고 있습니다. 틈나는 대로 나무숲이

배홍무늬침노린재

나 풀밭에서 노린재를 찾아보세요. 노린재를 발견하면 손으로 살짝 잡아 그 지독한 노린내를 한번 맡아보시길. 녀석의 존재감이 뼈저리게 느껴질 것입니다. 여름이 시작되는 6월에서 9월까지 언제든지 만날 수 있습니다.

공동육아의 달인

쌍살벌

뱀허물쌍살벌 여왕벌

뱀허물쌍살벌 여왕벌이
방 안에 있는 새끼들을 살피고 있습니다.

해마다 일 년에 서너 번 섬에 갑니다.

바닷가 모래 언덕에 터를 잡고 사는 곤충들을 조사하기 위해서지요.

역시 바닷가에는 해당화가 활짝 피어 있습니다.

나도 모르게 동요 한 소절을 흥얼거리며

꽃 둘레를 어슬렁거리며 곤충을 찾습니다.

"해당화가 고-옵-게 핀 바닷가에서, 물결마다 잔-잔-한 바닷가에서……."

그러노라면 쌍살벌 몇 마리가 얼굴을 휙 스치며 날아갈 때도 있습니다.

해당화 줄기에 벌집을 숨겨 놓고 열나게 들락거리는 쌍살벌들.

그럴 땐 재빨리 도망치는 게 상책입니다.

쌍살벌에게 쏘이면 일이 커지니까요. 그런데 바닷가에 웬 쌍살벌일까요?

쌍살벌은 바닷가든, 산속이든, 들판이든, 사람이 사는 집이든

장소를 가리지 않고 집을 짓습니다.

억센 가시가 붙어 있는 해당화 줄기에, 산속 나뭇가지 사이에,

논두렁의 커다란 돌멩이에, 집 울타리 엉성한 가지에,

심지어 집 처마나 현관 천장에도 집을 지어

사람들이 들고 날 때마다 윙윙거립니다.

재미나게도 쌍살벌이 짓는 집 모양은 종마다 제각각입니다.

쟁반 모양, 뱀이 벗어 놓은 허물 모양,

기다란 타원형 모양처럼 말이죠.

등검정쌍살벌

여름날
쌍살벌과 만나다

휴일도 집에 있으면 몸이 근질근질합니다. 7월 어느 날 광릉에 있는 봉선사에 간 적이 있습니다. 큰 법당으로 올라가는 계단 꽃밭에 쟁반 같은 벌집이 폼 나게 자리 잡고 있었습니다. 키가 훌쩍 큰 장미 줄기에 매달린 벌집을 쌍살벌들이 붕붕거리며 들락날락 정신이 없습니다. 벌집은 정말 쟁반같이 떡 벌어져 벌집 속이 훤히 다 보입니다.

얼른 세어 보니 방이 40개가 넘습니다. 고치 입구가 구멍 난 창호지처럼 뚫린 방, 실크 뚜껑으로 딱 봉해진 방, 꿈틀거리는 애벌레가 훤히 보이는 방, 벽 쪽에 쌀알 같은 알이 붙어 있는 방처럼 방도 여러 가지입니다. 물론 벌집 위에는 어른 쌍살벌들이 다닥다닥 떼로 붙어 있습니다. 큰맘 먹고 카메라를 자꾸 들이대니 벌들이 날개를 바짝 곧추세웁니다. 경계 태세! 보초병 몇 마리가 벌집 꼭대기에서 저를 노려보고 있습니다. 몸에 힘이 잔뜩 들어가 긴장한 채로 말입니다. 이렇게 노려보며 경계를 해도 사태 해결이 안 되면, 공격 페로몬을 발사해 떼 지어 공격을 해댈 테니 녀석들 신경을 건드리면 안 됩니다. 무섭고 겁이 나 얼른 카메라를 치우고 뒤로 물러서자 보초병들도 경계 태세를 풀고 날개를 내립니다.

마침 먹이 구하러 간 일벌이 돌아옵니다. 큰턱에는 동그랑땡처럼 빚은 고기 경단이 물려 있습니다. 기다렸다는 듯이 벌집에 있던 다른 일벌들이 마중 나와 고기 경단을 쪼개 나눠 갖습니다. 그러고는 애벌레 방을 돌아다니며 맛난 고기를 나눠 먹이느라 부산합니

왕바다리 집

다. 잠시 뒤 또 다른 일벌이 애벌레 방 쪽으로 날아옵니다. 이번에는 방마다 돌아다니며 열심히 날개를 퍼덕거립니다. 날씨가 더워 혹시나 애벌레가 죽을까 봐 날개로 부채질해서 시원하게 해 주는 것이지요. 붕붕거리며 날아다니는 모습이 호들갑스럽지만 일사불란하게 움직이고 있습니다.

여왕벌은 멀티 플레이어

쌍살벌! 듣기만 해도 쏘일까 두려운 말벌 가족. 하지만 그건 편견이죠. 그들은 사람을 먼저 공격하는 법이 없습니다. 일을 나눠 척척 해내는 사회성 곤충 쌍살벌. 그들은 일 년을 어떻게 보낼까요? 봄부터 겨울까지 쌍살벌의 일상을 몰래카메라에 담아 보는 것도 재미납니다.

4월 초, 햇살이 따뜻합니다. 쌍살벌 한 마리가 뒷다리를 쭉 뻗고 백로처럼 멋있게 날아갑니다. 녀석은 겨울잠에서 깨어난 여왕벌이죠. 봄나들이 나온 것 같지만 실은 집터를 고르는 중입니다. 쌍살벌은 겨우내 썩은 나무속이나 그루터기 속에서 잠을 잡니다. 특히 흙 속에 파묻힌 뿌리 틈새에서 따뜻하게 겨울을 지냅니다. 그러다 봄이 되면 밖으로 나와 가장 먼저 하는 일이 집 짓는 일입니다.

날씨가 더운 날 쌍살벌이 빠른 날갯짓으로 부채질하며 집 안을 시원하게 만들고 있다.

쌍살벌은 자연을 그대로 집으로 삼기에 불충분한지 자신이 머물 집을 따로 짓습니다. 왜 그럴까요? 자식 때문에 집이 필요합니다.

일반적인 곤충들과 달리 녀석들은 집에서 알을 낳고, 애벌레가 깨어나 날개돋이 할 때까지 자식을 돌봅니다. 녀석들 집은 알과 애벌레, 번데기를 위한 집이자 어른벌레들이 그들을 돌보면서 함께 머무는 장소입니다. 집을 짓는 데 공이 많이 들어 이른 봄부터 집을 짓습니다. 그런 쌍살벌 습성은 새나 포유동물 등이 새끼가 스스로 먹이를 찾아 먹을 수 있을 만큼 자라서 독립할 때까지 보살필 공간을 마련하는 것과 비슷해 보입니다. 다만 벌들 자식이 애벌레와 번데기 시기를 거치는 것만 빼면 말입니다. 그리고 일부 포유동물처럼 벌들도 공동육아를 합니다. 곤충이 집을 짓고 공동육아를 하는 것은 오히려 포식 곤충의 공격을 받아 가문이 사라질 수도 있습니다. 그럼에도 집을 지어 공동으로 새끼를 돌보는 것은 자식의 생존율이 높아 대를 이어 가는 데 훨씬 이롭기 때문일 것입니다.

뱀허물쌍살벌 여왕벌이 갉아 온 나무 부스러기를 버무려 집을 짓고 있다.

쌍살벌은 집 짓기 위해 명당을 찾아 날아다닙니다. 명당의 조건은 비가 들이치지 않고, 햇빛이 가려지는 곳입니다. 집터가 정해지면 여왕벌은 손수 집을 짓기 시작합니다. 건축 재료는 나무껍질과 침, 연장은 큰턱입니다.

팔 걷어붙인 여왕벌은 힘센 큰턱으로 나무껍질을 갉아 섬유질을 뜯어낸 뒤 침으로 걸쭉하게 반죽해 집터로 가져옵니다. 가장 먼저 하는 일은 집 기초 공사죠. 자루를 만드는 일입니다. 자루 하나에 방이 여러 개인 큰 집이 매달려 있어야 하니 비바람이 쳐도 끄떡없을 만큼 튼튼하게 만들어야 합니다. 여왕벌이 어찌나 야무지고 억척스럽게 기초 공사를 하는지 '우아한 여왕벌 맞아?' 하는 생각이 들 정도입니다. 집을 지을 때는 더 이상 지체 높은 여왕벌이 아닙니다. 목수 무수리 벌일 뿐입니다.

뱀허물쌍살벌 여왕벌이 방 안에 낳은 알들을 지키고 있다.

여왕벌은 하루 종일 쉬지 않고 나무 반죽을 나르더니 방 하나를 뚝딱 만듭니다. 그러고는 방 벽에 배 끝을 대고 움찔움찔하더니 알 하나를 낳습니다. 하얗고 윤기가 자르르 흐르는 알. 힘도 안 드는지 여왕벌은 곧바로 건축 재료를 모으러 일을 나갑니다. 얼마 안 되어 돌아와 또 방을 만들기 시작합니다. 특이하게도 여왕벌은 새로 방 공사를 할 때마다 반드시 자루에 나무 반죽을 덧입혀 자루를 더욱 튼튼하게 고정시킵니다. 여왕벌은 하루에 방을 몇 개나 만들까요? 두 개 정도입니다. 참 많은 노동과 시간이 드는 공사입니다.

여왕벌이 방을 여러 개 만드는 동안, 맨 처음 만든 방에 낳은 알에서는 애벌레가 깨어납니다. 그러면 여왕벌은 더 바빠지기 시작합니다. 애벌레를 먹여 살려야 하기 때문입니다. 애벌레가 태어나면 여왕벌은 방 공사를 잠시 멈추고 먹이 사냥을 나갑니다. 녀석이 즐겨 사냥하는 먹잇감은 나비류 애벌레입니다. 애벌레를 잡아 즉석에서 입으로 껍질을 홀라당 벗겨 내고 자기 침을 섞어 경단을 곱게 빚습니다. 애벌레가 소화하기 좋게 침으로 먹잇감을 적당히 녹이는 거지요. 그러고는 집으로 가져와 애벌레에게 조금씩 떼어 먹입니다. 어미벌이 사냥해 온 밥을 먹으며 애벌레가 무럭무럭 자라면 방도 비좁아지니 엄마 여왕벌은 애벌레 방을 넓혀 줘야 합니다. 애벌레가 쓰던 방 입구 가장자리에 나무 반죽을 덧대어 쌓습니다. 방 길이도 늘리고, 약간씩 폭을 넓히며 쌓기 때문에 방 아래쪽보다 위쪽이 넓은 나팔 모양처럼 됩니다.

이제 새끼 방 확장 공사까지! 알 낳으랴, 먹이 사냥하랴, 새끼 키우랴, 방 공사하랴, 새끼 방 확장 공사하랴, 정말이지 눈이 코에 붙는지 입에 붙는지 정신없이 바쁜 어미 여왕벌입니다. 몸이 열 개라도 모자랄 지경입니다. 아무나 여왕벌 할 수 있는 건 아닙니다. 만능이 되어야 이 많은 일들을 해낼 수 있으니까요.

어느덧 여왕벌이 가문의 부흥을 꿈꾸며 억척같이 집을 짓고 알을 낳은 지 한 달이 되어 갑니다. 지금까지 지은 방만 40개쯤 됩니다. 드디어 여왕벌의 극진한 보살핌을 받고 자란 맏딸이 번데기를 만들기 시작합니다. 애벌레는 입에서 실을 토해 마치 문짝에 창호지를 바르듯이 자기 방 입구를 막습니다. 그런 뒤 방에서 번데기가 됩니다. 이렇게 입구를 막으면 천적 공격을 피할 수 있고, 세차게 내리는 비도 들이치지 않고, 바깥 기온이 올라가도 이겨 낼 수 있습니다.

뱀허물쌍살벌이 나방 애벌레를 사냥해 경단을 만들어 와서 애벌레에게 먹이려고 하고 있다.

물론 나머지 애벌레들은 자기들 방에서 사냥 나간 여왕벌을 기

뱀허물쌍살벌이 먹잇감을 사냥해 경단을 만들고 있다.

다리고 있습니다. 여느 때와 마찬가지로 여왕벌이 앞다리와 턱 사이에 고기 경단을 물고 돌아옵니다. 맏딸이 번데기가 된 걸 아는지 모르는지 맏딸 방은 거들떠보지 않습니다. 다만 배고픈 새끼들에게 밥을 먹일 뿐입니다. 찬물도 순서가 있다는 말이 벌들 세계에서도 통하는지 가장 큰 놈에게 먼저 주고 그다음 큰 놈에게 차례차례 밥을 줍니다. 새끼들을 다 먹이지 못했는데 벌써 먹이가 떨어졌습니다. 그래도 어미 벌은 고기 밥을 못 먹은 새끼들 방을 일일이 들여다봅니다. 마치 밥을 못 챙겨 준 새끼들을 달래 주기라도 하듯이. '조금만 기다려. 금방 밥 가져올 테니 참으렴.' 그러고는 고양이 세수하듯 더듬이를 청소하고 앞다리도 잘 다듬고 또 사냥을 떠납니다.

5월 말입니다. 맏딸이 번데기를 만든 지 20일쯤 지났습니다. 드디어 첫째 딸벌이 태어났습니다. 누구 도움 없이 혼자 힘으로 번데기 방 뚜껑을 찢고 나옵니다. 딸벌은 여왕벌보다 좀 작습니다. 벌 세계에서도 맏딸은 살림 밑천입니다. 이제부터 큰 딸벌은 여왕벌을 도와 쌍살벌 왕국을 번창시킬 테니까요. 딸벌들이 많아지면 쌍살벌 집이 기하급수적으로 커지는 것은 시간문제입니다. 줄줄이 날개돋이 하는 딸벌들은 여왕벌이 했던 집 짓는 일, 육아, 먹이 사냥 같은 일들을 도맡아 합니다. 이제야 여왕벌은 그동안의 힘겨웠던 노동일에서 벗어날 수 있습니다. 여왕벌은 자기 방에서 쉬면서 알만 낳으면 되고, 배고프면 먹이 사냥도 다니면서 자신이 건설한 왕국의 식구들을 거느리기만 하면 됩니다.

왕바다리 여왕벌이 딸벌과 함께 집을 짓고 알을 돌보고 있다.

그런데 딸벌들이 날개돋이 할 때쯤이면 거미가 쌍살벌 집 둘레에 거미줄을 칩니다. 그것도 일벌들이 사냥하기 위해 나가고 들어

오는 길목에 말입니다. 사냥감 물고 돌아오는 일벌들을 노리는 거미의 절묘한 먹이 전략! 먹이를 두고 빈틈없이 돌아가는 자연의 질서를 다시 한번 확인하는 순간입니다.

여름이 되자 뱀허물 쌍살벌 집에 딸벌들이 잔뜩 깨어났다.

새로운 여왕벌의 탄생

쌍살벌 왕국의 번창이 최고조에 달하는 여름도 끝나 갈 무렵, 왕국의 창시자 여왕벌이 늙어 죽습니다. 이젠 대를 잇기 위해 여왕벌 후보 딸벌이 알을 낳을 차례입니다. 짝짓기도 안 하고 딸벌이 알을 낳을 수 있을까요? 물론입니다. 딸들은 수컷 정자 없이도 새 생명을 만들어 냅니다. 딸벌들은 어미벌이 그랬듯이 방마다 알을 낳고 어른벌레가 될 때까지 돌봅니다. 알은 단지 정자와 수정되지 않았을 뿐 여느 알과 마찬가지로 애벌레가 알에서 깨어납니다. 다만 미수정란에서 깨어난 새끼는 모두 수벌입니다. 미래의 여왕벌들에게 정자를 제공해 줄 수벌 말입니다.

가을은 일 년 중 유일하게 세상 빛을 본 수컷들이 활개 치는 계절입니다. 수컷들의 등장으로 쌍살벌 세계에 짝짓기 바람이 불어옵니다. 본격적으로 암컷들은 수컷들과 짝짓기를 시작합니다. 수컷은 가능한 다른 왕국 암컷과 짝짓기를 하고, 암컷 또한 다른 왕국 수컷과 짝짓기를 합니다. 다양한 유전 인자를 후세에 남기기 위해서입니다. 혹시라도 같은 왕국에서 자란 암컷과 수컷이 짝짓기를 한다면 가족과 짝짓기를 하는 셈입니다.

짝짓기를 마친 수컷은 비실비실 죽어 갑니다. 오로지 짝짓기를 위해 태어난 것처럼. 프로를 능가하는 아마추어 벌 전문가의 말이 떠오릅니다.

"벌 세계에서는 수컷처럼 불쌍한 게 없어요. 여름 한철만 사는 것도 서러운데, 짝짓기를 하고 나면 가을 바람에 떨어지는 가랑잎처럼 힘이 빠져 죽어요. 또 암컷과 짝짓기를 못할 수도 있어요. 그러면 그냥 총각 귀신이 되는 거죠."

짝짓기에 성공한 암컷들은 수컷이 죽든 말든 관심이 없습니다. 그저 몸속에 정자만 확보하면 되니까요. 이제 암컷이 해야 할 일은 추운 겨울을 이겨 내기 위해 썩은 나무속이나 나무뿌리 속에서 겨울잠을 자는 것입니다. 내년 봄 새로운 쌍살벌 왕국을 건설하는 꿈을 가슴에 품고서.

수벌들이 태어날 암컷을 기다리고 있다.

쑥대밭이 된 쌍살벌 왕국

쌍살벌은 나름 맹렬한 사냥꾼입니다. 나비류 애벌레들을 비롯해 힘없는 곤충들은 쌍살벌 공격에 속수무책입니다. 그런 쌍살벌에게도 두려워 벌벌 떠는 적이 있습니다. 누구일까요? 바로 말벌입니다. 말벌은 무슨 까닭으로 자신들과 사촌뻘 되는 쌍살벌을 잡아먹을까요? 말벌도 자신들 왕국을 건설하며 쌍살벌과 비슷한 생활을 합니다. 일벌 말벌들은 집도 짓고, 사냥도 하고, 여왕벌이 낳은 새끼를 키우니 쌍살벌 일상과 별반 다를 게 없습니다. 말벌들은 애벌레를 키우기 위해 자신보다 힘없는 곤충 사냥을 하는데, 불행히도 쌍살벌이 말벌한테는 더없이 좋은 먹잇감입니다. 쌍살벌 집 하나만 털어도 말벌 밥상이 푸짐해지기 때문입니다. 말벌 암컷 몸길이는 30밀리미터쯤, 장수말벌 암컷은 40밀리미터쯤, 등검정쌍살벌 암컷은 18밀리미터쯤 됩니다. 곤충 세계에서 몸길이가 18밀리미터쯤 되면 매우 큰 편에 속합니다. 하지만 말벌이 쌍살벌보다 훨씬 크니 쌍살벌로서는 말벌을 당해 낼 재간이 없습니다. 어른 말벌은 몸집이 큰 쌍살벌로 만찬을 즐기고, 동생이나 자식들에게 푸짐한 밥상을 차려 줄 수 있으니 이보다 더 좋을 순 없습니다. 몸집이 작은 곤충 몇 마리를 잡느라 애쓰는 것보다 쌍살벌 집 하나만 털어도 배불리 먹을 수 있으니 얼마나 경제적입니까?

7월쯤이 되면 말벌 왕국은 한창 번창할 때입니다. 돌봐야 할 애벌레 수가 가장 많아지는 때라 어미 말벌들은 먹잇감 찾기에 더욱 에너지를 쏟아붓습니다. 커 가는 애벌레들에게 밥을 줘야 하니 어미 말벌들은 얼마나 애가 탈까요?

말벌들이 쌍살벌 집을 발견하고 쳐들어옵니다. 사실 꼭 7월이 아니라도 쌍살벌 집을 공격합니다. 그러자 쌍살벌들은 공습경보를 울리며 말벌들과 맞섭니다. 보초병, 일벌 들은 힘이 약하니 잡아먹힐 것이 뻔한데도 맞서 싸우며 죽어 갑니다. 패할 수밖에 없는 싸움에 뛰어드는 모습을 보면 마치 자살 특공대를 보는 것 같습니다. 왕국을 지키기 위해 강력히 저항하지만 소용없습니다. 말벌은 강력한 턱으로 저항하는 쌍살벌 배를 단박에 동강 내 버립니다. 독이 든 배를 뚝 잘라 내던지고 가슴 부분에 있는 살만 파먹습니다. 그 동작이 얼마나 빠른지 순식간에 쌍살벌들은 시체가 되어 땅바닥 여기저기에 나뒹굽니다. 말벌들 기세에 눌려 쌍살벌 몇 마리는 집 뒤로 피신을 하고 오금 저리며 말벌 공격을 지켜볼 뿐입니다. 쌍살벌 집을 접수한 말벌들은 너도나도 전리품으로 달려듭니다. 말벌들은 쌍살벌 애벌레와 번데기를 닥치는 대로 사냥합니다. 적당히 물렁거리는 애벌레와 번데기는 따로 손질할 필요가 없는 완전 영양 식품이죠. 말벌들이 떠난 쌍살벌 집은 그야말로 쑥대밭입니다. 10분도 채 지나지 않았는데⋯⋯ 어떻게 건설한 왕국인데⋯⋯ 멸망한 왕국의 모습은 늘 휑하고 쓸쓸합니다.

말벌 등장으로 쌍살벌 집에 모여 살던 식구들이 죄다 죽었습니다. 봄부터 고생하며 함께 지은 집도 여기저기 생채기가 나 버렸습니다. 마치 전쟁 중에 폭격을 맞고 쑥대밭이 된 마을을 보는 것 같습니다. 벌들도 모두 죽고, 집도 허물어지고, 소리 없는 정적만 흐릅니다. 어떻게 살아남은 녀석이 있다 해도 한살이가 짧다 보니 폐허가 된 왕국을 재건한다는 건 불가능합니다.

다른 곤충들에게서 볼 수 없는 쌍살벌의 '집단 몰살' 현상을 어떻게 보아야 할까요? 쌍살벌은 공동육아와 사회성 곤충이란 대가를 톡톡히 치르고 있는 것입니다. 자식이 어른이 될 때까지 먹이를 공급하며 돌보고, 그것도 집단을 이뤄 공동육아를 하는 쌍살벌. 여럿이 함께 생활할 보금자리를 따로 마련해 역할을 나눠 갖는 사회성 곤충 쌍살벌. 무수한 생명들의 다양한 생존 방식은 한마디로 먹이 전략이고 번식 전략입니다. 쌍살벌은 자연환경에 적응하는 과정에서 공동육아를 하는 사회성 곤충으로 진화해 온 것이지요. 또 그러한 생존 방식이 유효했기에 지금까지 살아남은 것이겠고요. 결국 그들의 '집단 몰살' 현상은 그들이 적응해 온 생존 방식에서 비롯된 것이고, 동시에 '집단 몰살'이란 형태로 잡아먹혀 생태계의 먹이망을 이어 주고 있는 것입니다. 자연의 질서는 이렇게 빈틈이 없습니다.

곤충의 삶은 '현실'입니다. 말벌은 자기 새끼를 키우겠다고 남의 새끼를 잡아갑니다. 말벌 자신의 새끼만 귀하고 남의 새끼는 귀하지 않은 거지요. 사람 잣대로 보면 도덕적으로 용납될 수 없지만 곤충 세계에선 그게 현실입니다. 생존을 위해 그들 스스로가 만들어 놓은 자연 이치에 따라 생태계는 어느 누구 편도 들지 않고 균형 잡으며 톱니바퀴 맞물려 돌듯 돌아갑니다. 얽히고설킨 먹이망에서 힘센 자가 힘없는 자를 잡아먹는 일은 물이 위에서 아래로 흐르는 것과 같습니다. 그건 보이지 않는 질서입니다.

풀밭의 육식자

긴날개여치

긴날개여치 수컷

긴날개여치 수컷이 풀잎에 숨어 있습니다.

뜨거운 여름날 풀밭에서는 곤충 울음소리가 한창입니다.
곤충들은 자기 몸을 악기 삼아
지휘자도, 악보도 없이 즉흥곡을 연주합니다.
그들 연주에서 샘솟는 활력을 얻습니다.
시원하게 소리를 내뿜는 매미는 관악기
날개를 비벼 내는 귀뚜라미와 여치는 현악기
그리고 바위를 두들겨 소리를 내는 강도래는 타악기입니다.
이들 소리는 모두 한결같이 암컷을 애타게 부르는 구혼 환상곡입니다.
특히 햇볕이 쨍쨍 내리쬐는 풀밭에서는
긴날개여치의 우렁찬 노랫소리가 울려 퍼집니다.
드르르륵 드르르르륵 드르르르륵…….
소리 나는 곳으로 살금살금 다가가니 노래를 딱 멈춥니다.
한참을 기다려도 노래를 부르지 않습니다.
할 수 없이 또 다른 녀석의 노랫소리를 쫓아 찾아가니
또 부르던 노래를 뚝 그칩니다. 그 앞에서 기다렸지만 허사입니다.
녀석은 눈치가 얼마나 빠른지 풀잎 뒤에 숨어 꼼작도 하지 않습니다.
혹여 눈이 마주치기라도 하면 긴 뒷다리로 껑충
바닥으로 뛰어내려 도망갑니다.
여치 몸 색깔은 풀색과 비슷한 녹색으로 보호색을 띠고 있어서
풀잎 사이에 숨어 있으면 찾을 수가 없습니다.

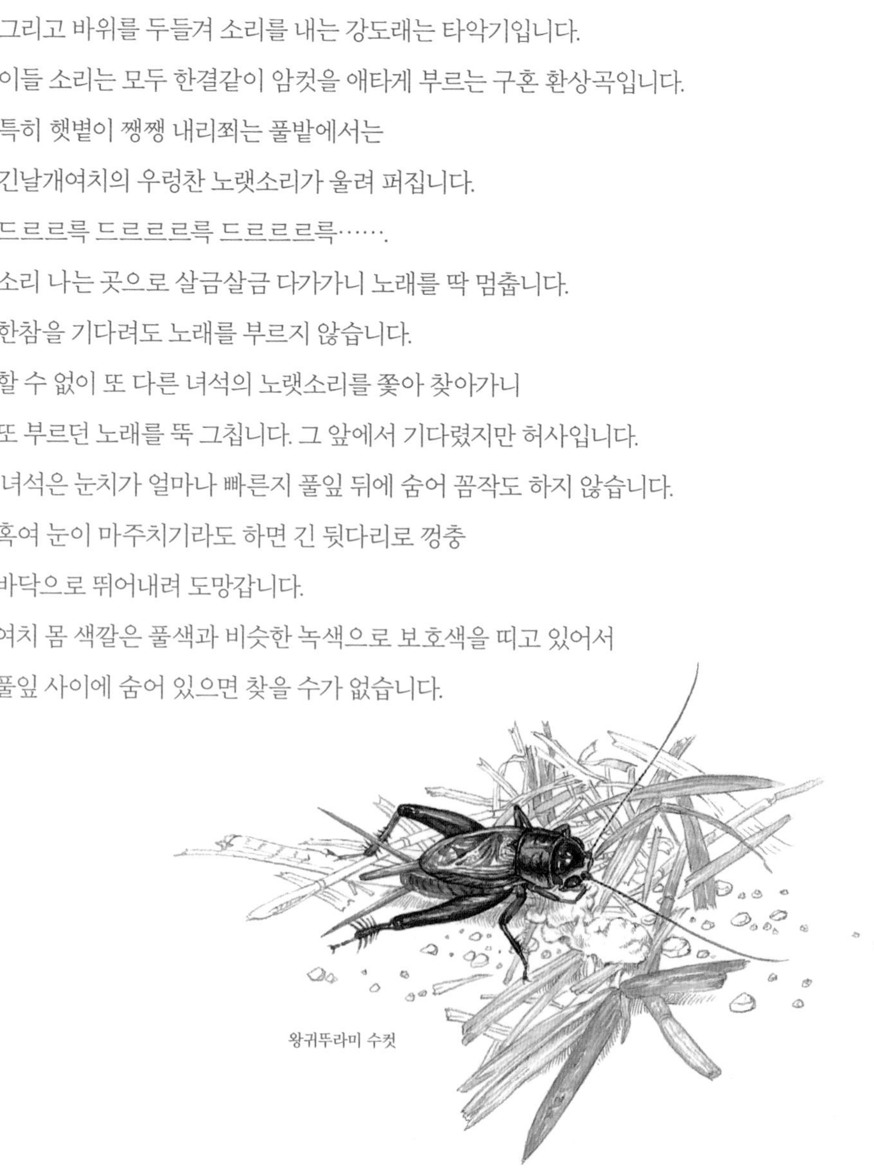
왕귀뚜라미 수컷

날개가 길어 긴날개여치

긴날개여치는 크기가 약 5센티미터로 매우 큰 편입니다. 더듬이는 몸길이보다 훨씬 길고, 앞날개는 배 끝을 다 덮고도 남습니다. 특이하게도 앞날개 한가운데는 검은색 점들이 줄지어 있습니다. 뒷다리는 길고 날씬해서 나뭇가지나 풀 위를 잘 걸어 다닐 수 있습니다. 특히 뒷다리의 넓적다리마디는 알통이 있어 위험하면 툭툭 잘 뛰어 피할 수 있게 발달했습니다. 애벌레는 봄에 알에서 깨어나 여러 번 허물을 벗고 뜨거운 여름에 어른벌레가 됩니다. 허물 벗는 모양새를 볼까요? 녀석은 공기를 들이마셔 몸을 부풀리고, 배 쪽 근육을 수축시킵니다. 그러면 몸 앞부분은 혈압이 올라가 확장되면서 자연스럽게 머리에서 가슴등판으로 이어지는, 가슴등판에 나 있는 탈피선이 벌어집니다. 이윽고 어른벌레가 그 사이에서 모

긴날개여치 애벌레는 어른벌레와 생김새가 닮았다.

긴날개여치 수컷

습을 드러냅니다. 긴날개여치는 번데기 시기를 거치지 않고 어른벌레와 똑 닮은 애벌레에서 바로 어른벌레가 됩니다. 안갖춘탈바꿈을 하는 것이지요. 그래서 긴날개여치 애벌레와 어른벌레는 몸집 크기만 다를 뿐 생김새는 똑같습니다. 다만 애벌레는 날개가 없고, 또 생식기도 성숙하지 않았습니다. 애벌레는 3령이 되어야 날개 싹이 보이기 시작합니다.

긴날개여치는 암컷과 수컷이 다르게 생겼지만 쉽게 구분할 수 있습니다. 우선 암컷은 배 끝에 긴 산란관을 칼처럼 차고 다닙니다. 산란관 길이가 얼마나 긴지, 자기 몸길이의 4분의 3 정도나 됩니다. 또 암컷 몸집은 수컷에 비해 큰 편이고 모습이 배불뚝이 뚱보 같습니다. 암컷이 크고 뚱보인 까닭은 수컷과 달리 알을 낳는 몸이기 때문입니다. 보통 수컷은 정자를 갖고 있다가 짝짓기 해 암컷에게 넘겨주면 되지만, 암컷은 알이 될 난황 물질을 갖고 있습니다. 어른벌레가 되면 암컷은 이 물질을 재료로 난자를 만들어 몸속에 일정 기간 저장했다가 짝짓기 후 알을 낳습니다. 수많은 알을 만들어야 하니 암컷은 수컷보다 더 많은 영양분을 가져야 합니다. 그러니 몸집이 커야 이 기능을 제대로 척척 해내겠지요. 반면에 수컷은 배 끝에 산란관이 달려 있지 않습니다.

뭐니 뭐니 해도 긴날개여치 수컷은 노래 잘하는 가수로 소문이 나 있습니다. 긴날개여치는 수컷만 소리를 내고, 암컷은 그 소리를 듣기 위해 종아리마다 안쪽에 고막이 발달해 있습니다. 물론 고막은 암컷, 수컷 모두에게 있습니다.

그렇다면 도대체 긴날개여치 수컷은 어떻게 날개를 비벼 노래를 부를까요? 수컷 왼쪽 앞날개 앞쪽에는 줄칼(file)처럼 생긴 날개맥

긴날개여치 암컷

이 발달되어 있습니다. 눈으로는 볼 수 없고 현미경으로 봐야 보입니다. 이 날개맥에는 뾰족한 작은 돌기가 촘촘히 줄지어 박혀 있습니다. 그리고 오른쪽 앞날개 앞쪽 가장자리에는 마찰편(scraper)이 있습니다. 이 또한 현미경으로 봐야 보이지요. 수컷은 왼쪽 날개에 있는 줄칼 날개맥과 오른쪽 마찰편을 쓱쓱 비벼 소리를 냅니다. 마치 바이올린 줄을 활로 켜서 연주하듯이 말입니다. 더욱이 비벼 나는 소리가 더 크게 울리도록 왼쪽 앞날개의 줄칼 모양 날개맥 부분에 투명한 막질로 된 거울판(mirror)이 있습니다. 한자어로는 '경판'이라고 하지요. 날개를 비빌 때면 날개가 살짝 부풀어지는데, 이때 거울판에 소리가 모여 원래 소리보다 더 크게 증폭됩니다. 거울판이 확성기인 셈입니다.

그들만의 언어

긴날개여치 소리는 그들 종끼리 주고받는 언어입니다. 메뚜기목 가운데 여치아목에 속하는 여치류, 베짱이류, 귀뚜라미류, 방울벌레류, 땅강아지 같은 많은 종들이 소리를 내 대화합니다. 자기 영역을 침입했을 때도 소리를 내 위협을 하지만, 그들의 소리는 뭐니

1 | 2 3

1. 긴날개여치 울음판.
2. 긴날개여치 오른쪽 앞날개 앞쪽 가장자리에는 마찰편이 있다.
3. 긴날개여치 왼쪽 앞날개 앞쪽에는 줄칼처럼 생긴 날개맥이 있다.

뭐니 해도 짝을 찾는 데 중요한 역할을 합니다. 재밌게도 짝짓는 과정에서 구애할 때, 짝을 부를 때, 짝짓기 할 때 내는 소리가 조금씩 다릅니다. 수컷이 노래를 부르면 암컷이 노랫소리를 듣고 수컷을 찾아갑니다. 물론 종마다 자신만의 고유한 소리를 내니 잡종이 생길 염려가 없습니다.

보통 곤충들은 성페로몬을 이용해 짝을 찾지만 여치류, 매미 등은 소리를 이용해 짝을 찾는 쪽으로 진화했습니다. 또 어떤 나방 애벌레는 소리를 내 방어 수단으로도 이용합니다. 또 대부분의 경우는 수컷이 소리를 내 짝을 찾지만 멸구류, 매미충류는 암컷이 첫째 배마디에 진동막이 발달해 소리를 낸다고 합니다. 이들 소리 내는 곤충들 조상이 누군지, 어떤 과정을 거쳐 소리를 내게 되었는지는 앞으로 밝혀야 할 숙제입니다. 수많은 생물들의 습성은 우리가 상상하지 못할 만큼 다양하고, 단지 우리는 아주 조금만 알고 있을 뿐입니다.

육식성 곤충에게는 가족도 먹이

오래전에 작은 아들이 긴날개여치 암컷과 수컷을 집으로 데려와 키운 적이 있습니다. 조그만 빈 어항 속에 넣고 키웠습니다. 물론 암컷과 수컷을 따로따로 키웠지요. 어쩌면 서로 잡아먹는 비상사태가 벌어질 수도 있으니까요. 긴날개여치는 잡식성이라 어떤 음식이든 잘 먹습니다. 어찌나 잘 먹는지 냉장고에 있는 애호박, 참외, 오이까지 가리지 않고 잘도 먹습니다. 하지만 녀석들은 육식성 성향이 매우 강합니다. 때때로 한여름 복더위에 단백질 보충하라고 섬서구메뚜기나 방아깨비를 잡아다 주면 어찌나 좋아하는지 금방 먹어 치웁니다. 한번은 섬서구메뚜기 일곱 마리를 여치 어항에 넣어 주었죠. 그걸 모두 잡아먹는 데 20분이 걸렸습니다. 여치는 육식을 좋아하다 보니 몸도 육식성에 맞게 적응되었습니다. 잘 발달된 큰턱에다 다리에는 억센 가시털이 많이 나 있어 곤충을 잘 잡습니다. 이렇듯 긴날개여치는 식물성 먹이도 먹지만 대부분 동물성 먹이를 즐겨 먹고, 대개의 경우 자기보다 작은 곤충을 잡지만, 어떤 때는 제 몸보다도 큰 곤충도 잡아먹습니다. 또 먹이가 모자라면 형제나 자매뻘 되는 종족도 가차 없이 잡아먹습니다. 포식성 곤충에겐 자기 종족을 먹는 것은 본능입니다. 다시 말하면 육식만 하

긴날개여치는 잘 발달된 큰턱을 가지고 있다. 다리에는 억센 가시털이 많이 나 있어서 곤충을 잘 잡는다.

거나 육식성 성향이 강한 곤충들은 먹이가 모자라면 대개 같은 종까지 잡아먹기도 합니다. 그들에겐 종족 개념이 없죠. 그저 먹이일 뿐. 그러니 키울 때는 따로따로 떼어 놓고 키워야 합니다.

수컷의 선물 정자 주머니

드디어 마지막 허물을 벗고 어른 긴날개여치가 되었을 때 따로 키우던 암컷과 수컷을 합방시켰습니다. 수컷은 암컷의 환심을 사기 위해 날마다 노래를 부릅니다. 지치지도 않는지 낮에도 밤에도 쉬지 않고 노래를 부릅니다. 외출했다가 집에 들어올 때면 어김없이 노래를 부르니, 마치 가족을 반겨주는 것 같아 행복했습니다. 며칠을 애타게 부르는 수컷 노래에 감동을 받았는지 드디어 암컷이 수컷에게 다가갑니다. 그리고 마침내 수컷과 암컷이 짝짓기를 합니다.

그런데 희한한 일이 벌어졌습니다. 수컷이 자기 생식기 쪽에서 거품으로 뭉쳐진 둥근 주머니를 암컷 생식기 입구에 붙이는 것입니다. 말로만 듣던 정포입니다. 정자 주머니지요. 정포는 수컷이 암컷에게 주는 선물입니다. 선물을 받은 암컷은 흔쾌히 수컷과 짝짓기를 합니다. 짝짓기는 오랫동안 지속됩니다. 그동안 여치류(여치과)를 관찰한 바로는 보통 30분쯤 짝짓기를 합니다.

짝짓기가 끝난 뒤, 수컷이 암컷 몸에서 떨어지면 암컷은 배를 구부리고 정포를 먹기 시작합니다. 젤라틴으로 만들어진 정포는 영양이 풍부해 암컷이 먹으면 난소 발육에 도움이 됩니다. 흥미로운 연구 결과도 있습니다. 암컷이 수컷에게서 받은 정포를 먹으면 먹지 않은 암컷보다 더 오래 삽니다. 또 보통 짝짓기를 마치고 3일쯤 지나면 알을 낳는데, 그 알에 정포에 함유된 단백질 분자가 섞여 있는 것도 밝혀졌습니다. 결국 수컷은 자기 유전자를 잇게 하기 위해 영양이 풍부한 정포를 만드는 데 많은 에너지를 투자한 셈이지요.

짝짓기를 마친 암컷은 땅속에 알을 낳습니다. 긴 산란관을 땅에 꽂고 알을 하나씩 하나씩 낳습니다. 산란관은 굉장히 질기고 튼튼해서 땅속을 잘 뚫을 수 있습니다. 집에서 키웠던 긴날개여치도 미리 준비해 둔 화분 흙 속에 산란관을 꽂고 알을 낳았습니다. 이듬해 봄에 화분 속에서 애벌레가 깨어났는데, 스무 마리 넘게 흙 속에서 꼬물꼬물 기어 나왔지요. 그런데 정말 희한한 것은 그 화분을 그대로 방치해 두었는데, 그다음 해에 그 화분에서 여치가 다섯 마리 깨어났습니다. 어떤 까닭으로 알을 낳은 지 2년째에도 애벌레가 깨어나는지 알 수가 없습니다. 알을 낳은 장소는 화분 흙이었고, 그 화분에 식물을 심어 가꾸지 않았기 때문에 물도 주지 않고 그대로 두었습니다. 알이 먼지 날릴 정도로 건조한 흙 속에서 2년을 버티다가 애벌레가 깨어난 것입니다. 좀 더 체계적인 실험을 계획해 여치를 키우고 관찰하면 우리가 생각지도 못한 여치의 생활양식이 밝혀지지 않을까요?

긴날개여치의 앞날

한 뙈기의 땅이라도 있으면 언제든지 식물이 터를 잡고 삽니다. 식물이 터를 잡으면 이어서 그 식물을 먹고 사는 메뚜기나 여치 같은 곤충이 찾아듭니다. 그리고 그 곤충을 잡아먹는 포식자가 찾아오지요. 그런데 사람들은 그런 빈 땅이 있는 꼴을 보지 못합니다. 어떻게 하면 그 땅을 파헤쳐 이용할까 궁리만 하고 있습니다.

여치가 사는 곳은 풀이 우거진 풀숲인데, 사람들이 생활 공간을 만드느라 날마다 조금씩 사라지고 있습니다. 풀숲을 파헤쳐 주차장도 만들고 체육 시설도 만들고, 사람들이 다니는 길도 만들고, 공원도 만들고 또 건물도 짓습니다. 여치가 살아갈 땅이 점점 좁아지고 있는 것입니다. 생태계 먹이망에서 중간 포식자로서 중요한 역할을 하는 여치 앞날에 어떤 위기가 닥칠지 모를 일입니다. 뭐든 있을 때 잘해야 하는 법인데, 하기야 너무 잘할 필요도 없습니다. 그냥 여치가 살아가고 있는 풀숲을 여치들에게 돌려주기만 하면 됩니다.

긴날개여치 애벌레가 꼬마꽃벌류와 함께 미나리아재비 꽃잎을 갉아 먹고 있다.

박각시 애벌레 속살을 파먹는

기생벌 애벌레

도라지 꽃꿀 먹는 머루박각시

머루박각시가 도라지 꽃꿀을 빨아 먹고 있습니다.

무더운 여름날 밤, 산 밑 가로등 불빛에는
파닥거리며 달려드는 밤 곤충들이 한창입니다.
박각시, 밤나방, 사슴벌레, 풍뎅이, 매미,
깔따구 같은 벌레들이 날아들지요.
뭐니 뭐니 해도 박각시가 날아들면 숲속은 시끌벅적합니다.
몸집이 크니 불빛을 맴돌며 날개 퍼덕거리는 소리가 요란합니다.
곤충치고는 하도 커서 새로 착각할 정도입니다.
어렸을 때만 해도 시골집 호롱불 밑에는 박각시가 많이 날아들어
비늘이 떨어질까 봐 원수 취급했습니다.
비늘이 먼지처럼 날리니 눈에 들어갈 수도 있고,
코에 들어가 재채기도 할 수 있고, 무엇보다 혹시라도
나방 비늘가루에 독이 있지나 않을까 걱정이었습니다.
특히 박각시류 애벌레는 고구마밭, 콩밭, 포도 덩굴,
밤나무 등이 있는 곳에 널려 있었습니다.
손으로 꾹 누르면 푸른 물이 찌익 하고 나옵니다.
문밖에만 나가도 어른 손가락만 한 박각시 애벌레가
굼실굼실 기어 다녀 기절초풍하곤 했는데,
요즘은 보기가 어렵습니다.

주홍박각시

박각시의
먹이 탐지 작전

박각시 애벌레는 곤충 애벌레 중에서 가장 큰 헤비급 선수입니다. 배 여덟째 마디에 억센 뿔이 우뚝 솟아 있어 통통한 몸을 이리저리 흔들면서 스멀스멀 기어가는 모습은 귀엽습니다. 꼬리 쪽에 '뿔'이 달렸다고 박각시 애벌레를 '뿔망아지'라고도 하고, 서양에서는 '혼웜(horn worm)'이라고 합니다. 듣기만 해도 정겨운 박각시라는 이름은 어떻게 얻었을까요? '박'은 여름에 초가지붕에 핀 박꽃을 뜻하고, '각시'는 예쁜 날갯짓을 하며 꽃꿀을 빨아 먹는 모습을 묘사한 것입니다. 그러니 박각시는 박꽃에 주둥이 꽂고 날갯짓을 계속하며 꿀을 빠는 나방이라는 뜻입니다. 북한에서는 박꽃에 오는 나비라는 뜻으로 '박나비'라고 한다니 참 정겨운 이름입니다.

박각시 어른벌레는 주로 밤에 꽃을 찾아 식사를 즐깁니다. 녀석들은 꽃에서 뿜어 대는 휘발성 냄새 물질에 이끌려 꿀이 있는 꽃을 찾아냅니다. 주로 달맞이꽃처럼 밤에 피는 꽃에 날아들고, 낮에도 가끔 볼 수 있습니다. 꿀이 있으면 꽃을 가리지 않고 돌돌 말린 주둥이를 펴서 꽃꿀을 빨아 먹습니다. 하지만 애벌레는 편식이 심해 먹이를 골라서 먹습니다. 애벌레는 종마다 다른 식물을 먹고 삽니다. 소나무 잎을 먹는 솔박각시, 고구마나 메꽃 잎을 먹는 박각시, 콩과 식물을 먹는 콩박각시, 물푸레나무 잎을 먹는 물결박각시, 포도과 식물을 먹는 머루박각시, 복숭아나무나 자두나무 잎을 먹는 대왕박각시, 담쟁이덩굴 잎을 먹는 줄박각시, 버드나무류 잎을 먹는 버들박각시와 뱀눈박각시처럼 말입니다.

기본적으로 박각시는 자기 새끼가 먹을 먹이식물을 알아차립니다. 더듬이를 이리저리 흔들며 날아다니다가 먹이식물을 발견하면 내려앉아 정말 먹이식물이 맞는지 다시 확인합니다. 이때는 온몸에 퍼져 있는 화학 감각기나 접촉 감각기 따위를 총동원합니다. 입틀에 있는 감각기는 대부분 맛 감각기인데, 냄새를 맡는 냄새 감각기도 있습니다. 이렇게 박각시는 털과 더듬이 같은 여러 감각 기관을 이용해 맛을 보고 냄새를 맡아 확인한 뒤 알을 낳습니다.

식물이 내는 냄새와 맛은 한마디로 독성 물질입니다. 이 독성 물질은 식물 생존에 필요한 탄수화물이나 단백질 같은 영양물질인 1차 대사 물질이 아닙니다. 생존과는 거리가 먼 비영양물질로 2차 대사 물질이라고 합니다. 2차 대사 물질은 식물이 자신을 지키기 위해 초식 동물에게 뿜어 대는 독성 방어 물질이지요. 하지만 곤충들은 자기가 먹는 먹이식물의 방어 물질을 여러 방법으로 극복하며 적응해 왔습니다. 재미있게도 오랜 적응 과정을 거치면서 식물의 방어 물질은 그 식물을 먹는 곤충에게 '나 맛있는 밥이야.'라고 밥맛을 돋우는 섭식 유인제가 되었습니다.

박각시가 애벌레 먹을 먹이식물을 찾을 때 그 식물의 방어 물질 가운데 어떤 성분이 영향을 끼치는지는 알려져 있지 않습니다. 식물의 방어 물질은 여러 화합물을 혼합해 만드는데, 식물 종마다 방어 물질에 들어 있는 화합물 종류도 다르고, 혼합 비율도 다릅니다. 분명한 것은 식물의 방어 물질 냄새를 맡고 어미 박각시가 찾아와 알을 낳습니다. 물론 알에서 깨어난 애벌레에게 먹이식물의 방어 물질은 섭식 유인제이자 섭식 자극제로 작용합니다. 섭식 유인제란 애벌레에게 식물을 먹도록 유인하는 물질이란 뜻이고, 섭

식 자극제란 애벌레 입맛을 돋우는 물질이란 뜻입니다. 식물이 내뿜는 방어 물질 성분 가운데 섭식 자극제로 가장 많이 작용하는 화합물은 포도당, 과당, 갈락토즈 같은 6탄당과 설탕, 맥아당 같은 이당류, 삼당류 같은 탄수화물입니다. 물론 박각시 애벌레가 먹는 먹이식물이 내뿜는 방어 물질은 다른 곤충에게는 독입니다. 그래서 다른 곤충에게는 그 식물을 피하도록 만드는 기피제이자 식욕을 떨어뜨리는 섭식 억제제로 작용합니다.

기생벌에 꼼짝없이 당하는 박각시 애벌레

박각시 애벌레는 먹기 위해 태어난 것처럼 자나 깨나 먹고 똥을 쌉니다. 부지런히 몸을 키워서 어른벌레가 되어야 하니까요. 몸집이 어른 새끼손가락만 해서 잎사귀에 매달려 식사를 할 때는 특별한 자세를 취해야 합니다. 아무 데나 매달리면 덩치가 커서 잎이 찢어지거나 휘어져 먹기가 힘듭니다. 우선 배다리 다섯 쌍에 붙어 있는 발목마디 끝으로 잎의 잎자루나 주맥 부분을 잡습니다. 육중한 애벌레가 잎에 달라붙어 있으려면 튼튼한 부분을 잡아야 합니다. 그런 다음 가슴다리로 잎사귀 가장자리를 꼭 잡고 잎을 베어 씹어 먹습니다. 잎맥이며 잎살이며 가리지 않고 모두 먹어 치우는데, 잎자루만 남고 잎사귀는 금세 사라져 버립니다.

잎사귀 하나로는 한 끼 식사조차 안 되니 다른 잎으로 옮겨 가야 합니다. 다른 잎으로 옮길 때는 잎자루에 매달려 옆 잎으로 건너갑니다. 징검다리 건너듯 말이지요. 배다리로 잎자루를 잡고 가슴다리로 옆에 있는 잎을 끌어당겨 잡은 뒤 배다리를 잎자루에서 떼어 옆 잎을 붙잡습니다.

박각시 애벌레는 늘 위험에 드러나 있습니다. 몸집이 커서 먹을 살집이 많다 보니 녀석을 노리는 천적이 많습니다. 새는 말할 것도 없고 기생벌도 호시탐탐 공격할 기회만 노립니다.

한여름 버드나무 잎에 뱀눈박각시 애벌레가 꼼짝도 않고 매달려 있습니다. 겉보기에는 멀쩡해 보이는데, 손으로 건드려 보니 반응이 없습니다. 기생벌한테 변을 당한 게 분명합니다. 며칠 지나자 그 뱀눈박각시 애벌레 몸속에서 수십 마리나 되는 기생벌 애벌레가 빠져나와 곧바로 고치를 만들었습니다. 도대체 기생벌 애벌레는 어떻게 박각시 애벌레 몸속에서 쥐도 새도 모르게 살았을까요.

기생벌이 밤나방류 애벌레 몸에 알을 낳고 있다.

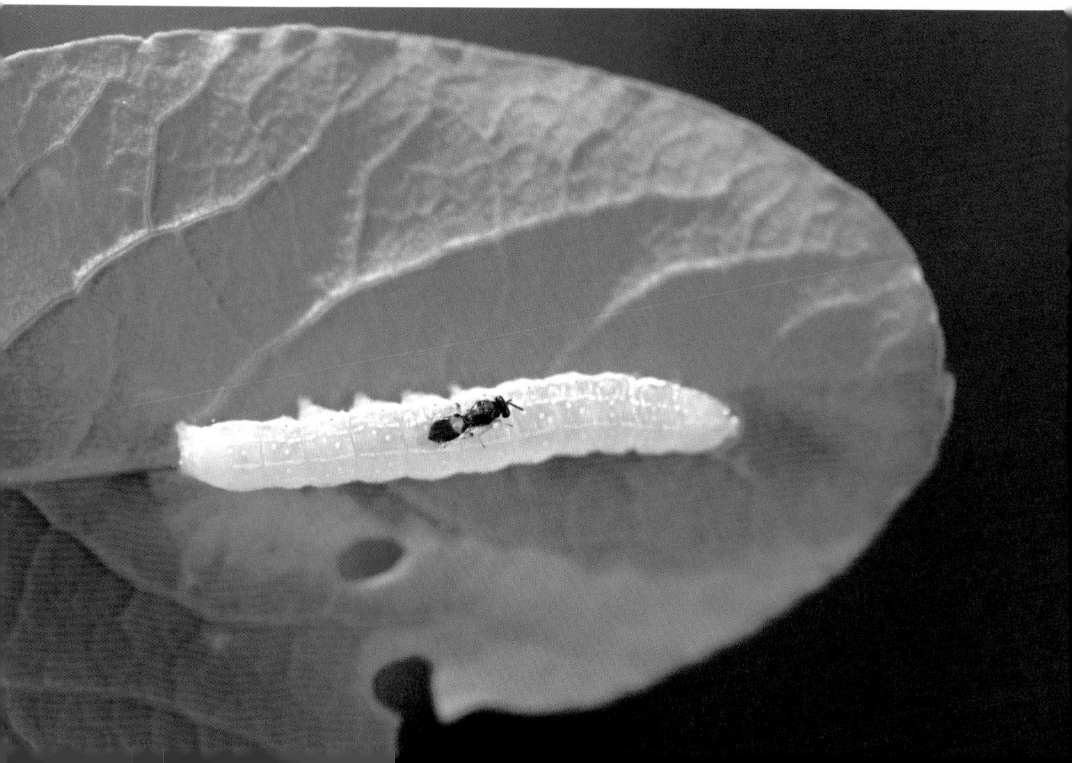

기생벌은 어미벌이 알을 낳은 숙주 몸에서 애벌레 시기를 보낸 뒤 빠져나와 번데기를 만들고 어른벌레로 날개돋이 합니다. 고치벌이나 맵시벌 일부가 이에 속합니다. 녀석들은 다른 곤충 알이나 애벌레, 어른벌레에 기생해 번식합니다. 기생벌 숙주로는 나비류, 진딧물, 무당벌레 애벌레, 딱정벌레와 거미 같은 절지동물입니다. 초식 동물이건, 포식자이건, 부식성 동물이건, 자기 친척뻘 되는 종이 다른 기생벌이건 가리지 않고 기생을 합니다. 그중에서도 나비목 애벌레와 번데기는 기생벌 애벌레가 굉장히 좋아하는 먹이입니다. 기생당한 동물은 기생벌 애벌레에게 양분을 빼앗기며 서서히 죽어 갑니다.

황나꼬리박각시 애벌레 등 쪽에 기생벌이 알 낳은 흔적이 있다.

지구에 사는 벌들 종 수는 20만 종으로 추정되는데, 그 가운데 절반이 다른 생물에 기생합니다. 기생벌은 사는 방식이 다양합니다. 특정한 숙주에만 기생하는 녀석들, 특정한 발달 단계에 있는 숙주에만 기생하는 녀석들, 살아 있는 숙주에만 기생하는 녀석들처럼 정말이지 그들의 생존 전략은 한마디로 얘기할 수 없을 만큼 다양합니다.

죽어 가면서 기생벌 밥이 되다

기생벌 어미는 어떻게 새끼들을 먹여 살릴 숙주를 찾아낼까요? 우선 초식성 곤충을 공격하는 기생벌은 적당한 숙주를 찾아내기 위해 숙주의 먹이식물이 내뿜는 냄새를 쫓아다닙니다. 무턱대고 숙주를 찾아 헤매는 것은 에너지를 많이 쓰기 때문에 경제적인 방법을 선택한 것이지요. 곤충이 식물을 먹으면 상처가 생깁니다. 그 상처에서 나는 냄새를 맡고 숙주를 찾아내기도 합니다. 심지어 어떤 식물은 초식성 곤충에게 뜯어 먹힐 때 기생벌에게 도와 달라고 신호를 보냅니다. 그 신호는 자기를 뜯어 먹는 초식 곤충을 없앨 기생벌들을 불러들이려고 식물 스스로 공기 중으로 내뿜는 휘발성 화학 물질입니다. 자기를 먹는 곤충 천적에게 도움을 청하는 것이죠. 그 냄새를 맡고 숙주를 찾아내기도 합니다. 또 초식 동물이 싼 똥이나 허물 등에서 나는 냄새를 맡고 숙주를 찾아내기도 합니다.

박각시 애벌레를 발견하면 기생벌은 애벌레에게 다가가 냄새도 맡고 더듬이를 이리저리 흔들며 꼼꼼히 살핍니다. 숙주로 알맞은

지 다시 확인하는 것이지요. 알맞다고 판단되면 암컷 기생벌은 숙주의 급소 부분에 독침을 찔러 마취를 하기 시작합니다. 그런 뒤 날카롭고 가느다란 창처럼 생긴 산란관을 애벌레 몸에 꽂습니다. 살아 있는 박각시 애벌레 몸에 알을 낳는 것이지요. 기생벌 크기가 2~3밀리미터쯤 되니 산란관은 아주 가늡니다.

뱀눈박각시 애벌레가 기생벌에 기생당해 죽어가고 있다.

박각시 애벌레 몸속으로 들어간 알은 대개 배자 발생을 합니다. 배가 발달하면서 나눠지고, 또 나눠지고, 또 나눠지고, 더 이상 나눠지지 않을 때까지 나눠져 자신과 똑같은 수십 개 이상의 복제품이 만들어집니다. 다시 말해 알 하나에서 수십 마리가 넘는 쌍둥이 애벌레가 만들어지고 있는 것입니다. 어떤 기생벌은 이렇게 다배 발생을 합니다. 어미 기생벌이 박각시 애벌레 몸에 알을 수십 개만 낳아도 백 마리가 넘는 기생벌 애벌레가 생겨나 박각시 애벌레 배 속은 기생벌 애벌레로 우글우글하게 됩니다. 박각시 애벌레는 몸길이가 80밀리미터가 될 만큼 몸집이 워낙 커서 몸길이가 2~3밀리미터쯤 되는 자그마한 기생벌 애벌레를 수십 마리 넘게 먹여 살릴 수 있습니다. 알을 깨고 나온 기생벌 애벌레들은 박각시 애벌레 속살을 야금야금 파먹으며 무럭무럭 자랍니다.

기생벌 애벌레는 살아 있는 신선한 고기만 먹습니다. 그래서 녀석들이 박각시 애벌레 속살을 먹는 동안은 박각시 애벌레는 살아 있습니다. 다만 기생벌 어미가 박각시 애벌레 신경을 독으로 마취시켰기 때문에 옴짝달싹 못 하고 있는 것입니다.

박각시 애벌레 몸속에서 먹고 싸고 허물 벗으며 생활하던 기생벌 애벌레들이 충분히 먹고 번데기가 될 준비를 마쳤습니다. 그러면 기생벌 애벌레들이 약속이나 한 것처럼 한꺼번에 박각시 애벌

기생벌 애벌레가 뱀눈박각시 애벌레 몸을 뚫고 나왔다.

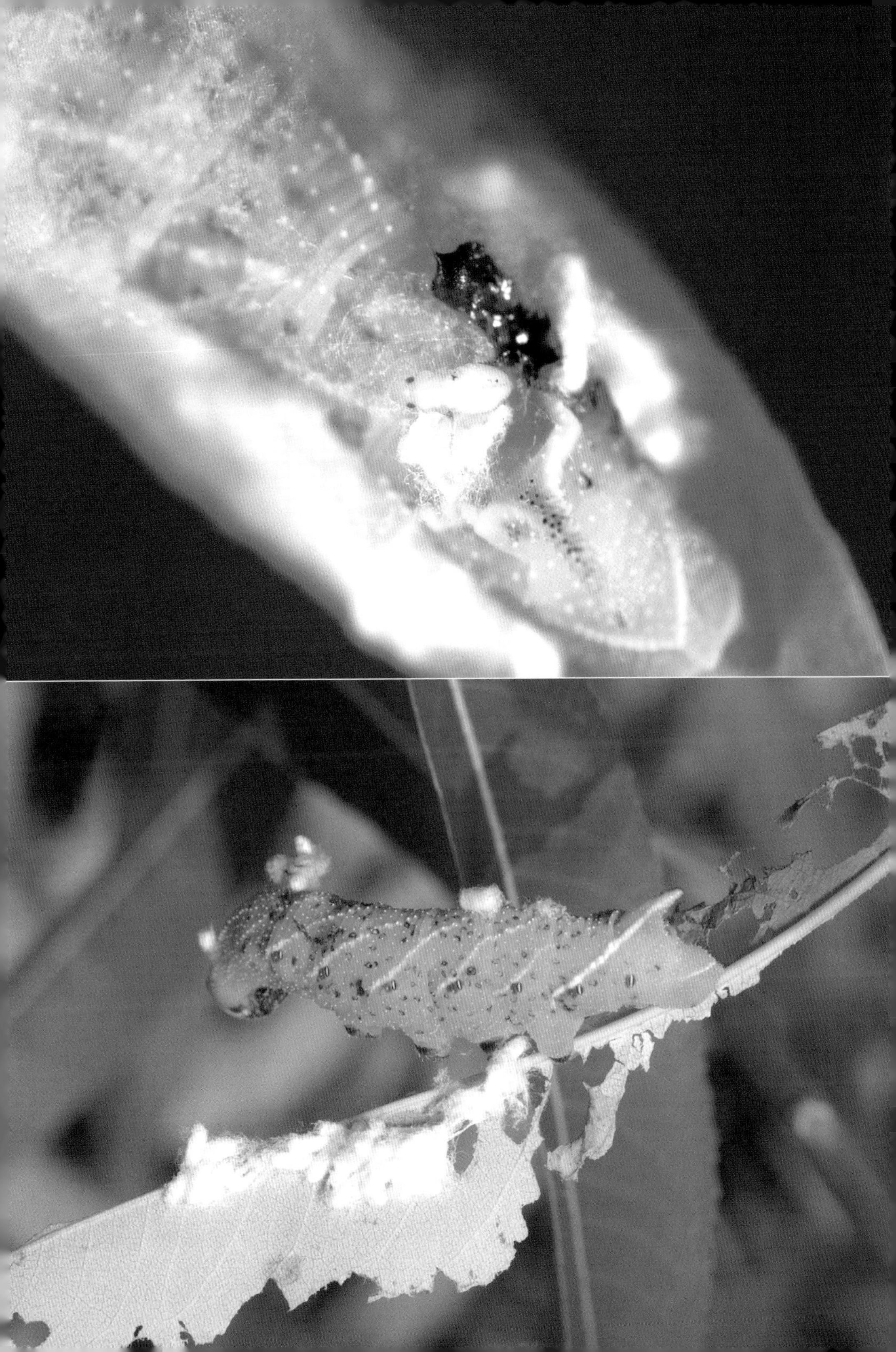

기생벌 애벌레가 뱀눈박각시 애벌레 몸을 뚫고 나와 고치를 만들었다.

레 껍질을 씹어서 구멍을 내고 밖으로 빠져나옵니다. 바깥세상으로 나온 종령 애벌레는 우윳빛에 표피가 연하고 다리가 없어 구더기와 비슷합니다. 숙주 몸에서 애벌레 기간을 보내다 보니 이동할 필요가 없어 다리가 퇴화된 것입니다.

그런데 놀랍게도 기생벌 종령 애벌레가 박각시 애벌레 피부를 뚫고 밖으로 나올 때도 숙주는 살아 있습니다(죽는 경우도 있습니다). 건드리면 몸을 약하게 꿈틀거립니다. 속살이 다 먹혔을 텐데 어떻게 아직까지 살아 있는지 놀라울 뿐입니다. 기생벌 애벌레는 살아 있는 것만 먹기 때문에 숙주가 완전히 죽기 전에 애벌레 시기를 마칩니다. 그래서 기생벌 애벌레가 모두 밖으로 나오면 박각시 애벌레는 얼마 못 가 숨이 끊어집니다. 기생벌 애벌레들이 숙주가 죽기 직전에 빠져나오는 것이지요.

숙주로부터 탈출한 기생벌 애벌레는 나오자마자 고치를 만들기 시작합니다. 한꺼번에 나온 수십 마리 넘는 기생벌 애벌레가 저마다 입에서 실을 토해 고치를 만들다 보니 실들이 얽히고설켜 고치들이 뭉쳐지고, 또 숙주의 껍질이며 나뭇가지에도 실들이 얽혀 고치들은 안전하게 매달려 있습니다. 이제 기생벌 애벌레는 고치 속에서 번데기가 되어 어른벌레가 되기를 기다립니다. 껍데기만 남은 채 죽은 박각시 애벌레 옆에서 새로운 기생벌이 날갯짓을 하며 날아오릅니다.

뱀눈박각시 애벌레가 까맣게 죽어 가는 동안 기생벌이 날개돋이 해서 날아갔다.

기생벌의 한살이 기간은 숙주의 한살이 기간보다 훨씬 짧습니다. 기생벌 애벌레는 알에서 깨어나는 기간도, 애벌레로 지내는 기간도 아주 짧지요. 숙주가 살아 있는 동안 충분히 먹고 어른벌레가 되어야 하기 때문에 성장 속도가 숙주보다 더 빨라야 합니다. 달리

콩박각시 애벌레

주홍박각시 애벌레

큰쥐박각시 애벌레

머루박각시 애벌레
검정황나꼬리박각시 애벌레
솔박각시 애벌레

말하면 숙주보다 성장 속도가 빠른 녀석들이 지금까지 후손을 낳으며 생존할 수 있었던 거지요.

이미 희생된 박각시 나방 애벌레는 빈 껍데기만 남겨 놓고 완전히 죽습니다. 기생벌에게는 힘 안 들이고 많은 자손을 얻을 수 있는 지능 높은 번식 전략이지만, 기생벌에게 희생당하는 박각시 나방 애벌레는 여간 고통스러운 게 아닙니다. 자기 몸을 기생벌에게 뜯어 먹히면서 서서히 죽어 가는 고통을 겪느니, 차라리 안락사를 시켜 달라고 처절히 외치는지도 모릅니다.

마지막까지 기생벌에 저항하는 박각시 애벌레

그렇다면 박각시 애벌레는 기생벌이 자기 몸속에 알을 낳으면 그냥 손 놓고 있을까요? 물론 아닙니다. 박각시 애벌레가 신경절이 마비되어 마취 상태라 할지라도 몸속의 생체방어시스템은 가동되고 있습니다. 곤충도 항원과 항체 반응 비슷한 생체방어시스템을 가집니다. 박각시 애벌레 몸속으로 기생벌 알이 들어오면, 박각시 애벌레의 혈구들이 지체 없이 힘을 모아 낯선 이물질을 포위하고 파괴하기 시작합니다. 그럼 이번에는 기생벌 알들이 그냥 손 놓고 있을까요? 물론 아닙니다. 기생벌 어미는 자기 알들이 숙주 곤충의 생체방어시스템을 뚫고 무사히 부화할 수 있도록 해결 방법을 세워 두었습니다.

기생벌 난소 속에는 칼리시 바이러스라고 하는 DNA 바이러스가 공생하고 있습니다. 어미 기생벌은 알을 낳을 때 이 바이러스를 숙주 몸속에 알과 함께 집어넣습니다. 그러면 이 바이러스는 숙주의 여러 조직 세포핵에 침입해 생체방어시스템을 제어하는 물질을 새로 만들어 냅니다. 이 물질의 작용으로 결국에는 숙주의 생체방어시스템이 작동을 멈춥니다. 어쩌겠습니까? 이렇게 해서 덩치 큰 박각시 애벌레는 영악한 기생벌에게 속수무책으로 당합니다. 숙주는 기생벌 애벌레의 먹이가 되어 서서히 죽어 갑니다.

이렇게 덩치 큰 박각시 애벌레는 잔혹한 강도 기생벌에게 꼼짝없이 당합니다. 박각시 애벌레 입장에서 보면 기생벌은 잔혹한 강도겠지요. 하지만 박각시 애벌레는 현존하는 자연 세계의 질서를 온몸으로 보여 주고 있습니다. 초식성인 박각시 애벌레 개체 수가 지나치게 많아지면 먹이식물은 생존의 위협을 받습니다. 새, 거미, 벌 같은 포식자와 기생벌 같은 기생자가 박각시 애벌레를 잡아먹으면서 개체 수를 조절해 주기 때문에 먹이식물도 계속 살아남을 수 있습니다. 또 살아남은 박각시 애벌레가 어른벌레가 되면 또다시 많은 알을 낳습니다. 포식자와 기생자는 박각시 알이든, 애벌레든, 번데기든, 어른벌레든 일부를 또 먹으면서 계속 생존해 나가게 됩니다. 먹고 먹히는 먹이망을 통해 생물들의 개체 수가 자연적으로 조절되어 모두가 살아갈 수 있게 되는 것입니다. 먹이를 둘러싼 생물들의 치밀하고 전략적인 생존 경쟁으로 생태계 균형이 유지되고 있는 셈입니다.

풀밭을 나는
잽싼 사냥꾼

왕파리매

검정파리매

파리매는 이름처럼 아주 날랜 사냥꾼입니다.

초여름 들판은 온갖 곤충들로 붐빕니다.
잎을 먹는 잎벌레와 나방 애벌레들, 꽃꿀을 빨아 먹는 나비들,
식물 줄기나 잎에 매달려 즙을 빠는 진딧물,
공중을 활개 치며 나는 잠자리,
잽싸게 날며 힘없는 곤충을 낚아채는 파리매,
부지런히 집을 증축하는 쌍살벌……
그중에서 유난히 왕파리매가 마음을 사로잡습니다.
매우 사납고 강한 데다 빠르기까지 해
힘이 약한 곤충들이 피하는 무시무시한 곤충.
파리 중의 왕, 파리매 중의 왕,
초록색 선글라스를 쓴 첩보원 같은 왕파리매!

왕파리매

왕파리매의
노련한 사냥법

왕파리매는 파리와 이름도, 생김새도 비슷하지만 날아다니며 곤충을 사냥하는 모습이 맹금류인 매와 똑 닮았다 해서 붙여진 이름입니다. 몸길이가 3센티미터쯤 되니 파리 종류 중에서는 대형 곤충에 속합니다. 온몸에는 황갈색 긴 털이 빽빽하게 난 털북숭이입니다. 얼굴 절반 이상을 차지하는 부리부리하게 큰 눈, 잠자리처럼 긴 배와 날카로운 가시털이 빼곡히 난 긴 다리는 과연 능숙한 사냥꾼답습니다. 특히나 햇빛 각도에 따라 녹색과 적갈색으로 반사되는 현란한 눈빛은 들판의 곤충 세계를 호령하며 날아다니는 것 같습니다. 나비, 노린재, 파리는 물론이고 잠자리까지 잡아먹습니다. 말벌 못지않은 매서운 사냥꾼이지요. 들판을 날며 사냥감 찾는 왕파리매에게 오늘은 어떤 먹잇감이 걸려들까요?

왕파리매가 명사냥꾼이 된 데는 그만한 까닭이 있습니다. 큰 눈, 비행에 방해되지 않는 짧은 더듬이, 튼튼한 가슴과 억센 털을 가진 긴 다리는 사냥꾼이 갖춰야 할 요건은 모두 갖췄습니다.

우선 왕파리매의 큰 눈은 먹잇감을 잘 포착하는 데 유리합니다. 풀숲에 숨어 있는 곤충도, 날아다니는 곤충도 왕파리매의 큰 눈을 피해 갈 수 없습니다. 날면서 사냥하는 왕파리매에게 거리 측정은 아주 중요합니다. 녀석이 먹잇감이 위치한 거리를 재는 데는 반드시 겹눈 두 개가 필요합니다. 만일 한쪽 눈에 상처라도 나면 그 능력이 사라집니다. 머리가 둥글게 생겨 겹눈은 굴곡을 이루기 때문에 낱눈은 일정한 각도로 배열됩니다. 먹잇감과의 거리는 양쪽 눈이 같은 지점에 있는 빛으로 자극받았을 때 측정됩니다. 거리를 측정할 때 오차가 생길 수도 있는데, 두 겹눈 간의 거리가 좁을수록, 낱눈들의 각도 차이가 작을수록 오차가 줄어듭니다. 왕파리매 겹눈은 수만 개의 낱눈이 모여 만들어졌기 때문에 낱눈들의 각도 차이가 아주 작습니다. 따라서 정해진 면적에 많은 수의 낱눈을 모아야 하니 자연스럽게 겹눈은 머리 양쪽으로 튀어나오게 됩니다. 겹눈이 튀어나오니 자연히 겹눈 간 거리가 좁혀집니다. 낱눈들의 각도 차이가 작고 양 겹눈 사이가 좁으니 왕파리매는 먹잇감까지 거리를 거의 정확하게 잴 수 있습니다.

또한 더듬이가 짧은 것도 날아다니며 사냥하는 데 유리하게 작용합니다. 더듬이가 길지 않고 짧으면 기류의 방해를 덜 받아 그만큼 날쌔게 날아다닐 수 있습니다.

홍다리파리매는 겹눈이 아주 크다.

무엇보다도 왕파리매가 훌륭한 사냥꾼이 된 비결은 다리에 있습니다. 앞다리, 가운뎃다리, 뒷다리 할 것 없이 모든 다리에는 날카롭고 억센 가시털이 골고루 돋아나 있습니다. 먹잇감을 발견하면 앞다리보다 두 배나 긴 뒷다리로 먹잇감을 낚아채고는 나머지 다리들과 함께 가슴 앞으로 껴안습니다. 이때 뒷다리는 몸 균형이 흐트러지지 않게 키 역할을 합니다. 가슴과 다리 사이에 갇힌 먹이는 억센 가시털에 꽉 끼어 꼼짝을 못 합니다. 그런 뒤 왕파리매가 풀 줄기나 나무줄기를 다리 여섯 개로 꼭 붙잡으면 사냥감은 완전히 철창으로 둘러쳐진 감옥 속에 갇힌 신세가 됩니다. 녀석의 발목마디 끝에는 발톱이 붙어 있고, 발톱 아래에도 가시털이 나 있습니다. 심지어 발톱에 패드처럼 생긴 끈적끈적한 욕반까지 붙어 있어 먹잇감을 끌어안고 풀 줄기나 나무줄기를 붙잡기에 딱 제격입니

왕파리매가 여섯 다리로 사냥한 벌을 가둔 채 먹고 있다.

다. 왕파리매 다리는 힘없는 곤충들에게는 무서운 덫인 셈입니다.

그러면 왕파리매는 사냥한 먹이를 어떻게 요리해 먹을까요? 녀석은 잡아온 먹이 몸속에 뾰족한 주둥이를 꽂습니다. 그런 뒤 침샘에서 소화 효소를 분비해 먹이 몸속으로 천천히 집어넣습니다. 소화 효소가 주입되면 먹이 속살이 흐물흐물 소화되어 죽처럼 걸쭉해집니다. 체외 소화가 일어난 것이지요. 왕파리매는 이렇게 소화된 먹이에 뾰족한 주둥이를 꽂고 빨아 먹습니다. 재밌게도 왕파리매가 먹이에 주입하는 소화 효소는 숙주 특이성이 없어 어떤 종류의 곤충이든 일단 몸속에 들어가면 속살을 녹여 신경을 마비시킵니다. 아무리 힘센 먹이라도 처음에는 버둥거리지만 곧 조용해집니다. 사냥 솜씨가 매를 닮은 왕파리매는 날고 있는 곤충이라면 거의 다 사냥을 하고, 풀 줄기에 앉아 있는 곤충들도 즐겨 사냥합니다.

왕파리매의 식탁 메뉴

왕파리매가 차린 식탁에는 어떤 반찬들이 올라올까요? 왕파리매의 식사 메뉴는 다양합니다. 나비, 나방, 딱정벌레, 잠자리, 노린재, 파리, 꿀벌, 말벌, 자기 종족인 파리매 같은 벌레들입니다. 녀석은 살아 움직이는 곤충을 사냥합니다. 자기보다 큰 잠자리도, 제 몸보다 몇 배나 무거운 풍뎅이 종류도 사냥합니다. 달아나려고 발버둥 치는 풍뎅이를 다리 여섯 개로 꽉 붙잡고 옭아맵니다. 다리

힘으로 따지자면 둘째가라면 서러울 풍뎅이마저 버둥거리다 강력한 주사 세례를 받고는 왕파리매의 밥이 됩니다. 힘없는 곤충이나 잡아먹는 줄 알았던 녀석은 참으로 힘이 천하장사입니다.

녀석은 날고 있는 곤충이라면 거의 다 사냥을 하고, 특히 풀 줄기에 앉아 식사하고 있는 곤충들도 즐겨 사냥합니다. 꽃에 앉아 꽃꿀을 빨아 먹는 나비나 꿀벌을 발견하면 갈매기가 물고기를 낚아채듯이 목표물을 향해 단박에 날아 내려와 낚아챕니다. 또한 꽃가루를 먹는 딱정벌레류나 꽃등에류도 녀석의 단골 메뉴입니다. 땅위를 걸어 다니는 먼지벌레나 방아벌레도 왕파리매 눈에 띄면 쥐도 새도 모르게 끌려갑니다. 악취가 심하게 나는 노린재류도 송장벌레류도 왕파리매 식탁에 올라옵니다. 비행 실력이 매우 뛰어난 잠자리나 심지어 자기 친척인 파리매까지도 인정사정없이 다 잡아먹습니다. 가끔은 무서운 독침을 가진 땅벌이나 소형 말벌을 공격

쥐파리매가 흰불나방을 사냥했다.

왕파리매가 꿀벌을 사냥했다.

왕파리매가 노린재를 사냥했다.

왕파리매가 먼지벌레류를 사냥했다.

파리매가 쌍살벌을 사냥했다.

하기도 합니다. 이들마저도 왕파리매의 날렵한 공격에 속수무책으로 당할 때가 있습니다. 심지어 짝짓기를 하면서도 암컷은 사냥한 먹잇감을 절대로 놓치지 않고 끝까지 먹습니다. 그러니 들판에 사는 곤충들에게 왕파리매는 악몽 같은 존재입니다.

파리매 수컷이 암컷에게 꽈리허리노린재를 선물로 주고 짝짓기를 하고 있다.

비행 능력을 십분 활용

앞서 말했듯이 왕파리매는 날아다니며 먹이를 잡습니다. 곤충이 이토록이나 번성하게 된 까닭 중 하나는 날개가 큰 역할을 했습니다. 날개가 있으니 먹이가 모자라면 다른 곳으로 이동하기 쉽고, 위험하면 날아서 도망칠 수 있고, 먹이를 찾으면 순식간에 접근할 수 있습니다. 곤충 중에서도 날 수 있다는 점을 십분 활용한 녀석이 왕파리매입니다.

날개를 가진 곤충이라지만 여러 가지 조건이 갖춰져 있지 않으면 날면서 먹이를 잡기란 쉽지 않습니다. 왕파리매를 유능한 사냥꾼으로 만든 공신은 잘 발달된 겹눈, 억센 털로 덮인 강인한 다리, 잡은 먹이를 안고 날 수 있게 지탱해 주는 튼튼한 가슴입니다. 여러 조건을 두루 갖추었기 때문에 비행 실력이 누구보다 뛰어나고, 날면서 날쌔게 먹이를 잡을 수 있는 것입니다.

파리매가 잎에 알을 낳았다.

생태계의 중간 조절자

생태계의 먹이망에는 지구에 살고 있는 모든 생명이 참여하고 있습니다. 먹이 피라미드에서 아랫부분으로 갈수록 개체 수가 많아집니다. 스스로 영양물질을 생산하는 식물이 풍부해야 식물을 먹고 사는 초식성 곤충이 번성할 수 있습니다. 또 초식성 곤충이 많아야 이들을 잡아먹는 포식자가 살아갈 수 있습니다. 일부는 살아남아 번식을 하고, 일부는 잡아먹히고, 이런 과정을 오랜 세월 겪으면서 지금과 같은 먹이망이 갖춰지게 된 것입니다. 생태계의 오묘한 물질 순환은 생명들 스스로가 빚어낸 자연의 위대한 작품입니다.

왕파리매는 생태계 먹이망에서 중간 조절자입니다. 초식성 동물과 초식성 동물을 잡아먹는 하위 포식자를 먹으면서 자신은 새, 파충류, 양서류 밥이 되니까요. 매서운 사냥꾼으로 일생을 살면서 먹이망의 균형이 깨지지 않도록 공헌하는 것입니다.

꽃게거미가 광대파리매를 낚아채 잡아먹고 있다.

매서운 잠복 사냥꾼

왕사마귀

왕사마귀 얼굴

왕사마귀는 생김새부터 타고난 포식자입니다.

왕사마귀를 보면 가슴 아픈 기억이 떠오릅니다.
이십 년 전쯤 아파트 베란다에서
아들 녀석이 왕사마귀를 키운 적이 있습니다.
큰 화분에 풀을 심어 놓고 어린 왕사마귀와
녀석의 먹이인 메뚜기를 잡아와 풀어놓았지요.
아들이 초등학교 시절이었으니 학교 끝나고 집에 오면
틈나는 대로 밖으로 나가 왕사마귀 먹이를 잡아들였고,
왕사마귀가 맨날 똑같은 밥만 먹으면 질린다며
풀밭을 이리저리 뒤져 섬서구메뚜기, 방아깨비, 벼메뚜기,
검은다리실베짱이, 줄베짱이 같은 다양한 메뚜기를 가져왔습니다.
그래서 아들 별명이 '사마귀 엄마'였습니다.
덕분에 여름 내내 집 베란다는
사마귀가 메뚜기들을 잡아먹는 살벌한 사냥터였고,
베란다 바닥은 왕사마귀가 먹은
메뚜기 사체 부스러기들이 널려 있었습니다.
개미들은 또 어디서 나타났는지
메뚜기 부스러기와 똥을 끌고 갔습니다.

왕사마귀

아파트 베란다에서 쓴 왕사마귀 보고서

새끼 왕사마귀는 늘 풀 위에서 무릎 꿇고 기도하는 자세로 앉아 있습니다. 가끔씩 입으로 앞다리 발목마디를 질근질근 깨물며 청소하면서 여유를 부리며 먹잇감을 기다리는 것이지요. 마침 풀잎을 먹으려고 섬서구메뚜기가 풀 위에서 얼쩡거립니다. 이때를 기다린 왕사마귀가 앞다리를 뻗어 잽싸게 낚아챕니다. 섬서구메뚜기가 아무리 발버둥을 쳐 봤자 왕사마귀 손(앞다리) 안에서 벗어나지 못합니다. 왕사마귀의 앞다리 종아리마디는 넓적한 낫처럼 생겨 볼 때마다 "어떻게 곤충 다리가 저렇게 생겼을까!" 하고 감탄이 절로 나옵니다. 앞다리 종아리마디 가장자리에는 톱니 같은 가시가 붙어 있습니다. 날카로운 가시는 함정 역할을 해 메뚜기가 그 안에

왕사마귀 앞다리는 낫처럼 아주 길고 날카롭다.

갇히면 꼼짝할 수 없습니다. 게다가 역삼각형 얼굴에는 무엇이든 자를 수 있는 강력한 턱이 용맹스럽게 붙어 있습니다. 왕사마귀는 생김새부터 타고난 포식자입니다.

왕사마귀는 버둥대는 섬서구메뚜기를 배 부분부터 먹기 시작합니다. 섬서구메뚜기 가슴과 배는 연결막으로 이어져 있습니다. 이 연결막은 아주 부드럽기 때문에 연결막 부위가 메뚜기 몸에서 공격하기가 가장 쉽습니다. 메뚜기는 점점 힘이 빠져 가고 왕사마귀는 맘 놓고 여유 있게 식사를 합니다. 드디어 가슴과 다리까지 게걸스럽게 먹어 치웁니다. 영악하게도 메뚜기 다리를 꼭꼭 씹어 먹다가 날개나 발목마디, 발톱처럼 살이 없고 딱딱한 부분은 뚝뚝 떼어 땅바닥에 버립니다. 왕사마귀가 식사하는 데 걸리는 시간을 재 보니 섬서구메뚜기나 벼메뚜기 한 마리를 먹는 데 약 20분이 걸렸습니다. 녀석이 먹이를 먹을 때 옆에서 조용히 지켜보면 와삭와삭 씹는 소리가 들리기도 합니다.

왕사마귀가 메뚜기를 잡아먹고 있다.

베란다에도 가을이 찾아왔습니다. '사마귀 엄마'의 지극한 보살핌을 받으며 무럭무럭 자란 왕사마귀는 마지막 허물을 벗고 어른벌레가 되었습니다. 가만 보니 암컷입니다. 알이 가득 찼나 봅니다. 얼마나 배가 부른지 움직일 때마다 배가 질질 끌립니다. 이제 '사마귀 엄마'가 해야 할 역사적 임무가 기다리고 있습니다. 녀석을 짝짓기 시키려면 수컷 왕사마귀를 보쌈해 와야 합니다.

풀숲에서 납치당한 수컷은 아파트 베란다에서 암컷과 맞선을 봅니다. 단둘뿐이니 마음에 들고 말고가 없습니다. 수컷은 경쟁자도 없이 암컷을 혼자 차지하니 웬 횡재입니까? 짝짓기를 마친 며칠 뒤 드디어 암컷이 알을 낳기 시작합니다. 베란다에는 나무를 심은 화분이 여럿 있습니다. 그중 한 나무에 여섯 개 다리로 매달려 배 끝을 천천히 실룩거리며 좌우로 움직입니다. 움직일 때마다 배 끝에서 비누 거품 같은 물질이 부글부글 나옵니다. 거품은 생식기 옆에 있는 아교질샘에서 알을 낳을 때 함께 나오는 것입니다. 왕사마

왕사마귀 알집

왕사마귀 암컷은 몸매가 뚱뚱하다.

귀는 거품 속에 알을 줄지어 낳습니다. 거품은 알집인 셈인데, 겨우내 습기나 추위를 막아 알을 보호합니다. 약 한 시간 동안 거품과 함께 낳은 알이 들어 있는 알집은 길이가 4센티미터나 되고 솜사탕처럼 탐스럽습니다. 시간이 지나면서 부드러운 거품은 단단하게 굳습니다. 드디어 두툼한 원통처럼 생긴 알집이 만들어졌습니다.

알을 낳은 암컷은 이제 죽는 일만 남았을까요? 꼭 그런 것만도 아닙니다. 암컷은 이틀 동안 왕성하게 메뚜기를 잡아먹더니 또다시 알을 낳기 시작합니다. 두 번째 알집은 첫 번째 알집보다 절반 정도 작습니다. 그러고는 한 차례 더 알을 낳고는 비실비실 삼 일 동안 버티다가 힘없이 죽었습니다.

겨울이 되면서 드디어 문제가 생겼습니다. 아파트다 보니 추운 겨울이라 해도 베란다는 봄처럼 따뜻합니다. 12월 말쯤에 왕사마귀 알집에서 애벌레가 태어난 것입니다. 실을 타고 애벌레들이 줄줄이 알집 밖으로 쏟아져 나옵니다. 노란 색깔의 애벌레들이 한꺼번에 알집에서 탈출하고 있습니다. 줄잡아 200마리도 넘습니다. 이 일을 어째야 할까나? 이 추운 겨울에 어디서 불쌍한 애벌레들 먹이를 대어 줘야 하나요? 그렇다고 추운 바깥에 내보낼 수도 없으니 눈앞이 캄캄합니다. 곤충 세계에 발을 들여놓기 전이라 이렇게 일찍 알에서 깨어날 줄은 꿈에도 상상하지 못했습니다. 애타는 마음을 아는지 모르는지 알집에서 나온 애벌레들은 줄지어 창문을 타고 올라갑니다. 커 봤자 5밀리미터도 안 되는 왕사마귀 애벌레들이 창문에 매달려 있는 모습에 굉장히 충격을 받았습니다. 이틀을 못 살고 어린 새끼들은 하나둘씩 바닥에 떨어져 굶어 죽어 갔습니다. 얼마나 고통스러울까? 이루 말할 수 없는 죄책감에 마음이

알집에서 나온 1령 애벌레

헤집어졌습니다. 하염없이 그들을 바라보다 죽은 애벌레들을 한 마리씩 한 마리씩 주워 모아 화분 흙에 묻었습니다. 그리고 그들을 위한 천도재를 마음속으로 지냈습니다. 그 뒤로 아들 녀석은 집에서 사마귀를 키우다 어른벌레가 되면 곧바로 풀숲에 놓아줍니다.

목숨을 내놓고 짝짓기 하는 수컷

가을 풀숲에서는 곤충들의 은밀하고도 격렬한 짝짓기가 여기저기서 목격됩니다. '목숨 내놓고 하는 비정한 짝짓기' 하면 왕사마귀가 떠오릅니다. 알을 낳기 위해서 암컷은 움직이는 작은 동물로 만찬을 즐깁니다. 왕사마귀는 본능에 매우 충실한 곤충입니다. 암컷은 먹을 수 있는 건 모두 먹습니다. 왕사마귀 수컷도 예외가 아닙니다. 자신과 신방을 차린 수컷조차 암컷 눈에는 먹이로 보입니다. 그러니 수컷이 암컷에게 섣부르게 다가갔다가는 큰코다칩니다. 암컷 눈에 띄기라도 하면 잔혹하게 잡아먹힐 수 있으니까요. 그래서 수컷은 굉장히 조심조심, 암컷 동태를 살피며, 암컷 눈에 띄지 않게 슬금슬금 다가갑니다. 어떤 때는 단 한 발자국을 움직이기 위해 한 시간 넘게 꼼짝 않고 기다리는 경우도 있습니다. 또 다가가다 암컷에게 들키면 얼어붙은 것처럼 움직이지 않고 가만히 있습니다. '아, 제발 날 먹지 마.' 쿵쾅거리는 수컷의 심장 소리가 들리는 것 같습니다.

왕사마귀 2령 애벌레

천신만고 끝에 암컷 등에 올라탄 수컷. 암컷이 짝짓기를 허락한 모양입니다. 그렇다고 해도 방심은 금물입니다. 수컷은 배 끝을 길게 늘여 생식기를 뺀 뒤 암컷 생식기에 집어넣습니다. 하지만 짝짓기 본능을 주체 못 하고 흥분했는지 수컷이 덤벙댑니다. 고개를 돌리는 암컷. '이 일을 어쩌나. 암컷은 비록 짝짓기 중이라도 자기 눈에 띄는 건 먹이로 취급하는데…….' 짝짓기는 짝짓기, 먹이는 먹이. 인정사정 볼 것 없이 암컷은 짝짓기 중인 수컷을 낚아채 머리부터 씹어 먹기 시작합니다. 머리가 잘려 나가든 말든 수컷 몸뚱이는 짝짓기를 계속합니다. 머리가 잘려 나갔는데 어떻게 짝짓기를 멈추지 않는 걸까요? 비밀은 뇌와 신경절에 있습니다.

왕사마귀가 짝짓기를 하고 있다.

왕사마귀 뇌는 겹눈, 촉각 감각기, 감각 세포들이 수집한 정보를 종합해 온몸의 반사 행동을 조절합니다. 반사 행동은 자극을 받으면 기계적으로 일어나는 일정한 반응입니다. 특이하게도 신경 세포를 흥분시키기도 하고, 억제시키기도 합니다. 수컷 머리가 잘려 나가면 자연스럽게 뇌도 사라집니다. 중추 신경계의 조절 능력도 사라져 몸에 아무런 영향을 미치지 못합니다. 따라서 평소에 왕사마귀의 짝짓기 욕구를 억제시켰던 식도 아래 머리 부분에 분포하는 신경절의 조절 기능도 사라집니다.

짝짓기 하느라 몸의 신경 세포는 이미 흥분 상태에 있는데, 짝짓기 욕구를 조절하던 신경절의 억제 작용이 완전히 멈춰 버렸으니 몸은 고삐 풀린 망아지처럼 점점 더 흥분되어 주체 못 할 만큼 고조됩니다. 그래서 수컷 생식기가 암컷 생식기에 들어간 뒤에는 수컷을 잡아먹어도 배 끝마디가 남아 있으면 짝짓기에 아무런 영향을 미치지 않습니다. 실제로 왕사마귀의 짝짓기 행동은 배 끝마디에 있는 신경절에 의해 지배를 받기 때문입니다. 암컷에게 잡아먹혀 몸이 반 토막이 나도 수컷의 남은 몸은 짧게는 세 시간, 길게는 여섯 시간까지 짝짓기를 계속합니다. 죽어서도 짝짓기를 하는 것이지요.

하지만 짝짓기 할 때마다 수컷이 꼭 잡아먹히는 것은 아닙니다. 실제로는 수컷이 잡아먹히는 경우는 드뭅니다. 거의 모든 수컷은 암컷에게 아주 조심스럽게 접근하고, 짝짓기 중이라도 암컷 동태를 자세히 살피고, 암컷이 공격하기 전에 폴짝 뛰어 달아나기 때문입니다.

왕사마귀의 신경절

곤충의 중추 신경계는 머리에서 배 끝까지 갱글리아(ganglia)라는 신경절로 이어져 있습니다. 왕사마귀 경우 뇌와 식도 아래 신경절에 하나씩, 가슴마디에 세 개, 일곱 개 배마디에 하나씩 있습니다. 이렇게 열두 개 신경절이 서로 이어져 중추 신경계를 형성합니다. 그중에서 배 끝마디에 있는 신경절은 성적 흥분을 일으키고, 머리 부분에 있는 신경절(식도 아래 신경절: 일차적으로 주둥이와 목에 있는 감각기와 근육을 조절함)은 배 끝마디 신경절에 영향을 미쳐 성적 흥분을 억제시킵니다. 두 신경절 영향으로 성적 흥분 정도가 조절되는 것이지요. 그런데 암컷에게 가슴마디까지 먹히면 식도 아래 신경절이 몸의 신경절과 끊어지게 되고 당연히 배 끝마디에 미치던 영향력도 사라집니다. 아무런 제재를 받지 않게 된 배 끝마디 신경절은 이제 활개 치듯 성적 흥분을 마음껏 고조시킵니다. 수컷 몸 대부분이 암컷에게 잡아먹혀도 수컷 배 끝마디는 성적 흥분의 도가니가 되어 정자를 거침없이 쏟아 냅니다.

인내심의 달인 왕사마귀 사냥 전략

풀숲에서는 한시도 쉬지 않고 먹고 먹히는 전쟁이 계속됩니다.

힘센 포식자는 힘없는 작은 곤충을 잡아 식사를 즐기고, 힘없는 작은 곤충은 포식자 공격을 피하려고 애씁니다. 힘없는 작은 곤충이 방어술을 개발하면 할수록 포식자 또한 한층 더 효과적인 사냥술을 개발합니다.

왕사마귀 사냥 전략은 숨어서 기다리다 먹잇감이 나타나면 낚아채는 것입니다. 먹이가 나타날 때까지 기다리는 것은 극도의 인내심이 필요합니다. 더구나 먹이가 달아나도 왕사마귀는 쫓아가서 잡지 않습니다. 이런 사냥술은 에너지가 매우 적게 들지만 한번 사냥감을 놓치면 그것으로 끝입니다. 그런 만큼 사정거리 안에 들어온 먹이를 놓치지 않기 위해 만반의 준비를 하고 있어야 합니다.

왕사마귀는 칡이나 환삼덩굴 잎처럼 넓은 잎이나 꽃 둘레 잎에 앉아 있습니다. 거의 움직이지 않고 줄곧 앉아 있습니다. 어떤 때는 앞다리를 기도하는 소녀처럼 세울 때도 있고, 또 어떤 때는 앞

왕사마귀는 숨어서 먹잇감을 기다린다.

다리를 앞으로 쭉 뻗고 있어 풀 줄기처럼 보이기도 합니다. 잎이나 꽃 둘레에 있으면서 파리, 메뚜기, 나비 같은 곤충이 나타나기만을 기다리는 것입니다. 곤충들이 일광욕하려고 양지 식물을 찾아오기도 하고, 나비 같은 곤충들이 꿀을 먹으려고 꽃을 찾아온다는 것을 용케도 알아챈 것이지요. 드디어 네발나비가 환삼덩굴 잎에 알 낳으러 왔습니다. 가만히 앉아 있던 왕사마귀가 일순간 날쌘 몸놀림으로 앞다리를 쭉 뻗어 네발나비를 단박에 낚아챕니다. 네발나비는 날개를 푸드덕거리며 도망치려 안간힘을 쓰지만 왕사마귀를 당해 내기엔 역부족입니다. 왕사마귀는 네발나비를 움켜쥔 앞다리를 기도하듯이 들어 올리고 식사를 시작합니다. 네발나비는 죽어 가는지 움직임이 둔해집니다. 연한 가슴과 배 부분을 꼭꼭 씹어 먹고는 날개와 발목마디는 버립니다. 다 먹은 뒤 왕사마귀는 식사 도구인 앞다리와 더듬이 같은 곳을 주둥이로 깨끗이 청소합니다. 힘들게 먹잇감을 추격하지 않고 이렇게 앉아서 먹잇감을 기다리기만 하니 참 경제적인 방법을 선택했네요. 대신에 인내심이란 대가를 치러야 하지만 말입니다.

왕사마귀는 곤충이 보이는 족족 닥치는 대로 먹습니다. 단 살아 있는 놈들이어야 합니다. 실에 멸치를 매달아 왕사마귀 앞에서 흔들어 보세요. 소용없습니다. 입맛이 까다로워 살아 꿈틀대는 것만 먹기 때문에 쳐다보지도 않습니다. 왕사마귀는 타고난 사냥꾼이라 어느 곤충이든 한번 찍히면 제물로 몸을 바쳐야 합니다. 오랜 시간 가만히 기다리다 순식간에 덮치는 왕사마귀를 피하기란 쉬운 일이 아닙니다. 나비 애벌레와 어른벌레, 노린재 애벌레와 어른벌레, 메뚜기, 심지어는 동족까지도 어김없이 왕사마귀 밥이 됩니다.

왕사마귀가 먹잇감을 눈 깜박할 사이에 낚아채는 비결은 무엇일까요? 그 비결은 놀랍게도 잘 발달된 겹눈과 목, 가슴마디, 털에 있습니다. 곤충들의 털 감각기들은 몸 마디 사이나 부속지의 관절 사이에 많이 분포하는데, 그 위치에 따라 기능이 다릅니다. 왕사마귀가 사냥할 때는 머리와 가슴 사이에 있는 털 감각기가 일제히 긴장을 합니다. 그래서 왕사마귀는 목에 난 털 감각기를 이용해서 몸축에 대한 자기 머리 위치를 파악합니다. 그리고 먹이를 발견하면 몸통은 정지한 채 머리만 먹이를 향해 돌립니다. 먹잇감이 눈치 못 채게 몸은 가만 놔두고 머리만 움직이는 거지요. 그런 다음 사정거리 안에 들어오는 먹이를 잽싸게 앞다리로 낚아챕니다. 더 놀라운 것은 다른 곤충과 달리 가슴 첫 번째 마디를 움직일 수 있어 몸을 먹이가 있는 방향으로 재빨리 돌릴 수 있습니다.

비가 그친 뒤 왕사마귀가 백일홍 꽃 위에서 햇볕을 쬐고 있다.

왕사마귀가 잠자리를 잡아먹고 있다.

왕사마귀가 하늘소류를 잡아먹고 있다.

왕사마귀 허물

하지만 풀숲 세계에선 절대 강자는 없는 법입니다. 포식자도 먹잇감이 될 때도 있습니다. 왕사마귀 애벌레는 침노린재에게 잡혀 체액이 빨려 서서히 죽어 가기도 합니다. 잡아먹고 잡아먹히는 숨가쁜 풀밭에서 왕사마귀는 거미, 개미 떼, 개구리, 새 들의 밥이 됩니다. 아래로는 1차 소비자인 초식 동물이나 자신보다 힘없는 육식 곤충들을 먹으며 그들의 개체 수를 조절하고, 위로는 새나 개구리 같은 상위 포식자에게 영양가 많은 먹을거리를 제공해 풀숲 먹이망의 균형을 잡아 줍니다.

왕사마귀가 위험을 느끼면 날개를 활짝 펼치고 위협한다.

세밀화로 보는
곤충

호랑나비 무리

날개 무늬가 범 무늬를 닮았다고 '호랑나비'라는 이름이 붙었다. 호랑나비 무리는 몸집이 아주 크다. 날개 색이 짙고 고우며 띠무늬가 아주 뚜렷하다. 많은 호랑나비는 뒷날개에 꼬리처럼 생긴 돌기가 길게 나 있다. 우리나라에는 16종이 알려졌다. 크게 모시나비, 호랑나비, 제비나비 무리가 있다.

호랑나비 수컷
날개 편 길이 봄형 56~66mm, 여름형 75~97mm

산호랑나비 수컷
날개 편 길이 봄형 65~75mm, 여름형 85~95mm

멤논제비나비 수컷
날개 편 길이 106mm

애호랑나비 수컷
날개 편 길이 39~49mm

청띠제비나비 수컷
날개 편 길이 57~79mm

산제비나비 수컷 봄형

날개 편 길이 봄형 63~93mm, 여름형 95~118mm

사향제비나비 수컷 여름형

날개 편 길이 봄형 65~71mm, 여름형 75~90mm

남방제비나비 수컷 여름형

날개 편 길이 봄형 100~105mm, 여름형 108~118mm

무늬박이제비나비 수컷

날개 편 길이 120~130mm

제비나비 수컷

날개 편 길이 봄형 85~90mm, 여름형 105~120mm

긴꼬리제비나비 수컷

날개 편 길이 봄형 60~80mm, 여름형 102~120mm

흰나비 무리

이름처럼 날개 색이 하얘서 '흰나비'라는 이름이 붙었다. 하지만 노란 나비도 있다. 우리나라에 22종이 알려졌다. 각시멧노랑나비, 멧노랑나비, 극남노랑나비, 남방노랑나비는 어른벌레로 겨울을 난다. 들판부터 산속까지 이른 봄부터 늦가을까지 볼 수 있다.

연노랑흰나비 수컷
날개 편 길이 60~64mm

새연주노랑나비 수컷
날개 편 길이 48~52mm

노랑나비 수컷
날개 편 길이 38~50mm

남방노랑나비 수컷
날개 편 길이 32~47mm

극남노랑나비 수컷 가을형
날개 편 길이 28~40mm

멧노랑나비 수컷
날개 편 길이 58~62mm

각시멧노랑나비 수컷
날개 편 길이 56~59mm

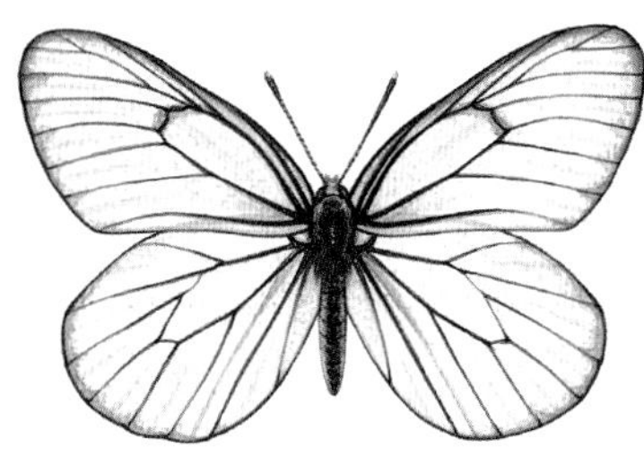

상제나비 수컷 여름형

날개 편 길이 수컷 54~59mm, 암컷 65~68mm

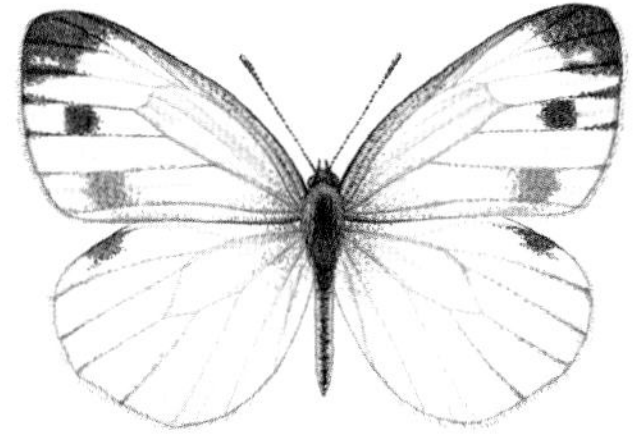

큰줄흰나비 수컷

날개 편 길이 봄형 41~48mm, 여름형 52~55mm

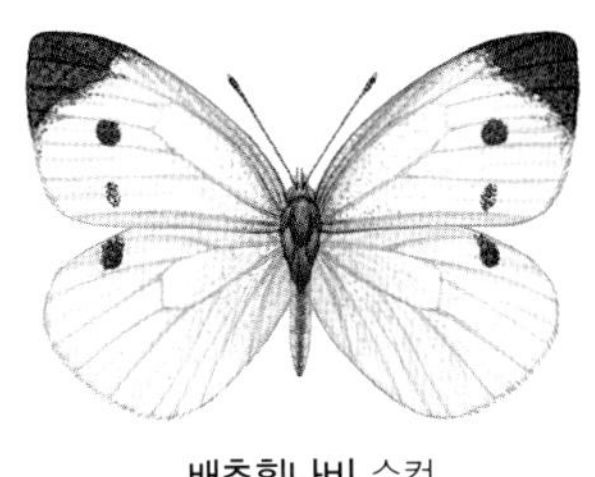

배추흰나비 수컷

날개 편 길이 봄형 39~52mm

대만흰나비 수컷

날개 편 길이 봄형 37~43mm, 여름형 44~46mm

풀흰나비 수컷

날개 편 길이 37~42mm

기생나비 수컷

날개 편 길이 34~44mm

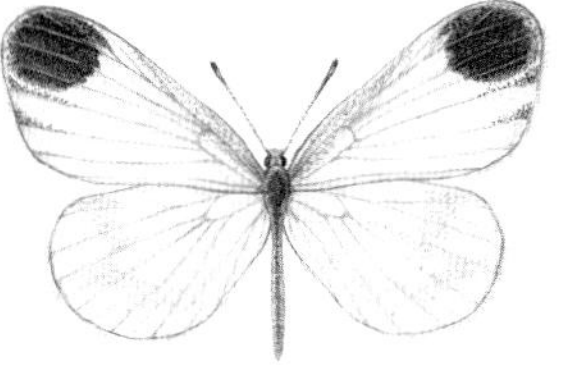

북방기생나비 수컷

날개 편 길이 42~51mm

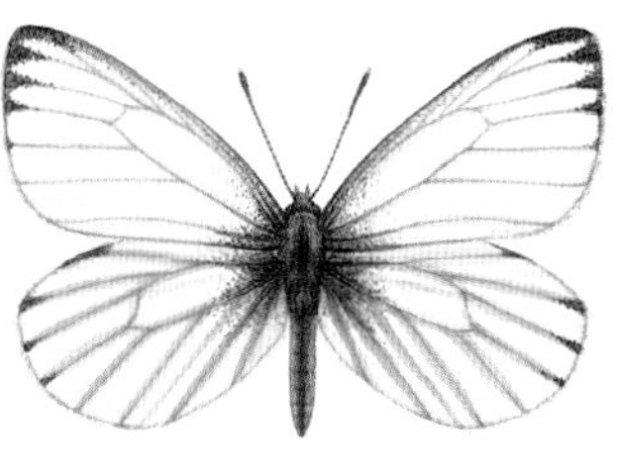

줄흰나비 수컷

날개 편 길이 봄형 39~43mm, 여름형 51~54mm

갈구리나비 수컷

날개 편 길이 43~47mm

잎벌레 무리

잎벌레 무리는 온 세계에 37,000종쯤이 산다. 우리나라에 사는 잎벌레는 370종쯤 된다. 잎벌레 무리는 풍뎅이과, 거저리과, 하늘소과, 바구미과와 더불어 딱정벌레 무리 가운데 수가 많은 무리다. 그런데 잎벌레는 딱정벌레 가운데 몸집이 아주 작은 편이다. 몸길이가 1.5~3mm밖에 안 되는 것이 많다.

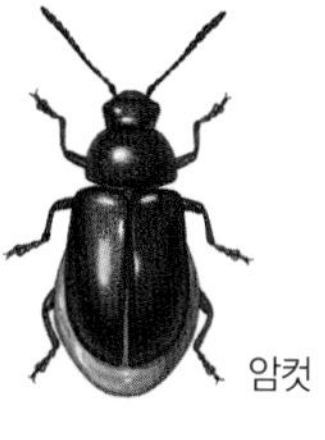

수컷 암컷

좀남색잎벌레
몸길이 5mm 안팎

상아잎벌레
몸길이 7~10mm

딸기잎벌레
몸길이 4mm 안팎

남생이잎벌레
몸길이 7mm 안팎

큰남생이잎벌레
몸길이 7~9mm

루이스큰남생이잎벌레
몸길이 5~7mm

엑스자남생이잎벌레
몸길이 6mm 안팎

좁은가슴잎벌레
몸길이 3~4mm

중국청람색잎벌레
몸길이 11~23mm

황갈색잎벌레
몸길이 5~6mm

버들꼬마잎벌레
몸길이 4mm 안팎

사시나무잎벌레
몸길이 11mm 안팎

오리나무잎벌레
몸길이 5~8mm

버들잎벌레
몸길이 6~9mm

넉점박이큰가슴잎벌레
몸길이 8~11mm

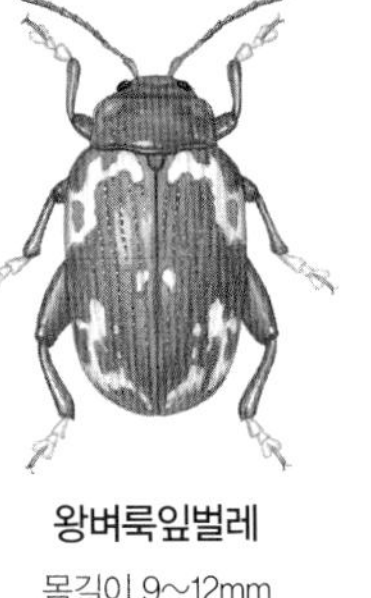
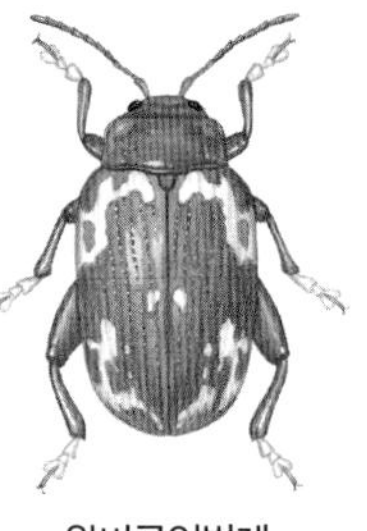

왕벼룩잎벌레
몸길이 9~12mm

길앞잡이 무리

길앞잡이 무리는 온 세계에 1,300종쯤 산다. 우리나라에는 1속 16종이 산다. 강가나 바닷가 모래밭에는 강변길앞잡이, 꼬마길앞잡이, 큰무늬길앞잡이, 닻무늬길앞잡이가 산다. 우리나라에 흔하던 길앞잡이는 몸이 푸른색인데 붉은색, 검정색, 흰색 무늬들이 있어서 아주 화려하다. 좀길앞잡이는 낮은 산이나 들에 많다. 해발 1,000m가 넘는 높은 산에는 산길앞잡이가 산다.

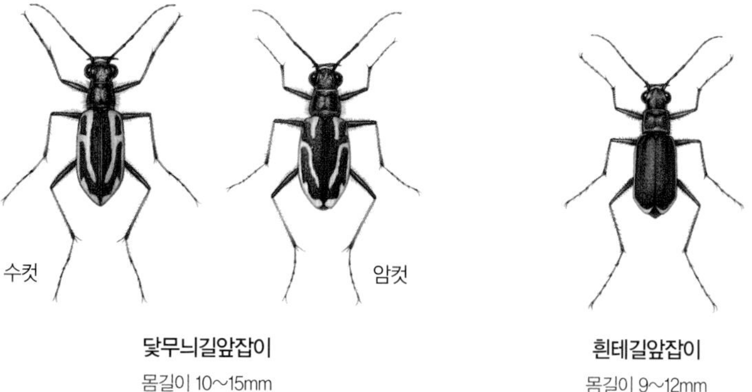

닻무늬길앞잡이
몸길이 10~15mm

흰테길앞잡이
몸길이 9~12mm

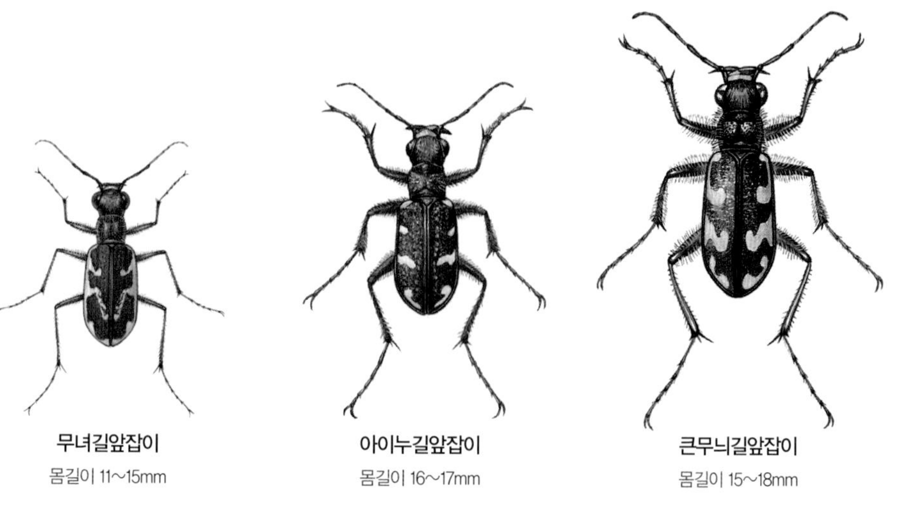

무녀길앞잡이
몸길이 11~15mm

아이누길앞잡이
몸길이 16~17mm

큰무늬길앞잡이
몸길이 15~18mm

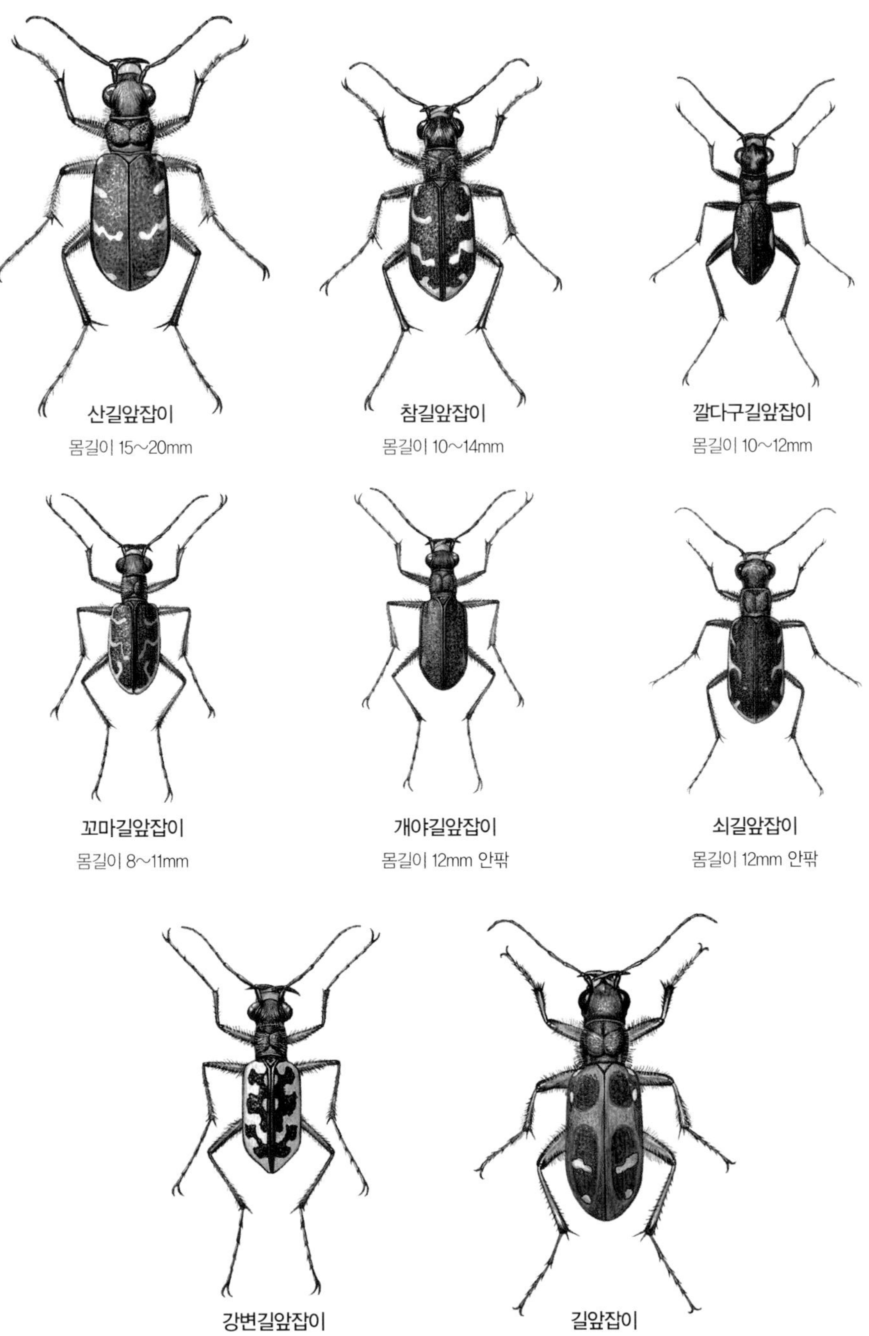
산길앞잡이
몸길이 15~20mm
참길앞잡이
몸길이 10~14mm
깔다구길앞잡이
몸길이 10~12mm
꼬마길앞잡이
몸길이 8~11mm
개야길앞잡이
몸길이 12mm 안팎
쇠길앞잡이
몸길이 12mm 안팎
강변길앞잡이
몸길이 15~17mm
길앞잡이
몸길이 20mm 안팎

꽃하늘소 무리

하늘소 무리는 온 세계에 25,000종쯤이 살고, 우리나라에 300종이 산다고 알려졌다. 이들은 크게 일곱 무리로 나뉘는데 그 가운데 꽃하늘소 무리가 70종 가까이 되어 수가 가장 많다. 꽃하늘소는 다른 하늘소보다 몸집이 작고, 몸 뒤쪽이 홀쭉하다. 또 다른 하늘소들은 밤에 돌아다니는데, 꽃하늘소 무리는 낮에 돌아다니고, 잘 날고, 꽃에 잘 모인다. 애벌레 때에는 풀줄기나 나무속을 파먹고 산다.

옆검은산꽃하늘소
몸길이 8~13mm

붉은산꽃하늘소
몸길이 12~22mm

열두점박이꽃하늘소
몸길이 11~15mm

수컷

암컷

긴알락꽃하늘소
몸길이 12~23mm

봄산하늘소
몸길이 8~10mm

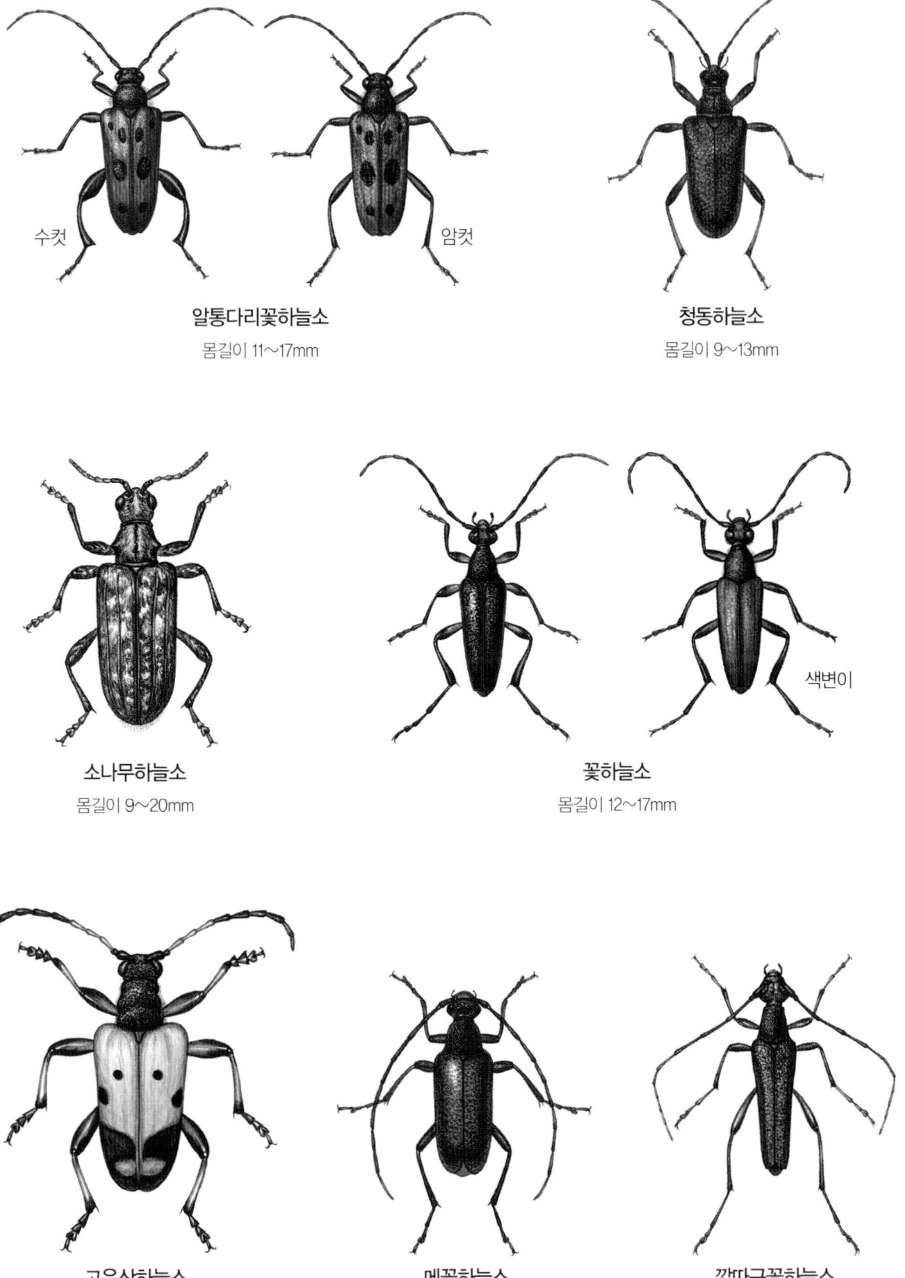

알통다리꽃하늘소
몸길이 11~17mm

청동하늘소
몸길이 9~13mm

소나무하늘소
몸길이 9~20mm

꽃하늘소
몸길이 12~17mm

고운산하늘소
몸길이 16~23mm

메꽃하늘소
몸길이 8~15mm

깔따구꽃하늘소
몸길이 6~15mm

찾아보기

바

사

아

자

차

카

타

파

하

참고 자료

국내 서적

강전유, 김철응, 박형기, 이상길, 이용규 정호성. 2008. 나무해충도감. 소담출판사. 328pp.

강창수, 김진일, 김학렬, 류재혁, 문명진, 박상옥, 여성문, 이봉희, 이종욱, 이해풍. 2005. 일반곤충학. 정문각. 631pp.

강혜순. 2003. 꽃의 제국. 다른세상. 271pp.

기청산식물원부설 한국생태조경연구소. 2004. 우리 꽃 참 좋을씨고. 얼과 얼. 217pp.

김귀곤. 2007. 비무장지대와 민통 지역의 생물상. 서울대학교 출판부

김양섭, 석순자, 원향연, 이강호, 김완규, 박정식. 2004. 한국의 버섯. 농촌진흥청 농업과학기술원. 동방미디어. 467pp.

김용석. 2005. 두 글자의 철학(혼합의 시대를 즐기는 인간의 조건). 푸른숲. 300pp.

김정한. 2005. 토박이 곤충기. 진선출판사. 237pp.

김준호. 2007. 한국생태학 100년. 서울대학교출판부. 569pp.

김진일. 1998. 한국곤충생태도감-딱정벌레목 III. 고려대학교 곤충연구소. 255pp.

김진일. 1999. 쉽게 찾는 우리 곤충. 현암사. 392pp.

김진일. 2000. 풍뎅이상과(상). 한국경제곤충 4. 농업과학기술원. 149pp.

김진일. 2001. 풍뎅이상과(하). 한국경제곤충 10. 농업과학기술원. 197pp.

김진일. 2002. 우리가 정말 알아야 할 우리 곤충 백가지. 현암사. 399pp.

김태우. 2013. 메뚜기 생태도감. 지오북. 381pp.

남상호. 1996. 한국의 곤충. 교학사. 서울. 519pp.

다나카 하지메 지음, 이규원 옮김. 2007. 꽃과 곤충 서로 속고 속이는 게임. 지오북. 261pp.

리고프 M. 지음, 황적준 옮김. 2002. 파리가 잡은 범인. 해바라기. 255pp.

박규택. 1999. 한국의 나방(I). 곤충자원편람 IV. 생명공학연구소·곤충분류연구회. 358pp.

박영하. 2005. 우리나라 나무 이야기. 이비락. 381pp.

박진영. 2004. 한국산 거위벌레과(딱정벌레목)의 계통분류 및 생태학적 연구. 안동대학교 (학위논문)

박진영, 이종은. 한국산 왕벼룩잎벌레 (딱정벌레목: 잎벌레과: 벼룩잎벌레아과) 미성숙 단계의 분류 및 생태학적 연구(학회발표자료)

박종균, 백종철. 2001. 딱정벌레과(딱정벌레목). 한국경제곤충 12. 농업과학기술원. 169pp.

박해철, 김성수, 이영보, 이영준. 2006. 딱정벌레. 교학사. 358pp.

박해철. 2006. 딱정벌레-자연의 거대한 영웅 딱정벌레에 관한 모든 것. 다른세상. 559pp.

박해철. 2007. 이름으로 풀어보는 우리나라 곤충 이야기. 북피아주니어. 231pp.

부경생, 김용균, 박계청, 최만연. 2005. 농생명과학연구원 학술총서 9. 곤충의 호르몬과 생리학. 서울대학교출판부. 875pp.

손기철, 윤재길. 2004. 꽃의 색의 비밀. 건국대학교출판부. 260pp.

송기엽, 윤주복. 2003. 야생화 쉽게 찾기. 진선출판사. 607pp.

서울특별시공원녹지관리사업소. 2002. 생태학교 여름 교재. 길동자연생태공원

서울특별시공원녹지관리사업소. 2004. 2004년 가을 길동자연생태공원 생태학교 교재-변해가네. 길동자연생태공원. 211pp.

손재천. 2006. 주머니 속 애벌레 도감. 황소걸음. 455pp.

신유항. 1991. 한국나비도감. 아카데미서적. 364pp.

신유항. 2001. 원색한국나방도감. 아카데미서적. 551pp.

여상덕, 박중성. 1998. 한국산 박각시살이고치벌속(고치벌과, 밤나방살이고치벌아과)의 미기록종에 대하여. Korean Journal of Entomology. 28(3): 243-255.

오쿠이 카즈미츠 지음, 문창종 옮김. 2006. 어린이 동물행동학 사전. 함께읽는책. 157pp.

올리히 슈미트 지음, 장혜경 옮김. 2008. 동물들의 비밀신호. 해나무. 207pp.

이나가키 히데히로 지음, 최성현 옮김. 2003. 풀들의 전략. 오두막. 232pp.

이상길, 권영대, 김복균, 변봉규, 오용기, 이범영, 1997. 은행나무를 가해하는 검정주머니나방(나비목: 주머니나방과)의 발생 및 생활사. 한국응용곤충학회지. 36(3): 243-248.

이승모. 1987. 한반도 하늘소과 갑충지. 국립과학관. 287pp.

이영노. 1998. 한국의 멸종위기 및 보호야생동식물. 교학사. 302pp.

이영노, 오용자. 2004. 관속 식물 분류학 Taxonomy of Vaxcular Plants. 삼원문화. 259pp. 서울

이영노. 1998. 원색한국식물도감. 교학사. 1246pp.

이유미. 2007. 광릉숲에서 보내는 편지. 지오북. 313pp.

이종욱. 1998. 한국곤충생태도감 IV-벌, 파리, 밑들이, 풀잠자리, 집게벌레목. 고려대학교 한국곤충연구소. 246pp.

이종은, 안승락. 2001. 잎벌레과(딱정벌레목). 한국경제곤충 14호. 농업과학기술원. 229pp.

이종은, 조희욱. 2006. 한국경제곤충 27. 농작물에 발생하는 잎벌레류. 농업과학기술원. 127pp.

이지열. 1988. 원색 버섯도감(I). 아카데미. 365pp.

이한일. 2007. 위생곤충학(의용절지동물학) 제4판. 고문사. 467pp.

제임스 B. 나디 지음, 노승영 옮김. 2009. 흙을 살리는 자연의 위대한 생명들. 상상의 숲. 431pp.

제임스 K. 웽버그 지음, 박영원 옮김. 2004. 곤충의 유혹. 휘슬러. 190pp.

조덕현. 2001. 버섯. 지성사. 222pp.

조영복, 안기정. 2001. 송장벌레과, 반날개과(딱정벌레목). 한국경제곤충 11호. 농업과학기술원. 167pp.

주흥재, 김성수, 손정달. 1997. 한국의 나비. 교학사. 437pp.

최광식, 최원일, 김철수, 박일권, 정영진, 장석준, 심상준, 신상철. 2006. 황다리독나방(나비목: 독나방과)의 생활사. 한국응용곤충학회지. 45(3): 371-373.

최광식, 최원일, 신상철, 최광식, 최원일, 정영진, 이상길, 김철수. 2007. 신산림병해충도감. 웃고문화사, 402pp.

토마스 아이스너 지음, 김소정 옮김. 2006. 전략의 귀재들 곤충. 삼인. 568pp.

Thomas M. Smith and Robert Leo Smith 지음, 강혜순, 오인혜, 정근, 이우신 옮김. 2007. 생태학 6판. 라이프사이언스. 622pp.

한호연, 권용정. 2001. 과실파리과(파리목). 한국경제곤충지 3호. 농업과학기술원. 113pp.

한호연, 최득수. 2001. 꽃등에과(파리목). 한국경제곤충지 15호. 농업과학기술원. 223pp.

허북구, 박석근, 이일병. 2004. 재미있는 우리 나무 이름의 유래를 찾아서. 중앙생활사. 343pp.

허운홍. 2012. 나방 애벌레 도감. 자연과 생태. 520pp.

현재선. 2007. 식물과 곤충의 공존전략. 아카데미서적. 298pp.

홍기정, 박상욱, 우건석. 2001. 바구미상과(딱정벌레목). 한국경제곤충 13호. 농업과학기술원. 180pp.

영문 자료

Bae, Y.S., 2001. Family Pyraloidea: Pyraustinae & Pyralinae. Economic Insects of Korea 9. Ins. Koreana, Suppl. 16, 252pp.

Bae, Y.S., 2004. Superfamily Pyraloidea II (Phycitinae & Crambinae etc.). Economic Insects of Korea 22. Ins. Koreana, Suppl. 29, 205pp.

Burrows, M. et al., 2008. Resilin and cuticle form a composite structure for energy storage in jumping by froghopper insects. BMC Biology, 6: 41.

Borden J.H., McClaren M, Horta M.A., 1969. Fecal filaments produced by fungus-infesting larvae of Platydema oregonense. Annals of the Entomological Society of America 62: 444-456.

Breitenbach J, Kränzlin F. 1986. Fungi of Switzerland, Volume 2 Non gilled fungi (Heterobasidiomycetes, Aphyllophorales, Gastromycetes). Verlag Mykologia, Switzerland, 412pp.

Byun, B.K., Y.S. Bae, and K.T. Park, 1998. Illustrated Catalogue of Tortricidae in Korea (Lepidoptera). In Park, K.T.(eds): Insects of Korea [2], 317pp.

Choi Jun-Yeol, 1992. Taxonomic study on the family Erotylidae (Insceta: Coleoptera) from Korea, Soeul National University. 66pp. (Thesis for the degree of master of science)

Crowson, R.A., 1981. The biology of the Coleoptera. Academic Press, New York, 802pp.

Chujo, M., 1939. On the Japanese Ciidae (Col.) Mushi, 12: 1-10.

Csóka, György, 2003. Leaf mines and leaf miners. Hungarian Forest Research Institute, Budapest, 192pp.

Eisner, T. and J. Meinwald, 1966. Defensive secretion of arthropods. Science 153: 1341-1350.

Gilbert Waldbauer, 1999. The Handy Bug Answer Book. Visible Ink Press, U.S.A., 308pp.

Gilbert Waldbauer, 2003. What good are bugs? Harvard University press

Graves R.C., 1960. Ecologial observations on the insects and other inhabitants of woody shelf fungi (Basidiomycetes: Polyporaceae) in the Chicago area. Annals of the Entomological Society of America 53: 61-78.

Grimaldi, D. and M. S. Engel 2005 Coleoptera and Strepsiptera. 357-406pp. In: Evolution of the Insects. Cambridge University Press, New York. 1-755pp.

Gullan P.J. and Cranston, P.S., 2000. The Insects. An outline of Entomology (second edition). Blackwell science, 470pp.

Heatwole H, Heatwole A. 1968. Movements, host-fungus preferences, and longevity of Bolitotherus cornutus (Col.: Tene.). Annals of the Entomological Society of America 61: 18-23.

Jin Woo Choi and Kyung Saeng Boo, 1991. Effects of Juvenile Hormone and Molting Hormone on Diapausing Adults of the Alder Leaf Beetle. Agelastica coerulea Baly. Korean J. Appl. Entomol. 30(4): 258-264.

Jolevet, P., 1995 Host-plants of Chrysomelidae of the world. Bachhuys Publishers Leiden. pp. 1-281.

Joliver, E. P. and T. H. Hsiao, 1988 Biololgy of Chrysomelidae. Kluwer Academic Publishers, Netherland. pp. 1-615.

Han, H.Y., D.S. Choi, J.I. Kim and H.W. Byun, 1998. A catalog of the Syrphidae (Inseca: Diptera) of Korea. Ins. Koreana 15: 95-166.

Imazeki R, Hongo H. 1987. Colored Illustrations of Mushrooms of Japan Vol. I. Hiokusha publishing co., Ltd, Japan, 325pp.

Imazeki R, Hongo H. 1989. Colored Illustrations of Mushrooms of Japan Vol. II. Hiokusha publishing co., Ltd, Japan, 315pp.

Jung, B.H., S.Y. Kim and J.I. Kim. 2007. Taxonomic review of the tribe Bolitophagini In Korea (Coleoptera: Tenebrionidae: Tenebrioninae). Entomological Research 37(3): 190-196.

Jung B.H. 2008. A Taxonomy of Korean Tenebrionidae and Ecology of Fungivorous Tenebrionids. 301pp. Sungshin Women's University, Seoul. (Thesis)

Jung, B.H. and J.I. Kim. 2008. Biology of Platydema nigroaeneum Motschulsky (Coleoptera: Tenebrionidae) from Korea: Life History and Fungal Hosts. J. Ecol. Field Biol. 31(3): 249-253.

Kawanabe, M. 1995. List of the host fungi of the Japanese Ciidae (Coleoptera). I. Elytra 23: 312.

Kawanabe, M. 1996. List of the host fungi of the Japanese Ciidae (Coleoptera). II. Elytra 24: 211-212.

Kawanabe, M. 1998. List of the host fungi of the Japanese Ciidae (Coleoptera). III. Elytra 26: 311-312.

Kawanabe, M. 1999. List of the host fungi of the Japanese Ciidae (Coleoptera). IV. Elytra 27: 404.

Kim J. I., Kwon Y. J., Paik J. C., Lee S. M., Ahn S. L., Park H. C., Chu H. Y., 1994. Order 23. Coleoptera. In: The Entomological Society of Korea and Korean Society of Applied Entomology (eds.), Check List of Insects from Korea, pp. 117-214. Kon-Kuk University Press, Seoul

Kim, J. I. and B. H. Jung, 2005. A Taxonomic Review of the Genus Platydema Laporte & Brulle in Korea (Coleoptera, Tenebrionidae, Diaperinae). Entomological Research, 35 (1): 9-15.

Kimoto, S. and H. Takizawa, 1994. Leaf beetles (Chrysomelidae) of Japan. Tokai University Press. pp. 539.

Knutson, R. M., 1974. Heat production and temerature regulation in eastern skunk cabbage. Science, 186: 746-747.

Krasutskiy BV. 2007. Beetles (Coleoptera) Associated with the Polypore Daedaleopsis congragosa (Bolton: Fr.) J. Schrot (Casidiomycetes, Aphyllophorales) in Forests of the Urals and Transurals. Entomological Review 87(5): 512-523.

Kurosawa, Y., Hisamatsu, S. and Sasaji, H., 1985. The Coleoptera of Japan in Color Vol. III. Hiokusha publishing co., Ltd. Japan. 500pp.

Lawrence, J.F. 1973. Host preference in ciid beetles (Coleoptera: Ciidae) inhabiting the fruiting bodies of Basidiomycetes in North America. Bull. Mus. Comp. Zool. 145: 163-212.

Lee and Park, 1996. Immature stages of Korean Thlaspida Weise (Col. Chrysomelidae). Kor. J. Ent., 26(2): 125-134.

Liles M. 1956. A study of the life history of the forked fungus beetle, Bolitotherus cornutus (Panzer) (Coleoptera: Tenebrionidae). Ohio Journal of Science 56(6): 329-337.

Majer, K. 1994. A review of the classification of the Melyridae and related families (Coleoptera; Cleroidea). Entomologica Basiliensia 17: 319-390.

Kim, T. J., 1994. Medically Available Wild Plants in Korea. Guk-il Media Co.

Matthewman, R. H. and D. P. Pielow, 1971. Arthropods inhabiting the sporophores of Fomes fomentarius (Polyporaceae) in Gatineau Park, Quebec. The Canadian entomologist, 103: 775-847.

Miyatake, M., 1964. Notes on the tribe Bolitophagini of Japan, with the descriptions of four new genera and two new species (Coleoptera: Tenebrionidae). Transactions of the Shikoku Entomolgical Society8(2): 59-84.

Moodie,, G.E.E., 1976. Heat production and pollination in Araceae. Can. J. Bol. 54: 545-546.

Nadvornaya, L. S. and V. G. Nadvorny, 1991 Biology of the tenebrionids Bolitophagus reticulatus L. and Uloma culinaris L.,(Coleoptera, Tenebrionidae) in the forest-steppe zone of the Ukraine. Entomologicheskoye Obozreniye. 70: 349-354.

Ougushi, T. 2005. Indirect interaction webs: Herbivore movement, and insect-transmitted disease of maize. Ecology, 68: 1658-1669.

Hanley, R. S., 1995. Review of Mycophagy, host relationships and Behavior in the new world Oxyporinae (Coleoptera: Staphylinidae). The Coleopterists Bulletin, 49(3): 269-280.

Park, C. H. and Lee B. Y., 1993. Life History of the Forsythia Sawfly, Apareophora forsythiae Sato (Hymenoptera: Tenthredinidae). Korean J. Appl. Entomol. 32(4): 457-459.

Richard E. White, 1983. A field Guide to the Beetles of North America. Houghton mifflin company, boston New York, 368pp.

Uemura S. K. Ohkawara, G. Kudo, N. Wada and S. Higashi, 1993. Heat production and cross-pollination of the Asian Skink Cabbage Symplocarpus renifolius (Araceae). Amer. J. Bot. 80: 635-640.

Williams, K.A., 1919. A botanical study of skunk cabbage, Symplocarpus fedidus. Torreya 19: 21-29.

Yukawa, J. and Masuda, H., 2002. Insect and mit galls of Japan in Colors. 전국농촌교육협회, 826pp.

참고 누리집

http://cafe.daum.net/ejpang/TaOi/109

http://cafe.daum.net/suntong1/XdEp/1

http://cafe.naver.com/koreafams

http://beetlesclub.com/zboard/view.php?id=pds&no=187

http://blog.daum.net/brilsymbio/13734995

http://blog.daum.net/myungjak/15445198

http://blog.daum.net/niast0158/8747381

http://blog.daum.net/organiconion/11788765

http://blog.daum.net/satima

http://www.encyber.com/plant/detail/782510/

http://blog.joins.com/masson/9362869

http://blog.naver.com/susablue/110020002683

http://blog.naver.com/winhonest/120053335222

http://www.kidkangwon.co.kr/NewKid/News/news.asp?aid=2008072400..

http://kjol.com/zb41/zboard.php?id=kjed07&no=35

http://norealname.jinbo.net/news/view.php?board=news&id=38980

http://medicalplant.org/origial/01ga/15inch/ga10460.htm

http://www.hani.co.kr

http://scinews.co.kr/bbs/view.php?id=scinews06&no=5976

http://sisafocus.co.kr/news/view.php?n=4719&s=4

http://www.himyblog.com

http://www.icr.org/article/4148/

http://www.kijeon.ac.kr/community/board/a_board

정부희

저자는 부여에서 나고 자랐다. 이화여자대학교 영어교육과를 졸업하고, 성신여자대학교 생물학과에서 곤충학 박사 학위를 받았다.

대학에 들어가기 전까지 전기조차 들어오지 않던 산골 오지, 산 아래 시골집에서 어린 시절과 사춘기 시절을 보내며 자연 속에 묻혀 살았다. 세월이 흘렀어도 자연은 저자의 '정신적 원형(archetype)'이 되어 삶의 샘이자 지주이며 곳간으로 늘 함께하고 있다.

30대 초반부터 우리 문화에 관심을 갖기 시작해 전국 유적지를 답사하면서 자연에 눈뜨기 시작한 저자는 이때부터 우리 식물, 특히 야생화에 관심을 갖게 되어 식물을 공부했고, 전문가에게 도움을 받으며 새와 버섯 등을 공부하기 시작했다. 최초의 생태 공원인 길동자연생태공원에서 자원봉사를 하며 자연과 곤충에 대한 열정을 키워 나갔고, 우리나라 딱정벌레목의 대가의 가르침을 받기 위해 성신여자대학교 생물학과 대학원에 입학했다.

석사 학위를 받고 이어 박사 과정에 입학한 저자는 '버섯살이 곤충'에 대한 연구를 본격화했고, 아무도 연구하지 않는 한국의 버섯살이 곤충들을 정리할 원대한 꿈을 향해 가고 있다. 〈한국산 거저리과의 분류 및 균식성 거저리의 생태 연구〉로 박사 학위를 받았으며, 최근까지 거저리과 곤충과 버섯살이 곤충에 관한 논문을 60편 넘게 발표하면서 연구 활동에 왕성하게 매진하고 있다.

이화여자대학교 에코과학연구소와 고려대학교 한국곤충연구소에서 연구 활동을 했고, 한양대학교, 성신여자대학교, 건국대학교 같은 여러 대학에서 강의하고 있으며, 현재는 우리곤충연구소를 열어 곤충 연구를 이어 가고 있다. 또한 국립생물자원관 등에서 주관하는 자생 생물 발굴 사업, 생물지 사업, 전국 해안사구 정밀 조사, 각종 환경 평가 등에 참여해 곤충 조사 및 연구를 해 오고 있다.

왕성한 연구 작업과 동시에 곤충의 대중화에도 큰 관심을 가진 저자는 각종 환경 단체 및 환경 관련 프로그램에서 곤충 생태에 관한 강연을 하고 있고, 여러 방송에서 곤충을 쉽게 풀어 소개하며 '곤충 사랑 풀뿌리 운동'에 힘을 보태고 있다.

2015년 〈올해의 이화인 상〉을 수상하였으며, 저서로는 '정부희 곤충기'인 《곤충의 밥상》, 《곤충의 유토피아》, 《곤충 마음 야생화 마음》, 《나무와 곤충의 오랜 동행》, 《곤충의 빨간 옷》, 《갈참나무의 죽음과 곤충왕국》이 있고, 《곤충들의 수다》, 《버섯살이 곤충의 사생활》, 《생물학 미리 보기》, 《사계절 우리 숲에서 만나는 곤충》, 〈우리 땅 곤충 관찰기〉(1~4권), 《먹이식물로 찾아보는 곤충도감》, 〈세밀화로 보는 정부희 선생님 곤충교실〉(1~5권)이 있다. 학술 저서로는 〈한국의 곤충(딱정벌레목:거저리아과)〉 1권, 2권, 3권, 〈한국의 곤충(딱정벌레목: 개미붙이과)〉, 〈한국의 곤충(딱정벌레목: 버섯벌레과)〉, 〈한국의 곤충(딱정벌레목: 긴썩덩벌레과)〉, 〈한국의 곤충(딱정벌레목: 허리머리대장과, 머리대장과, 무당벌레붙이과, 꽃알벌레과)〉들이 있다.